化合物薄膜太陽電池の最新技術
Recent Development of Thin Film Compound
Semiconductor Photovoltaic Cells

《普及版／Popular Edition》

監修 和田隆博

シーエムシー出版

はじめに

　20世紀末から太陽電池の普及は本格化し，21世紀の私たちの生活を支える主力エネルギー源の一つとして成長しつつあります。2006年には全世界で2,521MW，日本でも928MWの太陽電池が生産されました。現在生産されているほとんどの太陽電池は多結晶シリコン太陽電池や単結晶シリコン太陽電池で，薄膜シリコン太陽電池も約100MW生産されました。化合物系太陽電池では米国および欧州でCdTe系が36MW，CIS系が約5MW生産されました。しかし，2007年に入り昭和シェル石油が宮崎県で20MW/年規模で商業生産を開始し，2007年末にはホンダも熊本で同規模の生産を開始すると発表しています。昭和シェル石油とホンダの工場が本格的に立ち上がるとCIS太陽電池の生産量も飛躍的に増えると期待されます。また，超高効率太陽電池を用いた集光型太陽電池についても各国で実証試験が実施され，本格的な実用化一歩手前の段階です。

　このように世界規模で太陽光発電がエネルギー産業として成長している中で，太陽電池技術者の不足が，言われ始めました。先月，米国で開催された国際会議に出席した際に，長年CIS太陽電池の研究をして来られた大学教授が，最近の学生はすぐに会社（ほとんどは研究開発型のベンチャー企業）に就職してしまって，優秀な学生が研究室に残らないと，嘆いておられました。また，企業間でも経験のある技術者の引き抜きが活発で，どの企業も優秀な技術者の確保に苦労している，という話も耳にしました。

　そのような中で，欧米では学生，若い研究者・技術者がどんどん太陽光発電分野に参入しています。そして，彼ら若手研究者・技術者のための太陽光発電技術に関する書物が多数出版されるようになりました。それに比べて，日本の太陽電池分野の研究者・技術者育成の取り組みは十分とは言えないように思えます。特に，化合物系太陽電池の特殊性を考えると，専門書が全く出版されていないのは寂しい限りでした。

　今回，日本で初めて「化合物薄膜太陽電池」に関する専門書を出版することが出来たことは，この分野の今後の展開を考えると，大きな意味を持っていると自負しています。本書が化合物薄膜太陽電池に興味を持つ学生や若手技術者のお役にたてば幸いです。そして，少しでも日本の化合物薄膜太陽電池の発展に寄与することを期待しています。

2007年5月

監修者　和田隆博

普及版の刊行にあたって

　本書は2007年に『化合物薄膜太陽電池の最新技術』として刊行されました。普及版の刊行にあたり、内容は当時のままであり加筆・訂正などの手は加えておりませんので、ご了承ください。

　2013年3月

シーエムシー出版　編集部

執筆者一覧（執筆順）

和田 隆博	龍谷大学　理工学部　教授	
小長井 誠	東京工業大学　大学院理工学研究科　教授	
前田 毅	龍谷大学　理工学部	
仁木 栄	㈱産業技術総合研究所　太陽光発電研究センター　副センター長	
山田 明	東京工業大学　量子ナノエレクトロニクス研究センター　准教授	
山田 昭政	㈱産業技術総合研究所　太陽光発電研究センター　化合物薄膜チーム　テクニカルスタッフ	
橋本 泰宏	松下電器産業㈱　先行デバイス開発センター　主任技師	
峯元 高志	立命館大学　理工学部　電子光情報工学科　講師	
根上 卓之	松下電器産業㈱　先行デバイス開発センター　主幹技師	
櫛屋 勝巳	昭和シェル石油㈱　ニュービジネスディベロップメント部　担当副部長　CIS開発グループ　主席研究員	
菱川 善博	㈱産業技術総合研究所　太陽光発電研究センター　評価・システムチーム　チーム長	
寺田 教男	鹿児島大学　大学院理工学研究科　ナノ構造先端材料工学専攻　教授	
櫻井 岳暁	筑波大学　大学院数理物質科学研究科　講師	
秋本 克洋	筑波大学　大学院数理物質科学研究科　教授	
外山 利彦	大阪大学　大学院基礎工学研究科　助教	
花房 彰	松下電池工業㈱　人事グループ　参事	
川北 史朗	㈱宇宙航空研究開発機構　総合技術研究本部　電源技術グループ　開発員	
海川 龍治	龍谷大学　理工学部　電子情報学科　講師	
橋本 佳男	信州大学　工学部　電気電子工学科　教授	
片桐 裕則	長岡工業高等専門学校　電気電子システム工学科　教授	
伊﨑 昌伸	大阪市立工業研究所　無機薄膜研究室　研究主幹	
西脇 志朗	Institute of Energy Conversion University of Delaware Researcher	
大東 威司	㈱資源総合システム　調査研究部　部長	
山口 真史	豊田工業大学　大学院工学研究科　主担当教授	
高本 達也	シャープ㈱　ソーラーシステム事業本部　次世代要素技術開発センター　第2開発室　室長	
岡田 至崇	筑波大学　大学院数理物質科学研究科　電子・物理工学専攻　准教授	
小島 信晃	豊田工業大学　大学院工学研究科　助教	
今泉 充	㈱宇宙航空研究開発機構　総合技術研究本部　電源技術グループ　主任開発員	
荒木 建次	大同特殊鋼㈱　研究開発本部　主任研究員	

執筆者の所属表記は，2007年当時のものを使用しております。

目　　次

序章　化合物薄膜太陽電池への期待　　小長井　誠

1　PV2030 と化合物半導体 …………… 1
2　材料的な魅力 …………………………… 3
　2.1　吸収係数 ……………………………… 3
　2.2　可能性を秘めた多数の材料系 …… 3
　2.3　粒界 …………………………………… 3
　2.4　In の資源の問題 …………………… 4
3　製造プロセスとしての魅力 …………… 4
4　性能面での魅力 ………………………… 6
5　宇宙応用における魅力 ………………… 6
6　むすび …………………………………… 7

第1章　CIS 太陽電池の基礎

1　CIS 太陽電池とは …………和田隆博… 8
　1.1　CIS 太陽電池の特徴 ……………… 8
　1.2　CIS 太陽電池の開発の歴史 ……… 9
　1.3　CIS 太陽電池のデバイス構造 …… 11
　1.4　CIS 太陽電池のバンドプロファイル
　　　 …………………………………………… 12
　1.5　CIS 太陽電池の高効率化 ………… 13
　1.6　CIS 薄膜の形成方法 ……………… 14
　　1.6.1　多元蒸着法 ……………………… 14
　　1.6.2　セレン化法 ……………………… 15
2　$CuInSe_2$ の電子構造と格子欠陥
　　 ………………………前田　毅，和田隆博… 18
　2.1　$CuInSe_2$ および関連化合物の結晶構造 ……………………………………………… 18
　2.2　第一原理計算による $CuInSe_2$ および関連カルコパイライト型化合物の電子構造の評価 ………………………… 19
　　2.2.1　はじめに ………………………… 19
　　2.2.2　計算方法 ………………………… 19
　　2.2.3　各種カルコパイライト型化合物の格子定数 ……………………… 20
　　2.2.4　各種カルコパイライト型化合物のバンドギャップ ………………… 21
　　2.2.5　価電子帯（VBM）および伝導帯（CBM） …………………………… 22
　　2.2.6　sX-LDA（screened exchange LDA）法を用いたバンドギャップの評価 ……………………………… 23
　2.3　第一原理計算による $CuInSe_2$ および関連カルコパイライト型化合物の格子欠陥の評価 ………………… 23
　　2.3.1　はじめに ………………………… 23
　　2.3.2　計算方法 ………………………… 24
　　2.3.3　単原子空孔の形成エネルギー … 25
　　2.3.4　複合欠陥の形成エネルギー …… 27
3　多元蒸着法における CIS 薄膜の成長機構

　　　　　　　　　　　　　和田隆博… 29
3.1　Cu過剰組成におけるCIS薄膜の成長 ………………………………… 29
　3.1.1　はじめに ………………………… 29
　3.1.2　Cu過剰組成における$CuInSe_2$の結晶成長に関係する化合物 …… 30
　3.1.3　Cu過剰組成のCIS薄膜 ……… 31
　3.1.4　Cu過剰組成の$CuInSe_2$薄膜の断面TEM観察 …………………… 32
　3.1.5　$CuInSe_2$の薄膜成長機構 ……… 34
3.2　In過剰組成でのCIGS薄膜の成長（3段階法の第2段階に相当）……… 36
　3.2.1　状態図 …………………………… 36
　3.2.2　In過剰組成における$CuInSe_2$の結晶成長に関係する化合物 …… 36
　3.2.3　In過剰組成でのCIGS薄膜の成長 …………………………………… 39
3.3　多元蒸着法における$CuInSe_2$の結晶成長の特徴 ……………………… 41

第2章　CIS太陽電池の製造プロセス

1　ワイドギャップCIGS太陽電池
　　　　　　　　　　　　　仁木　栄… 45
　1.1　はじめに ………………………… 45
　1.2　ワイドギャップCIGS太陽電池の必要性 …………………………… 45
　1.3　ワイドギャップCIGS太陽電池の高効率化 ………………………… 47
　　1.3.1　成長その場観察技術 ………… 47
　　1.3.2　水蒸気援用多元蒸着法 ……… 48
　　1.3.3　界面・表面の評価技術 ……… 50
　1.4　まとめ …………………………… 52
2　全真空プロセスによるCIS太陽電池の作製 ……………………山田　明… 53
　2.1　CIS薄膜の製造手法 …………… 53
　2.2　全真空プロセスによるCIS太陽電池の作製 ………………………… 55
　2.3　ドライプロセスを用いたバッファ層開発の現状 ………………… 60
3　非真空プロセスによるCIS太陽電池の作製 …………………和田隆博… 62
　3.1　はじめに ………………………… 62
　3.2　欧米における非真空プロセスの開発 ………………………………… 62
　3.3　メカノケミカルプロセスとスクリーン印刷／焼結法を用いたCIS太陽電池の製造プロセス ……………… 67

第3章　CIS太陽電池作製の要素技術

1　スパッタ法によるMo裏面電極の形成
　　　　　　　　　　　　　山田昭政… 70
2　CIS膜の表面処理とCdS系バッファー層の形成 ………………橋本泰宏… 76

2.1　Cu(In,Ga)Se$_2$膜の表面処理 ……… 76
　2.2　CdSバッファー層 …………………… 78
3　CIS太陽電池のデバイス設計とZn$_{1-x}$Mg$_x$O窓層 ……………………峯元高志… 81
　3.1　はじめに ……………………………… 81
　3.2　バンドダイアグラムからの高効率化設計 ………………………………………… 81
　3.3　Zn$_{1-x}$Mg$_x$OによるCBO制御と太陽電池特性 …………………………………… 84
　3.4　まとめと今後の展望 ………………… 87
4　MOCVD法によるZnO系窓層の作製
　　………………………………山田　明… 89
　4.1　MOCVD法によるZnOバッファ層
　　…………………………………………… 89
　4.2　Zn$_{1-x}$Mg$_x$Oバッファ層 ………………… 89
　4.3　MOCVD法によるZn$_{1-x}$Mg$_x$Oバッファ層 ……………………………………… 90

第4章　CIS太陽電池モジュールの作製技術

1　蒸着法によるCIS太陽電池モジュールの作製 ……………………根上卓之… 94
　1.1　はじめに ……………………………… 94
　1.2　大面積形成技術 ……………………… 95
　1.3　高効率化技術 ………………………… 100
　1.4　蒸着法を用いたCIGS太陽電池モジュールの変換効率 ………………………… 105
　1.5　蒸着法で作製するCIGS太陽電池モジュールの今後の展開 …………………… 106
2　セレン化／硫化法によるCIS系薄膜太陽電池モジュールの作製 …櫛屋勝巳… 108
　2.1　CIS系薄膜太陽電池モジュールの基本構造 ………………………………………… 108
　2.2　CIS系光吸収層作製法として「セレン化／硫化法」を採用する2社の技術動向（商業化の状況） ……………… 109
　2.3　昭和シェル石油／昭和シェルソーラーおよびSSG/AVANCISのCIS系薄膜太陽電池製造技術—構成薄膜層の大面積化技術 ……………………… 109
　　2.3.1　p型CIS系光吸収層製膜技術 … 112
　　2.3.2　n型薄膜層（透明導電膜窓層，高抵抗バッファ層）の大面積製膜技術 ……………………………………… 114
　　2.3.3　集積構造形成のためのパターニング技術 ……………………………… 116
　　2.3.4　大面積・集積構造のCIS系薄膜太陽電池サブモジュール製造工程 …………………………………… 116
　　2.3.5　CIS系薄膜太陽電池のパッケージング技術 ……………………………… 117
　2.4　まとめ ………………………………… 119

第5章　CIS太陽電池の評価技術

1　CIS太陽電池性能評価技術
　………………………菱川善博… 121
　1.1　はじめに ……………………… 121
　1.2　太陽電池性能評価技術の概要 …… 121
　1.3　測定結果に影響する主な要素 …… 122
　　1.3.1　ソーラシミュレータ光の調整 … 122
　　1.3.2　基準太陽電池の選定 …………… 124
　　1.3.3　照度ムラ・サンプル形状 ……… 124
　　1.3.4　温度調節と温度測定 …………… 125
　　1.3.5　IV測定 …………………………… 125
　　1.3.6　温度・照度依存性 ……………… 126
　1.4　CIS太陽電池に特有な性能評価技術
　　　　………………………………… 126
　　1.4.1　光照射効果 ……………………… 126
　　1.4.2　組成・構造の多様さ …………… 127
　1.5　今後の課題 …………………… 127
2　CIGS太陽電池の電子構造評価
　………………………寺田教男… 129
　2.1　正・逆光電子分光によるCBD-CdS/
　　　　CIGS界面バンド接続の評価 …… 129
　　2.1.1　逆光電子分光法 ………………… 130
　　2.1.2　バッファ層/CIGS層界面におけ
　　　　　るバンド接続 …………………… 130
　2.2　電子構造面内分布評価（結晶粒界の
　　　　電子構造評価）………………… 138

3　CIGS太陽電池の電子物性評価
　………………………櫻井岳暁,秋本克洋… 142
　3.1　はじめに ……………………… 142
　3.2　アドミッタンススペクトロスコピー
　　　　法の測定原理 …………………… 142
　　3.2.1　測定原理 ………………………… 142
　　3.2.2　アドミッタンススペクトロスコ
　　　　　ピー法と他の電気測定法の相違
　　　　　点 ………………………………… 146
　3.3　CIGS太陽電池における欠陥準位と
　　　　電子物性の相関 ………………… 147
　　3.3.1　アドミッタンススペクトロスコ
　　　　　ピー法を用いた欠陥準位の検出
　　　　　…………………………………… 147
　　3.3.2　欠陥準位と電子物性の相関 …… 148
　　3.3.3　欠陥準位の起源 ………………… 151
　3.4　まとめ ………………………… 151
4　時間分解フォトルミネッセンス（TRPL）
　法によるCIGS薄膜の評価…根上卓之… 153
　4.1　はじめに ……………………… 153
　4.2　測定方法 ……………………… 153
　4.3　PL寿命と変換効率 …………… 155
　4.4　PL寿命のスペクトル依存性 …… 157
　4.5　おわりに ……………………… 159

第6章 化合物薄膜太陽電池の展開

1 高効率・低環境負荷型 CdTe 太陽電池
　　　　　　　　　　　外山利彦… 161
2 CdTe 太陽電池サブモジュール
　　　　　　　　　　　花房　彰… 167
　2.1 サブモジュールの構造 ……… 167
　2.2 セル長とサブモジュール特性 … 167
　2.3 サブモジュール形成技術 …… 168
　　2.3.1 透明電極形成 …………… 168
　　2.3.2 CdS 薄膜形成 …………… 168
　　2.3.3 CdTe 膜形成 ……………… 169
　2.4 サブモジュール特性 ………… 170
3 CIGS 太陽電池の宇宙応用…**川北史朗**… 172
　3.1 はじめに ……………………… 172
　3.2 $Cu(In,Ga)Se_2$ 薄膜太陽電池の放射線特性 …………………………… 172
　3.3 $Cu(In,Ga)Se_2$ 薄膜太陽電池の宇宙実験 ……………………………… 174
　3.4 まとめ ………………………… 176
4 高効率 $Cu(In,Ga)S_2$ 系太陽電池
　　　　　　　　　　　海川龍治… 179
　4.1 はじめに ……………………… 179
　4.2 $Cu(In,Ga)S_2$ 薄膜太陽電池の特長
　　　　　　　　　　　　　　　　 179
　　4.2.1 $Cu(In,Ga)S_2$ 薄膜太陽電池の構造 ……………………………… 179
　　4.2.2 Na 添加の不要 …………… 180
　　4.2.3 Ga の偏り ………………… 181
　4.3 $Cu(In,Ga)S_2$ 光吸収層の作製法 … 181
　　4.3.1 硫化法 ……………………… 181
　　4.3.2 多元蒸着装置による2段階成長法 ………………………………… 182
　4.4 ワイドギャップ $Cu(In,Ga)S_2$ 太陽電池 …………………………… 183
　4.5 高効率化への課題 …………… 183
　4.6 おわりに ……………………… 183
5 硫化法による $CuInS_2$ 太陽電池の作製
　　　　　　　　　　　橋本佳男… 186
　5.1 はじめに ……………………… 186
　5.2 Cu 過剰 $CuInS_2$ 薄膜への KCN 処理の効果 ……………………………… 186
　5.3 $CuInS_2$ への Ga 添加の効果 …… 189
　5.4 まとめ ………………………… 190
6 Cu_2ZnSnS_4 太陽電池 ………**片桐裕則**… 192
　6.1 はじめに ……………………… 192
　6.2 CZTS 薄膜とは？ …………… 192
　6.3 CZTS 薄膜の作製 …………… 193
　6.4 CZTS 薄膜の諸特性 ………… 193
　6.5 まとめ ………………………… 196
7 Cu_2O 系太陽電池 ………**伊﨑昌伸**… 198
　7.1 はじめに ……………………… 198
　7.2 亜酸化銅（Cu_2O）と酸化銅（CuO）
　　　　　　　　　　　　　　　　 199
　7.3 Cu_2O 形成方法 ………………… 202
　7.4 Cu/Cu_2O ショットキー型太陽電池… 202
　7.5 Cu_2O 系ヘテロ接合型太陽電池 …… 203
　7.6 おわりに ……………………… 204
8 海外の研究機関における CIS 太陽電池の開発 ……………………**西脇志朗**… 206

8.1 はじめに ……………………… 206
8.2 USA …………………………… 206
   8.2.1 National Renewable Energy Laboratory ………………… 206
   8.2.2 Institute of Energy Conversion at University of Delaware …… 207
   8.2.3 大学内研究室 ………………… 207
8.3 ドイツ ………………………… 208
   8.3.1 Hahn Meitner Institut Berlin GmbH ……………………… 208
   8.3.2 Zentrum für Sonnenenergie-und Wasserstoff-Forschung ……… 209
   8.3.3 Institut für Physikalische Electronik at Universtät Stuttgart ……………………… 209
8.4 スウェーデン ………………… 209
   8.4.1 Ångström Solar Center at Uppsala University …………… 209
8.5 スイス ………………………… 209
   8.5.1 Thin Film Physics Grope at Department of Physics, Laboratory for Solid state Physics, Eidgenössische Technische Hochschule Zürich ……………………… 209
8.6 フランス ……………………… 210
   8.6.1 Laboratory of Electrochemistry and Analytical Chemistry at Ecole National Supérieure de Paris ………………………… 210

9 海外企業におけるCIS及びCdTe太陽電池の開発 ……………**大東威司**… 212
9.1 はじめに ……………………… 212
9.2 アメリカの企業におけるCIS太陽電池の開発動向 ………………… 212
   9.2.1 First Solar …………………… 212
   9.2.2 Global Solar Energy (GSE) … 212
   9.2.3 DayStar Technologies ……… 213
   9.2.4 Nanosolar …………………… 213
   9.2.5 Miasolé ……………………… 213
   9.2.6 Ascent Solar Technologies (AST) ………………………… 214
   9.2.7 HelioVolt …………………… 214
   9.2.8 PrimeStar Solar …………… 214
   9.2.9 SoloPower …………………… 214
   9.2.10 International Solar Electric Technology (ISET) ………… 214
9.3 ヨーロッパの企業におけるCIS太陽電池の開発動向 ……………… 215
   9.3.1 Würth Solar (ドイツ) ……… 215
   9.3.2 Antec Solar (ドイツ) ……… 215
   9.3.3 Avancis (ドイツ) …………… 215
   9.3.4 Sulfurcell Solartechnik (ドイツ) ……………………… 215
   9.3.5 Solibro (スウェーデン) …… 215
   9.3.6 Johanna Solar Technology (JST) (ドイツ) ……………… 216
   9.3.7 OderSun (ドイツ) ………… 216
   9.3.8 Solarion (ドイツ) ………… 216
   9.3.9 Scheuten Solar Systems (オランダ) …………………… 216
   9.3.10 Flisom (スイス) …………… 216

9.3.11 Arendi（イタリア）………… 217
9.3.12 CIS Solartechnik（ドイツ）… 217
9.3.13 Solar Thin Films（STF）
　　　（ハンガリー）………………… 217
9.4 その他の企業におけるCIS太陽電池
の開発動向 ………………………… 217
9.4.1 Mayang Kukuh（マレーシア）… 217
9.4.2 Tenaga Mikro Sdn Bhd
　　　（マレーシア）………………… 217
9.5 まとめ ……………………………… 219

第7章　超高効率太陽電池

1 超高効率太陽電池の展望 …**山口真史**… 220
　1.1 はじめに ……………………………… 220
　1.2 超高効率多接合太陽電池の研究開発
　　　の経緯 ………………………………… 220
　1.3 超高効率太陽電池の今後の展望 … 223
2 超高効率太陽電池の作製 … **高本達也**…227
　2.1 はじめに ……………………………… 227
　2.2 セル高効率化技術 ………………… 228
　　2.2.1 電流整合 ………………………… 228
　　2.2.2 ワイドギャップトンネル接合… 230
　　2.2.3 格子整合 ………………………… 230
　　2.2.4 Geセル量子効率向上 ………… 231
　2.3 3接合太陽電池の製造プロセスと特
　　　性 ……………………………………… 232
　2.4 エピタキシャル単結晶薄膜太陽電池
　　　………………………………………… 233
　2.5 おわりに ……………………………… 235
3 量子ナノ構造太陽電池 ……**岡田至崇**… 238
　3.1 量子ナノ効果と太陽電池への応用
　　　………………………………………… 238
　3.2 歪み補償成長法による量子ドット太
　　　陽電池作製技術 …………………… 243
　3.3 むすび ………………………………… 245
4 注目されるⅢ-V-N系太陽電池
　………………………**山口真史，小島信晃**… 248
　4.1 はじめに ……………………………… 248
　4.2 InGaAsNの太陽電池材料としての
　　　可能性 ………………………………… 248
　4.3 InGaAsN材料を用いた太陽電池の
　　　現状と課題 ………………………… 250
　4.4 InGaN材料の太陽電池としての可能
　　　性，現状と課題 …………………… 253

第8章　超高効率太陽電池の展開

1 超高効率太陽電池の宇宙応用
　………………………………**今泉　充**… 256
　1.1 はじめに ……………………………… 256
　1.2 宇宙用3接合太陽電池の出力特性… 257
　1.3 宇宙用3接合太陽電池の放射線劣化
　　　特性 …………………………………… 259
　1.4 放射線劣化の予測 ………………… 261
2 集光型太陽電池 …………**荒木建次**… 266

- 2.1 集光型太陽電池の基本構成 ……… 266
- 2.2 集光型太陽電池の歴史 ……………… 268
- 2.3 集光セルの基礎 …………………… 271
  - 2.3.1 集光型太陽電池に適したセル… 271
  - 2.3.2 集光セルの内部抵抗設計……… 273
  - 2.3.3 分布ダイオード効果…………… 275
  - 2.3.4 多接合セルでの注意点………… 277
- 2.4 集光型太陽電池の放熱 ……………… 279
  - 2.4.1 集光放熱のための設計方程式… 280
  - 2.4.2 集光型太陽電池の放熱設計例… 282

序章　化合物薄膜太陽電池への期待

小長井　誠*

1　PV2030 と化合物半導体

　この数年,太陽電池の生産量は,急速な伸びを示している。PV News によると 2006 年における世界の太陽電池の総生産量は,2.5GW（250 万 kW）となった。太陽電池アレイのエネルギー変換効率を 10% と仮定して面積換算すると,おおよそ 1km × 25km の面積に隙間なく太陽電池を敷き詰めたこととなる。しかし,これでは,まだ出力 100 万 kW の原子力発電所が 1 年間に発電する電力量の半分程度にしかならない。太陽光発電が真にエネルギー源として認められるようになるには,今後,生産量を 10 倍,100 倍と増やしていく必要がある。

　新エネルギー源の開発には,長期ビジョンが必要である。2004 年,わが国では,NEDO を中心に太陽光発電の技術開発を進める上での将来目標が議論され,PV2030 として公表された。PV2030 は,2030 年に向けてのわが国の太陽光発電技術開発の目標,ならびに,そこに至る過程,すなわちロードマップを表したものである。この議論を進める上で,一番重要な前提条件は,「2030 年に太陽光発電システムがどのくらい設置されているか,あるいは,設置すべきか」という点であった。この前提条件を議論すべく,太陽光発電に関わる研究者にアンケート調査が行われた。アンケートの結果をもとに,2030 年の導入目標が,国内の総電力需要の 9% 程度と定められた。これを太陽光発電システムの導入量に換算すると,およそ 100GW（1 億 kW）となる。では,100GW の太陽電池を導入するには,発電コストをどこまで下げればよいか,また,それには,太陽電池の製造コスト,エネルギー変換効率は何%必要か,という点が議論され,最終的に図1に示す PV2030 が出来上がった[1]。

　2030 年には,太陽光発電による発電コストを 7 円/kWh まで下げる必要がある。現在の発電コストが 40 円/kWh,2010 年目標が 23 円/kWh であることを考えると,この目標が如何に挑戦的であるかが分かる。

　7 円/kWh を達成するには,太陽電池の製造コストを 50 円/W まで下げる必要がある。さらにエネルギー変換効率は,表1に示す値を実現しなければならない。表1の目標値は,技術開発レベルの値ではなく,広く実用化されている太陽電池に対する値である。また,同表は,結晶 Si,

---

*　Makoto Konagai　東京工業大学　大学院理工学研究科　教授

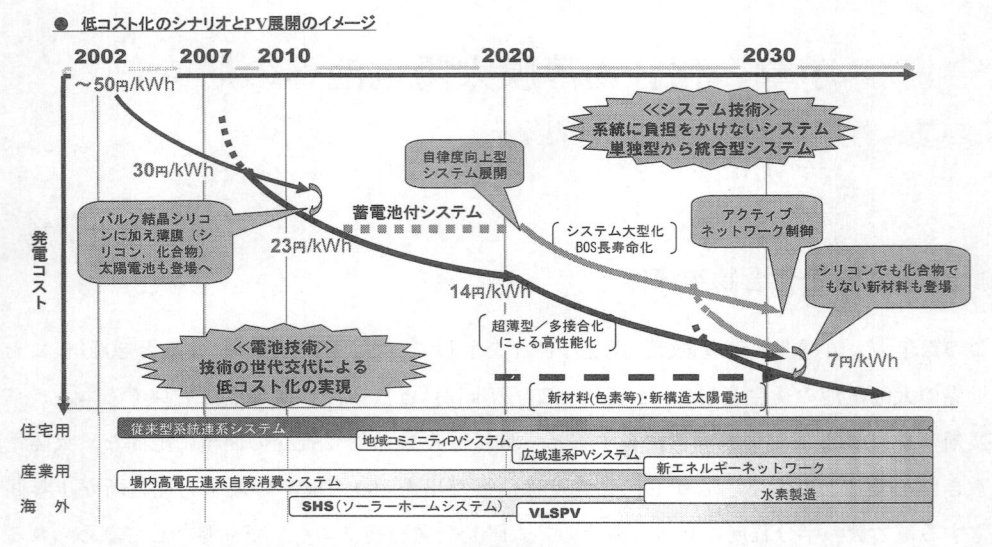

図1 わが国の太陽光発電の開発目標を表したロードマップ PV2030[1]

表1 PV2030におけるモジュール変換効率の目標値[1]
（モジュールは市販レベル。（　）はセル効率）（%）

材料系	2010年	2020年	2030年
薄型バルク Si	16（20）	19（25）	22（25）
薄膜 Si	12（15）	14（18）	18（20）
CIS	13（19）	18（25）	22（25）
超高効率	28（40）	35（45）	40（50）
色素増感	6（10）	10（15）	15（18）

薄膜 Si, $Cu(InGa)Se_2$(CIGS)，超高効率，色素増感セルに対して書かれたものであり，どの材料系でも，これらの条件が満たされれば2030年には，わが国の新エネルギー源として大いに貢献可能となる。では，これらの多くの材料系の中で，本書で詳説されている化合物系はどのような特徴があるのであろうか。ここでは，PV2030の目標達成に向けた化合物薄膜太陽電池への期待を，CIGS系を中心に述べる。なお，2006年の生産量統計（PV News）によれば，CIGSならびに CdTe 太陽電池の世界の生産量は，図2に示すように，まだ少ない。しかし，現在，各社が製造設備の増強に努めており，近い将来，材料別生産量統計は大きく変化するものと予測される。

序章　化合物薄膜太陽電池への期待

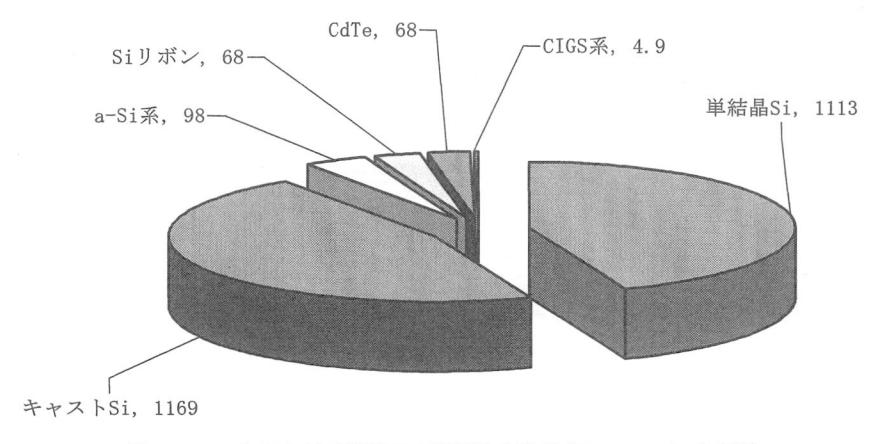

図2 2006年における世界の太陽電池生産量（PV News による）[2]
図中の数値は MW/年。

円グラフのデータ：
- 単結晶Si, 1113
- キャストSi, 1169
- a-Si系, 98
- Siリボン, 68
- CdTe, 68
- CIGS系, 4.9

2　材料的な魅力

化合物薄膜の代表が，$Cu(InGa)Se_2$（CIGS）ならびに CdTe である。ここでは，CIGS，CdTe の材料としての魅力を述べる。

2.1　吸収係数

CIGS，CdTe ともに直接遷移型の吸収係数を示すため，薄膜化が可能である。現状では，光吸収層の厚さは 2～3 μm であるが，今後，光閉じ込め技術や，1 μm 以下の膜厚での膜質向上技術が開発されれば，光吸収層の厚さは 1 μm 以下となる。

2.2　可能性を秘めた多数の材料系

CIGS はカルコパイライト型の結晶構造を有している。現在，CIGS が最も開発が進んだ材料系であるが，I 族の元素として Cu の代わりに Ag を，III 族の元素として Al を，VI 族に S や Te を用いることもできる。このように利用できる可能性のある元素が多いため，同じ禁制帯幅を有する光吸収層を利用するにしても，元素が異なれば膜質が大幅に向上する可能性がある。数多いカルコパイライトの中で，本格的に研究開発が進められている材料系はまだ限られている。今後の材料開発の展開次第では，いまだに知られていなかった材料系で大きな breakthrough が生まれる可能性が秘められている。

2.3　粒界

CIGS ならびに CdTe の魅力の一つは，粒界の性質にある。Si や GaAs では，多結晶の粒界は，

少数キャリアの再結合中心となり太陽電池特性に大きな影響を与える。一方，CIGS ならびに CdTe では，粒界が少数キャリアの輸送に大きな影響を与えているという実験データはない。これは，Si の粒界では，エネルギー準位が少数キャリアを吸い込むようにベンディングしているのに対して，CIGS，CdTe では，少数キャリアを粒界から引き離す向きにバンドがベンディングするためであると考えられる。また，CIGS には，空格やアンチサイトなどの固有欠陥が多量に存在するが，これらの固有欠陥の多くは，浅い準位を形成しており，少数キャリアの寿命時間を悪化させる再結合中心とはなっていない。また，系統立てた実験的な事実に基づくものではないが，光吸収層の品質が，酸素や炭素などの残留不純物によって大きく劣化しないことも大きな特徴である。

2.4 In の資源の問題

CIGS 太陽電池の課題は，In の資源量にあるとしばしば指摘されてきたが，最近の液晶ディスプレイの生産増に合わせて In の生産量も急速に増加しており，2005 年には，In の世界の生産量は約 500 トンに達している。現状の CIGS 太陽電池の製造技術を用いた場合，In の使用量は 0.012g/W 程度と試算されている。したがって，CIGS 太陽電池を 1GW 製造するのに要する In の量は 12 トン程度であり，ディスプレイ用途に比べれば，非常に少ない。また，ディスプレイ用途では，現在，使い古したディスプレイから In が回収されていないのに対して，太陽電池用途ではリサイクル，リユースが基本であり，資源的制限からの負担は少なくなる。例えば，毎年 120 トンの In を用いて 10GW の太陽電池を生産し，この太陽電池を 20 年間使用すると仮定すれば，常時，200GW の CIGS 太陽電池が設置されていることになる。全世界の需要を考えれば，必ずしも満足できる数値ではないが，常に 200GW の CIGS 太陽電池が導入されていれば，この材料系としては大成功といえる。

3 製造プロセスとしての魅力

CIGS 太陽電池は，セレン化法あるいは蒸着法により製膜されるが，将来的には，微粒子を用いた非真空プロセスが実用化されるものと期待される。

また，CIGS 太陽電池は，開発当初，構成元素数が多い（Cu，In，Ga，Se，S）ことから，大面積上で組成を均一に保つことは難しいという意見もあった。しかし，その後の開発により，現在では 40cm × 120cm 角基板上へ均一に製膜することが可能となっている。モジュール化に際しては，シリコン系薄膜と同様に，集積型構造を作製可能であることが特徴である。特に，シリコン系薄膜では，集積型構造作製のため，3 回のレーザ加工が必要となり，レーザ加工はプロセ

序章　化合物薄膜太陽電池への期待

表2　Progress in Photovoltaics 誌に掲載されている変換効率の現状[2]

分類	変換効率(%)	面積(cm^2)	V_{oc}(V)	J_{sc}(mA/cm^2)	FF(%)	測定機関(測定年月)	備考
Si(amorphous)	9.5±0.3	1.070(ap)	0.859	17.5	63.0	NREL(4/03)	U. Neuchatel
Si(thin-film submodule)	9.8±0.3	96.3(ap)	0.487	27.0	74.5	Sandia(8/06)	CSG Solar 1-2μm on glass 20 cells
Si(thin-film polycrystalline)	8.2±0.2	661(ap)	25.0	0.318(A)	68.0	Sandia(7/02)	Pacific Solar 1-2μm on glass
Si(nanocrystalline)	10.1±0.2	1.199(ap)	0.539	24.4	76.6	JQA(12/97)	Kaneka(2μm on glass)
a-Si/μc-Si(thin submodule)	11.7±0.4	14.23(ap)	5.462	2.99	71.3	AIST(9/04)	Kaneka(thin film)
a-Si/a-Si/a-SiGe	12.1±0.7	0.27(da)	2.297	7.56	69.7	NREL(11/02)	USSC stabilized
a-Si/a-SiGe/a-SiGe(tandem)	10.4±0.5	905(ap)	4.353	3.285(A)	66.0	NREL(10/98)	USSC
CIGS(thin film)	19.5±0.6	0.410(ap)	0.693	35.7	79.4	NREL(2/06)	NREL, CIGS on glass
CIGS(cell)	18.8±0.5	0.998(ap)	0.669	33.8	77.0	NREL(2/01)	NREL, CIGS on glass
CIGS(submodule)	16.6±0.4	16.0(ap)	2.643	8.35	75.1	FhG-ISE(3/00)	U. Uppsala, 4 serial cells
CIGS	13.4±0.7	3459(ap)	31.2	2.16(A)	68.9	NREL(8/02)	Showa Shell(Cd free)
CIGS(concentrator)	21.5±1.5	0.102(da)				NREL(2/01)	NREL, 14suns
CdTe(cell)	16.5±0.5	1.132(ap)	0.845	26.7	75.5	NREL(9/01)	NREL, mesa on glass
CdTe	10.7±0.5	4874(ap)	26.21	3.205(A)	62.3	NREL(4/00)	BP Solarex
a-Si/CIGS(thin film)g	14.6±0.7	2.40(ap)				NREL(6/88)	ARCO

スコストが比較的高いと言われている。CIGSは柔らかい材料であるため，CIGS層の加工には，安価なメカニカルスクライブが用いられている。

　CIGS太陽電池では，一般的には安価なsoda limeガラス（青板ガラス）が基板として用いられるが，メタル系のフレキシブル基板を用いることも可能である。いずれのモジュールも実用化されている。

4 性能面での魅力

　CIGS太陽電池の大きな特徴のひとつは，エネルギー変換効率の高さにある。表2は，代表的な薄膜太陽電池の性能を比較したものである。同表は，Progress in Photovoltaics誌に掲載された公認データである[2]。CIGS系では，小面積で19.5%，大面積で13.4%のレベルとなっている。基本的には，エネルギー変換効率の限界は，禁制帯幅で決まるが，カルコパイライト系では，1.0eVから2.0eVの範囲で可変であり，太陽エネルギー変換に相応しい禁制帯幅制御が可能である。また，将来，エネルギー変換効率25%以上を狙うに際して，タンデム構造を用いる際には，禁制帯幅が自由に制御できるため，最適制御に幅を持たせることが可能である。

　CIGS系では，III-V族化合物半導体で利用されている集光動作も魅力的である。これまでに，14倍の集光動作により，エネルギー変換効率21.5%が得られている。

　CdTe太陽電池でも，Znを添加するなどにより禁制帯幅の制御は可能であるが，現状では，CdTeのまま用いるのが最も性能的には優れている。

　国内の住宅用途を考えると，既存のキャストSi太陽電池のモジュール効率を上回ることが最優先課題であるが，現在，昭和シェル石油等で生産が開始されたCIGSモジュールでは，エネルギー変換効率13%が実現されており，すでにキャストと同じレベルにある。

　将来は，PV2030に示されているモジュール効率の目標値（22%）を達成する意義は極めて大きい。わが国のように国土が狭く，設置可能な面積に制限のある国では，高い変換効率は非常に重要な意味を持つ。例えば，モジュール効率11%の太陽電池で100GW設置できる面積があると仮定すれば，モジュール効率22%のCIGSセルでは，200GWの太陽光発電システムの設置が可能となる。代替エネルギー源としての太陽光発電のエネルギー変換効率は，高ければ高いほど望ましい。

5 宇宙応用における魅力

　将来，CIGSの宇宙応用が極めて重要な応用分野となる可能性を秘めている。今までに知られている太陽電池材料では，Si，GaAs，InPの順番で耐放射線性が高まるとの実験結果が得られているが，CIGSはInPよりもさらに耐性の強いことが明らかとなっている。久松らはSi，InGaP/GaAs，CIS太陽電池に1MeVの電子線（1×10^{17}e/cm^2），10MeVのプロトン（2×10^{17}p/cm^2）照射を行った結果，電子線照射に対しては他の材料系に比べ，CIS太陽電池が圧倒的に強いことを実験的に示している[3]。このようにCIGS系が耐放射線性に優れることから，AM0での高効率化が図られれば，将来の宇宙ステーション用太陽電池として極めて有望な材料

6　むすび

　CIGS太陽電池の分野では，欧米を中心に数多くのベンチャー企業が生まれている。これらのベンチャー企業は，それぞれ，独自の製造技術，光吸収層材料，セル構造を採用している。例えば，製造法を眺めてみると，現在，製造の主流となっているセレン化法，蒸着法のほか，微粒子を用いた非真空プロセスによる手法などがある。光吸収層についても，Seを使わずにS系で特徴を出す企業がある。基板材料としては，一般的なガラス基板のほか，フレキシブル基板を用いたものがある。フレキシブル基板を用いたCIGS太陽電池では，Naを制御よく添加するなどのプロセスが新たに加わること，また，ガラス基板の場合，高い変換効率を得るため，青板ガラスの融点近くで製造するのに対して，フレキシブル基板の場合は，低い温度で製膜するため，膜質向上が難しくなること，などの新たな課題が加わるが，軽量，高効率という特徴あるモジュールを構成することが可能になる。光照射側の透明導電膜ZnOとCIGSの界面に挿入するバッファ層についても，各企業で独自の材料が開発されている。一般的なCdSに加えて，$Zn(O, S, OH)_x$やZnSはじめ多くの種類のバッファ層材料が検討されている。

　近い将来，わが国の企業を含め，世界中の企業で，それぞれ特徴のある化合物薄膜太陽電池の量産が開始されることを期待してやまない。

文　　献

1) 荒谷復夫, JSPS第175委員会第1回「次世代の太陽光発電システム」シンポジウム予稿集, 2004年12月6, 7日, 東京, p.1
2) M. A. Green *et al., Progress in Photovoltaics,* **15**, 35-40（2007）
3) T. Hisamatsu, T. Aburaya and S. Matsuda, Proc. 2nd WCPEC, Vienna, July 6-10, 3568（1998）

第1章　CIS太陽電池の基礎

1　CIS太陽電池とは

和田隆博*

1.1　CIS太陽電池の特徴

　CIS太陽電池は，カルコパイライト型構造を持つI-III-VI$_2$族化合物半導体の一種であるCuInSe$_2$(CIS)を光吸収層に用いる。CISの禁制帯幅（E_g）は1eVと太陽光の吸収に最適な1.4eVに比較して少し小さいので，通常E_gが1.6eVのCuGaSe$_2$との固溶体であるCu(In, Ga)Se$_2$（CIGS）が用いられる。しかし，この章では，Gaが含まれているかどうかにかかわらずすべてCIS太陽電池と記載した。

　CISは直接遷移型半導体で，図1に示すようにSiに比較して1桁以上も光吸収係数が大きく，

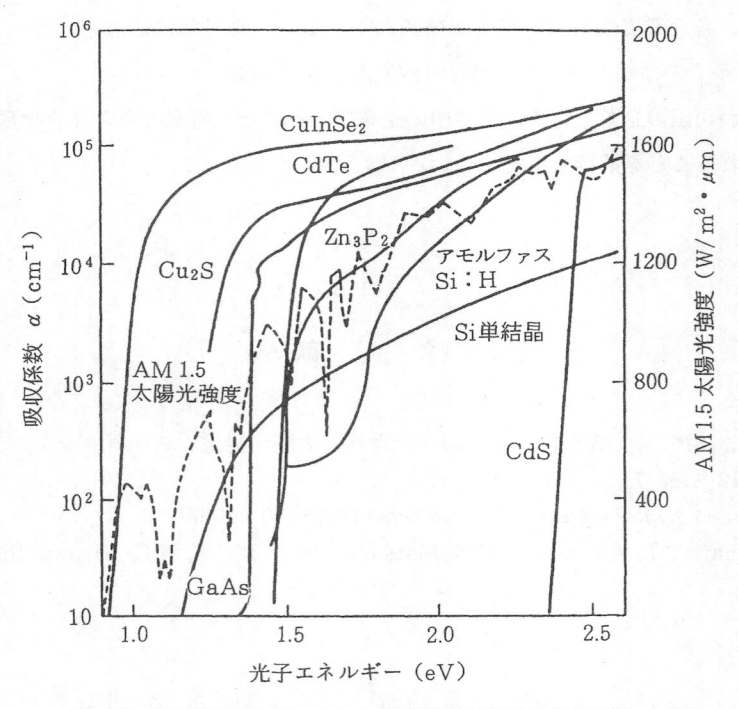

図1　太陽電池に用いられる代表的な材料の光吸収係数

---

　*　Takahiro Wada　龍谷大学　理工学部　教授

第 1 章　CIS 太陽電池の基礎

表 1　CIS 太陽電池の開発経過

1974	Bell 研：蒸着 CdS/ 単結晶 CIS（効率 = 12%）
1976	Maine 大：蒸着 CdS/2 元蒸着 CIS（CIS + Se）
1978	SERI（NREL）と DOE の支援のもとに Boeing 社が CIS 太陽電池の研究をスタート
1980	Boeing：ZnO/(Cd,Zn)S/CIGS/Mo/ アルミナ（効率 = 10%） CIGS：多元蒸着 "bi-layer process"，Mo：スパッタリング
1986	ARCO：ZnO/CdS/CIS(Ga)/Mo/glass（効率 = 14%） CIS(Ga)：セレン化，極薄 CdS：CBD，テクスチャー ZnO：CVD
1992	Euro-CIS：MgF$_2$/ZnO/CdS/CIS(Ga)/Mo/glass（効率 = 15%） CIS(Ga)：多元蒸着，基板温度：～550℃，基板：ソーダライムガラス
1994	NREL：MgF$_2$/ZnO/CdS/CIGS/Mo/glass（効率 = 16%） CIGS：蒸着 "three stage process"
1995	松下：MgF$_2$/ITO/ZnO/CdS/CIGS/Mo/glass（効率 = 17%） CIGS：蒸着 "three stage process" + 組成モニター
1996	東工大：ZnO/Zn-In-Se/CIGS/Mo/glass　CIGS：蒸着，Zn-In-Se：蒸着（効率 = 14%） 昭和シェル石油：ZnO/Zn-O-S/CIGSS/Mo/glass　CIGSS：セレン化，Zn-O-S：CBD
1998	SSI：CIS 太陽電池モジュール販売　CIS：セレン化 NREL，龍谷大・松下　CBD-CdS/CIS 太陽電池の接合モデルを提案
2000	Global Solar：フレキシブル CIGS 太陽電池モジュール試験販売　CIGS：多元蒸着法 Würth Solar：CIGS 太陽電池モジュール量産　CIGS：多元蒸着法
2003	ホンダエンジニアリング：CIS 太陽電池モジュール試験販売
2005	産総研：水蒸気添加による CIGS 膜の高品質化　CIGS：蒸着（効率 = 18.1%）
2007	昭和シェル石油：CIGS 太陽電池モジュール量産開始　CIGSS：セレン化法

薄膜太陽電池材料として優れている。

CIS 太陽電池の特徴は以下のようにまとめられる[1]。

(1) 比較的低温（350～550℃）で CIS 膜を形成する事が出来るので，ソーダライムガラス等の低コスト基板を用いることが出来る。
(2) 多結晶薄膜太陽電池の中では変換効率が最も高く，小面積セルで約 20% が達成されている。
(3) 化合物半導体を用いているので長期間の使用に対して安定である。
(4) 可視光をほとんどの波長領域で吸収するので，色が黒く屋根材としての意匠性に優れている。

しかし，CIS 太陽電池は 4 成分以上の多元系化合物半導体を用いていることから，薄膜形成の際の精密な組成制御が必要で，小面積セルの変換効率に比較して，大面積モジュールの変換効率は低く，まだ 15% が達成されていない。

1.2　CIS 太陽電池の開発の歴史[2]

CIS 太陽電池に関する主な出来事を表 1 に示した。1974 年にベル研究所（米）で CIS 単結晶と

化合物薄膜太陽電池の最新技術

図2 1998年にNRELの屋外暴露サイトにSSIが設置した1kWのCIS太陽電池モジュール

CdS蒸着層を用いたCdS/CISヘテロ接合太陽電池が発明された。1976年にはCIS光吸収層を薄膜化した全薄膜CdS/CIS太陽電池が試作され，1980年にはボーイング(米)が3元同時蒸着法を用いてCIS層を形成して，変換効率10%を達成した。

1980年代になるとアルコソーラー(米)［シーメンスソーラー(SSI)社を経てシェルソーラー(SS)社］がセレン化法によるCIS膜の形成技術を開発して，大面積薄膜の作製を可能にした。この時に，ソーダライムガラス基板，Mo裏面電極，CdS極薄膜の使用等，CIS太陽電池の原型が開発された。彼らは，1980年代後半にCIS太陽電池モジュールを試作し，米国の国立再生可能エネルギー研究所（NREL）で屋外暴露試験を開始した。図2に1998年にNRELの屋外暴露サイトにシーメンスソーラーが設置した1kWのCIS太陽電池モジュールの写真を示した。

欧州のCIS太陽電池の開発は1980年代中頃からスツットガルト大(独)を中心としたEuro-CISグループとして開始した。主な手法はボーイング社の開発した多元蒸着法である。彼らの寄与としては，基板温度をソーダライムガラスの限界近傍の550℃程度まで高くしたこと，そのことによりNa効果（CIS薄膜の形成中にソーダライムガラス基板からNaがMo層を通過してCIS膜まで拡散し，それがCIS太陽電池の変換効率向上に働く効果）を見いだしたこと，また一つの基板上にCu/In比を連続的に変化させたCIS膜を作製して（この手法は今日のコンビナトリアルによる材料開発手法の一種と考えられる），Cu/In比と太陽電池特性の関係を明らかにしたこと，等が挙げられる。彼らは1992年に変換効率15%を達成し，その技術は，ドイツの研究機関ZSW(独)を経てWürth Solar社(独)に引き継がれている。

日本におけるCIS太陽電池の本格的な研究開発は，太陽光発電研究組合が設立された1990年からサンシャイン計画のもとでスタートした。最初の5年は欧米技術のキャッチアップ研究が中

第 1 章　CIS 太陽電池の基礎

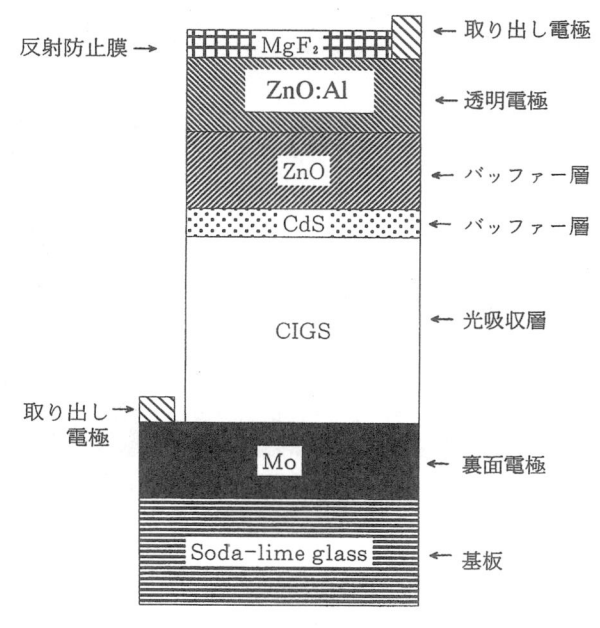

図3　CIS 太陽電池のデバイス構造

心であったが，1995 年以降に世界的に注目される研究成果が得られるようになった。CIS 太陽電池のモジュール開発は，多元蒸着法を松下電器が，セレン化法を昭和シェル石油が担当した。その中で，松下電器が開発した多元蒸着法での組成制御技術や結晶成長機構に関する研究，昭和シェル石油が開発した化学析出法による Zn-O-S 系バッファー層の開発，東工大の蒸着法による Cd を含まないバッファー層に関する先駆的研究，最近では産総研の水蒸気添加による CIS 膜の高品質化等が内外から注目された。

　現在，欧州，米国，日本で，それぞれの地域の特徴を生かした研究開発が行われており，PVSEC や WCPEC 等の太陽光発電に関する全分野を対象とする国際会議以外に，MRS（米国材料学会）や E-MRS（欧州材料学会）で，CIS や CdTe 等の化合物薄膜太陽電池に関するシンポジウムを毎年開催している。それらシンポジウムには日本の研究者もオーガナイザーや講演者として貢献している。最近では，日本においても日本学術振興会 産学協力研究委員会「次世代の太陽光発電システム第175委員会」（委員長：小長井 誠 東工大教授）が国際ワークショップを開催して，国外からこの分野の研究者を招待して，国内研究者との議論を深めている。

1.3　CIS 太陽電池のデバイス構造

　高効率 CIS 太陽電池に採用されているのが，図3に示したサブストレイト型構造である[2]。基

化合物薄膜太陽電池の最新技術

図4 高効率CIS太陽電池の断面透過電子顕微鏡像

板上に裏面電極層があり，その上にCIS光吸収層，バッファー層，透明電極層，取り出し電極という構成である。基板としてはソーダライムガラスが用いられる。裏面電極にはMo，バッファー層にはZnO/CdS，透明電極にはZnO：AlやZnO：B，取り出し電極としてAl/Ni等が用いられる。

一般に，Mo層はスパッタ法，CIS層は多元蒸着法やセレン化法で形成される。これらについては後で詳しく述べる。CdS層は化学析出（Chemical Bath Deposition：CBD）法，透明導電膜はスパッタ法やCVD（Chemical Vapor Deposition）法で形成される。

図4に高効率CIS太陽電池の断面透過電子顕微鏡像を示す[3]。このCIS膜は高効率太陽電池に標準的に用いられている「三段階法」で形成した。結晶粒径は膜厚以上であり，結晶粒の内部には双晶等の結晶欠陥がほとんど観察されず，CIS膜の表面が比較的平滑であるのが特徴である。この太陽電池はその当時の世界最高レベルの変換効率17%を示した。

1.4 CIS太陽電池のバンドプロファイル

図5にCIS太陽電池に一般的に用いられるZnO/CdS/Cu(In, Ga)Se$_2$構造のバンド図を示した[4]。CIGS層は禁制帯1.2eVを持つp形半導体，CdSは禁制帯2.4eVのn形半導体，ZnOは禁制帯3.2eVのn$^+$形層と想定されている。このバンド図ではCIGS層の表面が少しn形化している。このn形化については，CIGS膜の表面に存在するCu(In, Ga)$_3$Se$_5$によるという考え方[5]と，CIGS膜の上にCBD法でCdS層を形成する際に，CIGS膜の表面にCdがドーピングされ，n形化するという2つのモデルが提案されている[6, 7]。

第 1 章　CIS 太陽電池の基礎

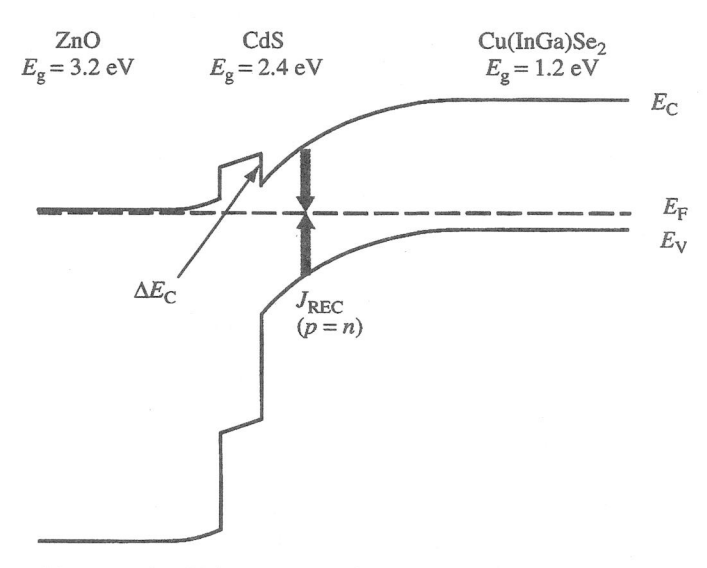

図 5　CIS 太陽電池に用いられる ZnO/CdS/CIGS 構造のバンド図

　太陽電池特性に影響が大きいのが伝導帯のオフセット ΔE_c である。CdS の最低非占有軌道（CBM）は CIGS の CBM よりも高くなり，伝導帯のオフセット ΔE_c は ＋ 0.3eV である。また，ZnO と CdS 層の伝導帯のオフセット ΔE_c は － 0.3eV である。このようなバンド図については，光電子分光法と逆光電子分光法を用いて精密な解析が行われるようになった[8]。

　十分に研究が行われていないのが図 5 のバンド図では表示されていない CIGS 層と Mo 層の界面である。従来の研究から，$CuInSe_2$ 単結晶の（011）面と Mo の界面はオーミック接触にはならずに，ショットキー型接合になることが指摘されていた[9]。筆者らは図 4 に示したような CIGS 太陽電池の断面微構造を詳細に解析することで，CIGS 層と Mo 層の界面に $MoSe_2$ 層が存在していることを見いだした[10]。$MoSe_2$ は，Mo 上に CIGS 膜を形成する際に，自然に界面に形成される。$MoSe_2$ 層の厚さは Mo や CIGS の形成条件によって大きく変化し，$MoSe_2$ 層が存在しないと CIGS 太陽電池の特性は大きく低下する[11]。また，筆者らが以前行って非常に有効であった In-S 処理については，CIGS 表面を硫化することは分かっているが[12]，デバイスのバンド構造に与える効果については十分に理解されていない。

1.5　CIS 太陽電池の高効率化

　CIS 太陽電池の高効率化の課題は，開放端電圧（V_{oc}）を大きくすることである。図 6 に示すように CIGS 光吸収層の禁制帯幅 E_g は 1.2eV までは，V_{oc} はほぼ直線的に増大する。しかし，V_{oc} の増大は E_g ＝ 1.2eV のところで折れ曲がり，傾きが小さくなる。この V_{oc} の折れ曲がりによ

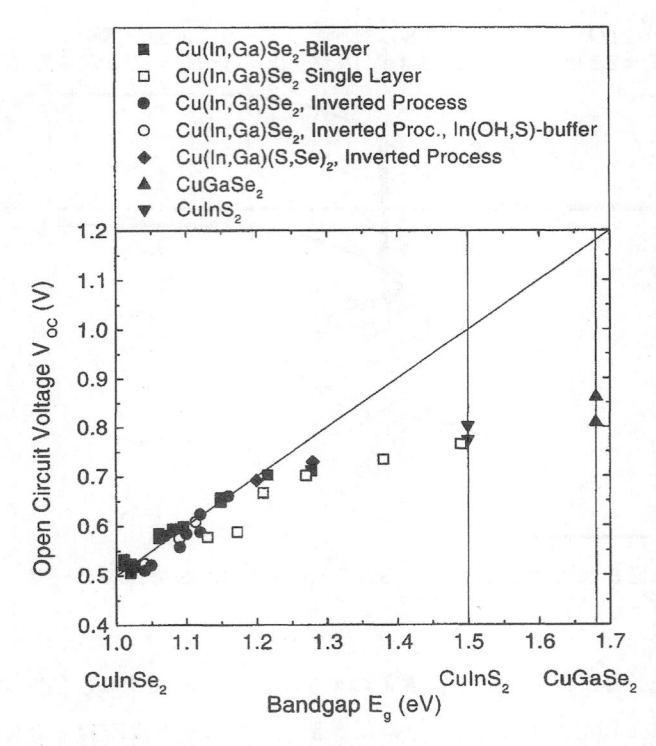

図6 各種CIS太陽電池の光吸収層の禁制帯幅E_gと開放端電圧V_{oc}の関係

り，CIS太陽電池の変換効率の最高はE_gが1.15～1.2eV（Ga／(In＋Ga)＝0.2～0.3に相当）で得られる[13]。このV_{oc}の折れ曲がりの理由として，CIGS膜のGa濃度が高くなると図5で示したバッファー層の伝導帯がCIGS膜の伝導帯よりも低くなり，ΔE_cが負の値になることで，効率よく電力変換出来なくなるモデルが提案されている。理論的には図5で示したように伝導帯のオフセットΔE_cが正の場合は界面での再結合を考えなくてよく，ΔE_cが負の場合はバッファー層とCIGS界面での再結合が効くようになることが知られている[14]。現在，このメカニズムが最も信頼性が高いと思われているが，それ以外に，①Ga濃度が高くなるとCIGS膜の結晶粒が小さくなり，結晶性の低下や結晶粒界の効果によりキャリアの再結合が増大する，②Ga量が増加するとCdやZnの2価元素をドーピングしてもCIGS膜の表面がn形化しない，等のメカニズムも提案されている。

1.6 CIS薄膜の形成方法

1.6.1 多元蒸着法

CIS太陽電池に求められるのは定比から若干In過剰の組成を有するp型のCIGS膜で，高効

第1章　CIS太陽電池の基礎

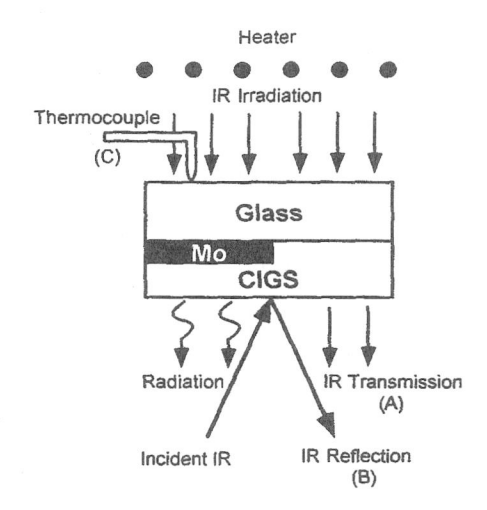

図7　松下電器が開発したCIGS膜の組成モニター法の原理を示した模式図

率CIS太陽電池では多元蒸着法，特にNRELが開発した"3段階法"が用いられる。3段階法では1層目にIn，Ga，Seを蒸着して$(In,Ga)_2Se_3$膜を形成し，次にCuとSeのみを供給して膜全体の組成がCu過剰組成（Cu/(In + Ga) > 1）にし，最後に再びIn，Ga，Seフラックスを照射し，膜の最終組成が(In,Ga)過剰組成（Cu/(In + Ga) < 1）にする。このように，3段階法ではCIGS薄膜を形成する各段階での組成制御が非常に重要である。筆者らは多元蒸着法で形成しているCIGS膜の化学組成がCu過剰であるか(In + Ga)過剰であるかを判定する組成モニター法を開発した[1]。この組成モニター法の原理を示した模式図を図7に示す。この方法は，CIGS膜がCu過剰組成になると輻射能の大きいCu_2Seが不純物として膜の表面に偏析し，その効果により膜全体の温度が低下する現象を利用したものである。この方法を用いると蒸着元素の切り替えを正確に行うことが出来るので，歩留まり良く高効率太陽電池が得られるようになる。そのため，この方法はNREL等の海外の研究機関でも用いられている[15]。産総研ではこの組成モニター法を発展させ，CIGS膜の表面温度を直接赤外線温度計を用いて測定する方法やレーザ光を成長している膜の表面に照射し，反射光を測定することにより，CIGS膜の表面状態を分析する技術を開発している[16, 17]。

1.6.2　セレン化法[18]

1980年代にアルコソーラー社(米)が開発したCIS膜の形成方法である。セレン化法ではまずMo裏面電極の上にCuとInの積層膜をスパッタ法で形成する。その積層膜をH_2Seガス中で熱処理することでそれらの金属とSeを反応させてCIS膜を得る。昭和シェル石油では光吸収層のバンドギャップ拡大のためにCu-Ga合金をターゲットに用いて基板側にGaを導入し，H_2Seガ

ス処理の最終工程で H_2S ガスに切り替えて，CIGS 膜の表面に S を導入している。セレン化法は多元蒸着法と比較して広い面積で均一な CIGS 膜を形成するのに適している。しかし，大学等でプロセスの研究を行う際には，H_2Se ガスの毒性が高いのが問題である。

　AVANCIS(独)(元シェルソーラー社) は，RTP (Rapid Thermal Processing) 法による CIGS 膜の製造法を開発している。この方法では Mo 裏面電極の上に Se/In/Cu(Ga)積層膜を形成する。その積層膜を RTP 処理することで CIGS 膜を得る。この方法でも基板側に Ga が偏析して，CIGS 光吸収層の深さ方向に極端なバンドギャップ分布の傾斜が生じる。そこでかれらは H_2S ガス中で RTP 処理を行うことで，CIGS 膜の表面近傍に S を導入して，CIGS 光吸収層近傍のバンドギャップの拡大を行っている。AVANCIS は昨年 20MW/年の工場を建設し，2008 年からの生産開始を発表している。

文　献

1) 和田隆博，機能材料，**16**(2)，42 (1996)
2) 和田隆博 (濱川圭弘編)，太陽光発電－最新の技術とシステム－，2.8「CIS 系太陽電池」，シーエムシー出版，東京 (2000)
3) 和田隆博 (日本表面科学会編)，図解 薄膜技術，4.7.3「カルコパイライト」，培風館，東京 (1999)
4) W. N. Shafarman and L. Stolt (Ed. by A. Luque and S. Hegedus), Handbook of Photovoltaic Science and Engineering, Chap.13 "Cu(InGa)Se$_2$ Solar Cells," John Wiley & Sons, Inc., USA (2003)
5) R. Klenk, *Thin Solid Films,* **387**, 135 (2001)
6) K. Ramanathan *et al.*, Proc. 2nd World Conference and Exhibition on Photovoltaic Solar Energy Conversion, 477 (1998)
7) T. Wada *et al.*, Proc. 2nd World Conference and Exhibition on Photovoltaic Solar Energy Conversion, 403 (1998)
8) N. Terada *et al., Thin Solid Films,* **480**, 183 (2005)
9) W. Jaegermann, T. Loher and C. Pettenkofer, *Cryst. Res. Technol.*, **31**, S273 (1996)
10) T. Wada *et al., Jpn. J. Appl. Phys.,* **35**, L1253 (1996)
11) T. Wada *et al., Thin Solid Films,* **387**, 118 (2001)
12) T. Wada *et al, Solar Energy Materials and Solar Cells,* **67**, 305 (2001)
13) R. Herberhortz *et al., Solar Energy Materials and Solar Cells,* **49**, 227 (1997)
14) 峯元高志，私信
15) J. AbuShama *et al., Mater. Res. Soc. Symp. Proc.,* 668 (Ⅱ-Ⅵ Compound Semiconductor

Photovoltaic Materials）H7.2（2001）
16) K. Sakurai *et al., Thin Solid Films,* **431-432**, 6（2003）
17) K. Sakurai *et al., Thin Solid Films,* **480-481**, 367（2005）
18) 櫛屋勝巳，薄膜太陽電池の基礎と応用（小長井誠編），5章3節「CIGS太陽電池の量産化技術」，オーム社，東京（2001）

2 CuInSe₂ の電子構造と格子欠陥

前田　毅[*1]，和田隆博[*2]

2.1 CuInSe₂ および関連化合物の結晶構造

　CuInSe$_2$ の結晶構造はカルコパイライト（黄銅鉱）型と言われる。カルコパイライト型構造の基本はスファレライト（セン亜鉛鉱）型構造である。スファレライト型の CuInSe$_2$ では Se が立方最密充填して，Se の造る4面体サイトの半分を Cu と In が不規則的に占有する構造である。従って，スファレライト型構造は立方晶系に属している。カルコパイライト型 CuInSe$_2$ とスファレライト型 ZnSe の結晶構造を比較して図1（a）と（b）に示した。また，ZnSe と CuInSe$_2$ の結晶構造データを比較して表1に示した。ZnSe の場合には，カチオンは1種類しかないので Zn は Se の造る4面体サイトに入り，Se も等距離にある4個の Zn に囲まれる。それに対して，カルコパイライト型 CuInSe$_2$ の場合には Cu や In は Zn と同様に Se の造る4面体サイトに入るが，Se は2個の Cu と2個の In に囲まれる。それで，Cu と In では原子半径（共有結合半径）に差があるので Cu-Se と In-Se の距離に違いが生じる。Cu と Se の最近接距離を $R_{Cu\text{-}Se}$, In と Se の最近接距離を $R_{In\text{-}Se}$ とすると，それらは結晶データと次のように関係づけられる。ここで，u は

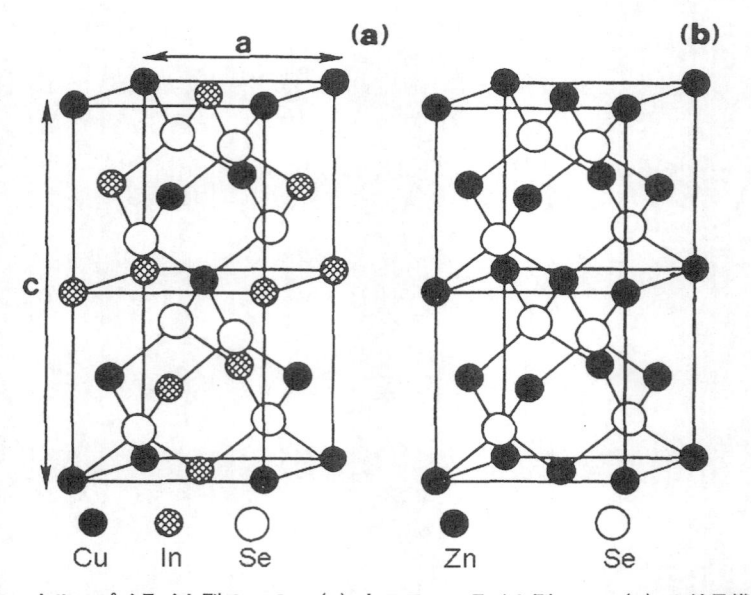

図1　カルコパイライト型 CuInSe$_2$（a）とスファレライト型 ZnSe（b）の結晶構造

[*1] Tsuyoshi Maeda　龍谷大学　理工学部
[*2] Takahiro Wada　龍谷大学　理工学部　教授

第 1 章　CIS 太陽電池の基礎

表 1　$CuInSe_2$ および ZnSe の結晶構造データの比較

$CuInSe_2$（カルコパイライト型）

結晶系：正方晶系，空間群：$I\bar{4}2d$

格子定数：$a = 5.7810(13)$ Å, $c = 11.6422(3)$ Å, $c/2a(\eta) = 1.007$, $Z = 4$

サイト	原子	X	Y	Z
4a	Cu	0.0	0.0	0.0
4b	In	0.0	0.0	1/2
8d	Se	$u = 0.226$	1/4	1/8

ZnSe（スファレライト型）

結晶系：立方晶系，空間群：$F\bar{4}3m$

格子定数：$a = 5.687(1)$ Å

サイト	原子	X	Y	Z
4a	Zn	0	0	0
4c	Se	1/4	1/4	1/4

Se の x 座標，η は $c/2a$ 比である。

$$R_{Cu-Se} = [u^2 + (1 + \eta^2)/16]^{1/2} a$$

$$R_{In-Se} = [(u - 1/2)^2 + (1 + \eta^2)/16]^{1/2} a$$

それで，$u - 1/4 = (R^2_{Cu-Se} - R^2_{In-Se})/a^2$ は Cu-Se と In-Se の化学結合の違いの程度を表していると考えられる。従って，カルコパイライト型構造を持つ化合物の結晶構造を比較する際には，単に格子定数 a, c の大きさだけを比べるのではなく，$c/2a$ に相当する η と Se の x 座標 u に注目する必要がある。

2.2　第一原理計算による $CuInSe_2$ および関連カルコパイライト型化合物の電子構造の評価

2.2.1　はじめに

　米国の国立再生可能エネルギー研究所（NREL）の Zunger のグループはカルコパイライト型化合物の電子構造について 1980 年代から幅広く研究を行い，理論面から CIS 太陽電池の開発を支えてきた[1]。私たちも 5 年程前から CIS 太陽電池に用いられる材料について理論計算を行ってきたので，ここではその結果について紹介する。

2.2.2　計算方法

　密度汎関数理論に基づく平面波基底擬ポテンシャル法を用いた第一原理計算により薄膜太陽電

表2 GGA関数を用いた計算で求めた各種カルコパイライト化合物の結晶構造パラメーター a, c および $u(X)$

	a(Å)			c(Å)			c/a	$u(X)$
	理論値	実験値	誤差	理論値	実験値	誤差		
$CuInSe_2$	5.836	5.782	+0.9%	11.657	11.60	+0.3%	2.00	0.221
$CuGaSe_2$	5.609	5.614	−0.1%	11.147	11.022	+1.1%	1.98	0.244
$CuAlSe_2$	5.561	5.606	−0.8%	10.973	10.901	+0.7%	1.97	0.257
$AgInSe_2$	6.123	6.090	+0.5%	11.952	11.67	+2.4%	1.95	0.250
$AgGaSe_2$	5.972	5.973	−0.1%	11.204	10.88	+3.0%	1.88	0.276
$AgAlSe_2$	5.915	5.956	−0.7%	10.982	10.75	+2.2%	1.86	0.285
$CuInS_2$	5.549	5.52	+0.5%	11.173	11.06	+1.0%	2.01	0.217
$CuGaS_2$	5.327	5.35	−0.4%	10.585	10.47	+1.1%	1.99	0.246
$CuAlS_2$	5.267	5.31	−0.8%	10.416	10.42	+0.0%	1.98	0.259

池の光吸収層として用いられている $CuInSe_2$ および関連カルコパイライト型化合物の電子構造 ABX_2 (A = Cu, Ag, B = In, Ga, Al, X = Se, S) の電子構造の評価を行った。はじめに，計算プログラムとしてCASTEP (Cambrige Serial Total Energy Package) を用いた。このコードは密度汎関数法に基づいており，波動関数を平面波展開，原子核，内殻電子の影響を擬ポテンシャルとして近似して価電子のみ計算するのが特徴である。最初に全エネルギーを極小化することでカルコパイライト型構造の格子定数 a, c および原子 X の x 座標である $u(X)$ を最適化し，T = 0K で最も安定な構造を得た。その後，得られた安定構造に対するバンド構造および状態密度を計算し，バンドギャップの値を評価した。また，状態密度から価電子帯の上端（VBM：Valence band maximum）および伝導帯の下端（CBM：Conduction band minimum）の軌道を決定した。構造最適化および電子構造はカルコパイライト型の単位格子（$\overline{I42}d$）を用いて計算した。原子に対する全ての残留力（residual force）が0.01eV/Å以下になるように原子の位置を最適化した。また，バンドギャップ値を評価するために，様々な擬ポテンシャルおよび交換相関ポテンシャルを用いて計算し，得られた結果を比較した。擬ポテンシャルとしてはウルトラソフト型擬ポテンシャルおよびノルム保存型擬ポテンシャル，交換-相関関数は一般化勾配近似（GGA：Generalized gradient approximation）と局所密度近似（LDA：Local density approximation）を用いた[2,3]。さらに，禁制帯幅を正確に評価するために，電子交換に遮蔽の効果を取り入れた sX-LDA（screened exchange LDA）を用いた計算も行った[4]。

2.2.3 各種カルコパイライト型化合物の格子定数

表2にGGA関数を用いて求めた各種カルコパイライト化合物の格子定数 a, c および $u(X)$ を

表3 カルコパイライト化合物 ABX_2(A＝Cu，Ag，B＝In，Ga，Al，X＝Se，S) の価電子帯および伝導帯を構成している軌道およびバンドギャップの計算値と実験値の比較

	構成している軌道		Band gap(eV)		
	VBM	CBM	Theoretical	Experimental	Error
$CuInSe_2$	Cu 3d ＋ Se 4p	In 5s ＋ Se 4p	0.04	1.04	－1.00
$CuGaSe_2$	Cu 3d ＋ Se 4p	Ga 4s ＋ Se 4p	0.14	1.68	－1.54
$CuAlSe_2$	Cu 3d ＋ Se 4p	Al 3s ＋ Se 4p	1.11	2.67	－1.56
$AgInSe_2$	Ag 4d ＋ Se 4p	In 5s ＋ Se 4p	0.13	1.24	－1.11
$AgGaSe_2$	Ag 4d ＋ Se 4p	Ga 4s ＋ Se 4p	0.35	1.83	－1.48
$AgAlSe_2$	Ag 4d ＋ Se 4p	Al 3s ＋ Se 4p	1.35	2.55	－1.20
$CuInS_2$	Cu 3d ＋ S 3p	In 5s ＋ S 3p	0.04	1.53	－1.49
$CuGaS_2$	Cu 3d ＋ S 3p	Ga 4s ＋ S 3p	0.90	2.43	－1.53
$CuAlS_2$	Cu 3d ＋ S 3p	Al 3s ＋ S 3p	2.05	3.49	－1.44

示した。$CuInSe_2$ に対して得られた格子定数は $a = 5.836$Å，$c = 11.657$Å，$u(Se) = 0.221$ であり，実験値 $a = 5.782$Å，$c = 11.620$Å，$u(Se) = 0.235$ とよく一致している。同様に，計算で求めた他のカルコパイライト型化合物の格子定数の理論値も ±3.0％ 以内の誤差で実験値を再現した。CIS において c/a の値は 2.00 であり，c 軸が a 軸の 2 倍であるが，$CuGaSe_2$(CGS) および $CuAlSe_2$(CAS) の c/a の値は 1.98，1.97 と c 軸が a 軸の 2 倍よりも少し短くなった。また，Ag 系カルコパイライト型化合物の c/a の値が Cu 系カルコパイライト型化合物の値と比較して小さくなる傾向も再現され，$u(X)$ の理論値も対応する実験値と良く一致している。

2.2.4 各種カルコパイライト型化合物のバンドギャップ

表3に GGA 関数を用いて求めた各種カルコパイライト型化合物のバンドギャップの理論値および実験値を比較して示した。また，バンドギャップを決めている価電子帯上端（VBM）および伝導帯下端（CBM）の軌道をまとめた。GGA 関数を用いて求めた CIS のバンドギャップの理論値は 0.04eV と対応する実験値の 1.04eV よりも 1.00eV も過小評価されている。同様にして求めた他のカルコパイライト型化合物のバンドギャップの理論値も 1～1.5eV 程度過小評価されている。この結果が示すように，従来の GGA 関数を用いた計算方法では，バンドギャップの理論値は電子交換を厳密に取り扱わないために実験値よりもかなり小さくなり，絶対値を再現することは難しい。しかしながら，$CuInSe_2 \rightarrow CuGaSe_2 \rightarrow CuAlSe_2$ と変化するにつれてバンドギャップが 0.04eV → 0.14eV → 1.11eV と大きくなり，対応する実験値が 1.04eV → 1.68eV → 2.67eV と大きくなる傾向を再現している。同様にして $AgBSe_2$(B＝In，Ga，Al) のバンドギャップの値

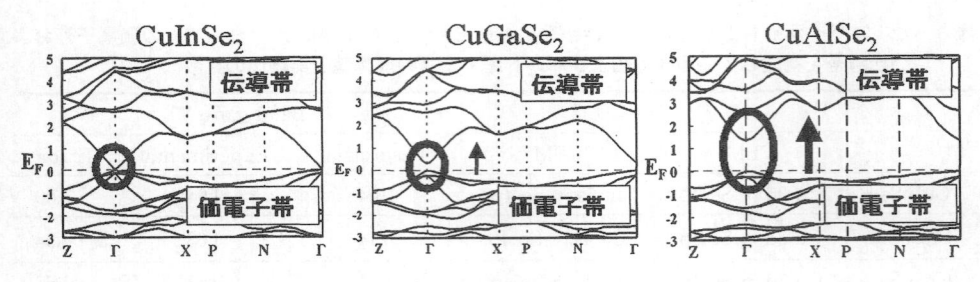

図2 CuInSe$_2$，CuGaSe$_2$ および CuAlSe$_2$ のバンド構造

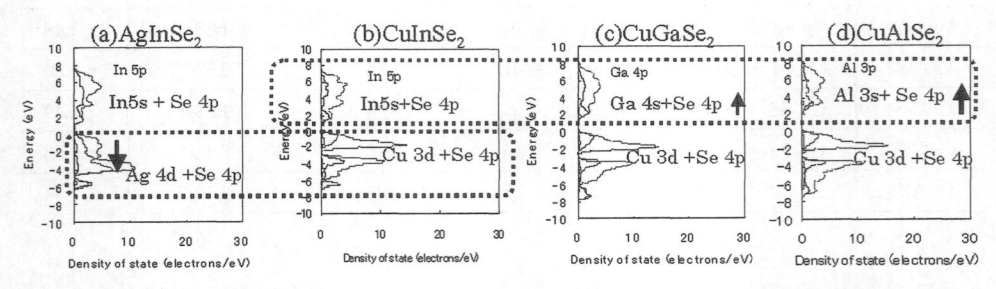

図3 AgInSe$_2$(a) および CuInSe$_2$(b)，CuGaSe$_2$(c)，CuAlSe$_2$(d) の局所状態密度（LDOS）

が対応する CuBSe$_2$ の値よりも大きくなる傾向や，また，セレン系化合物 CuBSe$_2$ のバンドギャップが硫黄系化合物 CuBS$_2$ より小さくなる傾向も再現している。

2.2.5 価電子帯（VBM）および伝導帯（CBM）

図2に CuInSe$_2$，CuGaSe$_2$ および CuAlSe$_2$ のバンド構造を示し，図3に CuInSe$_2$，CuGaSe$_2$，CuAlSe$_2$ および AgInSe$_2$ の局所状態密度（LDOS）を示した。CuInSe$_2$ の価電子帯における最高占有軌道（VBM）は Cu 3d と Se 4p から形成される反結合軌道であり，伝導帯における最低非占有軌道（CBM）は In 5s と Se 4p からなる反結合軌道であった。CuInSe$_2$ における In を In → Ga → Al と変化させると，伝導帯（In 5s + Se 4p）の軌道に大きな影響を与え，In 5s → Ga 4s → Al 3s と高エネルギー側にシフトするため，バンドギャップが増大する。また，化学結合は(In-Se)→(Ga-Se)→(Al-Se) となるに従い，よりイオン結合的になる。それに対して，図3で見られるように CuInSe$_2$ の Cu を Cu → Ag と変化させると，価電子帯（Cu 3d + Se 4p）に大きな影響を与え，Ag 4d 軌道が Cu 3d に対して低エネルギー位置に存在するために，価電子帯のエネルギーが低下して AgInSe$_2$ のバンドギャップは CuInSe$_2$ のバンドギャップよりも大きくなる。また，CuInSe$_2$ の Se を Se → S と変化させると価電子帯および伝導帯の両方に変化が見られ，価電子帯の Se 4p が S 3p になることで低エネルギー側にシフトし，伝導帯の In 5s + Se 4p からなる反結合軌道が In 5s + S 3p になることで高エネルギー側にシフトし，その両方の効果でバンドギャップが増大する。表2にまとめて示したようにカルコパイライト型化合物 ABX$_2$ に

第1章　CIS太陽電池の基礎

表4　GGA関数，LDA関数およびsX-LDA関数を用いて計算したCuInSe$_2$，CuGaSe$_2$およびCuAlSe$_2$のバンドギャップの理論値と実験値

	GGA PBE	LDA	sX-LDA	実験値	sX-LDAと実験値との誤差
CuInSe$_2$	0.04 eV	0.04 eV	0.96 eV	1.04 eV	− 0.08 eV
CuGaSe$_2$	0.14 eV	0.13 eV	1.36 eV	1.68 eV	− 0.32 eV
CuAlSe$_2$	1.11 eV	1.09 eV	2.22 eV	2.67 eV	− 0.45 eV

おいて価電子帯の上端は（A nd + X n'p）から構成され，伝導帯は（B n''s + X n'p）から構成されている。従って，ABX$_2$において元素Aを変化させるとA-X結合が形成する価電子帯に影響を与え，元素Bを変化させると逆にB-X結合が形成する伝導帯に大きな影響を与える。また，元素Xを変化させるとA-XおよびB-Xの両方の結合に影響するため，価電子帯および伝導帯の両方が変化し，それらに対応してバンドギャップも変化する。

2.2.6　sX-LDA（screened exchange LDA）法を用いたバンドギャップの評価[4]

表4にGGA関数，LDA関数およびsX-LDA関数を用いて計算したCuInSe$_2$，CuGaSe$_2$およびCuAlSe$_2$のバンドギャップの理論値および実験値を示した。CISに対して得られたバンドギャップの理論値はGGA，LDAおよびsX-LDAの順にそれぞれ，0.04，0.04，0.96eVとなった。GGAおよびLDAを用いて計算した値が0.04eVとかなり過小評価されているのに対して，sX-LDAを用いて計算した結果は0.96eVと実験値の1.04eVと比較して誤差が0.08eVと非常に小さく，バンドギャップの絶対値の予測に大きな改善が見られる。CGSおよびCASに対するsX-LDA法を用いて計算したバンドギャップの値も1.36eVおよび2.22eVと求まり，実験値である1.68eVおよび2.67eVをかなりの精度で再現した。しかしそれでもそれぞれ−0.32eVおよび−0.45eVの誤差が生じるため，計算で得られた結果を用いて議論する場合には十分に注意する必要がある。また，電子交換を考慮したsX-LDAを用いた計算は非常に長い時間を必要とするために，バンドギャップを正確に求める必要がある場合に限り用いるのが経済的で，従来のようにバンド構造を定性的に評価するための第一原理計算と使い分ける必要があると思われる。

2.3　第一原理計算によるCuInSe$_2$および関連カルコパイライト型化合物の格子欠陥の評価

2.3.1　はじめに

カルコパイライト型構造を持つCuInSe$_2$は3成分系の化合物であるため，空孔，格子間原子，アンチサイトおよび，それらの複合欠陥などが多数存在し，CIS薄膜の電気的特性を支配している。CIS太陽電池に用いられる薄膜はp型伝導性を示し，それは内因性の欠陥に起因している。

NRELのZungerのグループはCISにおける点欠陥の形成エネルギーを計算することでCu空孔が他のIn空孔等と比べ形成されやすいことを明らかにしている[5]。彼らはまた($2V_{Cu} + In_{Cu}$)のような複合欠陥（欠陥対）の形成エネルギーは特に低く，CISにおける$CuIn_3Se_5$や$CuIn_5Se_8$組成の存在を説明した[6]。私たちもZungerらと同様に，第一原理計算を用いてCISにおける各種欠陥の形成エネルギーを計算しているので，その方法と結果について紹介する。

2.3.2 計算方法

カルコパイライト型化合物の点欠陥の形成エネルギーを求める計算では，64原子からなるスーパーセル（カルコパイライト型構造の4倍）を用い，スーパーセルの中心の位置に中性原子空孔を導入し，周期境界条件を満たした。無限希薄空孔濃度をモデル化し，欠陥の導入により，空孔周辺の第一，第二近接原子の局所的構造緩和を考慮した全エネルギー計算を行い，空孔が存在しない完全結晶との全エネルギーの差から点欠陥の形成エネルギーを求めた。$CuInSe_2$におけるCu空孔を式(1)に示すように導入し，点欠陥形成エネルギーを次の式(2)のように定義した（$CuInSe_2$中の他の空孔および，$CuGaSe_2$，$CuAlSe_2$の空孔も同様に定義した）。

中性Cu原子空孔（Cu空孔が導入されている状態）では，

$$Cu_nIn_nSe_{2n} \rightarrow [Cu_{(n-1)}V_{Cu}]In_nSe_{2n} + Cu \tag{1}$$

点欠陥形成エネルギー

$$E_{Formation}(V_{Cu}) = Et[Cu_{(n-1)}In_nSe_{2n}] - Et[Cu_nIn_nSe_{2n}] + \mu_{Cu} \tag{2}$$

$Et[Cu_{(n-1)}In_nSe_{2n}]$：点欠陥を含むスーパーセルの全エネルギー

$Et[Cu_nIn_nSe_{2n}]$：完全結晶スーパーセルの全エネルギー

μ_{Cu}：Cuの化学ポテンシャル

点欠陥形成エネルギーは空孔を形成する元素の化学ポテンシャルに依存しており，この元素の化学ポテンシャルは$CuInSe_2$の存在条件下で周囲の化学環境により，下式を満足しつつ変化する。

$$\mu_{Cu} + \mu_{In} + 2\mu_{Se} = \mu_{CuInSe_2} \tag{3}$$

ここで，図4に示したCu-B-Se系3元状態図における各熱力学的条件（点1～5）での構成元素の化学ポテンシャルを求めるために，次の参照物質についても全エネルギー計算を行った。

(1) 構成元素単体（Cu, Al, Ga, In, Se）
(2) 参照化合物（Cu_2Se, Al_2Se_3, Ga_2Se_3, In_2Se_3）
(3) カルコパイライト化合物（$CuBSe_2$, B = Al, Ga, In）

本研究における計算は全て密度汎関数理論に基づく平面波基底第一原理擬ポテンシャル法を用い，交換相関ポテンシャルとして一般化勾配近似（GGA）を使用した。また，平面波カットオフエネルギーを350eVとして用いた。データの一貫性を保つために同じ計算条件で構造の最適化を行った後，全エネルギー計算を行った[2]。

第 1 章　CIS 太陽電池の基礎

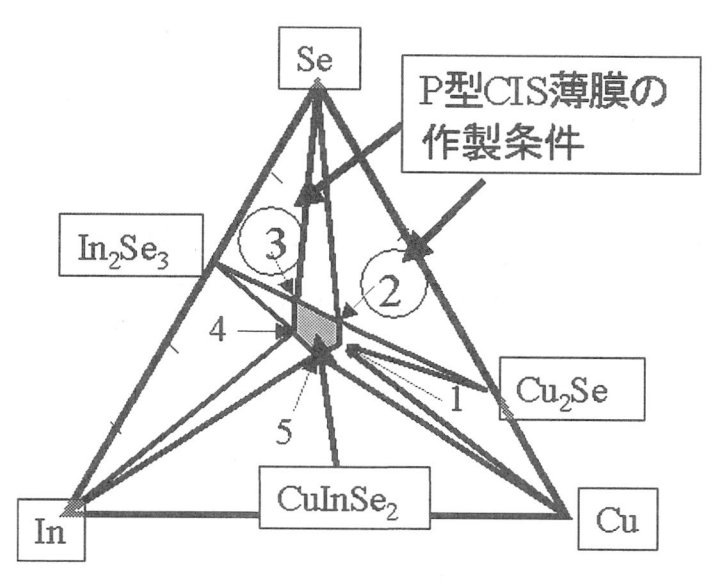

図 4　模式的に示した Cu-B-Se 系 3 元状態図

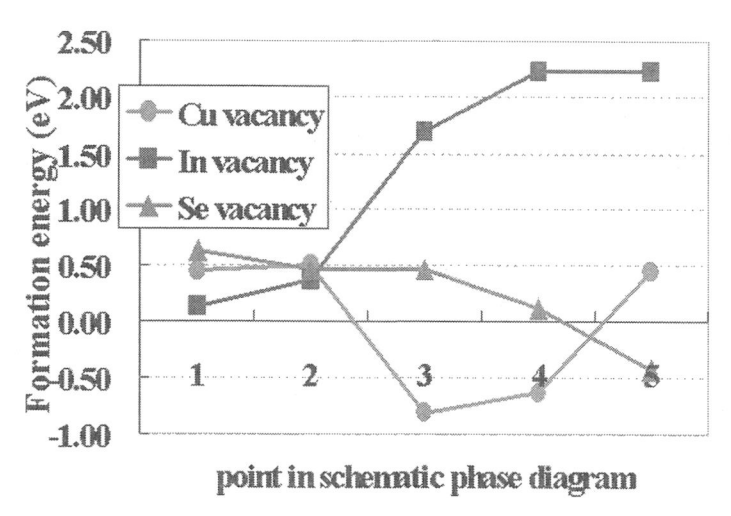

図 5　図 4 に示した Cu-In-Se 系 3 元状態図の 5 つの熱力学的条件における $CuInSe_2$ 中の各種中性空孔の欠陥形成エネルギー

2.3.3　単原子空孔の形成エネルギー

図 4 に示した Cu-In-Se 系 3 元状態図の 5 つの熱力学的条件における $CuInSe_2$ 中の点欠陥形成エネルギーを図 5 に示した。われわれの計算においても Zunger らが報告しているように Cu 空孔の形成エネルギーが In 空孔の形成エネルギーと比較して低い値になった。図 5 に見られるよ

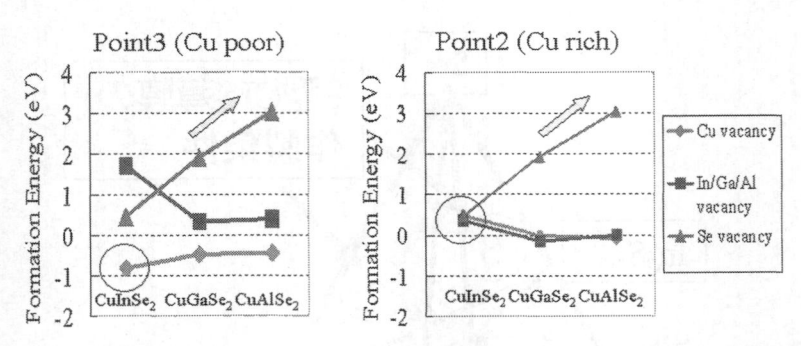

図6 CuInSe$_2$，CuGaSe$_2$，CuAlSe$_2$の点2（CuBSe$_2$がCu$_2$SeおよびSeと共存する）と点3（CuBSe$_2$がIn$_2$Se$_3$およびSeと共存する）におけるCu，B(In，Ga，Al)およびSeの空孔形成エネルギー

うにCuInSe$_2$中でのCu空孔の形成エネルギーは化学ポテンシャルに大きく依存し，Cu過剰の条件下（点1，2，5）よりも，Cu不足である条件下（点3，4）の方が低くなった。この結果はCuInSe$_2$中でCu過剰な条件よりも，Cu不足な条件下でCu空孔が出来やすいことを意味している。

また，状態図の点3つまり，CuInSe$_2$がSeおよびIn$_2$Se$_3$と共存する条件下でCu空孔の形成エネルギーが最も低く，−0.81eVである。点欠陥の形成エネルギーが負の値を示すということは，欠陥を含んだ構造の方が完全結晶より熱力学的に安定であり，自然に欠陥が形成されることを示唆している。このことはCuInSe$_2$薄膜で得られている実験結果と一致しており，太陽電池に用いるp型のCuInSe$_2$薄膜がIn$_2$Se$_3$とSeが共存する条件で作製されることを理論的に裏付けた結果である。

CuInSe$_2$の場合と同様にCuGaSe$_2$やCuAlSe$_2$においても空孔形成エネルギーを評価した。図6にCuInSe$_2$，CuGaSe$_2$，CuAlSe$_2$の太陽電池に用いる薄膜の形成条件である点2（CuBSe$_2$がCu$_2$SeおよびSeと共存する）と点3（CuBSe$_2$がIn$_2$Se$_3$およびSeと共存する）におけるCu，B（＝In，Ga，Al）およびSeの空孔形成エネルギーを示した。CuGaSe$_2$やCuAlSe$_2$においてもCuInSe$_2$と同様の傾向が見られ，Cu空孔の形成エネルギーが最も低くなる。注目すべき点は，CuInSe$_2$のCu空孔の形成エネルギーがCuGaSe$_2$やCuAlSe$_2$と比較して非常に低い事である。このことは，CuInSe$_2$では特にCu空孔が形成されやすく，容易にp型の半導体が得られることと一致している。

次にIn/Ga/Al空孔の形成エネルギーを比較すると，CuGaSe$_2$，CuAlSe$_2$においてはGa/Al空孔の形成エネルギーがCuInSe$_2$におけるIn空孔と比較して非常に低くなり，CuGaSe$_2$，CuAlSe$_2$においてGa/Al空孔が形成されやすいと考えられ，逆にCuInSe$_2$においてIn空孔は形成されにくいといえる。最後にCuInSe$_2$とCuGaSe$_2$，CuAlSe$_2$のSe空孔について比較すると，Se空孔

第1章　CIS太陽電池の基礎

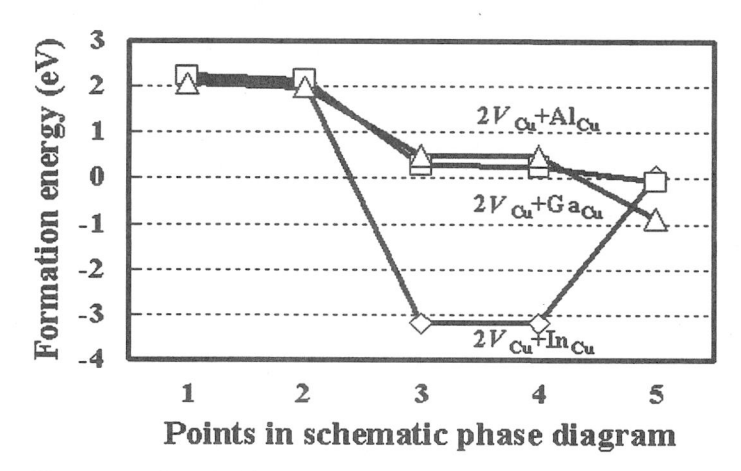

図7　図4で示した5つの熱力学的条件での CuInSe$_2$ における（$2V_{Cu}$ + In$_{Cu}$），CuGaSe$_2$ における（$2V_{Cu}$ + Ga$_{Cu}$）および CuAlSe$_2$ における（$2V_{Cu}$ + Al$_{Cu}$）複合欠陥の形成エネルギー

の形成エネルギーは，点2，点3共に同様の傾向を示し，CuInSe$_2$ において最も低い値となり，CuGaSe$_2$，CuAlSe$_2$ となるにつれて高い値を示している。CuInSe$_2$ では Se 空孔が形成されやすく，CuGaSe$_2$，CuAlSe$_2$ では形成されにくい。

2.3.4　複合欠陥の形成エネルギー

　図4で示した5つの熱力学的条件での CIS における（$2V_{Cu}$ + In$_{Cu}$），CGS における（$2V_{Cu}$ + Ga$_{Cu}$）および CAS における（$2V_{Cu}$ + Al$_{Cu}$）複合欠陥の形成エネルギーを図7に示した。ここで，V_{Cu} は Cu 空孔を示し，In$_{Cu}$，Ga$_{Cu}$ および Al$_{Cu}$ は CIS，CGS および CAS における Cu サイトに置換した In，Ga および Al 原子を示す。（$2V_{Cu}$ + In$_{Cu}$）欠陥対の形成エネルギーは構成原子の化学ポテンシャルに大きく依存する。また，点3および4の Cu 不足組成における（$2V_{Cu}$ + In$_{Cu}$）の形成エネルギー（−3.19eV）は点1や5の Cu 過剰組成（+2.14eV）よりも非常に低い。それに対して CGS における（$2V_{Cu}$ + Ga$_{Cu}$）および CAS における（$2V_{Cu}$ + Al$_{Cu}$）の形成エネルギーは CIS の場合のように構成元素の化学ポテンシャルに大きく依存しない。特に Cu 不足組成では CIS における（$2V_{Cu}$ + In$_{Cu}$）の形成エネルギーが CGS における（$2V_{Cu}$ + Ga$_{Cu}$）および CAS における（$2V_{Cu}$ + Al$_{Cu}$）の形成エネルギーと比較してかなり低い。これらの結果は，CIS において Cu 不足組成で（$2V_{Cu}$ + In$_{Cu}$）欠陥対が容易に形成されることを示している。それに対して，CGS や CAS における（$2V_{Cu}$ + Ga$_{Cu}$）および（$2V_{Cu}$ + Al$_{Cu}$）欠陥対は Cu 不足組成および Cu 過剰組成のいずれの条件でも CIS の場合のように容易に形成されないと考えられる。

文　　献

1) J. E. Jaffe and A. Zunger, *Phys. Rev.,* **B29**, 1882 (1984)
2) T. Maeda and T. Wada, *J. Phys. Chem. Solids,* **66**, 1924 (2005)
3) T. Maeda, T. Takeichi and T. Wada, *phys. stat. sol. (a)*, **203**, 2634 (2006)
4) T. Maeda and T. Wada, 発表予定
5) S. H. Wei, S. B. Zhang and A. Zunger, *Appl. Phys. Lett.,* **72**, 3199 (1998)
6) S. B. Zhang *et al., Phys. Rev.,* **B57**, 9642 (1998)

3 多元蒸着法におけるCIS薄膜の成長機構

和田隆博*

　2007年春に開催されたMRS Spring Meetingで，ドイツのCIS太陽電池開発のリーダーであるH. W. Shock教授が，私たちが以前報告した論文を引用しながら多元蒸着法における$CuInSe_2$薄膜の成長機構の特殊性について指摘した。現在では，$CuInS_2$や$CuGaSe_2$薄膜についての実験結果も蓄積されてきたので，CISの場合と比較することで，CIS薄膜の成長機構の特徴がより明らかにできる段階に達したと思われる。それで，かなり前の研究であるが，我々が行った多元蒸着法におけるCIS薄膜の成長機構に関する研究について紹介し，$CuInS_2$や$CuGaSe_2$との違いについて議論した。

3.1 Cu過剰組成におけるCIS薄膜の成長
3.1.1 はじめに

　多元蒸着法によるCIS薄膜の形成技術は，最初ボーイング社によって開発された。高い変換効率の太陽電池を作製するためには，定比から若干In過剰組成のCIS結晶を大きく成長させる必要がある。ボーイングの方法では，蒸着の始めに基板側のCu-In-Se膜の組成をCu過剰（Cu/In＞1）にし，その後，表面側をIn過剰組成（Cu/In＜1）にする。この方法は通常「バイレイヤー法」と言われる。「バイレイヤー法」はCu過剰組成のCu-In-Se系薄膜ではCISの結晶粒が大きく成長し，基板とCIS結晶の（112）面が平行になるように配向し易いという実験結果に基づいている。

　それで，なぜCu過剰組成でCIS結晶が大きく粒成長するかと言うことについては，Cu過剰組成のCu-In-Se膜中に存在するCu_2Seの上にCIS結晶がエピタキシャル成長すると言われていた。また，Cu過剰の組成ではCuSeが不純物として存在し，それが550℃程度の高温では液体になり，CISの表面を被い，その表面に存在する液層を介して$CuInSe_2$が結晶成長すると言われていた。いわゆるVLS（Vapor-Liquid-Solid）成長である。つまり，Cu-Se系の液層がCISの結晶成長を促進する融剤として働くという考えに基づいている。それまで提案されているモデルは，いずれもCIS薄膜の微構造を観察した結果に基づいたのではなく，間接的方法で得られたデータから，結晶成長モデルを推定したものであった。それで私たちはCu過剰組成のCu-In-Se系薄膜を高分解能透過電子顕微鏡を用いて詳細に観察して，その結果に基づいてCu過剰組成のCu-In-Se薄膜におけるCISの結晶成長モデルについて検討した[1]。

＊　Takahiro Wada　龍谷大学　理工学部　教授

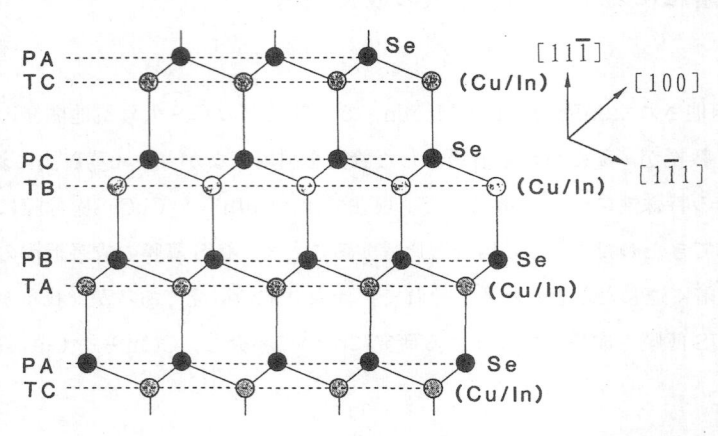

図1 ＜110＞方向から見たときのスファレライト型 CuInSe₂ の投影図

3.1.2 Cu 過剰組成における CuInSe₂ の結晶成長に関係する化合物

(1) **CuInSe₂**

CuInSe₂ の基本構造は，スファレライト型（セン亜鉛鉱型）構造である。これは，Se 原子が立方最密充填して，その Se の造る 4 面体サイトの半分を Cu と In が不規則的に占有する構造である。CIS の基本構造を図 1 に示した。これは，＜110＞方向から眺めたときの投影図である。図の右に，Ho ら[2)]の提案している記号を示す。スファレライト型構造は彼らの提案した記号を用いると以下のように表すことができる。

$$P_A(Se) - T_A(Cu/In) - P_B(Se) - T_B(Cu/In) - P_C(Se) - T_C(Cu/In)$$

スファレライト型構造の CIS は 880℃以下になるとカルコパイライト構造に相転移する。カルコパイライト構造では，Cu と In が規則配置する。つまり，Se 原子が立方最密充填して，Se の造る 4 面体サイトの 1/4 ずつを Cu と In が規則的に占有する。そのため，カルコパイライト型構造の単位胞は立方晶系のスファレライト型構造の単位胞を縦に積み重ねたかたちになる。そのため，カルコパイライト型構造は正方晶系である。図 1 では，T(Cu/In) サイトにおいて＜110＞方向つまり，紙面に垂直な方向に Cu/In/Cu/In と繰り返す。

(2) **Cu₂Se**

$Cu_{2-x}Se$ の結晶構造は，基本的には格子欠損のない Cu_2Se の構造と同様である。Cu_2Se の基本構造は逆蛍石類似構造である。ここでは，Se 原子が立方最密充填して，その Se の造る 4 面体サイトのすべてを Cu が占有する（最近の研究では Cu は Se の造る 4 面体サイトと八面体サイト

第1章　CIS 太陽電池の基礎

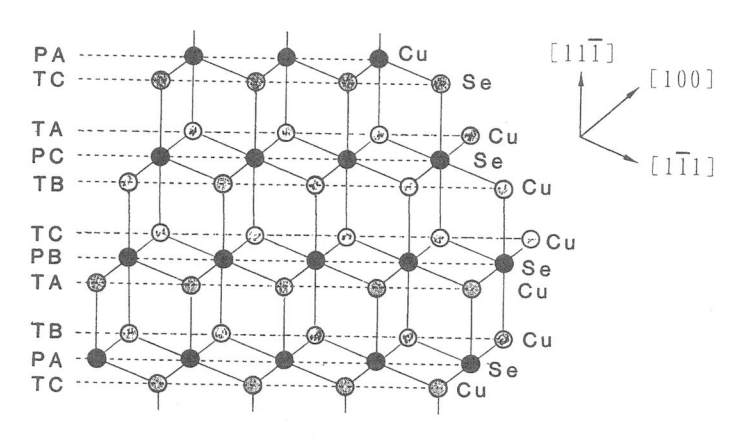

図2　＜110＞方向から見たときの逆蛍石型 Cu₂Se の投影図

の両方を占有する)。逆蛍石型構造は立方晶系に属している。Cu₂Se の基本構造を図2に示した。これは，＜110＞方向から眺めたときの投影図である。CIS の場合と同様に図の右に，Ho らの提案している記号を示す。この結晶構造は

$$P_A(Se) - T_B(Cu) - T_A(Cu) - P_B(Se) - T_C(Cu) - T_B(Cu) - P_C(Se) - T_A(Cu) - T_C(Cu)$$

と繰り返す。この理想的な構造（立方晶系：$a = 5.806Å$）は，120℃以上で安定である。120℃以下になると，正方晶系（$a = 11.52Å$，$c = 11.74Å$）になり，対称性が低下する。

このように CIS の結晶構造と Cu₂Se の結晶構造は類似している。どちらの構造も Se の立方最密充填構造を基本にしている。そして，Cu あるいは In が Se の造る4面体サイトに入る。格子定数も非常に近い。このことは，図1と図2を比較すると明らかである。すなわち，それらの図を重ね合わせると Se 原子はそのまま重なり，Cu も50％重なる。

3.1.3　Cu 過剰組成の CIS 薄膜

多元蒸着法で Cu 過剰組成の CIS 薄膜を形成した。EPMA で分析した組成は Cu：In：Se ＝ 44：12：44（原子％）である。この組成を Cu₂Se と CuInSe₂ の2元系で表すと Cu₂Se：CuInSe₂ ＝ 5：4になり，かなり Cu 過剰組成の試料であることが分かる。RBS 分析から求めた表面近傍（約1000Å付近）の組成は，Cu：In：Se ＝ 47：10：43（原子％），つまり，Cu₂Se：CuInSe₂ ＝ 2：1である。この組成は，EPMA で求めたバルク組成よりもさらに Cu 過剰組成であり，表面付近に Cu₂Se が偏析していることを示唆している。しかし，このように大量に Cu₂Se が不純物として存在しているにもかかわらず，X 線回折図形からは，明確な不純物は確認できない。これは，

化合物薄膜太陽電池の最新技術

図3 SEMによって観察したCu過剰組成のCuInSe$_2$薄膜の表面

Cu$_2$SeのほとんどのX線回折ピークがCISの回折ピークと重なる事による。図3にSEMによって観察したCu過剰組成のCIS薄膜の表面写真を示す。大きな結晶粒が観察されるが、明らかに不純物と認識できるものは見られない。このように、X線回折やSEMによる表面観察からでは、CIS中のCu$_2$Seを見分けることはできない。そのために、他の分析方法が必要で、Raman分光が有効であると言われている[3]。

3.1.4 Cu過剰組成のCuInSe$_2$薄膜の断面TEM観察

図4に表面近傍の断面TEM写真を示した。それぞれの相の同定は微少部EDXを用いて行った。図中に基板と垂直な方向を↑nと示した。図から、偏析したCu$_2$SeがCIS膜の表面に存在するのが分かる。Cu$_2$SeがCIS膜の表面にテーブル状に広がっている。図4の○で示した部分の拡大図を図5に示した。低温相である正方晶系のCu$_2$Seのd$_{111}$に相当する6.8Åの格子像が観察される。興味深いことに、このCu$_2$Seの<111>方向が基板に垂直な方向と一致している。つまり、Cu$_2$Seの[111]面が基板と平行になるように配向していて、その結晶面が表面に出ている。図4に示した断面TEM写真のCu$_2$Seの部分とCIS部分の電子線回折パターンを図6に示した。この2ヶ所の測定の間に、試料は少し位置を変えているが傾斜はさせていない。従って、Cu$_2$Se

第 1 章　CIS 太陽電池の基礎

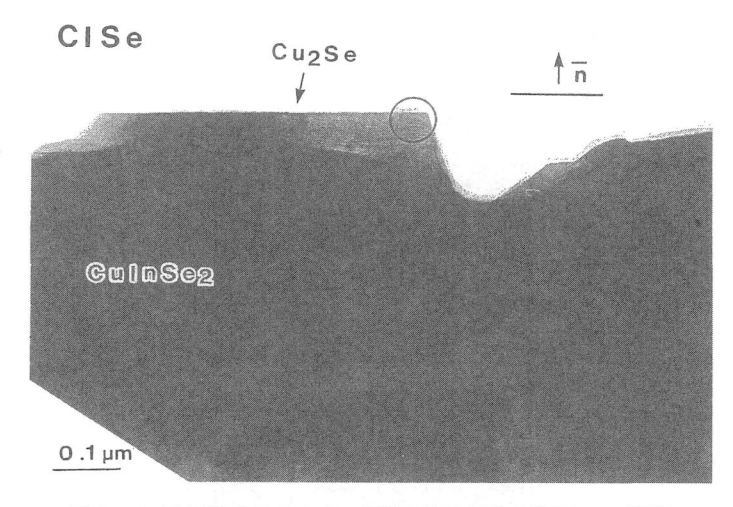

図 4　Cu 過剰組成の CuInSe$_2$ 薄膜の表面近傍の断面 TEM 写真

図 5　図 4 の○で示した部分の拡大写真

と CIS の電子線回折パターンの方位は一致している。上に示した Cu$_2$Se の電子線回折パターンは，擬立方晶系（$a = 11.6$Å，但し，正確には正方晶系，$a = 11.52$Å，$c = 11.74$Å）の構造パラメータに基づいて指数付けした。晶帯軸は［011］である。図 6 の下に示した CIS の電子線回折パターンは，立方晶系のスファレライト相（$a = 5.78$Å）の構造パラメータに基づいて指数付けした。晶帯軸は Cu$_2$Se の場合と同様に［011］である。矢印で示したのは，スファレライト相やカルコパイライト相で観察されない 1/2, 1/2, 1/2 反射に相当する回折点である。この回折点は通常 Cu$_2$Se で見られるものである。Cu$_2$Se と CIS の電子線回折パターンを比較すると，Cu$_2$Se

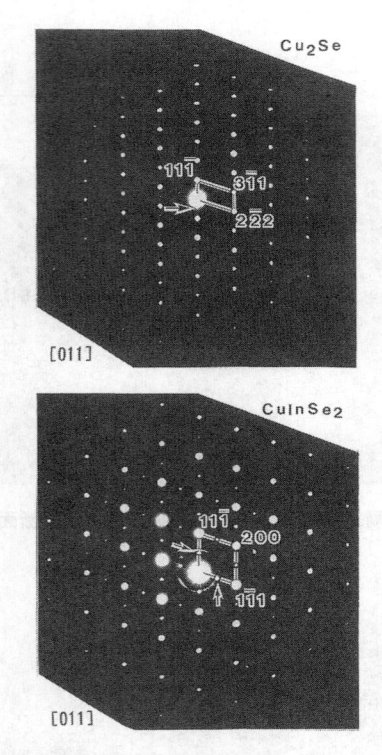

図6 図4に示した断面TEM写真のCu$_2$SeとCuInSe$_2$部分の電子線回折図形

の［011］軸の方位とCISの［011］軸の方位が平行関係にあることが分かる。また，Cu$_2$Seの＜111＞方向とCISの＜111＞方向およびCu$_2$Seの＜222＞方向とCISの＜111＞方向が一致することから，Cu$_2$Seの（111）面とCISの（111）面が平行関係にあることが分かる。つまり，［011］，（111）$_{Cu_2Se}$ ∥ ［011］，（111）$_{CIS}$の方位関係がある。

Cu$_2$Se相とCuInSe$_2$相の界面近傍を高分解能TEM観察すると，表面付近にCu$_2$Se相が存在し，基板側にCIS相が存在することがわかる。そして，それら間の格子像が連続的につながっている。以前報告した論文では，NRELからの報告もあって，Cu$_2$SeとCISの界面にはCuPt相が存在するかもしれないと記載したが，その後Cu-In-Se系でCuPt相に関する報告はなく，Cu$_2$SeもCuPt相と同様に2倍の超格子を持つことから，Cu$_2$SeをCuPtと間違えたものと思われる。

3.1.5 CuInSe$_2$の薄膜成長機構

図7に我々の提案している多元蒸着法でのCu過剰組成領域でのCIS薄膜の成長機構の概念図を示す。CIS結晶は，堆積している薄膜表面に存在するCu-Se系液層を介して成長する。この薄膜成長機構では，薄膜表面の拡大図に示したようにCu-Se系液層が固相のCu$_2$Seと共存し，この固相のCu$_2$Seと表面から拡散してきたInが反応してカルコパイライト型構造を持つ

第 1 章 CIS 太陽電池の基礎

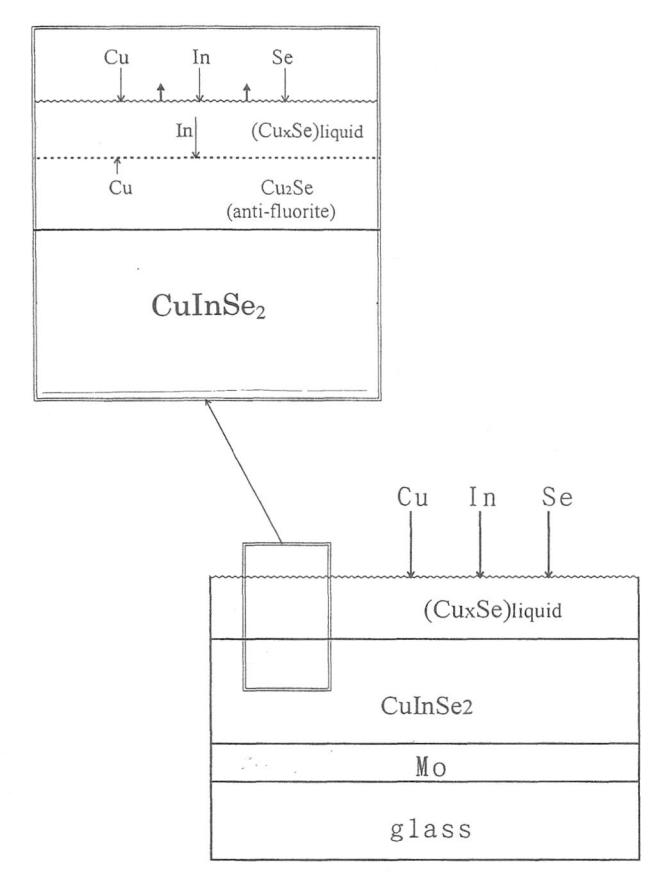

図 7　多元蒸着法での Cu 過剰組成領域での CuInSe$_2$ 結晶の成長機構の概念図

CuInSe$_2$ が生成する。図 6 に示した電子線回折図形やここでは示していないが界面の高分解能 TEM 写真から，Cu$_2$Se と CuInSe$_2$ の間には，3 次元的な結晶学的方位関係が存在することが分かっている。このような出発物と生成物の間に 3 次元的に結晶学的な関係が存在する化学反応のことをトポタクティック反応（Topotactic Reaction）と言い，いくつかの系で報告されている。

図 8 に Cu-Se 系 2 元状態図を示した[4]。この状態図によると，523℃においては，Cu-Se 系の液層が Cu$_2$Se と共存している。また，すでに指摘したように Cu$_2$Se と CIS は結晶構造的にきわめて類似している。その結晶構造の類似性がトポタクティック反応の基礎になる。つまり，逆蛍石類似構造の Cu$_2$Se がカルコパイライト型構造の CIS に変化する場合には，Se の基本配置は立方最密充填構造で変化しない。つまり，結晶構造のフレイムワークは変化しない。Cu については，Cu$_2$Se 中の Cu の 1/4 がそのままの位置で変化せず，残りの 3/4 の Cu は Cu-Se 系液相に溶け出す。そして，表面から拡散してきた In が Cu に入れ替わって Se の造る 4 面体サイトの 1/4 を占める。

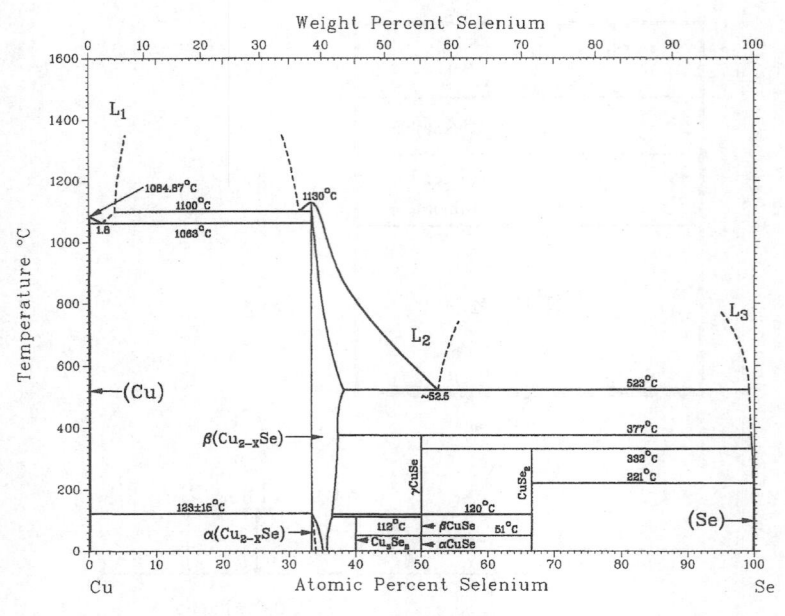

図8 Cu-Se 2元系状態図 [4]

3.2 In過剰組成でのCIGS薄膜の成長（3段階法の第2段階に相当）

3.2.1 状態図

今まで，Cu-In-Se系状態図に関するたくさんの研究が行われてきた。それらの中で信頼できると考えられるのが，1987年に発表されたBoehnkeらの報告である [5]。彼らの論文によると，Cu-In-Seの3成分系化合物はすべてCu_2Se-In_2Se_3の擬2元系の線の上にのる。そして，500℃以下の温度でIn_2Se_3が50mol%以下の組成の場合には，$CuInSe_2$（α相）はほとんど固溶域を持たず，Cu_2Seが不純物相として析出する。In_2Se_3が50mol%以上の組成の状態図は図9に示すように複雑である。α相の$CuInSe_2$は，In_2Se_3過剰側にかなり広い固溶域を持ち，固溶限界以上では，$CuIn_3Se_5$（β相）が現れる。さらにIn_2Se_3が過剰の組成では$CuIn_5Se_8$（γ相）が存在する。Cu-In-Se系状態図の決定版と言うべき論文が2000年に出版されている。第1論文 [6] は，Cu_2Se-In_2Se_3の擬2成分系に関するもので，第2論文 [7] はIn-Cu_2Se-In_2Se_3-Cu系，第3論文 [8] がCu_2Se-Se-In_2Se_3系である。3つの論文を合わせると40ページにもなる大論文で，これらの論文を読みこなすには状態図に関するかなりの基礎知識を要求される。

3.2.2 In過剰組成における$CuInSe_2$の結晶成長に関係する化合物

(1) $CuIn_3Se_5$（CIS135）

1992年にD. Schmidら [9] により高い変換効率を示す$CuInSe_2$薄膜の表面にはIn過剰組成のCu-In-Se化合物が存在することが指摘され，Cu-In-Se系におけるIn過剰相が注目されるよ

第1章 CIS太陽電池の基礎

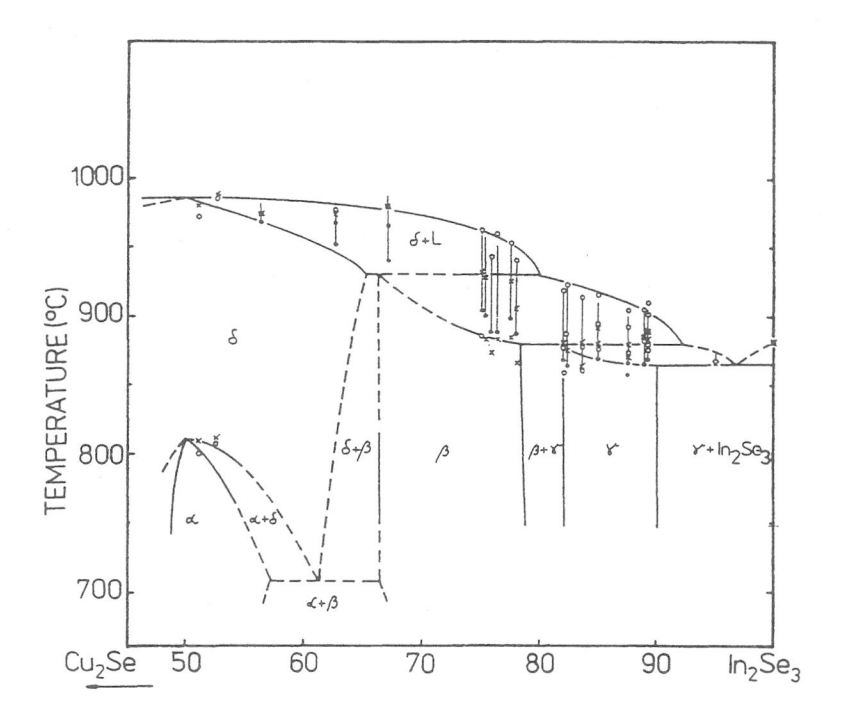

Phase diagram of the Cu$_2$Se-In$_2$Se$_3$ pseudobinary system

α : CuInSe$_2$ (chalcopyrite structure)
β : CuIn$_3$Se$_5$ (chalcopyrite-like ordered defect structure)
γ : CuIn$_5$Se$_8$ (layered structure)
δ : CuInSe$_2$ (sphalerite structure)

図9 Cu$_2$Se-In$_2$Se$_3$擬2元系状態図[5]

うになった。この相は，X線回折法や電子回折法によりカルコパイライト型のCuInSe$_2$とは異なる相であることが分かり，一般にOVC（Ordered Vacancy Compound or Ordered Vacancy Chalcopyrite）と呼ばれた。しかし，その組成はCuIn$_3$Se$_5$（CIS135），CuIn$_2$Se$_{3.5}$（Cu$_2$In$_4$Se$_7$）等複数の報告があり，提案されている結晶構造も対称性や原子占有率の点で十分信頼の置けるものではなかった。

筆者らはCIS135薄膜やCu(In, Ga)$_3$Se$_5$薄膜を世界に先駆けて作製し[10, 11]，東工大の中村らのグループが中心になってCuIn$_3$Se$_5$の結晶構造を解析した[12]。表1にCIS135の結晶構造データを示す。CIS135の空間群は$I\bar{4}2m$で，カルコパイライト型構造の格子欠陥が秩序配列したOVC相ではなく，欠損を含むスタナイト（黄錫鉱）型構造であることが分かった。スタナイト型構造

表1 $CuIn_3Se_5$ の結晶構造データ

結晶系：正方晶系，空間群：$\bar{I}42m$					
格子定数：a = 5.751(5) Å，c = 11.522(3) Å，c/a = 2.0033					
サイト	原子	X	Y	Z	B*
8i	Se	0.229(8)	0.229(8)	0.115(9)	1.0
4d	0.2Cu + 0.8In	0.0	0.5	0.25	1.0
2b	0.2Cu + 0.8In	0.0	0.0	0.5	1.0
2a	0.2Cu	0.0	0.0	0.0	1.0

B*：等方性温度因子

はカルコパイライト型構造と異なる構造であるが，どちらもセン亜鉛鉱型構造を基本にしている。どちらの構造もセン亜鉛鉱型の2倍の単位胞を持ち，その中にCuやInおよび格子欠陥が秩序配列する。従って，スタナイト型の$CuIn_3Se_5$とカルコパイライト型の$CuInSe_2$は立方最密充填したSeの基本配列は同一で，Seの造る4面体サイトへのCuとInの入り方が異なる。そのために，空間群がカルコパイライト型の$\bar{I}42d$からスタナイト型の$\bar{I}42m$に変化する。

$CuIn_{1+2x}Se_{2+3x}$ $(0.5 \leq x \leq 1)$のCIS135相の格子定数を精密に求めた。CIS135相はCIS112相に比較してa軸，c軸ともに少し短く，CIS135相の中での傾向もInの量（X）の増加とともにa軸，c軸とも短くなる。しかし，この格子定数の変化はわずかであり，$CuInSe_2$から$CuIn_3Se_5$に変化しても，その変化の割合はa軸で約0.6%，c軸で約0.9%である。また，CIS135相はCIS112相に比較して軸比c/aの値は小さくなり，この軸比c/aはCIS135相の範囲内ではInの量（X）の増加とともに大きくなる。これらのことからCIS135相からCIS112相が変化しても薄膜にほとんど変化を与えないことが予想される。最近の構造解析の論文[13]では$CuIn_3Se_5$はスタナイト型構造を少し変形させたモデルが最も信頼性が高いとのことである。

(2) **$CuIn_5Se_8$**

$CuIn_5Se_8$の基本構造は六方晶系でSeは{A-B-C-A-B}と繰り返す5層の周期構造を持ち，5H構造と表される。この5H構造は容易にSeが変位して{A-B-C}を繰り返す3C構造に転移する[14]。また，準安定な正方晶系相や立方晶系相も知られている。蒸着法においても，プロセス条件を制御することで，六方晶系相と正方晶系相の薄膜を作り分けることができる[15]。

(3) **In_2Se_3**

In_2Se_3には多数の結晶相が報告されているが，安定相なのは欠陥ウルツ鉱型構造を持つγ-In_2Se_3である[16]。従って，Seの配列は{A-B}を繰り返す2H構造で，InはSeの造る4面体サイトに入る。Cu_2Se-In_2Se_3擬2元系の代表的な化合物の結晶構造とSeの積み重ね構造を表2に

表2 In$_2$Se$_3$-Cu$_2$Se 擬2元系で現れる代表的な化合物の結晶構造とSeの積み重ね構造

化合物	結晶構造	Seの積み重ね構造
γ-In$_2$Se$_3$	欠陥ウルツ鉱型	2H {A-B}
CuIn$_5$Se$_8$	層状構造	5H {A-B-C-A-B}
CuIn$_3$Se$_5$	スタナイト型	3C {A-B-C}
CuInSe$_2$	カルコパイライト型	3C {A-B-C}
Cu$_2$Se	逆蛍石類似型	3C {A-B-C}

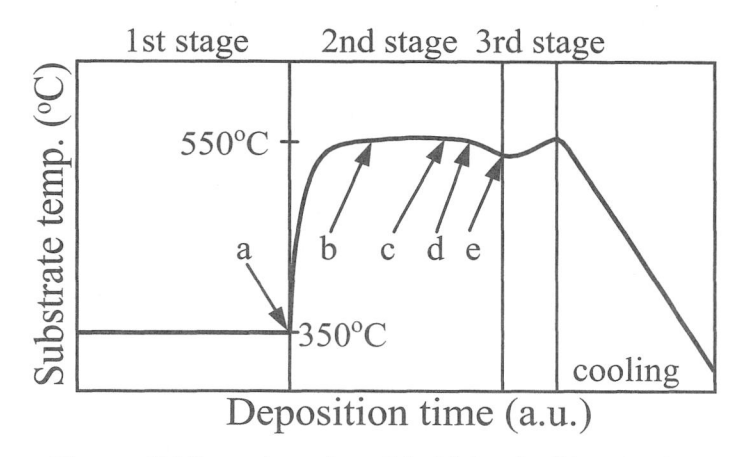

図10 3段階法でCu(In,Ga)Se$_2$膜を形成する際の基板温度の変化

示す[17]。3段階法の第2段階では，2H構造のγ-In$_2$Se$_3$からプレカーサーにして，Cu$_2$Se濃度を増加させることで5H構造のCuIn$_5$Se$_8$から3C構造のCuIn$_3$Se$_5$を経て，3C構造のCuInSe$_2$が生成する。

3.2.3 In過剰組成でのCIGS薄膜の成長

図10に3段階法でCIGS膜を形成する際の基板温度の変化を示した。図で示したa, b, c, d, eの時点で試料を取り出し分析を行った[18]。第1段階終了時の試料aは (In,Ga)$_2$Se$_3$の組成を持ち，試料bは (In,Ga) 過剰組成のCIGS膜でCu：(In,Ga) = 1：2.6であり，試料cも同じく(In,Ga)過剰組成のCIGS膜でCu：(In,Ga) = 1：1.2である。試料dはほぼ定比組成のCIGS膜で，試料eはCu：(In,Ga) = 1.5：1のCu過剰組成のCIGS膜である。これらの試料を二次イオン質量分析計（SIMS）を用いて深さ方向の組成分布を分析したところ，Cu過剰組成の試料eを除いて，Cu, In, Ga, Seの濃度はほぼ一定であった。これは，第2段階でCuとSeを (In,Ga)$_2$Se$_3$

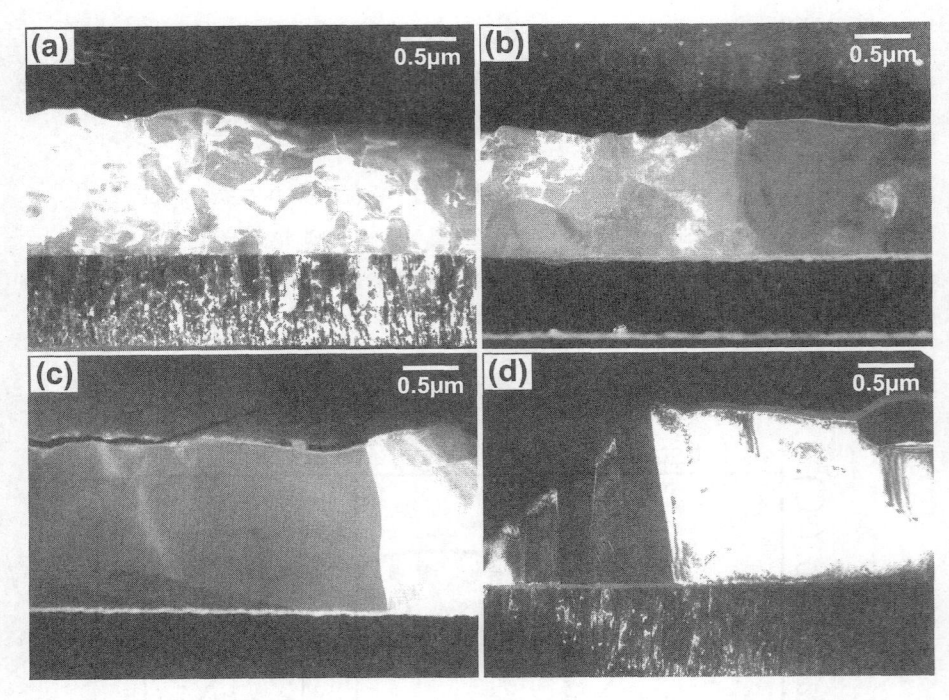

図11 図10で示した各時点で取り出した試料a～dの断面TEM写真（暗視野像）

膜上に堆積しても，各元素，特にCuが速やかに膜内部に拡散していることを示している。試料eでは膜の内部に比較して表面近傍のCu濃度が高くなり，Cu過剰組成になると膜の表面にCuが偏析することを示していた。X線回折で各膜の相を分析したところ，試料aは状態図から予想されるようにγ-In_2Se_3相で，試料bは$CuIn_3Se_5$相であった。試料c, d, eではすべての回折ピークはカルコパイライト型の$CuInSe_2$構造で指数付けすることができた。前にも記載したようにX線回折でCIS膜中に不純物として存在するCu_2Se相を同定するのは困難である。

図11に試料a～dの断面TEM写真を示した。試料aは粒径約1μmの$(In, Ga)_2Se_3$膜で，試料bは粒径約1～2μmの$Cu(In, Ga)_3Se_5$膜，試料cやdは粒径約2μm $Cu(In, Ga)Se_2$膜である。このように，3段階法の第2段階でもCIS膜の結晶粒成長が起こっている。図12に第2段階におけるCIS膜の結晶粒成長の様子の模式図を示した。$(In, Ga)_2Se_3$から$Cu(In, Ga)Se_2$への変化は，表2に各相の結晶構造をまとめたように，Seの積み重ね構造が2H構造から3H構造に連続的に変化し，これには大きな構造変化を必要としない。そして，Seの造る基本構造の中をCuやInが速やかに移動する（但し，基板温度を400℃程度まで低くすると，それぞれの元素の拡散のし易さに差がでてくる。最も拡散し易いのがCu，次はIn，拡散しにくいのがGaである[19]。これらの差の理由についてはまだ明らかにされていない）。

第1章　CIS太陽電池の基礎

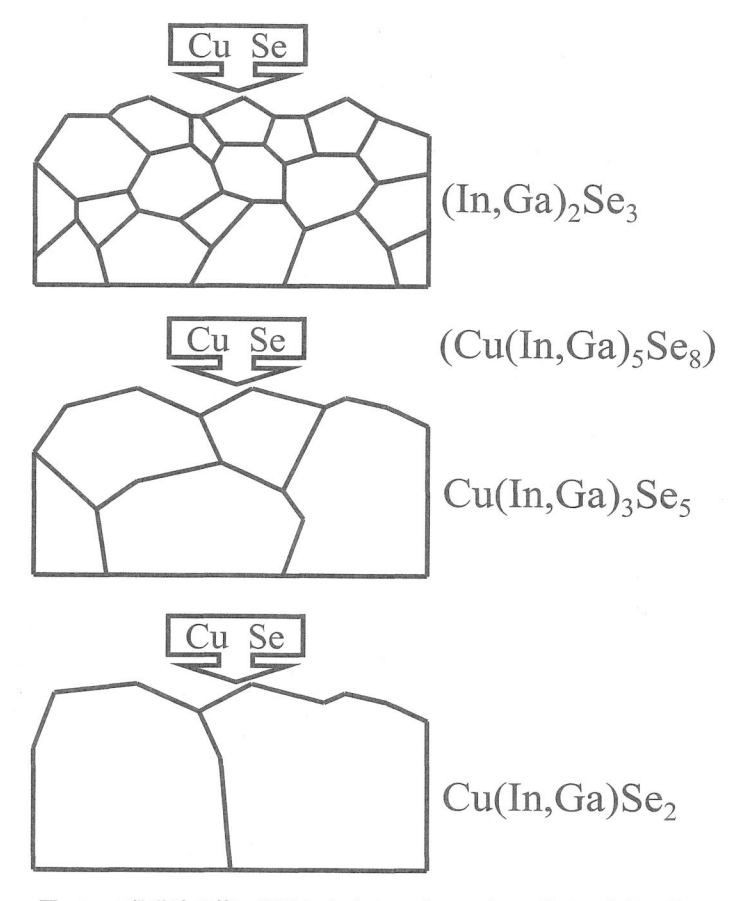

図12　3段階法の第2段階におけるCu(In, Ga)Se₂結晶の成長の様子

　このように，(In, Ga)₂Se₃からCu(In, Ga)Se₂に変化する間に連続的に結晶粒は大きくなるので，多元蒸着法で太陽電池用のCIS膜を作製する場合，一度Cu過剰組成にすることは必要条件ではない。第2段階のCu過剰組成になる手前で取り出したCIS膜で，変換効率16.6%の太陽電池が得られている[18]。

3.3　多元蒸着法におけるCuInSe₂の結晶成長の特徴

　これまで述べてきたように，太陽電池に用いられるカルコパイライト型Cu(In, Ga)Se₂薄膜は，Cu過剰組成では，Cu_2Seからトポタクティック反応で生成し，In過剰組成においてもCu(In, Ga)₃Se₅相からトポタクティック反応で生成する。さらにCu過剰組成では，Cu-Se系状態図から分かるようにCuSeは523℃で融解してCu_2Seと液相になる。この液相が融剤として働

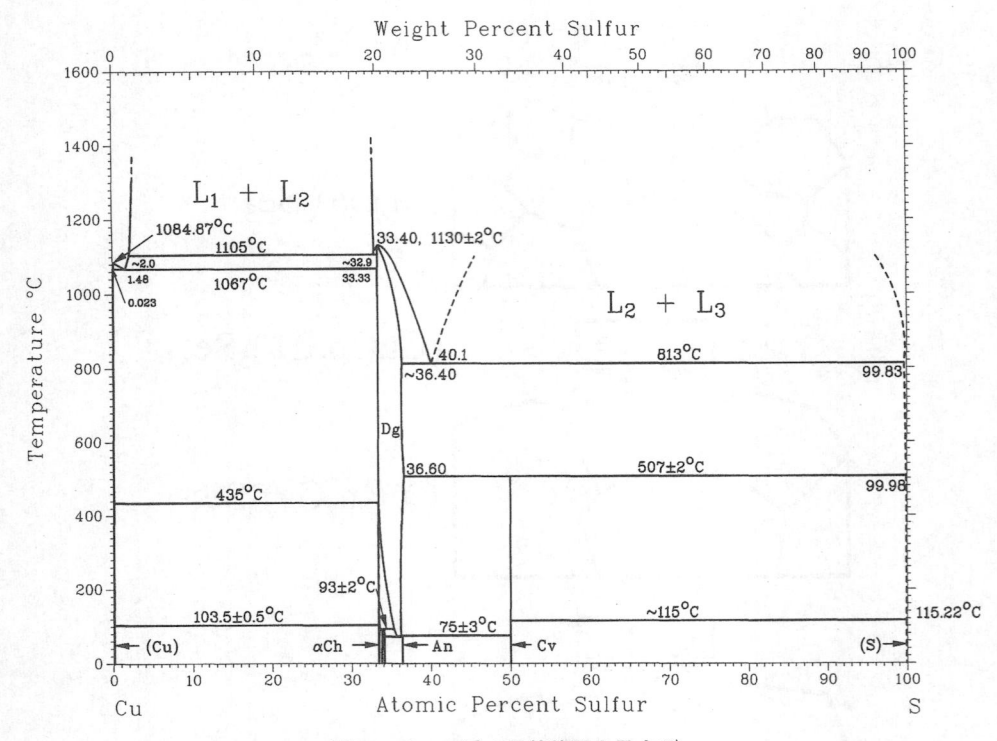

図13 Cu-S系2元状態図を示す[16]

き Cu(In, Ga)Se$_2$ の結晶成長を促進し，結晶の高品質化に寄与すると考えられる。In 過剰組成では，Cu(In, Ga)$_5$Se$_8$ 相，Cu(In, Ga)$_3$Se$_5$ 相，Cu(In, Ga)Se$_2$ 相はいずれも広い固溶範囲を有している。このことは，それぞれの結晶にかなりのフレキシビリティーが存在していることを示し，二つの相が共存する組成範囲が狭いことを意味している。このように，In 過剰組成でも大きな結晶構造の変化を伴わないで Cu(In, Ga)Se$_2$ 結晶が生成するので，結晶にひずみや欠陥が少なく，高品質の Cu(In, Ga)Se$_2$ 結晶が得られるものと思われる。

　CuInS$_2$ の場合を CuInSe$_2$ と比較するのは興味深い。Cu$_2$S-In$_2$S$_3$ 系状態図を見ると，CuInS$_2$ の Cu 過剰側には CuInSe$_2$ の場合と同様に Cu$_2$S が存在する。Cu$_2$S は Cu$_2$Se と同様に S の立方最密充填構造を基本としている。図13に Cu-S系2元状態図を示す[16]。Cu-S系の場合には，液相が現れるのが813℃以上で，Cu-Se系に比較して200℃も高い。そのため，通常の薄膜形成条件では液相が出現しないと考えられる。従って，CuInS$_2$ 薄膜の形成において Cu 過剰組成にしても，不純物として生成する CuS が融解して融剤として働くことは期待できない。Cu$_2$S-In$_2$S$_3$ 系状態図の In 過剰側を見ると，CuIn$_5$S$_8$ は存在するが，スタナイト型 CuIn$_3$Se$_5$ に相当する相は存在しない。そして，CuIn$_5$S$_8$ はスピネル型構造である。スピネル型構造では，立方最密充填した

第1章 CIS 太陽電池の基礎

S の八面体サイトと4面体サイトに Cu と In が入っている。このことから，Cu と In が立方最密充填した S の4面体サイトにすべて入るには窮屈になってきたため，一部が八面体サイトを占めるようになったのではないかと推定される。同様な理由で，$Cu_2S-In_2S_3$ 系ではスタナイト型の $CuIn_3Se_5$ 相が存在しないと考えられる。そのため，In 過剰組成で $CuInS_2$ が生成するためには，$CuIn_5S_8$ から直接生成する必要があり，生成する $CuInS_2$ 結晶に与えるひずみも大きいと思われる。

$CuGaSe_2$ についてはまだ不明なことが多い。$Cu(In, Ga)Se_2$ 膜において Ga の拡散は Cu や In に比較して著しく遅いことが知られている。Ga^{3+} のイオン半径が 0.47 Å で，Cu^+ の 0.60 Å や In^{3+} イオンの 0.62 Å に比較して小さく，基本構造を形成する Se^{2-} イオンと相互作用が大きいことが推定される。また，$Cu_2Se-Ga_2Se_3$ 系では $Cu_2Se-In_2Se_3$ 系と同様に $CuGa_3Se_5$ 相は存在するが $CuIn_5Se_8$ に相当する相は存在しない。また，カルコパイライト型 $CuGaSe_2$ 相も Ga 過剰側にほとんど固溶領域を持たない。現在，$CuGaSe_2$ 薄膜の形成については様々な取り組みが行われていて，近いうちに $Cu(In, Ga)Se_2$ 膜と同様の結晶品質を有する薄膜が得られるものと期待される。

文　献

1) T. Wada, N. Kohara, T. Negami and M. Nishitani, *J. Mater. Res.*, **12**, 1456 (1997)
2) 日高人才，安井隆次，海崎純男訳，「ダグラス マクダニエル無機化学 第3版（上）」，第5章，東京化学同人（1998）
3) H. Miyazaki *et al., J. Phy. Chem. Solids*, **64**, 2055 (2003)
4) D. J. Chakrabarti and D. E. Laughlin, Binary Alloy Phase Diagrams, 2nd Edition, ASM International（1990）
5) W. Hönle, G. Kühn, and U. Boehnke, *Cryst. Res. Technol.*, **23**, 1347 (1988)
6) T. Gödeke, T. Haalboom and F. Ernst, *A. Metallkd.*, **91**, 622 (2000)
7) T. Gödeke, T. Haalboom and F. Ernst, *A. Metallkd.*, **91**, 635 (2000)
8) T. Gödeke, T. Haalboom and F. Ernst, *A. Metallkd.*, **91**, 651 (2000)
9) D. Schmid *et al., J. Appl. Phys.*, **73**, 902 (1993)
10) T. Negami *et al., Jpn. J. Appl. Phys.*, **33**, L1251 (1994)
11) T. Negami *et al., Appl. Phys. Lett.*, **67**, 825 (1995)
12) T. Hanada *et al., Jpn. J. Appl. Phys.*, **36**, L1494 (1997)
13) W. Paszkowicz, R. Lewandowskab and R. Bacewiczb, *J. Alloys and Compounds*, **362**, 241 (2004)
14) N. Frangis *et al., physica status solidi (a)*, **96**, 53 (1986)
15) N. Kohara *et al., Jpn. J. Appl. Phys.*, **39**, 6316 (2000)

16) H. Okamoto, Binary Alloy Phase Diagrams, 2nd Edition, ASM International (1990)
17) T. Wada *et al., Jpn. J. Appl. Phys.,* **39**, Suppl. 39-1, 8 (2000)
18) S. Nishiwaki *et al., J. Mater. Res.,* **14**, 4514-4520 (1999)
19) S. Nishiwaki *et al., J. Mater. Res.,* **16**, 394-399 (2001)

第2章　CIS 太陽電池の製造プロセス

1 ワイドギャップ CIGS 太陽電池

仁木　栄*

1.1 はじめに

　CIGS 太陽電池では既に 19.5％という高い変換効率が達成されている。ガラス基板上の薄膜太陽電池としては他の材料に比べると効率は格段に高いが，はたしてこの変換効率は満足できるレベルにあるのだろうか。2006 年の日本の太陽光発電の累積導入量は 1.42GW であり，2010 年導入量の目標値 4.82GW に向けて研究開発が進められている。しかし 2010 年の目標値である 4.82GW は太陽光発電導入のほんの序章にすぎない。2004 年に策定された 2030 年に向けた太陽光発電ロードマップにおいては 2030 年太陽光発電累積導入量目標値は 102GW（総電力量の約 10％），発電コスト目標値は 7 円 /kWh（2005 年の約 1/7）と設定されている[1]。そして，そのような大量導入普及を可能にするために必要な CIGS 太陽電池の効率は小面積セルで 25％（2005 年では 19.5％），大面積モジュールで 22％（2005 年では 14.3％）とされている[1]。このような高効率は既存技術の最適化や改良で達成できるものではなく，革新的な高効率化技術の開発無しには実現できない。

1.2 ワイドギャップ CIGS 太陽電池の必要性

　今後さらなる高効率化を図っていく上で最も重要な課題は，禁制帯幅（E_g）の大きいワイドギャップ CIGS（WG-CIGS）太陽電池の高効率化である。本節では，WG-CIGS 太陽電池の高効率化の必要性を示す。19.5％という高い変換効率が達成されているのは Ga の組成：$x \sim 0.3$ の場合で，それに相当する禁制帯幅は $E_g \sim 1.2eV$ である。単接合太陽電池においては，理論的には $E_g = 1.4 \sim 1.5eV$ で最高の変換効率を実現できるとされている。しかしながら，CIGS 系太陽電池では Ga 組成をさらに大きくして $E_g \geq 1.3eV$ にすると逆に変換効率が低下する（図1）。多接合太陽電池を考える場合はトップセルには $E_g = 1.8 \sim 2.0eV$ の太陽電池が必要になる。単接合，多接合いずれの場合も $E_g \geq 1.3eV$ の WG-CIGS 太陽電池の高効率化が重要であることがわかる。WG-CIGS 太陽電池の高効率化を阻んでいる原因は主に低い開放電圧（V_{OC}）にあると言われている。図2に CIGS 太陽電池における禁制帯幅と開放電圧の関係を示す。E_g が 1.2eV 以下の時は

---

*　Shigeru Niki　㈱産業技術総合研究所　太陽光発電研究センター　副センター長

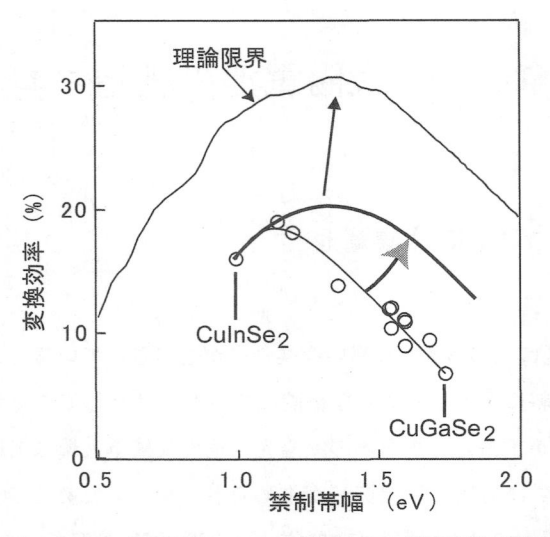

図1 CIGS太陽電池における変換効率と禁制帯幅の関係

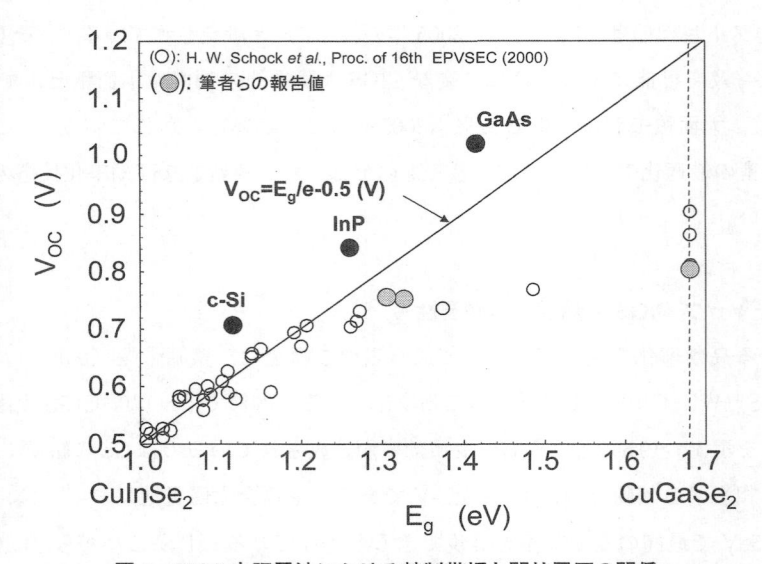

図2 CIGS太陽電池における禁制帯幅と開放電圧の関係

V_{OC} は E_g/e より0.5V低いライン（$V_{OC} = E_g/e - 0.5$ (V)）を保っている。一方，E_g が1.3eV以上になると $V_{OC} = E_g/e - 0.5$ (V) で表される式から大きくはずれ，禁制帯幅の増加に相当する開放電圧の増加が得られない。このことからさらなる高効率化には開放電圧の向上が不可欠ということがわかる。

第 2 章　CIS 太陽電池の製造プロセス

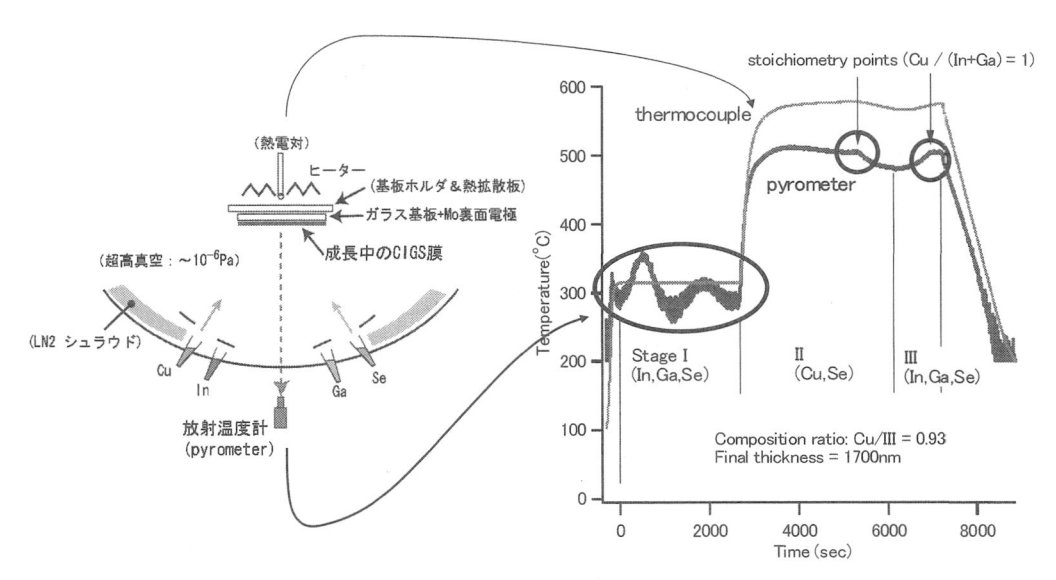

図 3　放射温度計を用いて 3 段階法による製膜を観察した場合の模式図と信号

1.3　ワイドギャップ CIGS 太陽電池の高効率化

WG-CIGS 太陽電池が目指す 25％ という変換効率目標値は既存技術の延長線上にはない。目標達成には，革新的な製膜技術，新材料の開発，プロセス技術の確立が求められる。筆者らは，①製膜の再現性・制御性の向上，② WG-CIGS 太陽電池用のセル作製プロセスの最適化，③ WG-CIGS 吸収層の新製膜技術，④ ZnO/ バッファー層 /CIGS 吸収層界面の精密な評価技術，⑤技術指針に基づく WG-CIGS 太陽電池の材料・デバイス設計技術，等の開発課題をクリアすることで WG-CIGS 太陽電池の高効率化の実現を目指している。このようなアプローチで研究を進めてきた中でこれまでに得られた主な成果を以下に示す。

1.3.1　成長その場観察技術

CIGS 太陽電池は 4 種類の元素からなる多元化合物である。I 族の Cu と III 族の In, Ga の組成比や III 族の In と Ga の間の組成比が太陽電池の特性に大きく影響する。したがって CIGS 吸収層の製膜における信頼性と制御性を向上することが最も重要となる。筆者らは放射温度計や光散乱分光法を用いて，組成だけでなく，膜厚，表面平坦性，などを成長その場で観察できる手法を確立した。図 3 に放射温度計を用いて 3 段階法による製膜を観察した場合の模式図と信号を示す。

第 1 段階では III 族の In と Ga と Se，第 2 段階では Cu と Se を供給し，第 3 段階で再び In, Ga, Se を供給する。第 2 段階の後半に CIGS は III 族過剰から Cu 過剰に変わる。また，第 3 段階の途中で III 族過剰に変わる。CIGS 吸収層の製膜には Cu/III 族比の精密な制御が必要になる。松下電器のグループは，Cu-Se 異相の生成・消滅によって熱輻射率が急激に変化し，基板温度

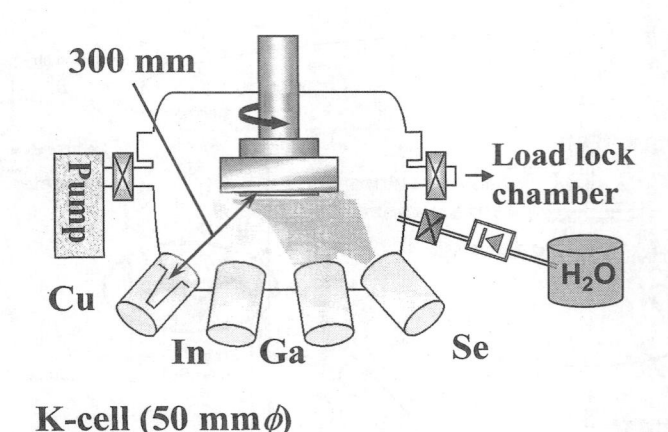

図4 水蒸気援用多元蒸着法の模式図

の熱電対の読みに変動を与えることを見いだした[2]。これによってCu過剰領域⇆Ⅲ族過剰領域間のストイキオメトリー（化学量論的組成）の点が正確に検出可能になり，Cu/Ⅲ族比の制御性が著しく向上した。筆者らは，熱電対の代わりに放射温度計を用いると，Cu/Ⅲ族比だけでなく，膜厚の制御も可能なことを見いだした。熱電対の信号と放射温度計の信号とを比較してみよう。図3に示すように第2段階と第3段階に現れるストイキオメトリー点は熱電対，放射温度計どちらでも検知可能だが，放射温度計の方が応答速度が速い。また，第1段階において熱電対の読みでは何の構造も現れないが，放射温度計では振動が観察される。この振動は第1段階での膜厚の増加に伴う光干渉効果によるものである。この振動を用いることでCIGSの最終膜厚を正確に予測・制御できる手法を確立した。さらにCIGS成長中に白色光を照射し，その散乱光の強度を分光測定する光散乱分光法の開発を進めた。CIGS薄膜の表面構造が結晶粒の成長や異相の形成と深く関わっているために，非常にシンプルで安価な手法にもかかわらず組成，膜厚以外にも表面構造や平坦性などCIGS薄膜の成長に関する重要な情報を得ることができる。これらの成長その場観察技術の開発によってCIGS製膜の再現性や制御性が大きく向上した。成長その場観察技術の詳細は文献[3]を参照されたい。

1.3.2 水蒸気援用多元蒸着法

さらに，現在，WG-CIGSの新しい製膜技術の開発も進めている。WG-CIGS製膜中に発生する欠陥を抑制するために，CIGS製膜中に水蒸気を照射する画期的な製膜法を開発した。水蒸気援用多元蒸着法の模式図を図4に示す。製膜中に，るつぼから供給されるCu, In, Ga, Seのフラックスと同時に水蒸気を照射する。水蒸気照射を行った場合には，照射しない場合に比べてV_{oc}, J_{sc}が同時に向上することを確認した（図5参照）[4]。E_gが1.3eV以上のCIGS太陽電池

第 2 章　CIS 太陽電池の製造プロセス

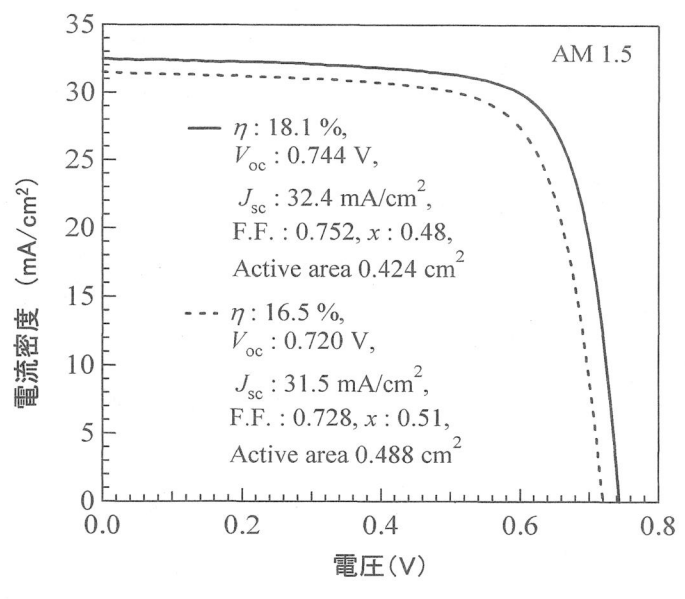

図 5　水蒸気照射効果（J–V 特性）

表 1　ワイドギャップ CIGS 太陽電池の変換効率

構造	V_{OC} (V)	J_{SC} (mA/cm^2)	FF	η (%)	セル面積 (cm^2)	研究機関
ZnO/CdS/CIGS	0.694	35.2	0.797	19.5	0.412	NREL
ZnO/CdS/CIGS	0.728	31.8	0.728	16.9 *	0.468	AIST
ZnO/CdS/CIGS	0.744	32.4	0.752	18.1 *	0.424	AIST

＊：active area

で変換効率最大 18.1％（真性効率）を実現した。電池性能は V_{OC} = 0.744V，J_{SC} = 32.4mAcm^{-2}，FF = 0.752，セル面積 0.424cm^2 である。表 1 に比較するように，世界最高効率 19.5％のセルに比べて開放電圧（V_{OC}）が大幅に向上していることがわかる。

　水蒸気照射効果のメカニズムに関しても検討を行った。X 線回折法による評価の結果を図 6 に示す。水蒸気照射を行っても回折ピークの半値幅がほんの少し狭くなるだけで，ピークの比や強度には大きな差はなかった。表面・断面の SEM 像においても粒径などに大きな変化は観察されなかった。一方，図 7 に示すように，ホール効果の測定においては，水蒸気照射によって CIS，CIGS（x = 0.5），CGS のすべての場合で抵抗率が減少し，それが正孔濃度の増加に起因していることが明らかになった。これらの結果と関連する文献等[5, 6]から総合的に判断し，筆者らは，

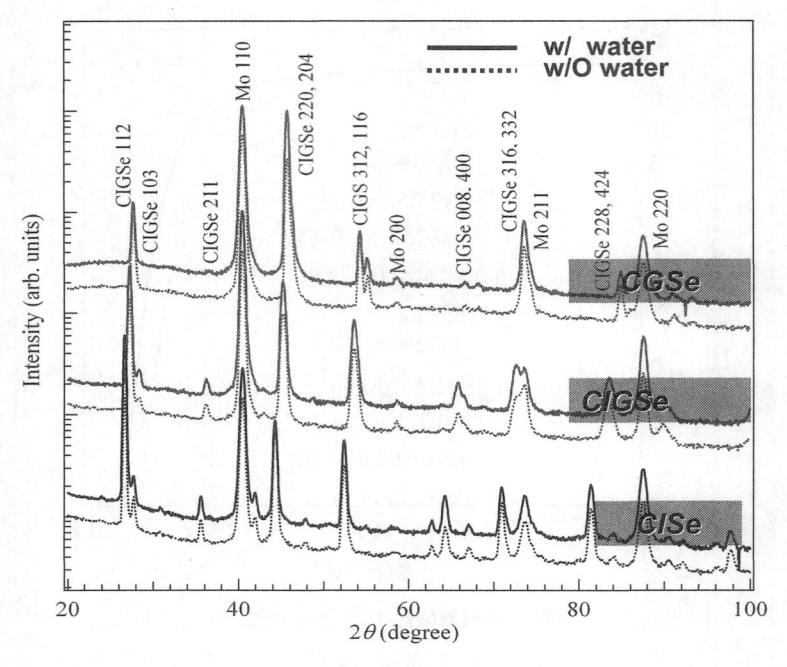

図6 X線回折法による評価

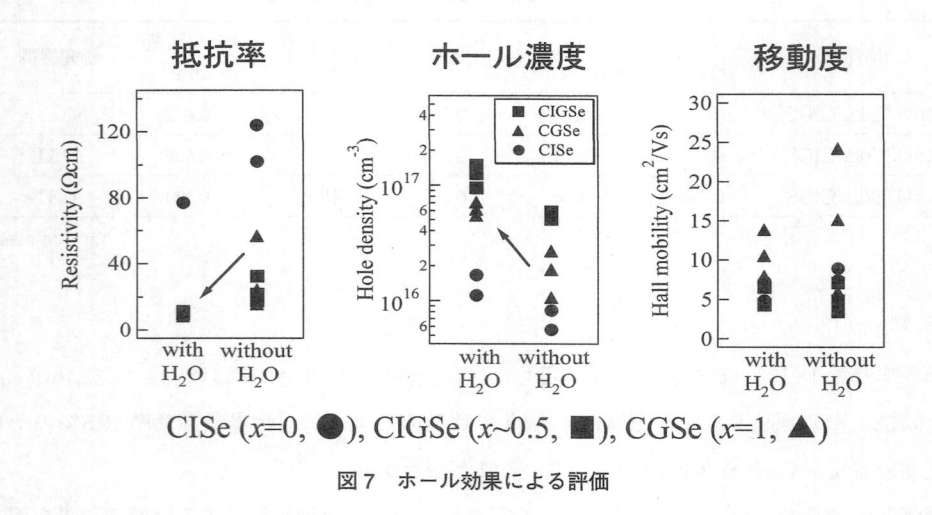

CISe ($x=0$, ●), CIGSe ($x\sim0.5$, ■), CGSe ($x=1$, ▲)

図7 ホール効果による評価

水蒸気照射によってドナー型の欠陥であるセレン空孔濃度が減少し，キャリア補償が軽減されるために結果的に正孔濃度が増加するというモデルを提案している．

1.3.3 界面・表面の評価技術

WG-CIGS太陽電池の高効率化には，ヘテロ接合の界面・表面の系統的な評価と，それに基づ

第2章　CIS太陽電池の製造プロセス

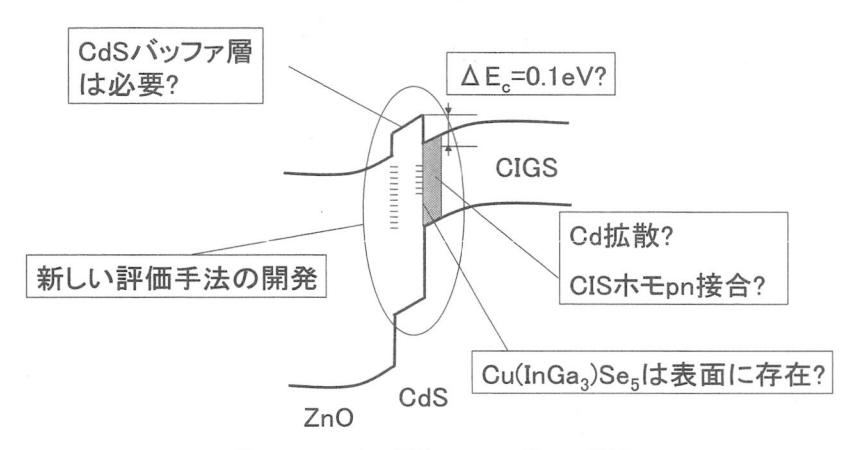

図8　CIGS太陽電池のヘテロ界面の課題

く界面形成法の確立が不可欠である。図8にCIGS太陽電池のヘテロ界面についての課題を示す。そもそもCBDバッファー層は必要なのか，カドミウム（Cd）拡散によるCIGSのp-n接合の有無，CdS/CIGSの伝導帯の正確なバンド不連続値，CIGS表面のCu欠損層（Cu(InGa)$_3$Se$_5$）の有無など，精密な界面評価法が未確立なためにこれらの界面の課題に関して解釈が統一されていない。

界面の評価にはこれまでは主に光電子分光法が用いられてきた。この方法ではまず，ZnO，CdS，CIGSの価電子帯のエネルギー値を光電子分光法で実験的に決定する。この値にそれぞれの材料の禁制帯幅エネルギーの文献値をプラスすることで，伝導帯のエネルギーを計算し，伝導帯のバンド不連続などを議論する。しかしながら，CIGS表面に存在すると言われている禁制帯幅の異なるCu欠損層の存在は計算に含まれておらず，化学堆積法による極薄バッファー層（CdS）の禁制帯幅も文献によるバルク値と同じと仮定するなど，この計算法の基になる仮定には疑問も多い。筆者らは，鹿児島大学の寺田研究室と共同でZnO/CdS/CIGS界面の電子状態を精密に評価する技術の開発を行っている。寺田らは，伝導帯のエネルギーを価電子帯とは独立に実験的に決定できる逆光電子分光法の技術を有している。まず最初に，CIGSの表面清浄技術やダメージレスなイオンエッチングなどの基礎技術を確立した。次に，CdS/CIGS界面を，CdS表面から徐々にエッチングしながら，伝導帯・価電子帯のエネルギーの変化を測定し，バンド不連続や禁制帯幅の精密測定を行った[7]。CdS/CIGS界面での伝導帯のバンド不連続は$\Delta E_c = E_c(CdS) - E_c(CIGS)$で表現される。Ga組成$x = 0.24$ではCdS/CIGSのバンド不連続が$\Delta E_c = 0.20 - 0.30$eVであるのに対して，$x = 0.4 \sim 0.5$では$\Delta E_c \sim 0$に，さらにGa組成が増加すると$\Delta E_c < 0$になるなど，$\Delta E_c$がGa組成に強く依存することを実験的に初めて示した[8]。

さらにこれらのCIGS光吸収層の表面付近（CdSとの界面近傍）の禁制帯幅がバルクの禁制帯

51

幅よりもかなり大きく，すべての Ga 組成の CIGS で Cu 欠損層が存在していることを実験的に示した。この技術を用いて界面の評価を系統的に行うことで，WG-CIGS 太陽電池高効率化のための界面の設計指針が明確にできるものと考えられる。

1.4 まとめ

CIGS 太陽電池に関しては，2007 年には国内では昭和シェル石油，ホンダ，そしてドイツのビュルツ・ソーラー社がそれぞれ年産 20MW，27.5MW，15MW の量産化を開始するなど事業化への展開も本格化してきた。CIGS 太陽電池の導入普及を進めるためには，大面積モジュールの着実な効率向上と小面積セルでの理論限界に迫る革新的な高効率化技術の開発，両面からの研究開発が必要である。前述のように，今後 CIGS 太陽電池には，Si や GaAs などの単結晶太陽電池と同等の高い性能が求められている。これまでの試行錯誤的な手法には限界があり，バルク・表面・界面・粒界の電子状態や欠陥の精密な評価と，それに基づいた物性制御やセル設計，という材料科学的なアプローチによる研究開発が必須である。

文　　献

1) 2030 年に向けた太陽光発電ロードマップ（PV2030）検討委員会報告書（2004 年 6 月）
2) N. Kohara, T. Negami, M. Nishitani and T. Wada, "Preparation of device-quality Cu(InGa)Se$_2$ thin films deposited by coevaporation with composition monitoring," *Jpn. J. Appl. Phys.*, **34**, pp-L1141-L1144 (1995)
3) K. Sakurai, R. Hunger, R. Scheer, C.A. Kaufmann, A. Yamada, T. Baba, Y. Kimura, K. Matsubara, P. Fons, H. Nakanishi, S. Niki, "In situ diagnostic methods for thin-film fabrication: utilization of heat radiation and light scattering," *Progress in Photovoltaics,* in press
4) S. Ishizuka, K. Sakurai, A. Yamada, H. Shibata, K. Matsubara, M. Yonemura, S. Nakamura, H. Nakanishi, T. Kojima and S. Niki, *Jpn. J. Appl. Phys.*, **44**, pp.L679-L682 (2005)
5) R. Noufi *et al., Sol. Cells,* **16**, 479 (1986)
6) S. Niki *et al., J. Cryst. Growth,* **201/202**, 1061 (1999)
7) S. H. Kong, H. Kashiwabara, K. Ohki, K. Itoh, T. Okuda, S. Niki, K. Sakurai, A. Yamada, S. Ishizuka and N. Terada, *Materials Research Society Symposium,* **865**, pp.155-160 (2005)
8) R. T. Widodo, K. Itoh, S. H. Kong, H. Kashiwabara, T. Okuda, K. Obara, S. Niki, K. Sakurai, A. Yamada, S. Ishizuka, *Thin Soid Films,* **480-481**, pp.183-187 (2005)

2 全真空プロセスによるCIS太陽電池の作製

山田　明*

2.1　CIS薄膜の製造手法

　$Cu(InGa)Se_2$（CIGS）薄膜は，光吸収係数が高いために薄膜太陽電池材料として注目されている。このCIGS膜の堆積手法としては，真空蒸着法をベースとした手法並びにSe化法が用いられている。このうち研究室レベルでは，図1の温度プロファイルに示すような3段階法を用いてCIGS薄膜が製膜され，同手法を用いることで19.5%の変換効率が達成されている[1]。3段階法の第1段階目では，Ⅲ族元素である（In, Ga）及びⅥ族元素である（Se）をMo電極が設けられた青板ガラス基板上に蒸着する。このときの基板温度は350～400℃であり，蒸着によりIn_2Se_3等のⅢ-Ⅵ族化合物半導体が形成される。次に第2段階目として，基板温度を500～550℃程度まで上昇させ，Cu及びSeを蒸着する。このとき，CuSe融液相を介在して$Cu(InGa)Se_2$が結晶成長すると言われている。このように3段階法は，CuSeフラックスを用いた結晶成長であるため，粒径が大きく高品質な$Cu(InGa)Se_2$を製膜することができる。2段階目の初期においてはⅢ族リッチであるが，後期においてはCuリッチへと変化する。CuSe相の熱放射係数は高いため，基板温度を電力一定の条件下で制御するとCuリッチへと変化した段階で基板温度が低下するのが観測される[2]。高効率なCIGS太陽電池を作製するためには，Cu/Ⅲ族比を0.90～0.98程度の範囲内に制御する必要がある。組成比をこの範囲内に抑えることにより，太陽電池に

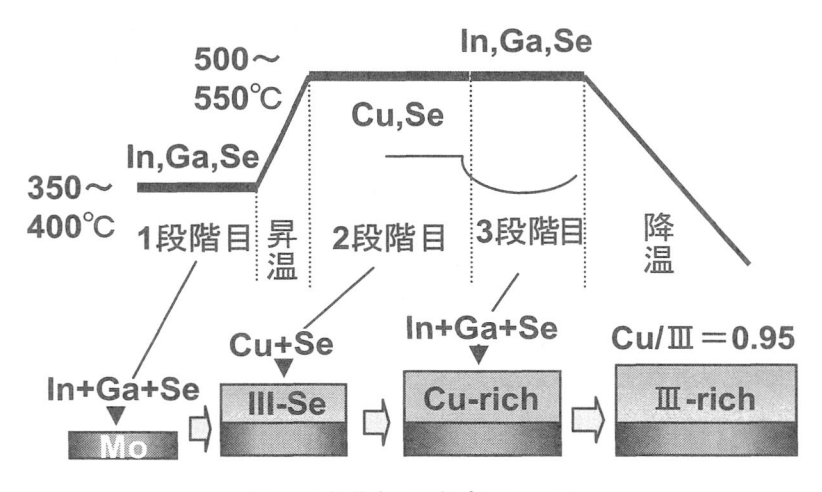

図1　3段階法の温度プロファイル

---

*　Akira Yamada　東京工業大学　量子ナノエレクトロニクス研究センター　准教授

適用可能な高抵抗 p 形 CIGS 薄膜が得られる。CIGS 太陽電池の特徴は，通常の太陽電池と異なりドーピングにより pn 制御を行うのではなく，このような膜組成によりドーピング量をコントロールしているところにある。3 段階法は基板モニターにより，その場で III 族リッチ，Cu リッチが判断できるため，膜組成の精密制御が可能であるという特徴を有する。2 段階目の最終段階で基板温度の減少が見られると膜組成が Cu リッチに変化した兆候である。そこで，膜組成を若干 III 族リッチとするために，3 段階目として再び III 族元素と Se 元素を供給する。この 3 段階目に要する時間は，1 段階目の成長時間並びにフラックス量，2 段階目の最終段階で膜組成が Cu リッチとなった時間並びにフラックス量から決定することができる。このように CIGS 薄膜の製膜手法として 3 段階法は優れた手法であるが，量産化という観点では難しい面がある。一つには，量産化時においては製膜速度を上げる必要があるため，製膜速度に対して温度モニターが追い付かないことが指摘されている。このため，真空蒸着法を基本とした CIGS の量産化手法としては，同時蒸着法が用いられている。同時蒸着法を用いた CIGS 太陽電池のモジュール作製としては，ドイツの ZSW の研究が進んでいる[3]。

　蒸着法によらない CIGS の製膜手法としては，昭和シェル石油における Se 化法の研究が進んでおり，既に量産化体制に入っている[4]。Se 化法では，始めに Mo 電極が設けられた青板ガラス基板上に Cu，In，Ga の金属プリカーサをスパッタ法などにより堆積する。この後，基板をアニール炉に導入し，H_2Se などの Se 雰囲気下で加熱する。これにより，Cu，In，Ga の金属プリカーサと Se とが反応し，CIGS 薄膜が形成される。高効率 CIGS 太陽電池を得るためには，先に述べたように Cu/III 族比の制御が極めて重要である。従って，Se 化法の場合には，Se 化前の金属プリカーサの均一性並びに Se 化時の温度プロファイルが極めて重要となってくる。昭和シェル石油のモジュールは，Se 化時に H_2S を導入し，表面付近を $Cu(InGa)(SSe)_2$ とすることで光吸収層のバンドギャップ・プロファイリングを行い変換効率の向上を図っている。これにより，面積 $0.3 \times 1.2m^2$ において変換効率 14.2％が達成されている。また，ドイツの Shell と Saint-Gobain とのジョイント・ベンチャーである AVANCIS では，Se 化過程を通常のアニールではなく，Shell Solar において開発された急速熱アニール法（RTP：Rapid Thermal Processing）を用いて行う手法を開発している[5]。

　このように CIGS 太陽電池の光吸収層は，スパッタ法により形成した Mo 電極付き青板ガラス基板上に，大別して真空蒸着法を基礎とした方法及び Se 化法を基礎とした手法を元に製膜される。最終的に太陽電池構造とするためには，図 2 に示すように，n 形層であるバッファ層を溶液成長（CBD：Chemical Bath Deposition）法により CIGS 光吸収層上に形成し，透明導電膜である ZnO 膜をスパッタ法あるいは有機金属気相成長（MOCVD：Metal Organic Chemical Vapor Deposition）法により堆積する。通常バッファ層としては，膜厚 50nm 程度の CdS が用いられる

第 2 章　CIS 太陽電池の製造プロセス

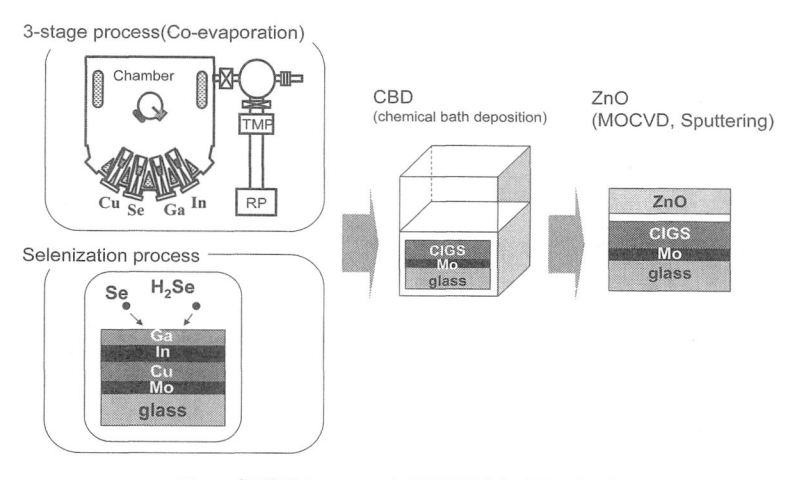

図 2　標準的な CIGS 太陽電池製造手法の概略

ことが多い。この CBD 法は，S 源であるチオ尿素（チオウレア：$SC(NH_2)_2$）と Cd 源である硫酸 Cd（あるいは塩化 Cd）等のアンモニア溶液に CIGS 基板を浸し，CIGS 表面に CdS 薄膜を堆積させる手法である。Mo 電極，CIGS 光吸収層，ZnO 透明導電膜いずれも真空プロセスを用いて形成されるが，バッファ層である CdS は CBD 法という湿式の方法により形成される。このため，CIGS 太陽電池を量産化した場合に廃液処理のコストが高いなどのため，CBD 法に替わるドライプロセスによりバッファ層を形成する研究が活発になりつつある。

2.2　全真空プロセスによる CIS 太陽電池の作製

前項で述べたように，小面積における CIGS 太陽電池の世界最高効率は，CBD 法による CdS バッファ層を用いて作製されている。CBD-CdS バッファ層の役割としては，CBD 時に CIGS 表面がエッチングされる，CBD 時に Cd が表面から拡散し，表面に n 形層が形成される等が指摘されている。しかしながら，廃液処理の問題及び Cd を用いること等から CBD 法を用いない，また CdS 系でない，新しい製膜手法・材料系の探索が進んでいる。特に，環境負荷の低減並びに低コスト化を目指して，Cd フリーのバッファ層を真空一貫プロセスで作製することが求められている。このような視点に立った，Cd フリーバッファ層としては Zn 系バッファ層が広く研究されている。ここでは，東京工業大学における全真空プロセス開発の試みをまとめる。また，次項では，第 21 回の EU-PVSC を中心に真空プロセスによるバッファ層開発のトレンドを概観する。

東京工業大学では，真空一貫プロセスによる Zn 系バッファ層の開発を 1990 年代半ばより行ってきた。図 3 に原子層堆積（ALD：Atomic Layer Deposition）法を用いた ZnSe バッファ層

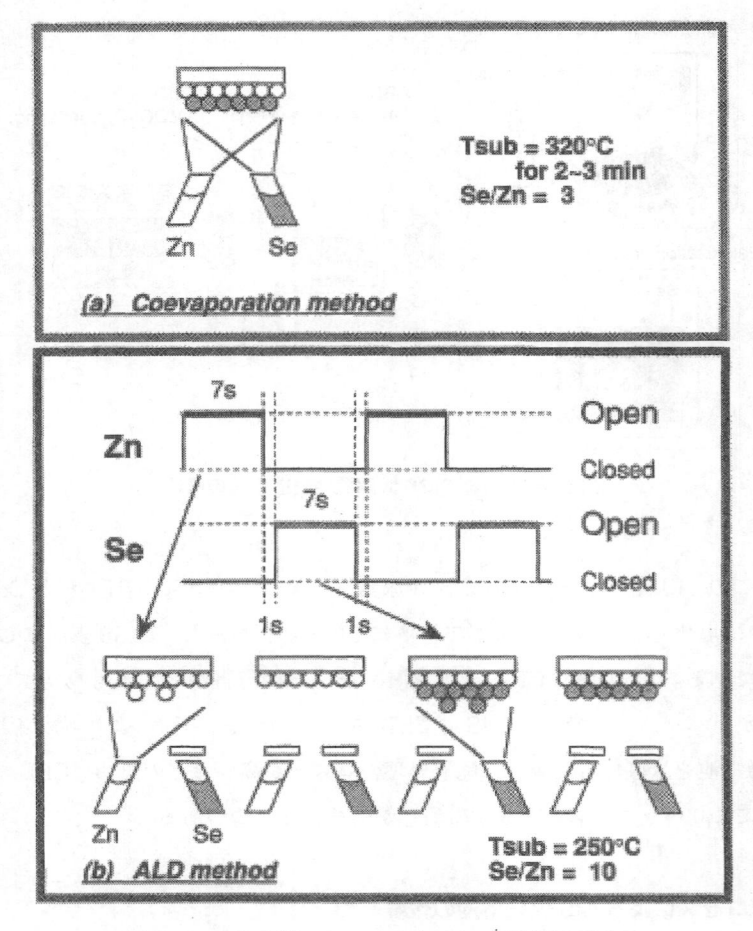

図3 ALD法を用いたZnSeバッファ層作製の概略図

作製の概略図を示す[6]。ALD法は，分子線エピタキシー（MBE：Molecular Beam Epitaxy）法の一種であり，高真空下で原料であるZnとSeを交互に基板表面に供給する。これにより，理想的には原子一層ずつ成長させることが可能となる。このため，精密な膜厚制御と表面被覆率の向上が期待される。このALD-ZnSeを用いて変換効率11.6%（面積0.172cm^2）のCIGS太陽電池が得られた。このバッファ層開発後，$ZnIn_xSe_y$（ZIS）バッファ層が開発された[7]。このバッファ層の特徴は，バンドギャップが約2.0eVとワイドバンドギャップであり，また図4に示すように$Cu(InGa)Se_2$と格子整合する点にある。従って，CIGS光吸収層と良好なヘテロ接合が形成されると期待される。ZIS膜の製膜手法は，同時蒸着法である。これらバッファ層を用いて形成された太陽電池の変換効率を図5に示す。図の左はIn_xSe_yバッファ層の結果を，右はZnSeバッファ層の結果を示す。図の中央は，Zn/Inビーム強度比を変化させて作製したZISバッファ層を

第 2 章　CIS 太陽電池の製造プロセス

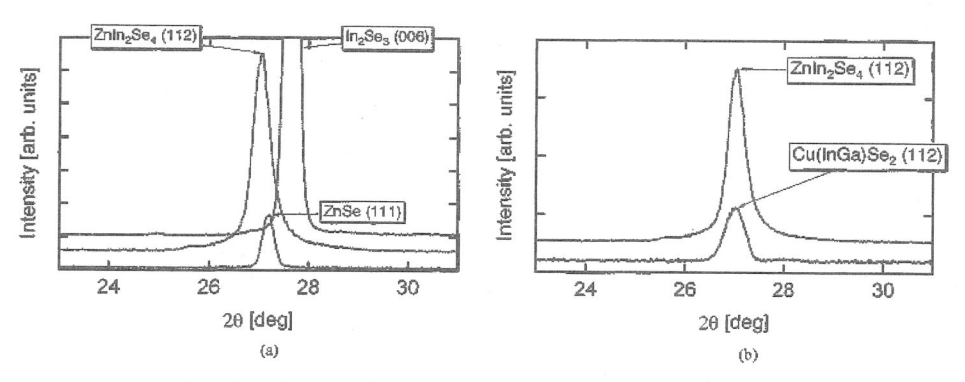

図 4　Cu(InGa)Se$_2$(112) X 線反射付近での，ZnSe，ZnIn$_2$Se$_4$，In$_2$Se$_3$ の X 線回折

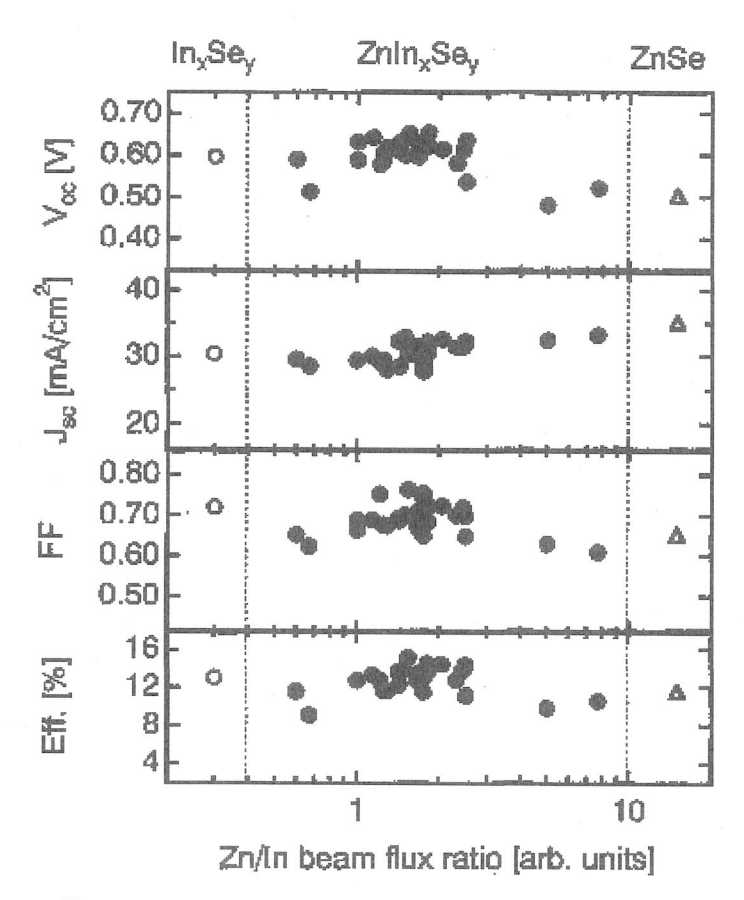

図 5　In$_x$Se$_y$，ZnIn$_x$Se$_y$，ZnSe バッファ層を用いた太陽電池特性

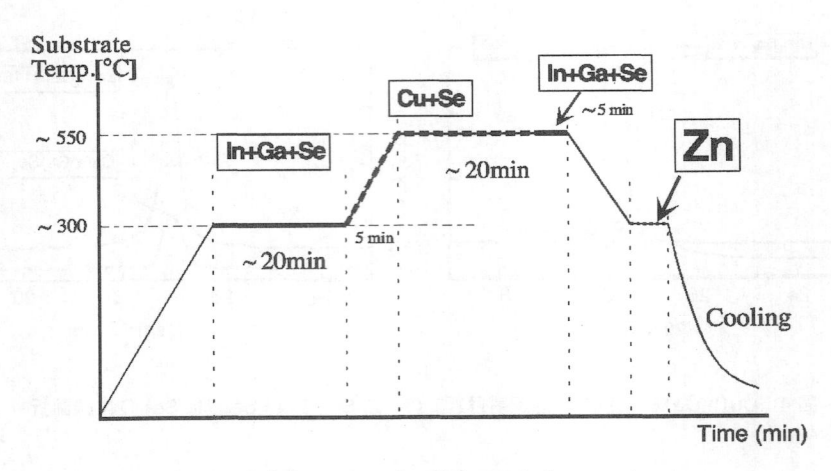

図6 真空中Znドーピング時の温度プロファイル

用いて作製した太陽電池のセル特性である。ZISを用いることで変換効率14.5%が得られている。このZISバッファ層の特徴は，高い曲線因子（FF）を有する太陽電池が得られること，Zn/Inビーム比に対して広いマージンがあり，Zn/In比が約5倍程度変化してもほぼ同程度の太陽電池が得られることにある。ZISは，化合物半導体である。従って，この広い成長ウィンドウは当時疑問であった。しかしながら現在の技術に照らして見ると，次に示すZnドーピングの効果ではなかったかと考えられる。

バッファ層開発における最も重要な進展は，Cdドーピング効果の発見である[8,9]。第2回の太陽光発電世界会議においてNRELのRamanathanと松下電器の和田は，CdSの溶液成長時にCdがドーピングされ，p形CIGSの表面がn形化していることを提案した。これにより，欠陥が多いと考えられるCIGS光吸収層とCdSとの直接ヘテロ接合でなく，埋め込みpn接合が形成され，太陽電池の変換効率が向上すると考えられる。Cdドーピング効果が報告されると，CIGS光吸収層をCd又はZnのII族元素イオンが含まれる溶液中に浸し，II族元素の表面ドーピングを行う，部分電解（PE：partial electrolyte）法が提案された。この手法を用いてRamanathanは，Cd-PE法で15.7%，Zn-PE法で14.2%の高効率CIGS太陽電池が作製可能なことを示した[10]。

このような背景の元，東京工業大学では真空一貫プロセスの観点より，3段階法直後に真空チャンバー内でZnドーピングを行う手法を開発した[11]。この手法では図6の温度プロファイルに示すように，3段階法を用いてCIGS光吸収層を堆積した後，基板温度を300℃程度まで下げ，KセルよりZnの分子線をCIGS表面に照射してZnドーピングを行う。Znのドーピング量は，照射時の基板温度並びに分子線強度により制御することができる。この処理のあと太陽電池は，バッファ層の形成を行わずにZnO透明導電膜を堆積する。図7にZnドーピングの効果を示す。

第2章　CIS太陽電池の製造プロセス

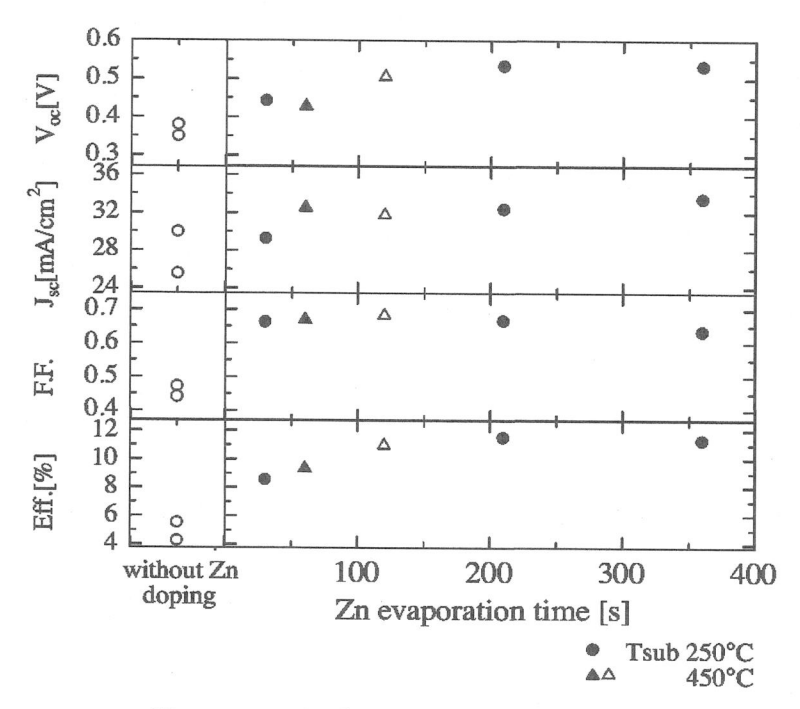

図7　Znドーピングを行ったCIGS太陽電池の特性

Znドーピング時の基板温度は，250℃と450℃とした。Znドーピング処理をしない太陽電池の場合には，変換効率は6%以下であった。しかしながらZnドーピング処理を行うことで，太陽電池の変換効率は11%台まで回復した。また処理時間としては，100秒程度で十分なことが分かる。このようなZnドーピング処理を行うことで，バッファ層を形成せず，真空プロセスのみを用いた太陽電池において変換効率11.5%が達成された。このようなZnドーピングの効果は，松下電器のグループによっても確認されており，面積0.96cm^{2}において変換効率16.2%が達成されている[12]。

　このように溶液成長を用いないCdフリーなバッファ層を用いることで，CBD-CdSに匹敵するCIGS太陽電池が得られることが徐々に明らかとなってきた。最近のバッファ層開発のトレンドは，全真空プロセス，Cdフリーと合わせて広バンドギャップ材料へと移行しつつある。現状，最も高い変換効率が得られているCIGS光吸収層のバンドギャップは，約1.1eVである。理論的に太陽光スペクトルと最も整合する光吸収層のバンドギャップは，約1.4eVである。このため，近年，広バンドギャップを有する光吸収層材料の探索へと研究開発が進んできている。そこでバッファ層に対しても，電気的に良好なヘテロ接合を光吸収層との間で形成するため，広バンドギャップ化が求められている。このような，全真空プロセス，Cdフリー，広バンドギャップを満

たす製膜手法及び材料系として，MOCVD 法による $Zn_{1-x}Mg_xO$（ZMO）薄膜が注目されている。この MOCVD-ZMO の開発については，第3章5節にて詳しく述べる。

2.3　ドライプロセスを用いたバッファ層開発の現状

本項では，2006 年にドイツのドレスデンにて開催された EU-PVSC を中心にドライプロセスを用いたバッファ層開発の世界的な現状を簡単にまとめる。

ドイツの ZSW では，将来のロールツーロールシステムまでを見据えて，新型バッファ層の開発を行っている[3]。開発のキーワードは，真空との整合性が良いドライプロセスであり，材料系としては In_2S_3 及び ZnS を，製膜手法は真空蒸着法，スパッタ法，ALD 法を試みている。その結果，ALD-In_xS_y において 14.3%，蒸着法による In_xS_y において変換効率 14.0% が達成されている[13]。

青山学院大学の中田らのグループは，溶液成長ながら ZnS(O,OH) バッファ層を用いることで 18.6% の変換効率を達成した[14]。このような発表を受け，ZnS 系バッファ層の研究開発が活発になっている。スウェーデンのオングストローム太陽電池センターでは，ALD 法による Zn(O,S) バッファ層を開発している[15]。変換効率は，面積 $0.5cm^2$ において 18.5%，$76.8cm^2$ のミニモジュールにおいて 14.7% が達成されている。

ドイツの AVANCIS では，RF スパッタ法により $Zn_{0.85}Mg_{0.15}O$ 薄膜を作製し，これを太陽電池バッファ層へと応用している[16]。開発のキーワードは"ドライルート（dry route）"であり，既に $30 \times 30cm^2$ の面積において変換効率 9.1% が達成されている。

文　　献

1) M. A. Contreras, K. Ramanathan, J. AbuShama, F. Hasoon, D. L. Young, B. Egaas and R. Noufi, *Prog. Photovolt. Res. Appl.*, **13**, 209（2005）
2) N. Kohara, T. Negami, M. Nishitani and T. Wada, *Jpn. J. Appl. Phys.*, **34**, L1141（1995）
3) M. Powalla, "The R&D Potential of CIS Thin-Film Solar Modules", 21st European Photovoltaic Solar Energy Conference, p.1789, Dresden, Germany（2006）
4) K. Kushiya, S. Kuriyagawa, K. Tazawa, T. Okazawa and M. Tsunoda, "Improved Stability of CIGS-Based Thin-Film PV Modules", 4th World Conference on Photovoltaic Energy Conversion, p.348, Hawaii, USA（2006）
5) J. Palm, S. Visbeck, W. Stetter, T. Niesen, M. Fuerfanger, H. Vogt, H. Calwer, J. Baumbach, V. Probst and F. Karg, "CIS Process for Commercial Power Module Production", 21st European Photovoltaic Solar Energy Conference, p.1796, Dresden,

Germany (2006)
6) Y. Ohtake, K. Kushiya, M. Ichikawa, A. Yamada and M. Konagai, *Jpn. J. Appl. Phys.*, **34**, 5949 (1995)
7) Y. Ohtake, S. Chaisitsak, A. Yamada and M. Konagai, *Jpn. J. Appl. Phys.*, **37**, 3220 (1998)
8) K. Ramanathan, H. Wiesner, S. Asher, D. Niles, R. N. Bhattacharya, J. Keane, M. A. Contreras, R. Noufi, "High Efficiency Thin Film Solar Cells without Intermediate Buffer Layers", 2nd World Conference on Photovoltaic Energy Conversion, p.477, Vienna, Austria (1998)
9) T. Wada, S. Hayashi, Y. Hashimoto, S. Nishiwaki, T. Sato, T. Negami and M. Nishitani, 2nd World Conference on Photovoltaic Energy Conversion, p.403, Vienna, Austria (1998)
10) K. Ramanathan, F. S. Hasoon, S. Smith, A. Mascarenhas, H. Al-Thani, J. Alleman, H. S. Ullal and J. Keane, "Properties of Cd and Zn Partial Electrolyte Treated CIGS Solar Cells", 29th IEEE Photovoltaic Specialists Conference, p.523, New Orleans, U.S.A. (2002)
11) T. Sugiyama, S. Chaisitsak, A. Yamada, M. Konagai, Y. Kudriavtsev, A. Godines, A. Villegas and R. Asomoza, *Jpn. J. Appl. Phys.*, **39**, 4816 (2000)
12) T. Negami, T. Aoyagi, T. Satoh, S. Shimakawa, S. Hayashi and Y. Hashimoto, "Cd Free CIGS Solar Cells Fabricated by Dry Processes", 29th IEEE Photovoltaic Specialists Conference, p.656, New Orleans, U.S.A. (2002)
13) S. Spiering, S. Chowdhury, A. Dresel, D. Hariskos, A. Eicke, M. Powalla, "Evaporated Indium Sulphide as Buffer Layer in Cu(In, Ga)Se$_2$-Based Solar Cells", 21st European Photovoltaic Solar Energy Conference, p.1847, Dresden, Germany (2006)
14) M. A. Contreras, T. Nakada, M. Hongo, A. O. Pudov and J. R. Sites, "ZnO/ZnS(O, OH)/Cu(In, Ga)Se$_2$/Mo Solar Cell with 18.6% Efficiency", 2nd World Conference on Photovoltaic Energy Conversion, Late News, Osaka, Japan (2003)
15) U. Zimmermann, M. Ruth and M. Edoff, "Cadmium-Free CIGS Mini-Modules with ALD-Grown Zn(O, S)-Based Buffer Layers", 21st European Photovoltaic Solar Energy Conference, p.1831, Dresden, Germany (2006)
16) T. P. Niesen, J. Palm, S. Visbeck, W. Steller, F. Karg and V. Probst, "Cu(In, Ga)(S, Se)$_2$ Specific Window Layers: Recent Developments for Cd-Free and Long-Term Stable Thin Film Solar Modules", 21st European Photovoltaic Solar Energy Conference, p.1839, Dresden, Germany (2006)

3 非真空プロセスによるCIS太陽電池の作製

和田隆博*

3.1 はじめに

最近，欧米のベンチャー企業や研究所が同時蒸着法やセレン化法と異なる新規なCIS太陽電池の低コスト製造プロセスの開発を行っている。CIS太陽電池の低コスト製造プロセスとしては，真空プロセスと非真空プロセスに分類できる。真空を用いる低コスト製造プロセスは第二世代のCIS太陽電池の製造プロセスと位置づけられ，Miasolé社(米)のスパッタ法がよく知られている。Miasolé社ではCIGS光吸収層やCdSバッファー層を含む全薄膜をスパッタ法で作製している。また，Energy Photovoltaics(EPV)社(米)ではCuのみマグネトロンスパッタ法で蒸着し，In，Ga，Seは通常の蒸着法で形成するプロセスを長年取り組んでいる。しかし，さらなる低コスト化を目指すためには第三世代のプロセスである「非真空プロセス」によるCIS太陽電池の製造が望ましい。表1にCIS太陽電池の代表的な非真空プロセスをまとめた。

3.2 欧米における非真空プロセスの開発

セレン化法で長年CIS太陽電池の開発を行ってきたInternational Solar Electric Technology

表1 代表的なCIS太陽電池の非真空製造プロセス

研究機関	Key Person	プロセスの特徴
松下電器(日)[1, 2]	T. Wada	酸化物薄膜→(セレン化・硫化)→ $CuInSe_2$, $CuInS_2$ [膜の作製]
ISET(米)[3, 4]	V. K. Kapur	酸化物微粒子→(塗布)→酸化物膜→(水素還元)→(セレン化・H_2Se)→ $CuInSe_2$ [変換効率=13.6%]
Unisun(米)[5]	C. Eberspacher	酸化物微粒子→(塗布)→酸化物膜→(セレン化・Se蒸気)→ $CuInSe_2$ [変換効率=11.7%]
Nanosolar(米)[6]	C. Eberspacher	原料微粒子(塗布)→(熱処理)→ $CuInSe_2$ 薄膜 [変換効率=14.5%]
ETH(スイス)[7, 8]	A. N. Tiwari	Cu, In, Ga含有インク→(塗布：ドクターブレード)→化合物・アモルファス混合膜→(セレン化・Se蒸気550℃ 10min)→ $Cu(In,Ga)Se_2$ 膜 [変換効率=11.7%]
CISEL project(欧)[9]	D. Lincot	Cu, In, Ga, S, Se含有溶液→(電着)→ $Cu(In,Ga)(S,Se)_2$ プレカーサー膜→(熱処理)→ $Cu(In,Ga)(S,Se)_2$ 薄膜 [変換効率=11.4%]
龍谷大・東工大[10]	T. Wada, A. Yamada	$Cu(In,Ga)Se_2$ 粉末合成[メカノケミカルプロセス]→(インク調製)→(塗布)→プレカーサー膜→(焼結)→ $Cu(In,Ga)Se_2$ 膜 [変換効率=2.7%]

* Takahiro Wada 龍谷大学 理工学部 教授

第 2 章　CIS 太陽電池の製造プロセス

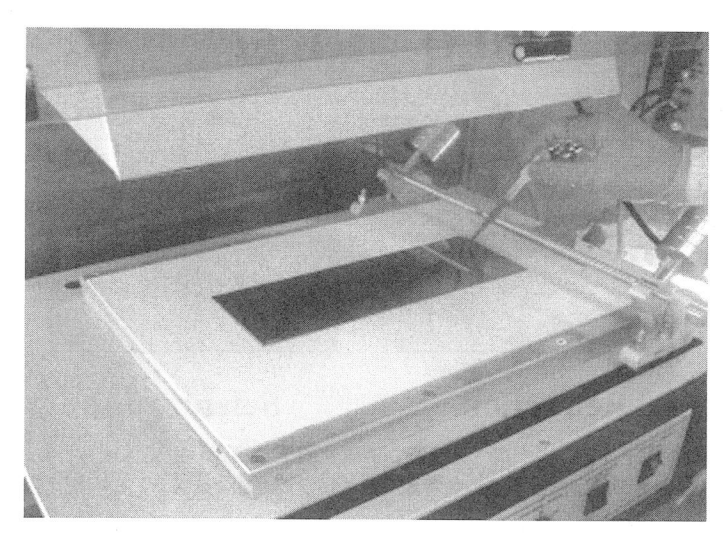

図 1　ISET で行っている酸化物微粒子を含有したインクを印刷法で基板に塗布する工程 [4]

(ISET)社(米)は酸化物プレカーサーを用いた CIGS 太陽電池の非真空製造プロセスの開発に取り組んでいる [3,4]。まず，Cu，In，Ga を含んだ酸化物微粒子を合成し，それを溶媒と混合して塗布用インクを作製する。このプロセスの鍵となる酸化物微粒子は，金属原料を酸性水溶液中に溶解し，均一にしてから水酸化ナトリウム水溶液を加えることで溶液を塩基性にし，共沈させることで得る。この共沈粉末を溶媒に混合し，粘度を調製して印刷用のインクを得る。調製したインクは基板に塗布して酸化物のプレカーサー膜を形成する。酸化物のプレカーサー膜は水素ガスで還元して金属に転換した後，通常のセレン化法と同様に H_2Se ガスでセレン化して CIGS 膜を得る。図 1 に酸化物微粒子を含有したインクを基板に塗布する工程の写真を示し，図 2 に水素ガスを用いて酸化物膜を還元して金属膜を得る工程と，得られた金属膜を H_2Se ガスと反応させて CIGS 膜を得る工程を示した。ISET では各種基板を用いてセルを試作していて，ソーダライムガラスで 13.6％，Mo 箔で 13.0％，ポリイミドフィルム（Upilex）で 10.4％，ステンレス箔で 9.6％の変換効率を達成している。

　ISET と同様に酸化物のプレカーサー膜を用いるプロセスを提案しているのが Unisun 社の C. Eberspacher（彼はセレン化法を開発した ARCO Solar/Shell Solar 社の研究開発責任者であった）である [5]。Unisun でも小面積セルで 11.7％の変換効率を達成している。ISET との違いは Unisun ではセレン化に有毒な H_2Se ガスではなく Se 蒸気を用いることである。ISET や Unisun が提案した酸化物プレカーサー膜を用いるプロセスは著者らが約 15 年前に提案した方法である [1,2]。酸化物を用いるプロセスの特徴は，プレカーサー膜中で Cu，In，Ga の各元素が原子レ

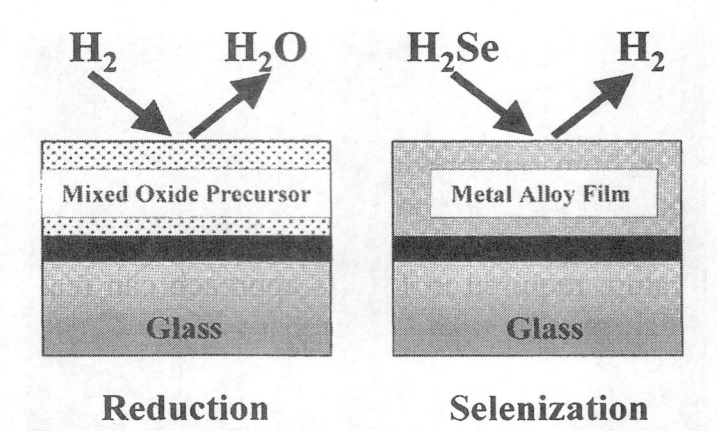

図2 ISETが行っている水素ガスを用いて酸化物膜を還元して金属膜を得る工程と，さらにその金属膜を H_2Se ガスと反応させて CIGS 膜を得る工程の概念図[3]

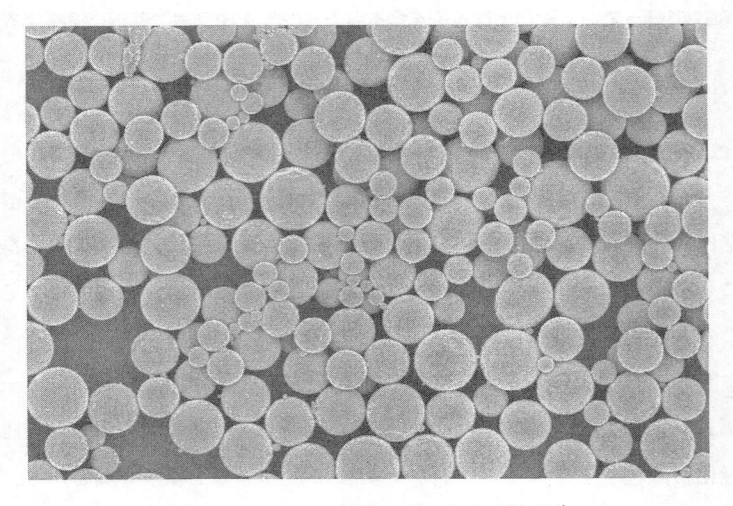

図3 Nanosolar が用いているナノ粒子[6]

ベルで混合されていて，組成の均一な CIGS 膜が得られることである。また，これらのプロセスは「セレン化法」の改良と考えることができる。

最近注目されているのが，Nanosolar 社(米)の取り組みである[6]。Nanosolar は 2001 年に M. Roscheisen が設立したベンチャー企業で，2004 年から C. Eberspacher も研究開発技術者として参画した。彼らは，金属箔を基板にして，「ロール・ツー・ロール」方式で原料インクを塗布し，それを非真空雰囲気で熱処理して，CIS 膜を製造する。図3に Nanosolar がホームページ上で発表しているナノ粒子の写真と図4にインクを用いて大面積金属基板に塗布する工程の写真を示した。現在，30.5cm × 10cm のセルを開発し，カルフォルニアとドイツに工場の建設用地を取

第2章　CIS太陽電池の製造プロセス

図4　原料インクを用いて大面積金属基板に塗布する工程[6]

得して商業生産の準備を進めている。C. Eberspacher は 2007 年春にサンフランシスコで開催された MRS Spring Meeting で初めて Nanosolar の開発の現状について研究発表を行った。また，Proceeding が発行されていないので詳細は分からないが，講演を聴いた印象では，驚くような研究成果が得られているようには見えなかった。変換効率としては非真空プロセスでの最高変換効率 14.5％を達成していた。しかし，それは金属基板を用いたセルではなく，ガラス基板を用いていた。CIGS 膜中の Ga を増加させることや濃度プロファイルの制御に苦労しているようで，熱処理方法としては AVANCIS（独）と同様に RTP（Rapid Thermal Processing）を用いていた。

スイスの国立研究所 ETH でも印刷タイプの非真空プロセスに取り組んでいる[7,8]。彼らのプロセスの基本は，①ナノサイズの粒子を含んだプレカーサー溶液の調製，②ドクターブレード法によるプレカーサー膜の形成，③セレン化処理による CIGS 膜への転換，である。プレカーサーペーストは，硝酸銅水和物，塩化インジウム，硝酸ガリウム水和物をメタノール中に溶解し，エチルセルロースのペンタノール溶液を加えて，粘度を調製する。プレカーサーペーストは Mo 層を形成したソーダガラス基板上にドクターブレード法で塗布する。得られた塗布膜を 250℃に加熱したホットプレート上でアルコールを蒸発させ，セルロースを燃やしてしまう。このとき，膜は黒色から金属光沢を持った青色に変化する。そのプレカーサー膜の X 線回折図形を図 5 に示した。プレカーサー層にはアモルファスのマトリックス中に粒径 55nm の CuCl が存在する。次に，プレカーサー層を 2 つの領域で温度制御可能な電気炉を用いてセレン化する。高温部にプレカーサー膜，低温部にセレン源を置いて窒素をキャリアーガスにしてセレン化する。高温部を 560

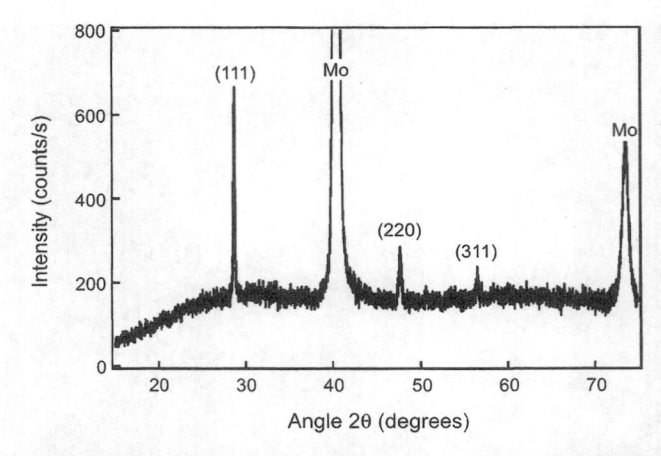

図5 ETHのプロセスで形成したプレカーサー膜のX線回折図形[8]

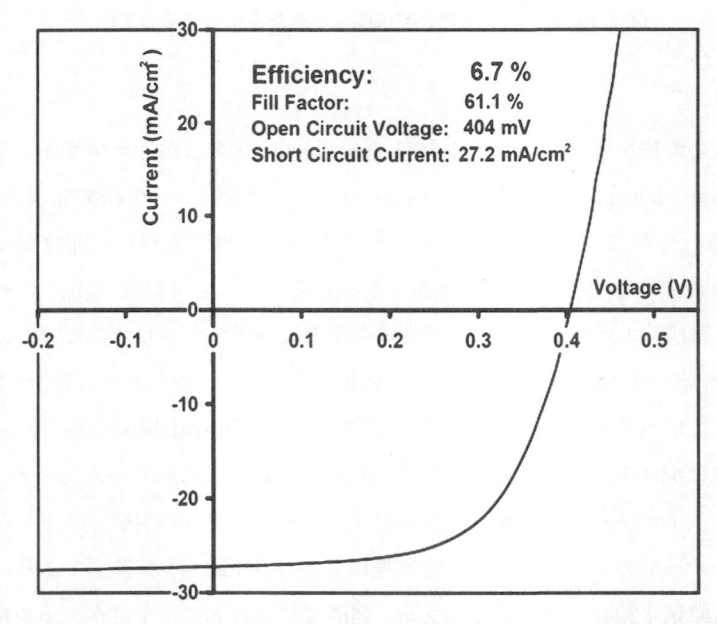

図6 ETHのプロセスで最高変換効率6.7%を示したCIGS太陽電池の特性[8]

℃，低温部を約350℃に設定し，セレン化時間は10minである。彼らのCIGS膜の特徴は，熱分解で生成したカーボンがCIGS膜とMo層の間にかなり厚く存在することである。また，通常のセレン化法で形成したCIGS膜と同様に，Gaが基板側に偏析している。このプロセスで形成したCIGS太陽電池の典型的な変換効率は4〜5.5%で，最高変換効率として6.7%を達成している。図6に最高変換効率を示したセルの太陽電池特性を示した。

第 2 章　CIS 太陽電池の製造プロセス

　フランスの Lincot を中心とした産学連携チームは電着法を基礎にした非真空プロセスの開発に取り組んでいる[9]。彼らのプロセスでは電着法で Cu(In, Ga)(S, Se)$_2$ プレカーサー膜を形成し，それを熱処理することで太陽電池用の光吸収層を製造する。元素原料を酸性水溶液中に溶解し，Mo を形成したガラス基板を電極にして，次のような化学反応式で陰極還元を行う。

$$Cu^{2+} + In^{3+} + 2H_2SeO_3 + 13e^- + 8H^+ \rightarrow CuInSe_2 + 6H_2O$$

　このプロセスでは硫黄を導入することが容易で，S/(S + Se) が 0％から 90％の範囲で制御できる。しかし，硫黄量の増加とともに結晶粒が小さくなる傾向もある。また，太陽電池にふさわしい緻密で粒径の大きな CIGS 膜を得るためには，熱処理プロセスが重要であることを指摘している。彼らは，2004 年に小面積で 11.4％，30cm × 30cm のサブモジュールで 11.4％の変換効率を達成し，その成果をさらに発展させるためにパリ郊外に政府機関である CNRS-ENSCP と EDF（Electricity of France：フランス電力公社）と共同で研究機関 IRDEP を設立した。今後は，2007 年度にパイロットラインを完成させ，2010 年には工業生産に移行する計画を発表している。

3.3　メカノケミカルプロセスとスクリーン印刷／焼結法を用いた CIS 太陽電池の製造プロセス

　日本では龍谷大学と東京工業大学が共同で，非真空プロセスによる CIS 太陽電池の低コスト製造プロセスの開発を行っている[10]。CIGS 粉末をメカノケミカルプロセスと言う独自の非加熱プロセスで合成し，その粉末に焼結助剤等の添加物と有機溶剤を加えてインクを調製し，スクリーン印刷／焼結法によって CIS 膜を作製する。このプロセスの特徴は，CIGS の原料粉末をメカノケミカルプロセスと通常の粉砕プロセスを用いて行っていることで，原料粉末の大量生産が容易なことが挙げられる[11, 12]。また，スクリーン印刷／焼結法も，松下電池工業㈱で CdS/CdTe 太陽電池を量産化した実績があり大量生産に適している。

　図 7 にメカノケミカルプロセスとスクリーン印刷／焼結法を用いて作製した CIGS 太陽電池の SEM で観察した断面微構造を示す。これを見ると，CIGS の結晶粒径は 2μm 以上に成長していて，結晶粒も比較的緻密に焼結していることが分かる。しかし，膜厚が 10μm 以上で，セレン化法や蒸着法で形成した CIGS 膜と比較して非常に厚い。図 8 に試作したいくつかの CIGS 太陽電池の電流（I）-電圧（V）特性を示した。いずれの太陽電池も開放電圧（V_{oc}）は約 0.3V であり，短絡電流密度（J_{sc}）や曲線因子（FF）に差が見られた。現在までに得られた最も高い変換効率は 2.7％で，V_{oc} = 0.325V，J_{sc} = 28.3mA/cm^2，FF = 0.295 である。この太陽電池の I-V 特性から，開放電圧と曲線因子において改善の余地があることが分かる。現在の CIGS 光吸収層の典型的な厚さは 5〜10μm 程度ある。CIGS 光吸収層の膜厚としては 2μm 程度で十分であり，これ以上厚い部分は曲線因子を劣化させる原因となる。また，今後 CIGS 層の膜厚の薄膜化・均一化を図

化合物薄膜太陽電池の最新技術

図7 メカノケミカルプロセスとスクリーン印刷／焼結法を用いて作製したCIGS太陽電池の断面微構造

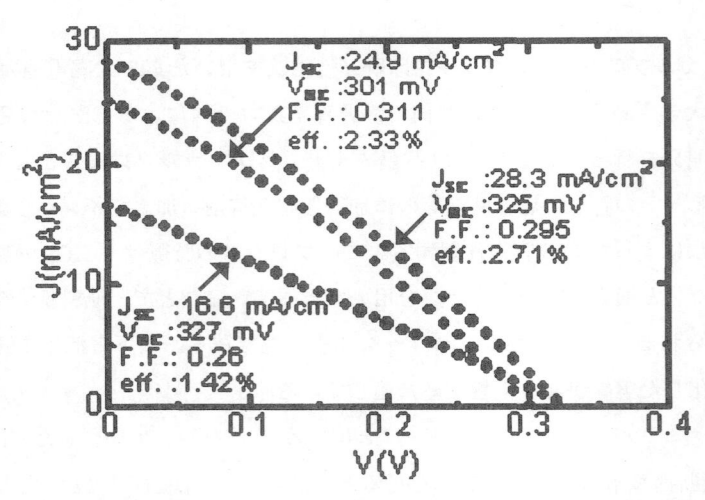

図8 メカノケミカルプロセスとスクリーン印刷／焼結法を用いて作製したCIGS太陽電池の特性[10]

り直流抵抗成分を抑制することで，V_{oc}の向上が期待される。

図9に変換効率2.7%を示した太陽電池の断面TEM像を示す。変換効率1%の太陽電池の場合には，表面付近の結晶粒は粒成長と焼結による結晶粒の肥大化と緻密化が確認できるが，内部の方では粒径はまだ小さく膜中に多くのボイドが観察された。これに対して，変換効率2.7%を示す太陽電池では，全体的に結晶粒の成長と焼結による緻密化が認められ，さらに膜内にボイド

第 2 章　CIS 太陽電池の製造プロセス

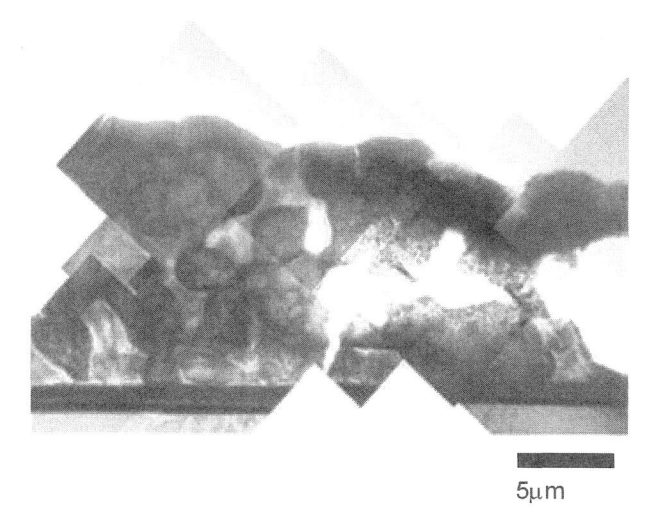

図 9　変換効率 2.7% を示した CIGS 太陽電池の断面 TEM 像 [10]

がほとんどなく，Mo から表面まで結晶粒が繋がっていることが分かる。このように，メカノケミカルプロセスとスクリーン印刷／焼結法を用いて作製した太陽電池の変換効率を向上させるためには，焼結段階における結晶粒の成長と結晶粒同士の焼結が必要不可欠である。

メカノケミカルプロセスとスクリーン印刷／焼結法を用いて作製した CIS 太陽電池の変換効率は 2.7% と低いが，今後の変換効率の向上が期待されている。

文　　献

1) T. Wada, T. Negami and M. Nishitani, *Appl. Phys. Lett.*, **62**, 1943 （1993）
2) T. Wada, M. Nishitani and T. Negami, US Patent No. 5445847
3) V. K. Kapur *et al., Thin Solid Films*, **431-432**, 53 （2003）
4) http://www.isetinc.com/index.html
5) C. Eberspacher *et al., Thin Solid Films*, **387**, 18 （2001）
6) http://www.nanosolar.com/index.html
7) M. Kaelin *et al., Thin Solid Films*, **431-432**, 58 （2003）
8) M. Kaelin *et al., Thin Solid Films*, **480-481**, 486 （2005）
9) S. Taunier *et al., Thin Solid Films*, **480-481**, 526 （2005）
10) T. Wada *et al., phys. stat. sol.*, (a) **203**, 2593 （2006）
11) T. Wada and H. Kinoshita, *J. Phys. Chem. Solids*, **66**, 1987 （2005）
12) T. Wada, H. Kinoshita, S. Kawata, *Thin Solid Films*, **431-432**, 11 （2003）

第3章　CIS 太陽電池作製の要素技術

1　スパッタ法による Mo 裏面電極の形成

山田昭政*

CI(G)S 光吸収層に対しては Au が最もよい背面電極材料で，初期には Mo は CIS との間にショットキーバリアを形成すると見られていた[1]が，まもなく Mo がオーム接触を示すことが認識され[2]，種々の金属を裏面電極とした CIGS 太陽電池で比較した結果では僅差で W に優位を譲る[3]ものの，低コストな材料として Mo が一般的に使われている。Mo の製膜法として蒸着が勝る[4]との説がある一方で，DC マグネトロンスパッタとの比較では蒸着の方が電気抵抗率が大きい[5]という報告もある。使い易さのゆえに DC または rf のマグネトロンスパッタが普通に用いられている。rf の方がガス成分の閉じ込めを少なくでき，バルク値に近い抵抗率が得られる[6]ので実験的にはよく使われるが，大面積プロセスにおけるコストを考えると桁違いに製膜速度の大きい DC マグネトロンスパッタの方が実用的と言える。厚みの均一性は磁場の分布に依るところが大きく，これを最適化して 15cm の範囲で 3％以下の変動に抑えることができている[7]。

マグネトロンスパッタのプラズマを維持するために製膜室には通常 Ar（アルゴン）ガスが一定の圧力になるように流される。放電パワーと並んで Ar 圧は Mo 膜の性質を大きく左右する。製膜室には Ar 以外に H_2，H_2O，CO/N_2（CO と N_2 は質量が近いので分離できない），CO_2 などの残留ガスが検出され，計算によると合わせて 5％ほどのガス成分がスパッタ Mo 膜中に取り込まれることになる[8]。Mo 膜中の酸素の含有量は 8％に達するという報告もある[9]。

スパッタ Mo 膜の面内応力は Ar 圧が低い場合に圧縮，中間の Ar 圧で伸張に移りさらに Ar 圧が高いと応力の絶対値は小さくなる[10～14]。あるいは高い Ar 圧で再び圧縮応力になる[10]。圧縮・伸張とも絶対値は最大で 1Gpa 程度である[13]。ただし，面内応力は膜厚にもより，薄いときには圧縮応力であるが厚くなると伸張応力になる[15, 16]。伸張応力の Mo 膜すなわち高 Ar 圧でスパッタ製膜した Mo 膜は低 Ar 圧で製膜した膜よりガラスへの密着性が良い[12]ことが知られている。堆積速度は Ar 圧が 2～3Pa の場合に最大になる[17]。

Mo 膜の重要な性質のひとつはその電気抵抗率である。高 Ar 圧でスパッタ製膜した Mo 膜の

---

*　Akimasa Yamada　㈱産業技術総合研究所　太陽光発電研究センター　化合物薄膜チーム　テクニカルスタッフ

第 3 章　CIS 太陽電池作製の要素技術

抵抗率が高 Ar 圧で製膜したものより高くなることは古くから知られていて[18]，多くの研究者によって確認されている[6, 10～13, 17, 19]。スパッタ Mo 膜の抵抗率は厚みに反比例して大きくなる傾向があるが[20]，一定の厚みで抵抗率を下げるには，堆積速度を増すことやバイアス電圧を大きくすることも効果がある[21, 22]。

スパッタ Mo 膜を太陽電池に適用するにあたってはガラス基板への大きい付着力と低い抵抗率の両立が求められ，これは製膜時の Ar 圧に対して相反した要請となる。すなわち，付着力のためには高 Ar 圧が，抵抗率のためには低 Ar 圧が求められる。そこで，高 Ar 圧で製膜した上に低 Ar 圧で製膜して，大きい付着力と低いシート抵抗を兼ね備える二層膜を形成することがしばしば行われている[12, 19, 23]。

Mo は常温・常圧で b.c.c.（体心立方）の結晶構造をもった金属であるが，室温以下の基板温度でスパッタ製膜すると f.c.c.（面心立方）構造になる[18]。蒸着でもスパッタでも膜が薄いと（あるいは成長初期に）f.c.c. になることが知られている[24]。また，堆積速度が低い場合に f.c.c. になることがあり，これは（おそらく，成長初期の場合についても）不純物である炭素，窒素，酸素が多く取り込まれることが原因と考えられる[25]。幸いにして b.c.c. の抵抗率が最も小さい[18]。スパッタ Mo 膜の粒径は膜厚が 80nm 程度以下では厚みの平方根に比例し[15]，それ以上では一定の値になる。500nm 程度の厚みでは粒径は 20～30nm であり，Ar 圧が増すと粒径は小さくなる[26]。

表面モフォロジーや膜の微細構造もスパッタ時の Ar 圧に依存し[27]，中程度の Ar 圧で柱状構造になる[14]。高い Ar 圧はスパッタ Mo 膜の密度を低くし，バルク値の 50% 以下にすらなることが観測されている[17]。文献[26]では，Ar 圧の高いときに原子発光分光法による Mo の発光強度分布が基板近くで急に小さくなるという観測に基づき，Mo 原子と Ar 原子との衝突頻度が増すと粒子の入射方向が等方性に近づいて影効果によって柱状構造が形成されると考えている。表面粗さは Ar 圧が高いと大きく[26]，厚みにともなって増す[17]。rf パワーが低いとスパッタ粒子の運動エネルギーが小さいためにマイグレーション不足で粗さが大きくなる[26]。Mo 膜をアニールすると表面粗さが大きくなりキャリア散乱の原因となってアニール温度が高いほど抵抗率が大きくなる[20]。

一般に理想的な平面では斜め入射の効果で面内組織が形成され，基板表面が粗い方が面内組織の程度を低くする[28]。b.c.c. 金属も傾斜角をつけて入射すると面内異方性を有する膜が成長し[29]，スパッタ製膜においては斜め入射のほかにターゲットに対する基板の移動方向および基板に対する矩形ターゲットの配置によって面内配向を生じる[29, 30]。スパッタ時の Ar 圧が低いと面内配向が強くなる[17]。スパッタ Mo 膜上に成長した CIGS 膜は典型的に（112）配向となる[31]が，（110）/（102）配向した CIGS 膜は（112）配向した CIGS よりよいデバイス性能を与えることが知られ

ている[32]。変換効率19.5%を実現したセルにおいても従来の変換効率のわずかに小さいものとの違いは前者のCIGS膜が強い(110)/(102)配向をしていることくらいにしか見つけられない[33]。CIGSは基板をとくに選ばなければエネルギー的に優先される(112)配向で成長するが，(110)方位のMo単結晶上には(110)/(102)配向のCIGS膜が成長する[34]。スパッタMo膜はAr圧が高いと(110)配向になる[17]のでMo膜の配向を介してCIGS膜の配向を制御できる可能性がある。面内組織の形成にはバイアス依存性もある[35]。

　Mo膜には，セルの基板として普通に使われる青板ガラス（ソーダライムガラス：SLG）から来るNaの通過・貯留・緩衝の機能がある[11]。SLG基板上にMo膜があるか否かに関わらずCIGS中のNa濃度は同じ[9]であって，Mo膜が存在する場合にNaの分布はMo膜のガラス基板側，CIGS膜とMo膜との界面，そしてとくにCIGS膜の最前面に集中する[10,36]ことから，スパッタMo膜はNaをきわめてよく通すことが分かる。Mo/ガラス，CIGS/Mo/ガラス構造の界面を経由するNa拡散の活性化エネルギーは，それぞれ，9.6kcal/molおよび8.6kcal/molと見積もられている[37]。Mo膜中のNa濃度はアニール温度に依存し，440℃で0.06 at%，550℃で0.14 at%であり，Mo膜中にNaを0.1%程度含むセルが高い効率を示すという報告例[9]がある。Mo膜中のNa濃度と酸素濃度の相関は強く[38]，Naの拡散はMo膜中の酸素含有量が多いと促進される[39]。1×10^{-5}Torrの空気，酸素，水の雰囲気でのアニールでNaの拡散は起こるが1×10^{-8}Torr以下では起きず，同じアニール条件では水より酸素がより促進する[37]。SLG上に堆積したMo膜とそれにNaをイオン注入したものとをアニールしてSIMSデプスプロファイル測定によってNaの分布を比較すると注入されたNaの分布が変わらずにSLGからの拡散が観測されるという実験結果は，Mo粒内のNaの拡散は遅くて，SLGからのNaはMo膜の粒界に存在することを示す[9,38]。NaはMo膜の粒界を通路としており，そこに存在するMoO_3とNaから生成されるNa_xMoO_4のインターカレーションおよび脱インターカレーション反応がNaを輸送する機構と考えられている[9,38]。Na_2MoO_4の存在は別の研究者によっても確認されている[11]。

　Mo膜中のNa濃度はスパッタ時のAr圧に依存し，Ar圧が低いとMo膜が密になってNa濃度は低く，Ar圧が高すぎるとMoの柱状構造の中に微小空孔や微小クラックを生じNa濃度は過剰になる[27]。Ar圧が高いと酸素およびNa濃度がともに高くなる[10]。Na濃度は製膜後のアニールで調整することができる。加熱によって一方的にNa濃度が増すばかりでなく，Na単体あるいは蒸気圧の高いNa化合物となって蒸発し去ることが可能であり，CIGS製膜前にMo膜を付けたSLG基板の予備加熱によってNa濃度を最適化してセル効率の改善を図れる[40]。SLG基板からのNa拡散を利用することは制御性が良くないので，SLG基板からのNa拡散を抑制するために基板をSi_3N_4などでコートした上にMo膜を堆積しその上にNa化合物を付けてCIGS中のNa濃度を制御する方法があるが，この場合にもNaはCIGS層ばかりでなくMo層へも拡散

第3章 CIS太陽電池作製の要素技術

してCIGSに対する供給量を減らすので注意が必要である[39]。最近提案されたMo製膜法はNa添加Mo層と無添加Mo層とを重ねるもので，これによって良い変換効率（13.3%）を得たと報告されている[41]。スパッタターゲットのNa濃度が固定されていても両層の厚みの比（スパッタ時間）を変えることによって任意のNa量に調整できることがこの方法の特長である。

Mo膜へはCIGS膜からGaが拡散することも観測されているが，セルへの影響は不明である。セル構造のMo/CIGS間を剥がし界面から両側へSIMSデプスプロファイル測定をして補正する方法でMo膜中のGaの拡散を測定し，拡散係数：$5 \times 10^{-17} m^2/s (T = 480℃)$が得られている[42]。また，セル構造の各界面をリフトオフで分離し両側を光電子分光測定する方法によってもMo層へのGaの拡散が確認されている[36]。

Mo膜へCIGS膜を堆積する際に両者の界面に形成される$MoSe_2$層は初めは高抵抗な障害物と見られた[11]が，実はショットキー型ではなく良好なオーム性接触をもたらすことが分かっている[43]。$MoSe_2$はバンドギャップが$1.17 \sim 1.25 eV$[44~47]もしくは$1.41 \sim 1.43 eV$[43, 48, 49]の透明な半導体である。$MoSe_2$はCIGSの三段階成長プロセスの第二段階初期の(In, Ga)過剰条件下で生成され[50]，Cu-SeやCu過剰なCu-In-Ga-SeとMo膜との界面ではきわめて薄い[51]と言われている。このように，$MoSe_2$層はCIGS製膜時の産物であるが，その厚みはMoの製膜条件に依存する[52]。低Ar圧でスパッタした密なMo膜では$MoSe_2$層は薄く[53]，酸素の多いMo膜でも$MoSe_2$層は薄い[39]。また，Naがない場合には$MoSe_2$層のc面（劈開面）がMo表面に平行に積層して剥がれ易い[54]。スパッタMo膜の表面は大いに酸化しておりCIGS製膜後にもMoO_2として界面に存在する[55]。このことは$MoSe_2$層生成との関連においてMo製膜および後処理に考慮すべきであろう。

Moはクラーク数が0.0013（ガリウムやタンタルと同程度）でレアメタルに分類され使用量を少なくすることが望まれる。代替材料が探索される所以であるが，種々の金属を試した中で太陽電池の裏面電極として好結果を示すものはCIGSとの界面における光反射が大きい[3]ということがひとつのヒントになるだろうか。ちなみに，rfマグネトロンスパッタMo膜の反射率は400～800nm波長帯で約50%である[56]。

文　　献

1) P. E. Russell *et al., Appl. Phys. Lett.,* **40**, 995（1982）
2) R. J. Matson *et al., Solar Cells,* **11**, 301（1984）

3) K. Orgassa et al., *Thin Solid Films*, **431-432**, 387 (2003)
4) R. Caballero et al., *Applied Surface Science*, **238**, 180 (2004)
5) M. A. Martinez et al., *J. Materials Processing Technology*, **143-144**, 326 (2003)
6) J. Nagano, *Thin Solid Films*, **67**, 1 (1980)
7) N. G. Dhere et al., *Materials Science and Engineering B*, **116**, 303 (2005)
8) M. Andritschky, *Vacuum*, **42**, 753 (1991)
9) M. Bodegard et al., *Solar Energy Materials and Solar Cells*, **58**, 199 (1999)
10) J. H. Scofield et al., Proc. 1st World Conf. Photovolt. Energy Conv., 164 (1994)
11) B. M. Basol et al., *Solar Energy Materials and Solar Cells*, **29**, 163 (1993)
12) J. H. Scofield et al., *Thin Solid Films*, **260**, 26 (1995)
13) T. J. Vink et al., *J. Appl. Phys.*, **70**, 4301 (1991)
14) Y. G. Shen, *Materials Science and Engineering A*, **359**, 158 (2003)
15) D. P. Adams et al., *Thin Solid Films*, **266**, 52 (1995)
16) S. G. Malhotra et al., *Thin Solid Films*, **301**, 45 (1997)
17) F. Klabunde et al., *J. Appl. Phys.*, **80**, 6266 (1996)
18) J. R. Bosnell et al., *Thin Solid Films*, **6**, 107 (1970)
19) L. Assmann et al., *Appl. Surface Science*, **246**, 159 (2005)
20) U. Schmid et al., *Thin Solid Films*, **489**, 310 (2005)
21) J. S. Lin et al., *Thin Solid Films*, **153**, 359 (1987)
22) T. T. Bardin et al., *Thin Solid Films*, **165**, 243 (1988)
23) N. G. Dhere et al., *Mater. Res. Soc. Symp. Proc.*, **668**, H3.4.1 (2001)
24) S. Kacim et al., *Thin Solid Films*, **249**, 150 (1994)
25) M. Maoujoud et al., *Thin Solid Films*, **238**, 62 (1994)
26) T. Hino et al., *Thin Solid Films*, **229**, 201 (1993)
27) H. A. Al-Thani et al., *29th IEEE PVSC-Conf. Paper*, 720 (2002)
28) J. F. Whitacre et al., *J. Appl. Phys.*, **84**, 1346 (1998)
29) J. M. E. Harper et al., *J. Appl. Phys.*, **82**, 4319 (1997)
30) A. Yamada et al., *phys. stat. sol.(a)*, **203**, 2639 (2006)
31) J. R. Tuttle et al., *J. Appl. Phys.*, **77**, 153 (1995)
32) M. A. Contreras et al., Proc. 16th Euro. Photovolt. Solar Energy Conf., 732 (2000)
33) M. A. Contreras et al., *Prog. Photovolt: Res. Appl.*, **13**, 209 (2005)
34) T. Schlenker et al., *Thin Solid Films*, **480-481**, 29 (2005)
35) M. Zaouali et al., *Surface and Coatings Technology*, **50**, 5 (1991)
36) L. Weinhardt et al., *Thin Solid Films*, **515**, 6119 (2007)
37) M. B. Zellner et al., *Prog. Photovolt: Res. Appl.*, **11**, 543 (2003)
38) M. Bodegard et al., Proc. 13th Euro. Photovolt. Solar Energy Conf., 2080 (1995)
39) J. Palm et al., *Thin Solid Films*, **431-432**, 514 (2003)
40) K. Sakuraia et al., *J. Phys. Chem. Solids*, **64**, 1877 (2003)
41) J-H. Yun et al., *Thin Solid Films*, **515**, 5876 (2007)
42) G. Bilger et al., *Applied Surface Science*, **231-232**, 804 (2004)

43) N. Kohara *et al., Solar Energy Materials and Solar Cells,* **67**, 209 (2001)
44) J. Filinsky, *phys. status solidi(b)*, **49**, 577 (1972)
45) R. Coehoorn *et al., Phys. Rev.,* **35**, 6203 (1987)
46) J. Pouzet *et al., Materials Chem. Phys.,* **36**, 304 (1994)
47) S. M. Delphine *et al., Mater. Res. Bull.,* **40**, 135 (2005)
48) T. Wada *et al., Thin Solid Films,* **387**, 118 (2001)
49) P. P. Hankare *et al., J. Cryst. Growth,* **291**, 40 (2006)
50) T. Wada, *Inst. Phys. Conf. Ser. No 152 Sec. H: ICTMC-11,* 903 (1998)
51) S. Nishiwaki *et al., Jpn. J. Appl. Phys.,* **37**, L71 (1998)
52) T. Wada, *Solar Energy Materials and Solar Cells,* **49**, 249 (1997)
53) T. Wada *et al., Jpn. J. Appl. Phys.,* **35**, L1253 (1996)
54) R. Wurz *et al., Thin Solid Films,* **431-432**, 398 (2003)
55) D. Schmid *et al., Solar Energy Materials and Solar Cells,* **41/42**, 281 (1996)
56) M. A. Martinez *et al., Surface and Coatings Technology,* **110**, 62 (1998)

2 CIS膜の表面処理とCdS系バッファー層の形成

橋本泰宏*

2.1 Cu(In, Ga)Se$_2$膜の表面処理

Cu(In, Ga)Se$_2$膜の表面状態は高効率のCu(In, Ga)Se$_2$太陽電池を作製する上において極めて重要である。Cu(In, Ga)Se$_2$はp型半導体であり，太陽電池を作製するためにはCu(In, Ga)Se$_2$膜上にn型半導体膜を形成してpn接合を形成する。空気中にCu(In, Ga)Se$_2$膜を放置すると表面に酸化物層が形成される。また膜表面には特性低下の原因となる欠陥が多数存在する。そのためn型半導体層を形成する前にこれらを除去する必要がある。この目的のために効果的な水溶液による表面処理方法がある[1,2]。

表面処理は下記の条件の水溶液に基板を浸すことにより行う（In-S処理）。

1. 塩化インジウム（InCl$_3$） 0.005mol/l
2. チオ尿素（CH$_3$CSNH$_2$） 0.1mol/l
3. pH 1.95（HClにより調節）
4. 温度70℃

CuInSe$_2$単結晶を上記の溶液に5分間浸けた試料の断面TEM観察を行うことにより，溶液に浸すことにより生じている現象を見ることができる（写真1）。写真から表面に70nmの第二層が形成されていることが分かる。エネルギー分散型蛍光X線分析（EDX）を用いて界面近傍を分析した結果を表1に示す。写真中に示す分析点0では組成がCuInSe$_2$であるのに対し，分析点1と2では組成がCuInS$_2$となっている。従って液に浸すことによりCuInS$_2$が形成されることが理解される。

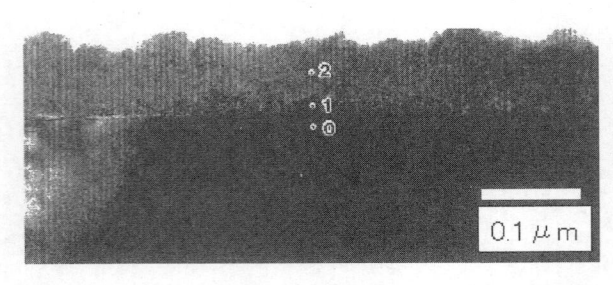

写真1 5分間In-S処理をしたCIS単結晶の断面TEM写真

* Yasuhiro Hashimoto 松下電器産業㈱ 先行デバイス開発センター 主任技師

第 3 章　CIS 太陽電池作製の要素技術

表 1　写真 1 に示した点の組成分析結果

分析場所	Cu (at%)	In (at%)	Se (at%)	S (at%)	組成
0	25.0	25.0	50.0	0.0	$CuInSe_2$
1	27.1	26.6	0.0	46.2	$CuInS_2$
2	23.4	26.0	0.0	50.6	$CuInS_2$

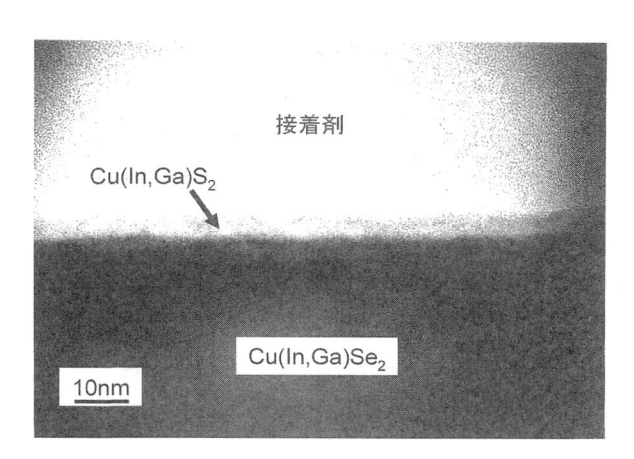

写真 2　10 秒間 In-S 処理した Cu(In, Ga)Se_2 膜の断面 TEM 写真

　この技術を太陽電池作製に応用すると作製した太陽電池特性の基板毎の特性差が小さくなる。太陽電池に使用するためには，In-S 処理により形成する膜の厚さを約 5nm にする。膜が厚すぎると特性が低下する。Cu(In, Ga)Se_2 膜を上記の溶液に 10 秒間浸けると，写真 2 に示すようにCu(In, Ga)Se_2 膜表面に約 5nm の Cu(In, Ga)Se_2 膜が形成される。In-S 処理をした Cu(In, Ga)Se_2 膜を用いて太陽電池を作製する。作製する太陽電池の構造は ITO/ZnO/CdS/CIGS/Mo/ ガラスである[3]。洗浄したソーダライムガラス上に Mo を rf スパッタ法で形成する。CIGS 膜は物理蒸着法で形成する。さらに CIGS 膜に In-S 処理を行う。CdS は次項で述べる化学析出法で形成する。ZnO と ITO［In_2O_3：Sn］は rf スパッタ法で形成する。取り出し電極は電子線蒸着法により Au/NiCr を ITO 膜の上に形成する。

　この処理の効果を図 1 に示す。a から d の番号を付けた Cu(In, Ga)Se_2 膜は同じ条件で作製したものである。それぞれの試料を 2 つに分割し，一方に In-S 処理を行った。そして処理したものと処理しないもの両方の膜を使用して太陽電池を作製した。4 試料の内，1 試料のみ In-S 処理の有無にかかわらず 14% 以上の変換効率が得られた。In-S 処理した試料は全て 14% 以上の変換効率を示した。In-S 処理によって開放電圧（V_{oc}）と曲線因子（FF）が向上した。Cu(In, Ga)

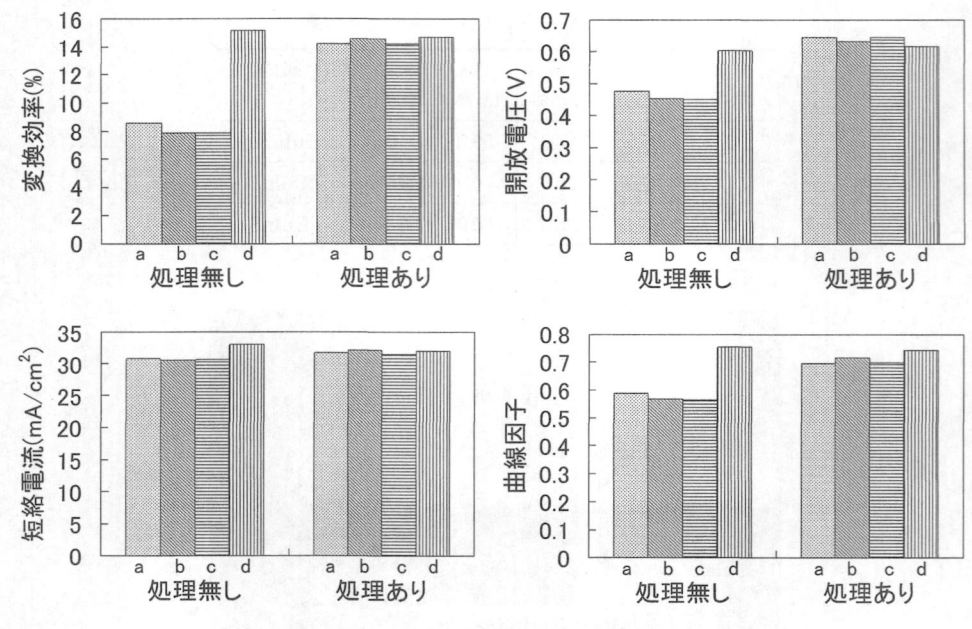

図1 In-S処理の有無による太陽電池特性

Se₂膜表面に酸化物層等が形成されていても，この処理を行うことにより表面がクリーニングされ高効率太陽電池を作製することができる。本実験に使用したCu(In, Ga)Se₂膜は約2ヶ月間大気中に放置したものであったが，作製直後のCu(In, Ga)Se₂膜と同じ性能の太陽電池を作製できた。また数年間大気中に放置したCu(In, Ga)Se₂膜でも同様の効果が見られた。

2.2 CdSバッファー層

pn接合を形成するためにp型半導体であるCu(In, Ga)Se₂膜上にn型半導体層を形成する。Cu(In, Ga)Se₂太陽電池において典型的なn型半導体はCdSである。CuInSe₂とのpn接合形成に初めて使用された物質はCdSである[4]。Cd系ではないバッファー層に関する研究報告も多数あるが[5]，現在でも最高効率のCu(In, Ga)Se₂太陽電池はCdSを用いて達成されている[6]。CdSが好ましいのはCu(In, Ga)Se₂と格子整合がよいためである。また形成方法に関しては化学析出法により形成されたCdSを用いて高効率な太陽電池が作製されている。化学析出法はスパッタや他の真空プロセスよりもダメージが少ないプロセスである。Cu(In, Ga)Se₂膜表面にダメージを与えるとpn接合の質が低下するため，ダメージの少ない化学析出法を用いるとよい。さらに化学析出法では凹凸のある面に対しても均質にCdS膜を形成することができる。

また，Cd^{2+}イオンとNH₄OH（アンモニア）を含有する溶液にCu(In, Ga)Se₂膜を浸けると

第3章　CIS太陽電池作製の要素技術

Cd^{2+}イオンがCu(In,Ga)Se$_2$膜にドープされ，ドープされた層がn型化し，CdS膜を形成せずスパッタ法でZnO膜を直接形成しても太陽電池を作製できるという報告もある[7]。

従って，化学析出法でCdS膜を形成すると，まず初めにCd^{2+}イオンがCu(In,Ga)Se$_2$膜にドープされ，その後CdS膜が形成されるため，pn接合はCu(In,Ga)Se$_2$膜とCdS膜で形成されているのではなく，p型Cu(In,Ga)Se$_2$膜とn型Cu(In,Ga)Se$_2$：Cd層で形成されていると考えられる。即ちCu(In,Ga)Se$_2$膜内部でpn接合が形成されるため，良好な接合が形成される。前述したようなCdSの物性の利点，また形成時における巧妙な作用のため化学析出法によるCdS膜により高効率の太陽電池を作製できる。

CdS膜の化学析出はカドミウム塩，チオ尿素，アンモニア，さらに場合によってはアンモニウム塩を含有する水溶液を用いて行われる。研究グループによって，化学種の濃度，カドミウム塩の種類，水溶液の温度などの形成条件が異なる[8~11]。一般的に化学種は室温で混合され，CdS形成反応を起こすために所定の温度に上昇させる。反応速度は高温ほど加速される。高品質な膜を形成するためには［Cd(NH$_3$)$_4$］$^{2+}$錯イオンとS^{2-}イオンの反応を基板上で行う必要がある。このような穏やかな反応が起こるように反応速度を調節する必要がある。イオンが基板上で反応し続けることにより形成されたCdS膜は透過率が高い。反応速度が速すぎると溶液の中で粒子が生成してしまう。溶液の中で生成したCdS粒子が基板に付着すると膜表面の平滑性や透過率が低下する。また基板に粒子が付着した状態でZnO膜，ITO膜（透明導電膜）を形成すると短絡の原因にもなる。［Cd(NH$_3$)$_4$］$^{2+}$錯イオンとS^{2-}イオンの反応速度は［Cd(NH$_3$)$_4$］$^{2+}$錯イオンの安定性と関係する。［Cd(NH$_3$)$_4$］$^{2+}$錯イオンが安定であるほど反応速度が遅くなる。［Cd(NH$_3$)$_4$］$^{2+}$錯イオンはNH$_4^+$イオンの濃度を高くすることにより安定化される。NH$_4^+$イオンの濃度を高くするためにはNH$_4$OH（アンモニア）またはNH$_4$X（X：ハロゲン）の濃度を高くする。NH$_4^+$イオンの濃度を高くするためにはNH$_4$OHよりもNH$_4$Xの濃度を高くする方がよい。なぜならNH$_4$OHは蒸発しやすいためである。高濃度のNH$_4$OHを含有している溶液では高温にするとアンモニアガスの気泡が発生する。CdS膜形成中に気泡が発生し基板に付着すると，気泡が付着している部分のCdS膜形成が阻害されるためピンホールとなり太陽電池特性が低下する。従って，高効率の太陽電池を作製するためには溶液中の気泡発生は極力避ける必要がある。ただしS^{2-}イオンが溶液中で発生するためにはNH$_4$OHが必要であるため反応に必要な量は加える必要がある。S^{2-}イオンは次の反応式によりチオ尿素（(NH$_2$)$_2$CS）が分解することにより生成する[12]。

$$(NH_2)_2CS + OH^- \rightarrow CH_2N_2 + H_2O + HS^-$$
$$HS^- + OH^- \rightarrow S^{2-} + H_2O$$

高品質 CdS 膜を形成するために好ましい条件の一例を下記に示す[13]。

1. 酢酸カドミウム（Cd(CH$_3$COOH)$_2$）0.001mol/l
2. アンモニア（NH$_3$）0.4mol/l
3. 酢酸アンモニウム（CH$_3$COONH$_4$）0.01mol/l
4. チオ尿素（NH$_2$CSNH$_2$）0.005mol/l
5. 溶液の温度　室温から80℃（ウォーターバスで加熱）
6. 形成時間：15分

　1～4の化学種は室温で混合する。混合した溶液をウォーターバスで加熱する。Cu(In, Ga)Se$_2$膜は室温から液に入れる。低温では顕著な CdS 形成反応は起こらずしばらくの間，液は透明のままであるが，この時に Cu(In, Ga)Se$_2$ 膜に Cd^{2+} イオンがドープされるため，室温から基板を入れることは重要である。この条件では基板上でのイオン同士の反応が約15分続く。15分以上では溶液中に CdS の粒子が発生するため，粒子が発生する前に基板を取り出す。この条件で形成した CdS 膜の膜厚は約60nm である。

文　　献

1) Y. Hashimoto et al., *Jpn. J. Appl. Phys.*, **39**, Suppl. 39-1, 415-417（2000）
2) T. Wada et al., *Solar Energy Materials & Solar Cells*, **67**, 305-310（2001）
3) T. Negami et al., *Solar Energy Materials & Solar Cells*, **67**, 331-335（2001）
4) Sigurd Wagner et al., *Applied Physics Letters*, **25**(8), 434-435（1974）
5) D. Hariskos et al., *Thin Solid Films*, **480-481**, 99-109（2005）
6) M.A. Contreras et al., *Prog. Photovolt: Res. Appl.*, **13**, 209-216（2005）
7) K. Ramanathan et al., Photovoltaic Specialists Conference, 2002., Conference Record of the Twenty-Ninth IEEE, 523-526
8) Y. Hashimoto et al., *Solar Energy Materials and Solar Cells*, **50**, 71-77（1998）
9) T. Nakanishi et al., *Solar Energy Materials and Solar Cells*, **35**, 171-178（1994）
10) K. Ramanathan et al., 26th PVSC; Sept. 30-Oct. 3, 1997; Anaheim, CA 319-322
11) M. Froment et al., *J. Electrochem. Soc.*, **142**, 2642-2649（1995）
12) N.G. Dhere et al., *Journal of Materials Science; Materials in Electronics*, **6**, 52-59（1995）
13) Y. Hashimoto et al., 17th European Photovoltaic Solar Energy Conference, 22-26 October 2001, Munich, Germany, 1225-1228

3 CIS太陽電池のデバイス設計と $Zn_{1-x}Mg_xO$ 窓層

峯元高志*

3.1 はじめに

Cu(In, Ga)Se$_2$(CIGS) 太陽電池は，多結晶半導体薄膜を用いたヘテロ接合太陽電池であるため，そのヘテロ界面が太陽電池特性を大きく左右する。現状のCdS/CIGS構造において，CIGS表面層（OVC層：Ordered Vacancy Compound）やCdS/CIGS界面が高効率化に果たす役割は大きい。CIGS太陽電池は複雑な層構成を持つが，バンドダイアグラムを見ると，現状の高効率CdS/CIGS太陽電池の構造がいかに優れているかがわかる。さて，高効率セルにはCdSバッファが用いられており，これを非Cd材料で代替する研究がなされているが[1~5]，CdSを上回る効率のものは報告されていない。CdSの利点としては，Cd拡散による表面n型化[6]，伝導帯不連続量（CBO：Conduction Band Offset）の整合[7]，などが挙げられる。上記2点は，Ga濃度の高い（つまり禁制帯幅 E_g が大きい）ワイドギャップCIGS太陽電池において，期待されるような高効率が実現できていないことにも関連している。

本稿では，高効率CIGS太陽電池のバンドダイアグラムについて解説し，その高効率化設計について述べる。続いて，CBO制御が可能な $Zn_{1-x}Mg_xO$ 窓層を用いて，CBOが太陽電池特性に与える影響を実験的に明らかにした結果について述べる。

3.2 バンドダイアグラムからの高効率化設計

太陽電池の性能向上には，光電流増大（光生成キャリアの再結合低減）と暗電流低減（注入キャリアの再結合低減）が鍵となる。適切なバンドダイアグラム設計により両者を改善できる。CdS/CIGS太陽電池で高効率が得られる理由については，表面n型化・CBO整合があり，バンドダイアグラムを見るとその効果がよくわかる。図1に高効率CdS/CIGS太陽電池のバンドダイアグラムを示す。CIGS表面には低Ga濃度CIGS膜特有のOVC層を考慮している。上記2点の説明の前に，太陽電池特性を左右する重要な界面について述べる。この構造では，①TCO/ZnO，②ZnO/CdS，③CdS/OVC，④OVC/CIGSの4つの界面がある。この中で光キャリアの収集に関わるのは，③CdS/OVC界面であるが，表面n型化の効果等も絡んでくるので後述する。注入キャリアの再結合に関わるのは，主に③④である。注入キャリアの再結合が起こるにはn型側から注入された電子とp型側から注入された正孔とが界面に同時に存在する必要がある。①②ではCdS/OVC間の価電子帯不連続量（VBO：Valence Band Offset）が大きく，これがp型側から注入される正孔の障壁となるため，これらの界面における正孔の存在確率が

---

* Takashi Minemoto 立命館大学 理工学部 電子光情報工学科 講師

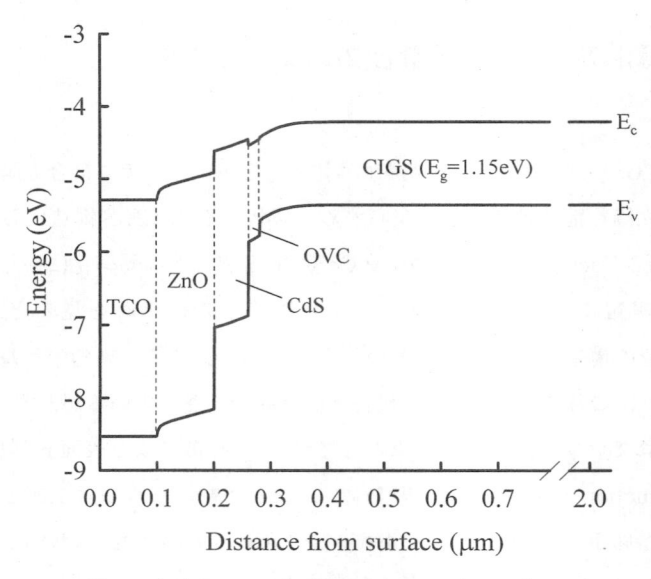

図1 高効率 CIGS 太陽電池のバンドダイアグラム

極めて小さくなり，再結合はほぼ無視できる。さて，③であるが，これは CdS/OVC 層の CBO が絡んでくるので後述するが，結論を述べると，CdS/OVC 界面での再結合は CIGS 太陽電池における主再結合要因にはなっていない。続いて④であるが，この界面はほぼホモ接合と考えてよいので界面欠陥に関する再結合を考慮する必要はないと考えられる。OVC/CIGS 間にわずかに VBO があるが，これは注入正孔に対する障壁となり，CdS/CIGS のヘテロ界面への正孔注入を妨げるため，CdS/OVC 界面での再結合を減少させる効果があると考えられる。CdS/CIGS セルでは，CdS/CIGS 界面の再結合はセル特性には影響を与えないとされているが，他のバッファを用いたセルでは，この OVC の効果が無視できなくなってくると考えられる。以上の理由により，高効率 CdS/CIGS 太陽電池では界面再結合ではなく，空乏層での再結合が主再結合要因となっている。これは実験的にも V_{oc}-T 測定[8]を行うことによって確認されている。

さて，表面 n 型化だが，これは光生成キャリアである電子に対して，CdS/CIGS 界面での再結合速度を低減させる効果がある。CIGS 層（p 型）で光生成された電子は n 型領域にたどりついて初めて電流として取り出せる。ヘテロ接合部は，もちろん CIGS バルク内よりも再結合速度が大きいと考えられる。こういった界面において特に CdS/CIGS の CBO は"＋"である（CIGS よりも窓層の伝導帯が高い場合を"＋"，低い場合を"－"とする）ため，少数キャリアには障壁として働く。その際に，このヘテロ界面に欠陥が存在すると再結合を起こすが，表面が n 型に近くなると電子の寿命が長くなるために，この界面での光生成電子の再結合速度が小さくなる。こうして表面の n 型化は光生成キャリアの収集に有利に働く。一方，暗電流値に関して理論上は，

第3章　CIS太陽電池作製の要素技術

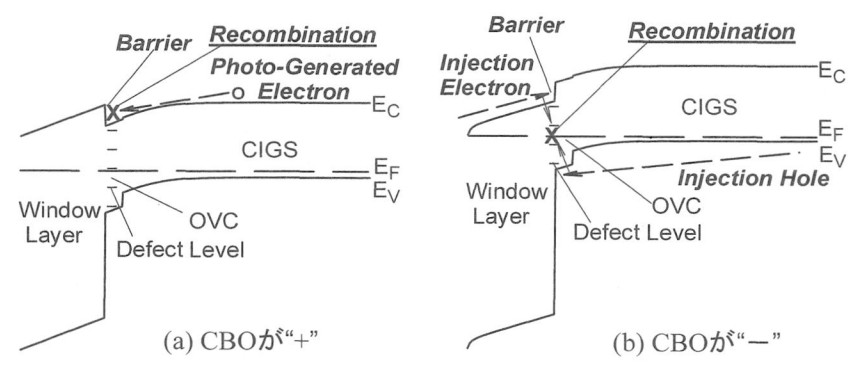

図2　窓層／CIGS間のCBOが（a）"＋"，（b）"－"の場合のバンドダイアグラム[9]

CBOが整合されていれば，表面n型層はない方が好ましい。表面n型層によってpn接合はCIGS内でホモ接合に近くなる（実際には，完全にホモ接合になっているのかはセル作製条件にも依存するため，定かではない）。このため，空乏層幅がCIGS内で広くなり，空乏層での再結合が主再結合要因である高効率CIGSセルにおいては，空乏層内での再結合が増加し，暗電流が増加する。ここで注意する必要があるのは，理論上はCBOが整合されていれば表面がn型でなくても界面再結合は無視できるが，実際のセルではn型側からの注入電子とp型側からの注入正孔がCdS/CIGS界面の欠陥を介して再結合を起こすメカニズム（古典的なトンネル電流）が存在することである。実際の高効率CIGSセルにおいては，表面n型化のおかげで主再結合要因が空乏層での再結合になっている可能性があり，これらの効果を切り離して考えるのは難しい。

次にCBO整合の効果について述べる。図2にCBOが"＋"と"－"の場合のバンドダイアグラムの概念図を示す[9]。まずCBOが"＋"の場合であるが，大きくなりすぎると光生成電子に対する障壁となるために，J_{sc}が急激に減少する。このJ_{sc}減少の閾値は＋0.4eV程度[9]であるという計算結果があるが，CIGS層のキャリア密度や表面n型化の影響等によって値が若干変化する。一方，CBOが"－"の場合であるが，注入された電子と正孔が，窓層とOVC（CIGS表面）の界面において，欠陥を介して再結合を起こすために，暗電流の増加を引き起こしV_{oc}とFFが減少する。また，この窓層/OVC界面の欠陥が多いほど，V_{oc}とFFの低下が顕著になる。理論上，V_{oc}は窓層の伝導帯とOVCの価電子帯のエネルギー差により制限され，これを越えない。このエネルギー差は上に紹介したV_{oc}-T測定によって実験的に求めることができる。以上より，バンドダイアグラムからはCBOが0～0.4eV程度が最適となる。

実際のCdSとCIGSとのCBO値については逆光電子分光法を用いた測定結果が報告されており，Ga濃度（Ga/III族比）が0.2のCIGSに対してCBOが＋0.2～0.3eV，Ga濃度が0.4のCIGSに対して0～0.1eVである[10]。この結果は，高Ga濃度のCIGSにおいてCdSではCBO

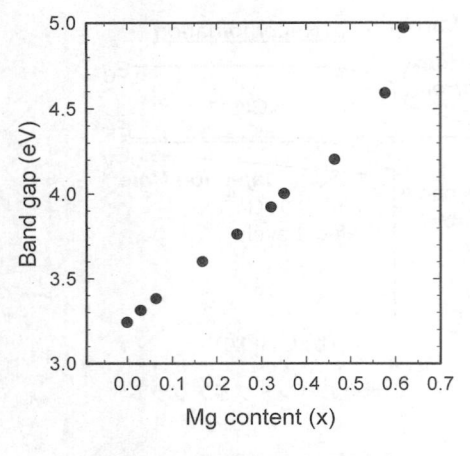

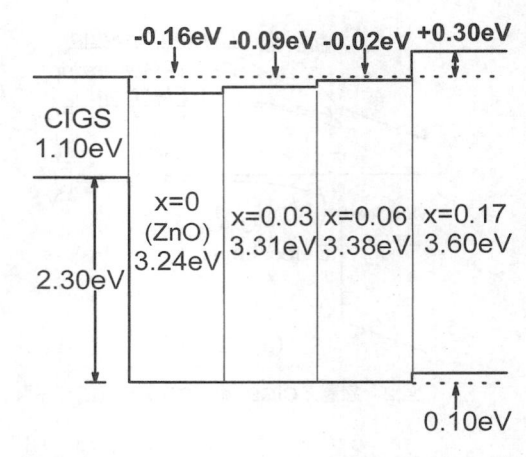

図3　Mg 含有量と E_g の関係 [12]

図4　CIGS と $Zn_{1-x}Mg_xO$ のバンドラインナップ [4]

を整合できないことを示しており，ワイドギャップ CIGS 太陽電池の高効率化には CdS 以外の新規バッファ層（あるいは窓層）が必要であることを示している。

3.3　$Zn_{1-x}Mg_xO$ による CBO 制御と太陽電池特性

$Zn_{1-x}Mg_xO$ は ZnO と MgO の擬二元混晶であり，相分離を起こさないと仮定すれば，ZnO の $E_g = 3.2eV$ から MgO の $E_g = 7.7eV$ まで E_g を制御できる。熱平衡状態における ZnO と MgO の擬二元相図からは Mg は Mg 含有量（= Mg/II 族比）において 3% しか固溶しない [11] が，スパッタリングなどの非熱平衡プロセスを利用すれば，さらに Mg/II 族比を上げることができる。CIGS セルの作製プロセスに含まれる ZnO は一般的にスパッタリング法で形成されるので，$Zn_{1-x}Mg_xO$ の形成にもこの方法が望ましい。$Zn_{1-x}Mg_xO$ の作製には ZnO と MgO の二元同時スパッタ法を用いることによって，Mg/II 族比を精密に制御でき，E_g も容易に制御できる。図3に Mg/II 族比と E_g の変化を示す [12]。Mg/II 族比は，ZnO と MgO への印加電力によって精密に制御できる。Zn と Mg はイオン半径が 0.74 と 0.71 と近いため，Zn サイトを Mg が置換しやすい。Mg/II 族比が 50% 以下までは，ZnO の結晶格子（Wurzite）において Mg が一部の Zn に置き換わった構造を有しており，E_g も Mg/II 族比とともに上昇する。50% 以上の Mg 濃度では，ZnO と MgO の相の混合あるいは，MgO の結晶格子（cubic）において Zn が置き換わった構造になる。

次に，$Zn_{1-x}Mg_xO$/CIGS 間の CBO の測定結果と CBO が太陽電池特性に与える影響について述べる。図4に CIGS と $Zn_{1-x}Mg_xO$ のバンドラインナップを示す [4]。この実験では，CBO 値は光電子分光法による $Zn_{1-x}Mg_xO$/CIGS の VBO 測定と，各層の E_g の値から求めている。この図から，Mg/II 族比を制御することによって CBO を "−" から "+" まで自由に制御できることがわかる。

第 3 章　CIS 太陽電池作製の要素技術

図 5　Zn$_{1-x}$Mg$_x$O/CIGS 太陽電池における CBO の影響[4]

図 6　CBO 整合させた Zn$_{1-x}$Mg$_x$O/CdS/CIGS 太陽電池の太陽電池特性[5]

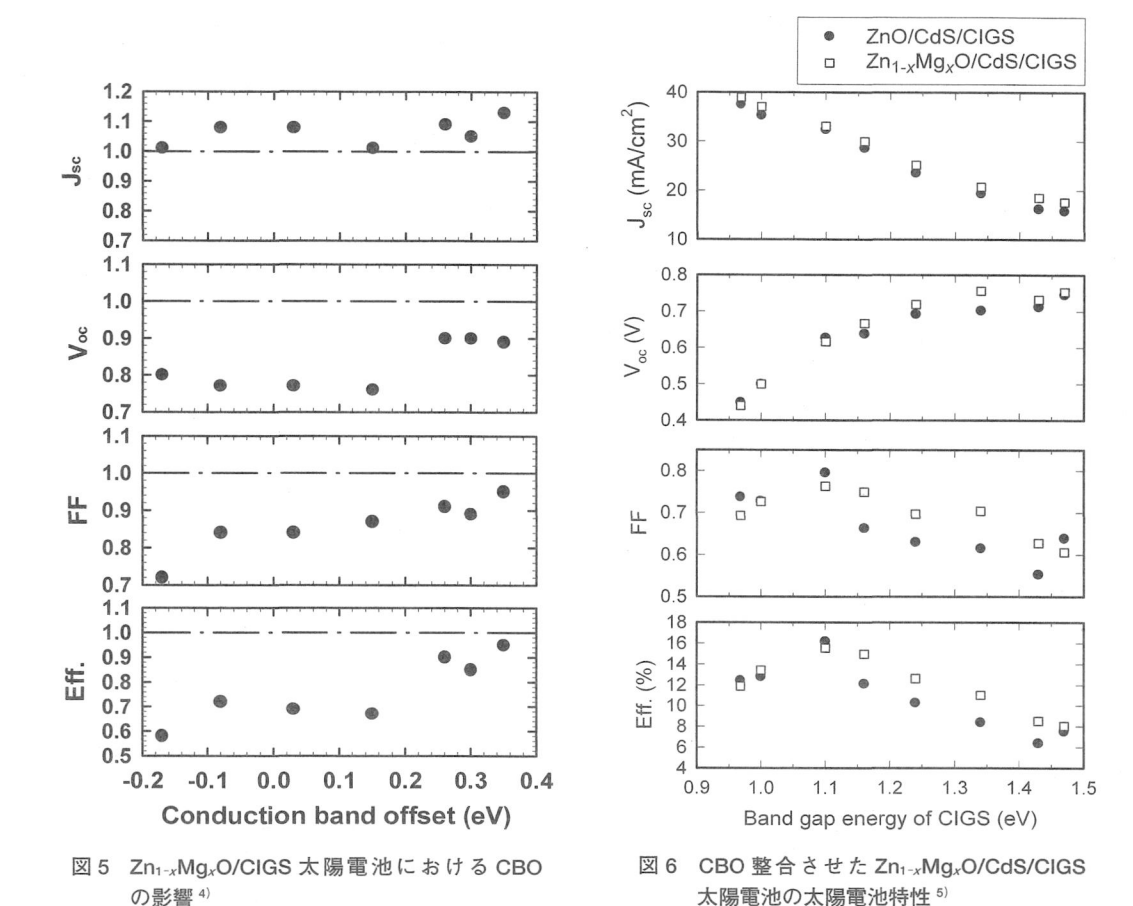

　図 5 に Zn$_{1-x}$Mg$_x$O によって CBO を制御した CIGS 太陽電池の各太陽電池パラメータを示す[4]。太陽電池構造は，表面電極/ITO/Zn$_{1-x}$Mg$_x$O/CIGS/Mo/青板ガラスであり，CIGS 表面は n 型化のための Cd 処理[13]が施されている。各パラメータはリファレンスとして作製した CdS/CIGS 太陽電池の値で規格化している。J_{sc} に関しては，どの CBO においても，CdS と同等かそれ以上の値を示している。これは CdS 層による光吸収がなくなり，短波長感度（< 520nm）が改善されたためである。一方，V_{oc}，FF に関しては，CBO = 0.2eV を境にステップ状に変化している。シミュレーションでは CBO の最適値は 0 ～ 0.4eV であったが，ここでは若干高い CBO で変化が見られた。これはおそらく，Zn$_{1-x}$Mg$_x$O/CIGS 間の界面再結合の影響が現れているものと考えられる。また他の例として，図 6 にワイドギャップ CIGS 太陽電池に対する Zn$_{1-x}$Mg$_x$O 窓層適用の結果について示す[5]。太陽電池構造は，ZnO/CdS/CIGS（従来の高効率構造），Zn$_{1-x}$Mg$_x$O/CdS/CIGS（Zn$_{1-x}$Mg$_x$O と CIGS の CBO を + 0.2 ～ 0.3eV に制御）である。良好なヘテロ界面を

(a) $Zn_{1-x}Mg_xO$/CIGS (CBO:0.16eV)

(b) $Zn_{1-x}Mg_xO$/CIGS (CBO:0.25eV)

(c) $Zn_{1-x}Mg_xO$/CdS/CIGS (CBO:0.17eV)

(d) $Zn_{1-x}Mg_xO$/CdS/CIGS (CBO:0.24eV)

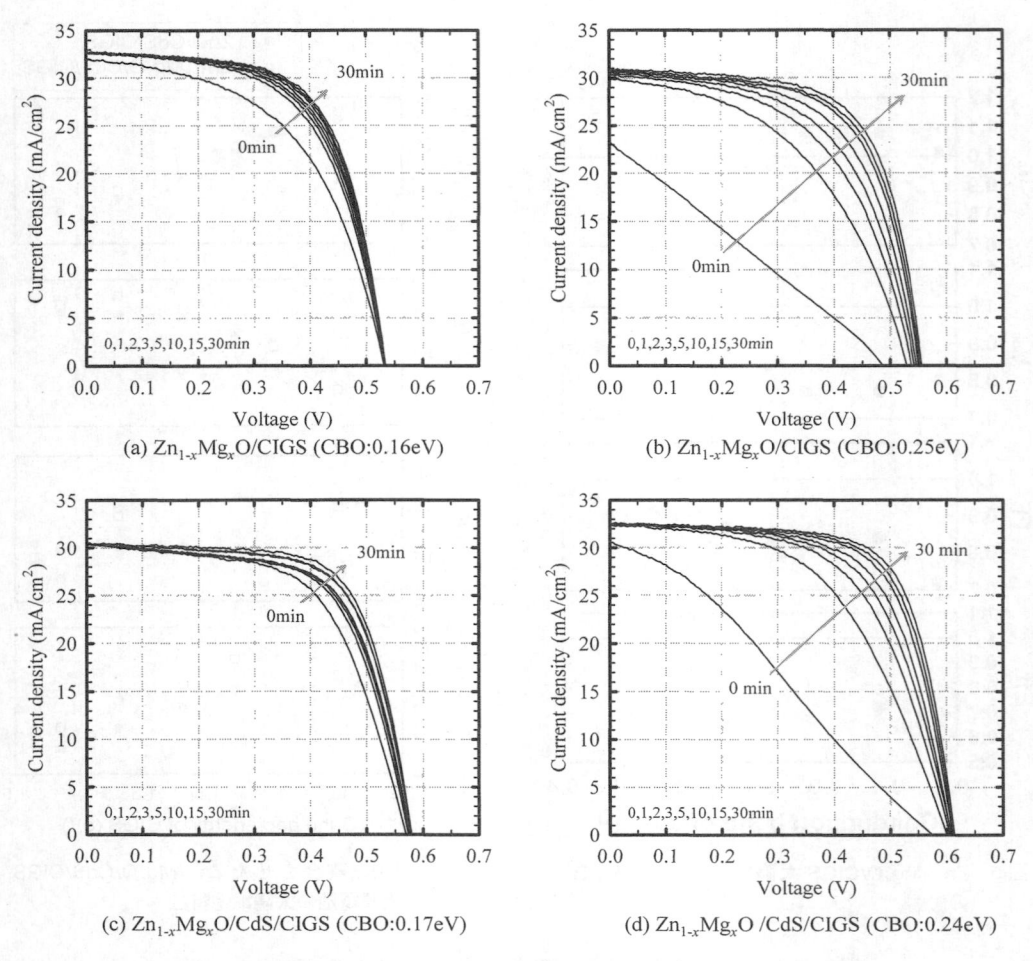

図7　$Zn_{1-x}Mg_xO$/CIGS，$Zn_{1-x}Mg_xO$/CdS/CIGS 太陽電池における LS 効果

得るために $Zn_{1-x}Mg_xO$ と CIGS 層の間に CdS を挿入しており，CBO の直接的な影響が明確にはわからないが，$Zn_{1-x}Mg_xO$ を用いることにより V_{oc} と FF が改善されていることがわかる。以上のことから，CBO が CIGS 太陽電池の性能に大きな影響を与え，その整合が高効率化には不可欠であると言える。

　さて，CIGS 太陽電池には光照射によって JV カーブの形が変わり，V_{oc} と FF が向上するといった光照射（LS：Light Soaking）効果が報告されている[1, 15〜17]。このメカニズムは明らかにはなっていないが CBO が重要な役割を果たしていると考えられる。図7に $Zn_{1-x}Mg_xO$ によって CBO を制御した $Zn_{1-x}Mg_xO$/CIGS［(a) CBO：0.16eV，(b) CBO：0.25eV］と $Zn_{1-x}Mg_xO$/CdS/CIGS［(c) CBO：0.17eV，(d) CBO：0.24eV］太陽電池の光照射下における JV カーブの

第3章 CIS太陽電池作製の要素技術

時間変化を示す[14]。ここで示す CBO の値は，両構造共に，$Zn_{1-x}Mg_xO$ と CIGS の CBO である。また，$Zn_{1-x}Mg_xO$/CIGS 太陽電池において，CIGS 表面は n 型化のための Cd 処理が施されている。LS 効果は CdS 中の acceptor-like deep states が引き起こす[15]という報告があるが，$Zn_{1-x}Mg_xO$/CIGS は CdS を含まないにも関わらず，CBO が大きくなると LS 効果が現れている。さらに，図7 (a) と (c)，(b) と (d) をそれぞれ比較すると，層構成が違うにも関わらず，同様な CBO 値で同程度の LS 効果が現れている。これらの結果より，LS 効果は伝導帯のバンドアラインメントにおいて光生成電子に対する障壁の大きさ（つまり $Zn_{1-x}Mg_xO$ と CIGS 間の CBO）によって支配されていることがわかる。CdS との複合的な効果もあると考えられるが，LS 効果の本質は，光照射下における CIGS 層のキャリア密度の上昇[16]あるいは表面 n 型化促進[17]による実効的な CBO の減少に伴う光電流収集の変化にあると考えられる。以上のように，$Zn_{1-x}Mg_xO$ による CBO 制御は，CIGS 太陽電池の高効率化のみならず，動作解析にも大きく役立つことがわかる。

3.4 まとめと今後の展望

CIGS 太陽電池のバンドダイアグラムを用いた高効率化設計について解説した。高効率化には，特にバッファ層（あるいは窓層）と CIGS 間の CBO 整合が重要であることを，$Zn_{1-x}Mg_xO$ 窓層を用いた実験結果をもとに紹介した。$Zn_{1-x}Mg_xO$ を用いて CBO を自由に，そして定量的に制御することによって，デバイス内でのバンドダイアグラムが的確に描ける。これにより CBO が太陽電池特性に与える影響について解析できることを示した。本稿で示されたバンドダイアグラムからの設計は，ワイドギャップ CIGS 太陽電池の高効率化に必須であり，今後の新バッファ／窓層の開発，高効率化設計に役立つことを期待する。

謝辞

本稿における $Zn_{1-x}Mg_xO$ に関する実験データは，筆者と松下電器産業㈱中央研究所（現：先行デバイス開発センター）の共同研究において得られたものであり，松下電器産業㈱の根上卓之博士をはじめとする関係各位に感謝いたします。

文　　献

1) Y. Tokita, S. Chaisitsak, A. Yamada, M. Konagai, *Sol. Energy Mater. Sol. Cells,* **75**, 9-15 (2003)

2) K. Kushiya, *Solar Energy,* **77**, 717 (2004)
3) T. Nakada and M. Mizutani, *Jpn. J. Appl. Phys.,* **41**, L165 (2002)
4) T. Minemoto, Y. Hashimoto, T. Satoh, T. Negami, H. Takakura, Y. Hamakawa, *J. Appl. Phys.,* **89**, 8327 (2001)
5) T. Minemoto, Y. Hashimoto, T. Satoh, W. S. Kolahi, T. Negami, H. Takakura and Y. Hamakawa, *Sol. Energy Mater. Sol. Cells,* **75**, 121 (2003)
6) T. Nakada and A. Kunioka, *Appl. Phys. Lett.,* **74**, 2444 (1999)
7) D. Schmid, M. Ruckh and H. W. Schock, *Sol. Energy Mater. Sol. Cells,* **41/42**, 281 (1996)
8) S. S. Hegedus and W. N. Shafarman, *Prog. Photovolt: Res. Appl.,* **12**, 155 (2004)
9) T. Minemoto, T. Matsui, H. Takakura, Y. Hamakawa, T. Negami, Y. Hashimoto, T. Uenoyama and M. Kitagawa, *Sol. Energy Mater. Sol. Cells,* **67**, 83 (2001)
10) N. Terada, R. T. Widodo, K. Itoh, S. H. Kong, H. Kashiwabara, T. Okuda, K. Obara, S. Niki, K. Sakurai, A. Yamada, S. Ishizuka, *Thin Solid Films,* **480-481**, 183 (2005)
11) E. R. Segnit, A. E. Holland, *J. Am. Ceram. Soc.,* **48**, 412 (1965)
12) T. Minemoto, T. Negami, S. Nishiwaki, H. Takakura, Y. Hamakawa, *Thin Solid Films,* **372**, 173 (2000)
13) T. Wada, S. Hayashi, Y. Hashimoto, S. Nishiwaki, T. Satoh, T. Negami and M. Nishitani, *Proceedings of the Second World Conference on Photovoltaic Solar Energy Conversion,* Vienna, pp.403-406 (1998)
14) T. Minemoto, Y. Hashimoto, T. Satoh, T. Negami and H. Takakura, To be published in *Proceedings of 2007 Material Research Society Spring Meeting* (*Symposium Y*)
15) I. L. Eisgruber, J. E. Granata, J. R. Sites, J. Hou and J. Kessler, *Sol. Energy Mater. Sol. Cells,* **53**, 367 (1998)
16) J. Lee, J. D. Cohen and W. N. Shafarman, *Thin Solid Films,* **480-481**, 336 (2005)
17) M. Burgelman, F. Engelhardt, J. F. Guillemoles, R. Herberholz, M. Igalson, R. Klenk, M. Lampert, T. Meyer, V. Nadenau, A. Niemegeers, J. Parisi, U. Rau, H. W. Schock, M. Schmitt, O. Seifert, T. Walter and S. Zott, *Prog. Photovolt: Res. Appl.,* **5**, 121 (1997)

4 MOCVD法によるZnO系窓層の作製

山田 明*

4.1 MOCVD法によるZnOバッファ層

第2章2節で述べたように，溶液成長（CBD：Chemical Bath Deposition）法に替わる，ドライプロセスによるCdフリーなバッファ層の開発が活発になってきている。ここでは，有機金属気相成長（MOCVD：Metal Organic Chemical Vapor Deposition）法によるZnO系バッファ層開発の取組みを紹介する。

真空プロセスによるバッファ層の堆積手法としては，MOCVD法の他にスパッタ法あるいは蒸着法が試みられている。MOCVD法は，高エネルギーイオンなどが堆積時に生じないため，スパッタ法に比べてソフトな堆積手法である。また，ガスを用いた成長であるため蒸着法に比べて堆積した膜の表面被覆率が高い，など太陽電池用バッファ層の形成に適した製膜手法である。さらに，膜形成種の表面泳動を促進する，あるいは精密な膜厚制御を目指し，原料ガスを交互に供給することで原子層堆積（ALD：Atomic Layer Deposition）法を行うなど，先端の製膜手法を取り入れることも容易である。MOCVD法を用いたZn系バッファ層の研究例としては，東工大のChaisitsakによるALD-ZnO膜の作製がある[1]。このとき，原料にジエチル亜鉛（DEZn：$Zn(C_2H_5)_2$）と水（H_2O）を用い，ALD法を採用することで抵抗率1kΩcm台のZnOが作製された。このALD-ZnOをCIGS太陽電池のバッファ層に適用することで，バッファ層の抵抗率の上昇に伴い太陽電池の変換効率が向上することを見出すと共に，変換効率12.1%のCIGS太陽電池の作製に成功した。当時のCIGS太陽電池の変換効率は，小面積において17%台であったため，この研究はZnOバッファ層のポテンシャルを示すものであった。この後，太陽電池の変換効率向上に伴い，広バンドギャップCIGS材料への関心が高まり，ヘテロ接合界面における伝導帯のオフセット値（CBO：Conduction Band Offset）が問題とされるようになってきた。

4.2 $Zn_{1-x}Mg_xO$バッファ層

図1にGa量を変化させた$Cu(In_{1-x}Ga_x)Se_2$（CIGS）とCdSならびにMg量を変化させた$Zn_{1-x}Mg_xO$（ZMO）とのバンド・ラインナップを示す。高い変換効率が得られている$CuIn_{0.7}Ga_{0.3}Se_2$（バンドギャップ約1.1eV）とCdSとのCBO値は，正であることが分かる。これに対して，$CuIn_{0.7}Ga_{0.3}Se_2$とZnOとのCBO値は，ほぼ0となっている。立命館大学の峯元は，高い変換効率が得られるCIGS太陽電池のCBO値は，0～約0.4eVの正の値でなければならないことを理論解析により示した[2]。従って$CuIn_{0.7}Ga_{0.3}Se_2$とCdSとの間では，電気的に良好なヘ

---

* Akira Yamada　東京工業大学　量子ナノエレクトロニクス研究センター　准教授

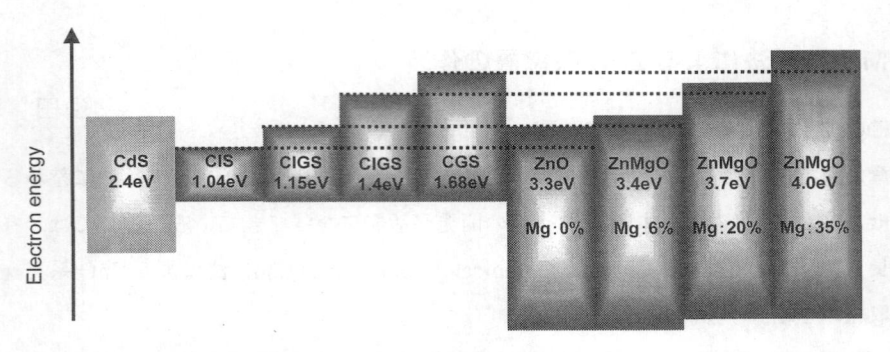

図1 CIGS と CdS 及び $Zn_{1-x}Mg_xO$ とのバンド・ラインナップ

テロ接合が形成されるが，太陽光スペクトルとの整合を図るために光吸収層のバンドギャップを約1.4eV，Ga量約70%まで上昇させると，CdS及びZnO共にCBO値が負となってしまい，変換効率の減少が予想される。そこでCdフリーであり，かつバンドギャップが制御可能な材料系としてZMOが注目されるようになってきた。ZMOをバッファ層に用いたCIGS太陽電池の開発例としては，スパッタ法による松下電器からの報告例がある[3]。このとき，スパッタ法によるZMO堆積前にCd-PE処理（第2章2節参照）を行っているものの，CBD-CdSと同程度の変換効率を有する太陽電池が得られている。

4.3 MOCVD法による $Zn_{1-x}Mg_xO$ バッファ層

MOCVD法はスパッタ法に対してソフトな堆積手法である。CIGS太陽電池の場合には，光吸収層であるCIGS膜の上に直接バッファ層を形成しなくてはならない。そのため，良好なヘテロ界面を形成するためには，MOCVD法の方がスパッタ法より適していると考えられる。松下電器の報告例もスパッタ法を用いたため，表面の欠陥層を避けてpn接合を形成する必要がありCd-PE処理が用いられたのではないかと推測される。東京工業大学のグループでは，DEZnと水の系に有機Mg源を導入し，MOCVD法によるZMO薄膜の作製，ならびに太陽電池への応用を試みている[4]。

図2にMOCVD装置の概略を示す。有機Mg原料には，GaN系半導体のドーパントとして用いられている，Bis-ethylcylopentadienyl-Mg（EtCp$_2$Mg：$(H_5C_2H_4C_5)_2Mg$），あるいはこれより約1桁程度蒸気圧が高いBis-methylcylopentadienyl-Mg（MeCp$_2$Mg：$(H_3CH_4C_5)_2Mg$）が用いられている。原料は，Arガスによるバブリングにより成長チャンバーに導入される。基板温度は，115～160℃程度であり，成長時の圧力は約1.5Torrである。ZMO成長時のガス流量は，水が50～150 μmol/min，DEZnが3.5 μmol/min，EtCp$_2$Mgの場合が0～8 μmol/min，MeCp$_2$Mg

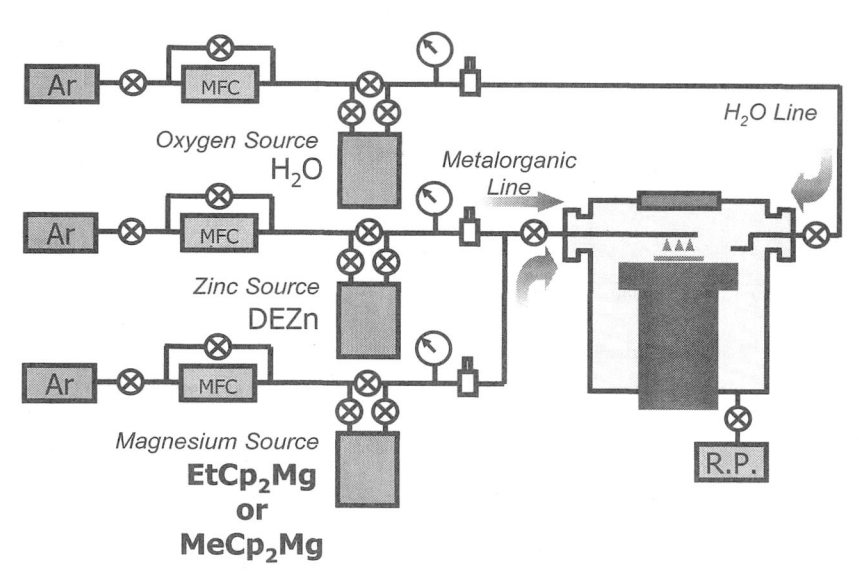

図2 ZMO成長のためのMOCVD装置の概略図

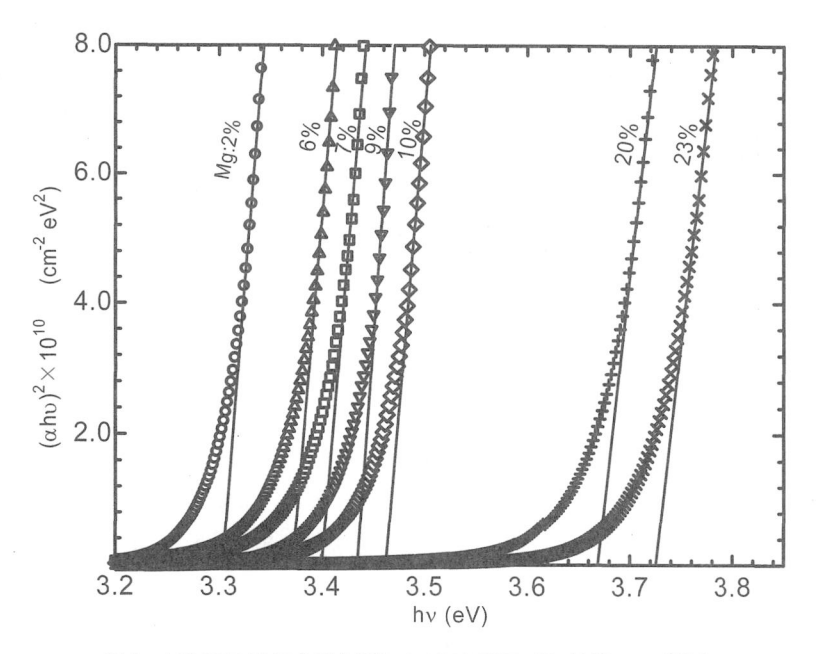

図3 MOCVD法により作製したZMO膜のバンドギャップ変化

の場合が13〜20 μ mol/min である。このような条件のもとZMOの製膜を行ったところ，約2 μ m/hrの成長速度が得られた。図3に，MOCVD法により作製したZMO膜のバンドギャップ

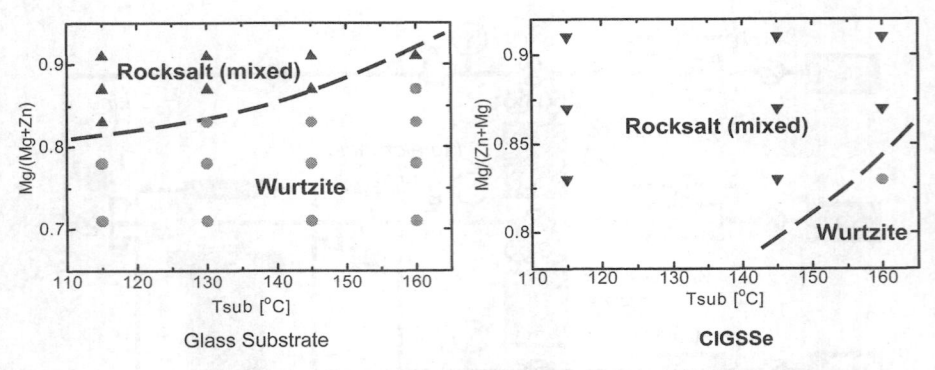

図4 ガラス基板及びCIGSSe基板上のZMOの結晶構造

変化を示す。図中の数値は，バンドギャップから見積もったZMO中のMg量である。膜のバンドギャップは，成長中のMg/(Mg + Zn)流量比の上昇に伴って増加した。EtCp$_2$Mgを用いた場合には，原料の蒸気圧が低いために膜中Mg量10%，バンドギャップ約3.47eVのZMOまでが作製可能であった。これに対しMeCp$_2$Mgを原料に用いることで，Mg組成を23%，バンドギャップ約3.73eVまで上昇させることに成功した。図1から分かる通りこのMg組成は，バンドギャップ1.4eVの光吸収層まで適用可能な値である。このときの，Mg/(Mg + Zn)流量比は0.86であった。気相でのガス原料比が0.86であるにも関わらず，膜内でのMg比が23%と低い理由は，水とDEZnとの反応が，水とMeCp$_2$Mgとの反応に比べて速いためと考えられる。このように，MOCVD法を用いることで，ZMOが製膜可能であることが明らかとなった。そこで，このMOCVD-ZMO膜をCIGS太陽電池バッファ層へと適用した。しかしながら，このときの太陽電池の変換効率は3%以下であった。そこで，得られたZMOの膜構造が詳細に調べられた。

図4に，ガラス基板上及びCIGSSe上のZMO膜の結晶構造をX線回折により調べた結果を示す[5]。図の横軸は基板温度，縦軸は気相中でのMg/(Mg + Zn)流量比である。ガラス基板上の場合，ガス流量比が高いとき，また基板温度が低いときにZMO結晶に岩塩構造のZMOが析出しやすいことが分かる。岩塩構造のZMOは，Mg組成が高いときに形成され，そのバンドギャップは約4.5eV以上と急激に上昇してしまう[6]。従って，太陽電池用バッファ層に岩塩構造のZMOが析出することは好ましくなく，ウルツ鉱構造のZMOを作製しなくてはならない。しかしながらCIGSSe上のZMOの場合には，ウルツ鉱構造が得られる成長条件がガラス基板上と比較してより狭いことが図4より分かる。さらに，CIGSSe上のZMOのMg組成の深さ分布をSIMS分析したところ，ZMO膜を低温度で製膜した場合，成長初期段階のMg組成比が高く，160℃程度の比較的高い温度で作製した場合には，このような偏析が見られないことが明らかとなった[5]。以上は，スパッタ法で作製されたZMOでは報告されていないため，MOCVD法特有の現象と

第 3 章　CIS 太陽電池作製の要素技術

思われる。即ち，MOCVD 法の場合には結晶成長に基づいて堆積が進むため，基板の上に堆積するZMO の結晶構造が基板の結晶性に影響されると考えられる。このように，ガラス基板上のZMO の最適成長条件と，CIGSSe 上のZMO の最適条件が異なることが明らかとなったため，改めてCIGSSe 上でZMO 薄膜の成長条件を検討した。その結果，バッファ層堆積前に Cd 処理等を行わず，直接 ZMO バッファ層（バンドギャップ約 3.5eV）を形成した太陽電池において変換効率 10.2% が達成された。この太陽電池は，CdS バッファ層に比べてバンドギャップが広いため，短波長領域における量子効率が高いという特徴を有している。

文　　　献

1) S. Chaisitsak, T. Sugiyama, A. Yamada and M. Konagai, *Jpn. J. Appl. Phys.*, **38**, 4989（1999）
2) T. Minemoto, T. Matsui, H. Takakura, Y. Hamakawa, T. Negami, Y. Hashimoto, T. Uenoyama, M. Kitagawa, *Solar Energy Mat. & Solar Cells*, **67**, 83（2001）
3) T. Minemoto, Y. Hashimoto, T. Satoh, T. Negami, H. Takakura, Y. Hamakawa, *J. Appl. Phys.*, **89**, 8327（2001）
4) Y. Chiba, H. Miyazaki, A. Yamada and M. Konagai, "MOCVD‒$Zn_{1-x}Mg_xO$ as a Novel Buffer Layer for $Cu(InGa)Se_2$ Solar Cells", 19th European Photovoltaic Solar Energy Conference, p.1737, Paris, France（2004）
5) Y. Chiba, F. Y. Meng, A. Yamada and M. Konagai, "Study on Phase Transition of $Zn_{1-x}Mg_xO$ Thin Films Grown by MOCVD Process", 4th World Conference on Photovoltaic Energy Conversion, p567, Hawaii, USA（2006）
6) S. Choopun, R. D. Vispute, W. Yang, R. P. Sharma, T. Venkatesan and H. Sen, *Appl. Phys. Lett.*, **80**, 1529（2002）

第4章 CIS太陽電池モジュールの作製技術

1 蒸着法によるCIS太陽電池モジュールの作製

根上卓之*

1.1 はじめに

　$CuInSe_2$，$Cu(In,Ga)Se_2$（以下総称としてCIGSと略す）系太陽電池は，結晶成長を促進する蒸着プロセスの進展等で薄膜太陽電池の中で最高の20%近い変換効率を達成している[1〜5]。CIGS太陽電池の高効率のポテンシャリティーが実証されたことにより，製造メーカを中心に，CIGS太陽電池の開発は実用化に向けた低コスト・量産化技術開発へと移行してきている。なかでも，低コスト化を図るための製造プロセスの高速化技術，太陽電池モジュールの大面積化技術と大面積での高効率化技術の開発が焦点になってきている。

　図1に蒸着法を用いたCIGS太陽電池モジュールの基本的な製造プロセスを示す[6]。太陽電池の大面積化においてはCIGS膜の蒸着プロセスの開発が重要である。図1のプロセスで示すように，CIGS系太陽電池モジュールを構成する裏面電極膜，透明電極膜等はスパッタ法やCVD法を用いて作製される。スパッタ，CVD法は，液晶あるいはアモルファスSi系太陽電池の薄膜プ

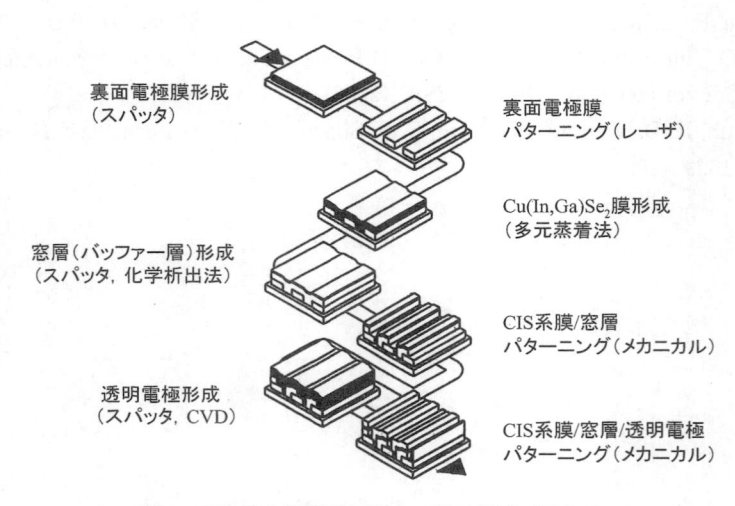

図1　CIS系太陽電池モジュールの製造プロセス

---

* Takayuki Negami　松下電器産業㈱　先行デバイス開発センター　主幹技師

第 4 章　CIS 太陽電池モジュールの作製技術

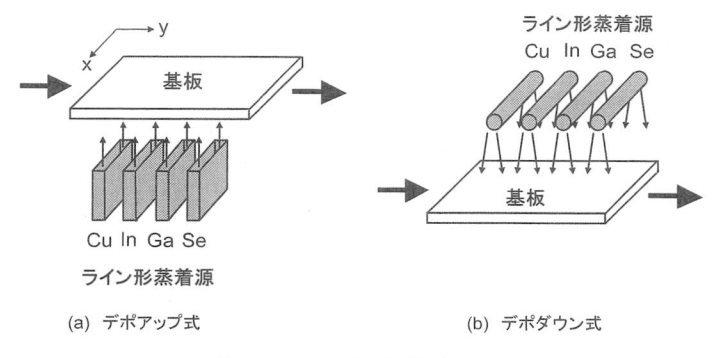

図2　インライン蒸着プロセス
(a) デポアップ式
(b) デポダウン式

ロセスで大面積化技術が進んでおり，これらの技術を応用して大面積均一化を図ることが可能である。これに対し，多元蒸着法を用いた CIGS 膜の大面積形成には，各元素の蒸着分布や蒸着レートの制御による膜組成や特性の面内均一化が要求される。また，バルク結晶 Si のモジュールに匹敵する効率を得るためには，実験室レベルの太陽電池セルで確立した高効率化技術を大面積に展開することが必要である。

ここでは，蒸着法による CIGS 膜の大面積形成技術と高効率化技術について，現在までに開発されている主な技術内容を紹介する。製造プロセスの高速化に必須となる CIGS 膜の高速形成技術に関しては別著を参照されたい[7]。

1.2　大面積形成技術

大面積の太陽電池の特性向上には，膜厚，組成比，欠陥密度等の薄膜の特性の面内均一性が重要となる。特に，CIGS 膜においては，組成比（Cu/(In＋Ga) 比）が太陽電池の特性に大きな影響を及ぼすため，組成比の均一性を確保する必要がある。蒸着法では，蒸着分布が生じるために，多元系の CIGS 膜の組成比を面内で均一化するには，基板を移動しながら蒸着するインライン法が適している。ここでは，インライン式をベースとした CIGS 膜の蒸着プロセスについて紹介する。

図 2 にインライン蒸着法の概略を示す。図 2 (a) は基板が蒸着源の上に配置されるデポアップ式 (deposition up)[8〜10]，図 2 (b) は基板が蒸着源の下を移動するデポダウン式 (deposition down)[11] である。蒸着法で薄膜を形成する場合は，図 2 (a) のデポアップ式が一般的であるが，大面積 CIGS 膜の蒸着装置として，図 2 (b) に示すデポダウン式も報告されている。デポダウン式の場合は，ライン形蒸着源の上に反射板を設け，蒸着温度以上に加熱することにより蒸発物を下方に降らすことができる。デポアップ式の利点は，①パーティクル等の薄膜への付着の抑制，

化合物薄膜太陽電池の最新技術

(a) Cu/(In+Ga)比の分布　　(b) Ga/(In+Ga)比の分布

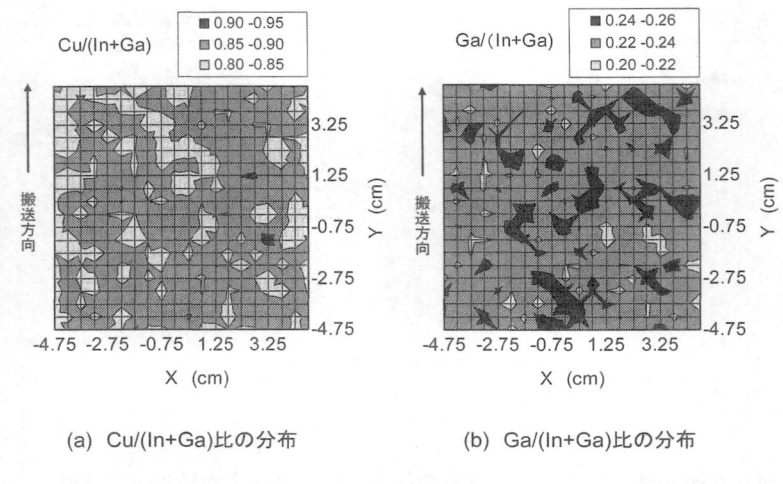

図3　インライン蒸着で作製した10cm角サイズCIGS膜の組成分布

②蒸着源の形状，配置等の設計自由度が大きく，蒸着分布の制御が可能，等が挙げられる。デポダウン式の利点は，大面積基板の加熱における基板変形の抑制，等が挙げられる。ここでは，デポアップ式の内容について述べるが，デポダウン式も蒸着分布や組成分布等は基本的に同じである[12]。

　インライン蒸着では，基板が移動することにより進行方向（y）の蒸着分布の均一性を確保し，基板の幅サイズと同等以上の長さの線状のライン形蒸着源を用いることにより進行方向に対して垂直方向（x）の蒸着分布の均一性を得る構成となっている。ここで，基板幅方向（x）の均一性は，基板と蒸着源間距離を長くする，あるいはライン形蒸着源を長くすれば向上する。しかし，蒸着源から蒸発した材料が薄膜として使用される割合（材料収率）が低下することになる。従って，均一性と同時に材料収率を考慮して，基板-蒸着源間距離とライン形蒸着源長さを設計する必要がある。一般的には，ライン形蒸着源の長さは，基板の幅の1〜1.5倍に設計している。また，ライン形蒸着源を用いた場合の蒸着分布は，点蒸発源あるいは微小平面蒸発源の幾何的な重ね合わせから計算することができ[13]，実験値と良く合致する[14]。しかし，多元蒸着の場合は，各元素の蒸着分布の重なりの影響を考慮する必要があり，特に高い蒸着レートの場合は影響が顕著となる。CIGS膜の場合は，高温製膜時にSeの再蒸発を防止するために，Seの蒸着レートを他の金属元素の2〜5倍多く設定している。高速形成の場合は，特にSeの他元素の蒸着分布への影響を考慮してライン形蒸着源の形状，配置等を設計する必要がある。図3にインライン蒸着法で形成したCIGS膜の組成比分布の一例を示す。10cm角の基板に対し，Cu/(In＋Ga)比の分布が5％内，Ga/(In＋Ga)比の分布が10％内であり，ほぼ均一であることが確認できる。図4に

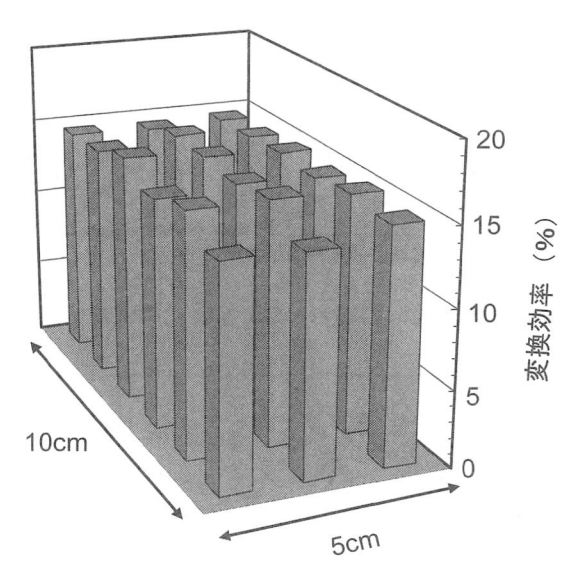

第 4 章　CIS 太陽電池モジュールの作製技術

図 4　インライン蒸着で作製した CIGS 太陽電池の効率分布
（基板サイズ：5cm × 10cm，セル 18 個，セル面積 1cm^2）

(a) 蒸着源傾斜なし　　　(b) GaとCuの蒸着源を15°傾斜

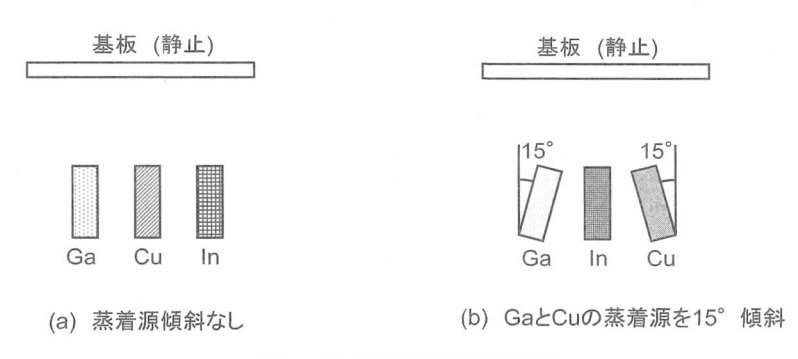

図 5　ライン形蒸着源の配置図

10cm 角基板の半分（5cm×10cm）に 18 個形成した太陽電池セルの効率分布を示す。最高 15.8％，最低 14.0％，中央値 15.0％，標準偏差 0.5％と，高い均一性が得られている[15]。インライン蒸着法を用いることにより，大面積での面内特性の均一性が得られることを示している。

インライン蒸着法で面内での組成の均一性が得られることを示したが，インライン蒸着法では，個々に配置された蒸着源の上を基板が通過するため，基板位置で到達する蒸着元素の量が異なる。従って，蒸着分布が組成の膜深さ分布に大きな影響を及ぼす。まず，蒸着源の配置に対する蒸着分布について述べる。図 5 に蒸着源の配置を示す。図 5（a）は，基板に対し垂直に Ga，Cu，In の順に蒸着源が配置されている構成である。図 5（b）は，Ga，In，Cu の順に蒸着源が配置され

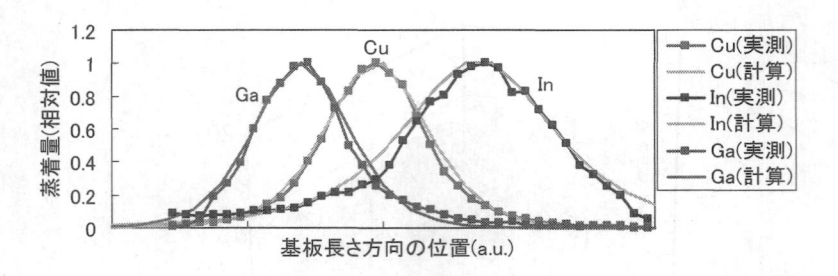

(a) 蒸着源傾斜なしの場合のGa, Cu, Inの蒸着分布

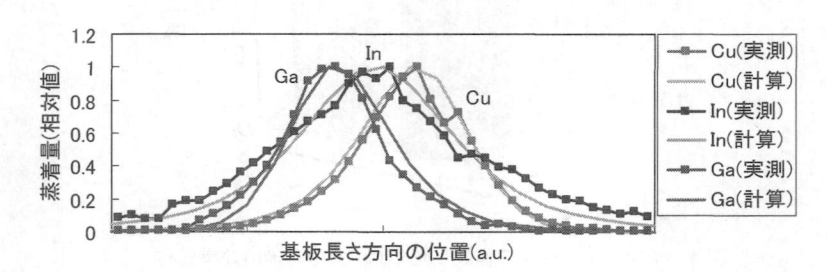

(b) GaとCuの蒸着源を中心方向に15°傾斜させた場合の Ga, In, Cuの蒸着分布

図6 Cu, In, Ga の蒸着分布とシミュレーションの比較

ており，GaとCuはInを中心として15°傾斜させた構成となっている。図5の蒸着源の配置に対し，基板を静止して蒸着し，その蒸着分布を測定した。また，各々の蒸着源の配置を用いて，上述と同様な微小平面蒸発源の幾何的な重ね合わせから蒸着分布を計算した。図6に蒸着分布の測定値と計算値を示す。点は測定値，実線は計算値を示している。ここで，蒸着量は，エネルギー分散型蛍光X線分析（XRF）で測定したCu-In-Ga膜の各元素の強度を各々の元素のピーク強度で規格化している。図5（a）に示す構成の各々の蒸着源が基板に対し垂直に配置されている場合は，基板位置に対し蒸着分布が分離している。これに対し，図5（b）に示す構成の中心のInの蒸着源に対し15°傾斜させた蒸着源の配置では蒸着分布の重なりが増加していることがわかる。また，実線で示す計算値は，蒸着源の配置が異なる図6（a），（b）ともに測定値と良く合致している。特に，図5（b）のように蒸着源を傾斜させた場合でも傾斜角を考慮した計算で測定値と良い合致が得られたことは，蒸着分布の設計の自由度が増すことを示しており，シミュレーションにより最適な蒸着分布となる設備設計が可能であることを示している。

図6のように基板搬送方向に蒸着分布がある場合，基板の移動に伴い堆積される各元素の量が異なるため，形成された膜の深さ方向に組成分布が生じる。基板上のある点を基準に考えると，基板が一定速度で移動するため，蒸着量の空間分布は基板に供給される元素量の時間分布にリニ

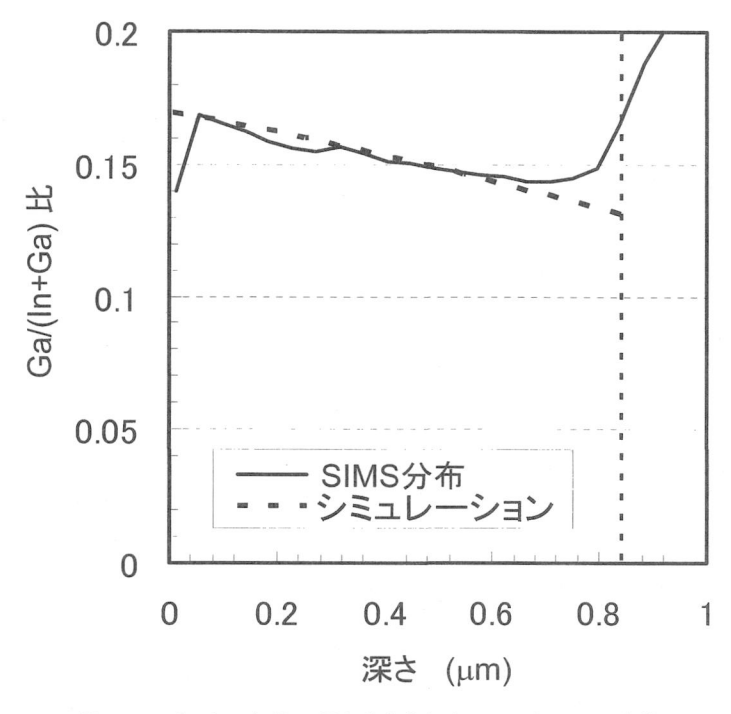

第 4 章　CIS 太陽電池モジュールの作製技術

図 7　Ga/(In＋Ga) 比の深さ分布とシミュレーションの比較

アに対応することになる。蒸着元素量の時間分布は，成長中の元素の拡散が無視できる場合は，膜深さの組成分布に対応することになる。従って，蒸着量の空間分布を置換することにより膜深さの組成分布を計算することができる。インライン蒸着法で作製した CIGS 膜の膜深さの Ga/(In＋Ga) 比の分布と装置の蒸着源配置から計算した膜深さの Ga/(In＋Ga) 比の分布の比較を行った。CIGS 膜を作製したインライン蒸着装置は図 5 (b) のように蒸着源を傾斜させた構成であるが，蒸着源の配置は異なっており，基板搬送方向に対し In，Ga，Cu，Se の順に配置されている。この配置では，はじめに In が多く供給され，その後 Ga が多く供給されるので，膜深さ方向では基板側から膜表面に向けて Ga/(In＋Ga) 比が増加する分布となることが予想される。基板温度 500℃に加熱して基板を移動させて作製した CIGS 膜の SIMS 分析から求めた測定値と計算値の Ga/(In＋Ga) 比の膜深さ分布を図 7 に示す。実線は測定値，破線は計算値である。測定値は蒸着源の配置から考えられる Ga/(In＋Ga) 比の分布となっており，測定値と計算値で良い合致が得られている。このことは，後述する CIGS 膜のバンドギャップを決定する Ga/(In＋Ga) 比の膜深さの分布が，蒸着分布を利用して形成可能であり，さらに蒸着分布の設計で制御可能であることを示している。ここで，Cu は拡散が速いため蒸着分布に依存せずに膜深さ方向でほぼ均

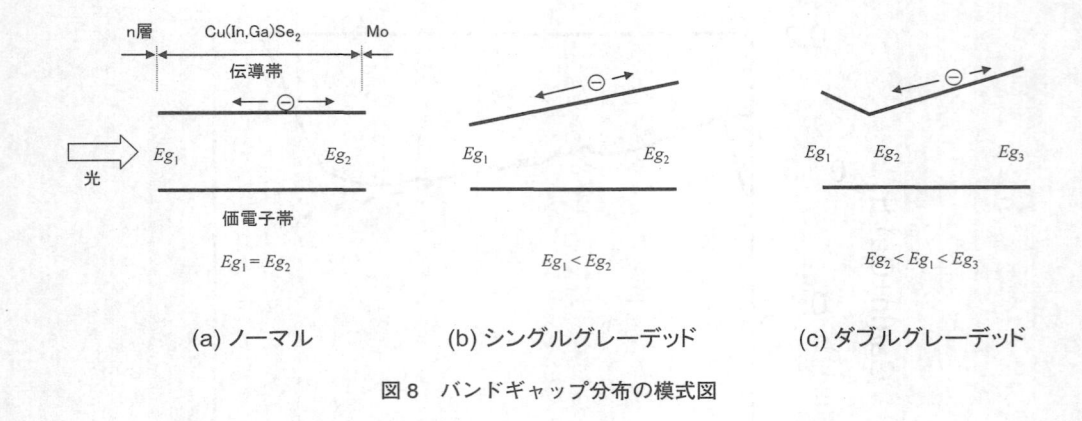

図8　バンドギャップ分布の模式図

(a) ノーマル　$Eg_1 = Eg_2$
(b) シングルグレーデッド　$Eg_1 < Eg_2$
(c) ダブルグレーデッド　$Eg_2 < Eg_1 < Eg_3$

一に分布している。これは，GaとInにおいても拡散が無視できない温度域では，拡散を考慮した設計が必要となることを示している。

　図2のインライン蒸着プロセスで湾曲可能なフィルム基板を用いて，巻き出しと巻き取り機構を付加するとロール・ツー・ロール プロセスとなる[16〜18]。ロール・ツー・ロール プロセスの利点は，①フィルム基板を用いることにより，大量に連続的に生産が可能，②基板収納スペースがコンパクトになるため装置コストが低減，③基板支持用のトレイ等が不必要で付帯設備コストが低減，等が挙げられる。一方，課題としては，連続大量生産のため，製膜条件等の変動で多量の不良品が生じる可能性がある。そのため，In-situのモニターとフィードバック機構を設けるか，あるいは特性への許容範囲の広い製膜条件を確立する必要がある。

1.3　高効率化技術

　CIGS太陽電池は，結晶成長促進や欠陥低減の膜質の向上だけでなくバンドギャップ分布形成によって実験室レベルで効率が向上してきた。ここでは，高効率化技術の一つとしてバンドギャップ分布制御技術について述べる。

　CIGSは，InとGaの組成比によりバンドギャップを制御することができる。膜深さに対しInとGaの組成比分布を形成することでバンドギャップ分布を制御できる。このバンドギャップ分布を利用した変換効率の向上が報告されている[19〜21]。大面積モジュールにおいてもバンドギャップ分布形成は高効率化に有効な方法である。

　はじめに，バンドギャップ分布による変換効率の向上について述べる。図8にバンドギャップ分布の模式図を示す。ここで，バンドギャップの変化は，GaとInの組成比により主に伝導帯レベルが変化することにより生じるため[22]，図では伝導帯レベルの変化を示している。図8 (a) はInとGaの組成比が一定でバンドギャップが変化しないノーマルなバンドギャップ分布であ

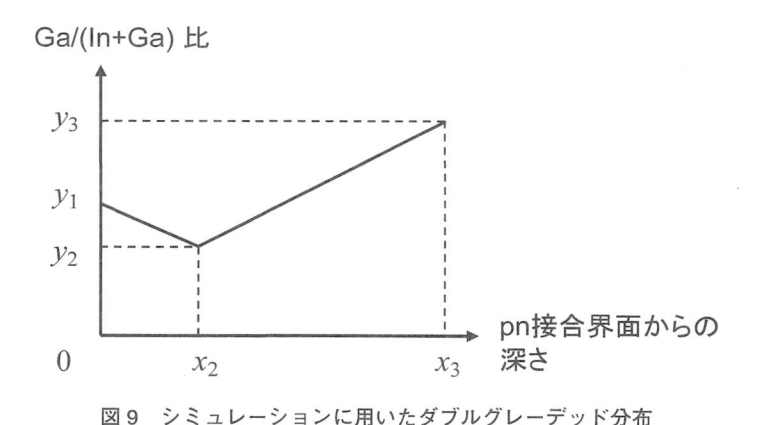

第4章　CIS太陽電池モジュールの作製技術

図9　シミュレーションに用いたダブルグレーデッド分布

る。図8（b）は，裏面Mo側のGa組成比が高く，CIGS膜表面のGa組成比が低いシングルグレーデッド分布である。シングルグレーデッド分布では内部電界が生じるため，光励起されたキャリア（この場合は電子）は，裏面のMo側からpn接合面のCIGS界面へと移動する。従って，キャリア収集効率が向上する。図8（c）は，シングルグレーデッド分布で表面のGa組成比を少し高くしてノッチを形成したダブルグレーデッド分布である。シングルグレーデッド分布の内部電界によるキャリア収集効率の向上に加えて，表面のバンドギャップを高くすることにより，空乏層内での再結合が低減し，開放電圧が向上する。バンドギャップ分布による変換効率の違いを調べるために，ZnO：Al/ZnO/CdS/CIGS構造のセルで図9に示すCIGS膜のバンドギャップ分布を仮定し，デバイスシミュレーションを行った結果を次に示す。実験データから求められたGa/（In + Ga）比yに対するバンドギャップE_gの変化$E_g = 1.02 + 0.56y + 0.11y^2$の関係式[23]を用いて伝導帯レベルの変化に反映させた。ここで，ノーマル分布は，図9で膜中のGa/（In+Ga）比が一定の$y_1 = y_2 = y_3$で計算した。また，シングルグレーデッド分布は，ノッチとなるx_2なしで膜厚0〜x_3まで単純に傾斜したGa/（In + Ga）比において$y_3 = 0.35$に固定し，y_1を変化させて計算した。また，ダブルグレーデッド分布は，ノッチ深さ$x_2 = 0.1\mu m$におけるGa/（In + Ga）比$y_2 = 0.2$，$y_3 = 0.35$に固定し，y_1に対する効率を計算した。CIGS膜の膜厚x_3は全ての分布で$0.2\mu m$とした。また，Ga/（In + Ga）比に対しCIGS膜の欠陥密度が異なることを反映させ[24]，Ga/（In+Ga）比が0.2までの少数キャリア寿命を50ns，Ga/（In + Ga）比が0.35の時の少数キャリア寿命25nsと仮定し，その間はGa/（In + Ga）比の増加で徐々に寿命が減少するように設定した。シミュレーション結果を図10に示す。ここで，ノーマル分布の一般的なシミュレーションでは，Ga/（In+Ga）比0.6付近（バンドギャップで1.4eV付近）で最高効率となるが[25, 26]，ここでは，バッファー層CdSでの吸収を考慮している点とキャリア寿命が高Ga/（In + Ga）比で

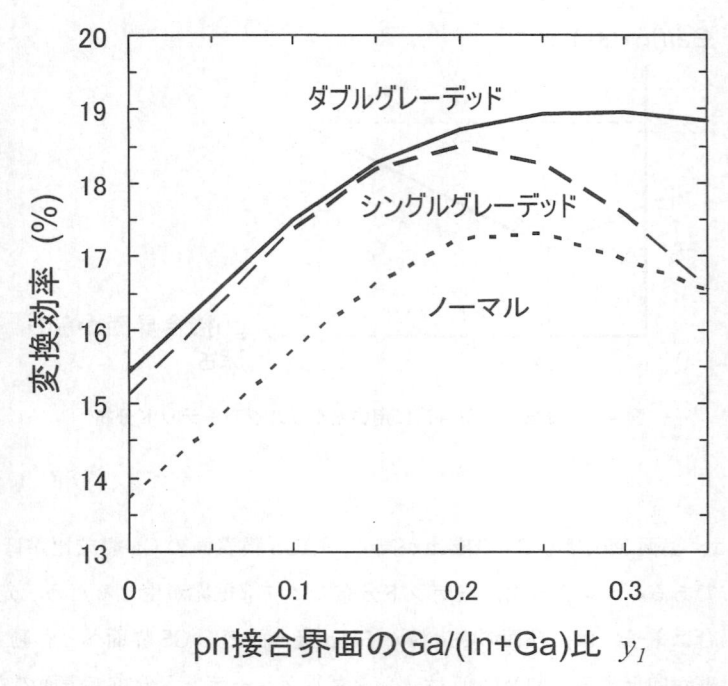

図10 シミュレーションから求めた Ga/(In＋Ga) 比に対する効率変化

低下する点を含めているため，最高効率となる Ga/(In＋Ga) 比が CIGS 太陽電池の報告例に近い 0.25 付近（バンドギャップで 1.2eV 付近）となっている。ノーマル分布に対しグレーデッド分布の方が最大となる効率が高いことは，内部電界効果による効率の向上を示している。シングルグレーデッド分布では，$y_1 > 0.2$ で効率が低下する。これは，$y_3 = 0.35$ に固定しているため，pn 接合界面の Ga/(In＋Ga) 比 y_1 が増加するにつれ裏面 Mo 側とのバンドギャップ差が小さくなり，ノーマル分布に近づくためである。ダブルグレーデッド分布では，$y_1 = 0.2$ まではシングルグレーデッド分布に近い効率となっている。これは，$y_1 < 0.2$ では，pn 接合界面の Ga/(In＋Ga) 比がノッチの x_2 における Ga/(In＋Ga) 比 $y_2 = 0.2$ より小さいため，シングルグレーデッドと同様なバンドギャップ分布となるためである。ダブルグレーデッド分布では $y_1 > 0.2$ で効率が向上し，$y_1 = 0.3$ 付近で最大効率を示している。これは，図8（c）で示したような表面のバンドギャップが大きい分布となり，開放電圧が増加したことによる。以上の結果から，ダブルグレーデッド分布が効率向上に有効であることがわかる。

次に，インライン蒸着法でのバンドギャップ分布の形成法について述べる。図6及び図7で示したようにインライン蒸着では蒸着分布を利用することにより CIGS 膜の膜深さで Ga/(In＋Ga) 比の分布を形成することが可能である。従って，バンドギャップ分布を形成することができる。

第 4 章　CIS 太陽電池モジュールの作製技術

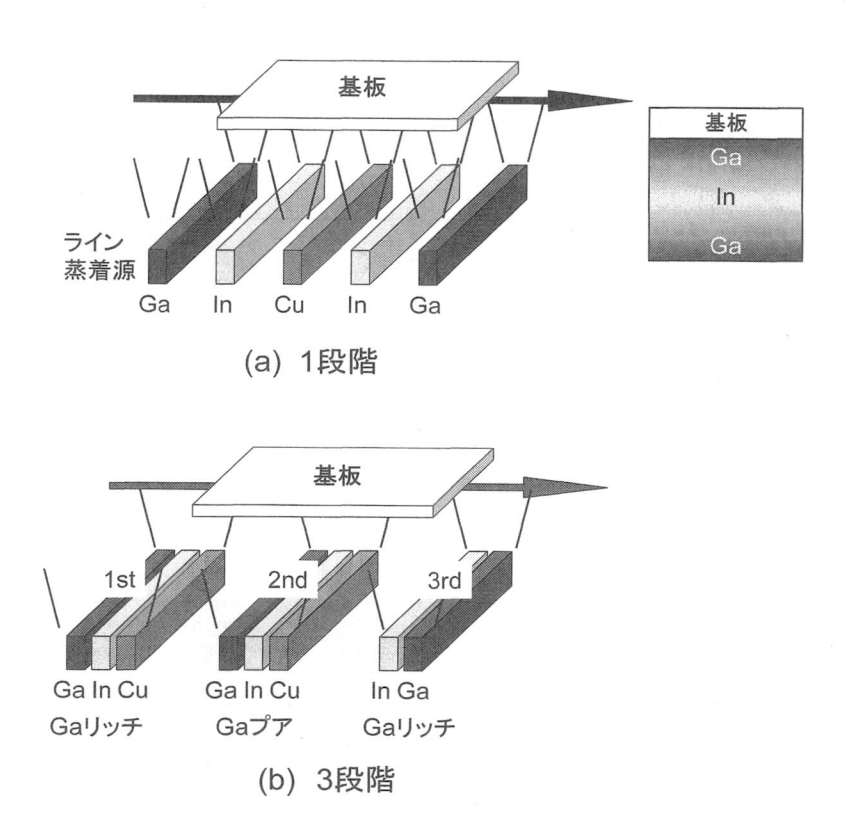

(a) 1段階

(b) 3段階

図 11　インライン蒸着によるダブルグレーデッド分布の形成法

インライン蒸着では蒸着源の配置でダブルグレーデッド分布の形成が可能である。図 11 (a) に示すように Ga, In, Cu, In, Ga の蒸着源を配置し，その上を基板が移動することにより，図 11 (a) の右図のように基板側の Ga 濃度が高く，膜深さ中心付近で In 濃度が高く，膜表面で再び Ga 濃度が高くなる分布を形成することができる。バンドギャップ分布の最適化には，特性に最も影響を与える製膜パラメータを抽出する必要がある。そこで，図 11 (a) の製膜プロセスを図 11 (b) に示すように 3 段階に分割し，バンドギャップ分布の最適化を図った一例を紹介する。図 11 (b) のように 3 段階に製膜プロセスを分割すると，バンドギャップ分布を主に決定する因子は，各段階の Ga と In の蒸着量（フラックス）比と基板温度となる。図 12 は各段階のプロセスパラメータの変化を蒸着ステップ（時間）で模式的に示している。これらのパラメータの中で，特性に影響を及ぼす主要因子を実験計画法の直交実験より求めた結果，第 1 段階の Ga と In のフラックス比（Ga1st），第 2 段階の Ga と In のフラックス比（Ga2nd）と第 2 段階の基板温度（$T_{sub}2nd$）であることがわかった。そこで，これらの 3 つのパラメータをマトリックスとして CIGS 太陽電池モジュールを作製し，得られた特性から応答曲面法で外挿して最適条件を求めた。

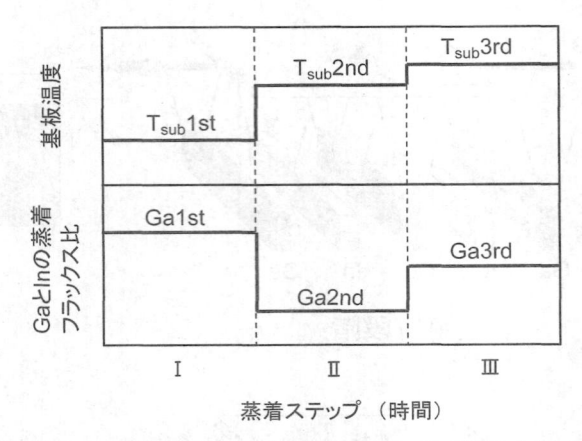

図12 バンドギャップ分布を決定する3段階インライン蒸着の主要パラメータ

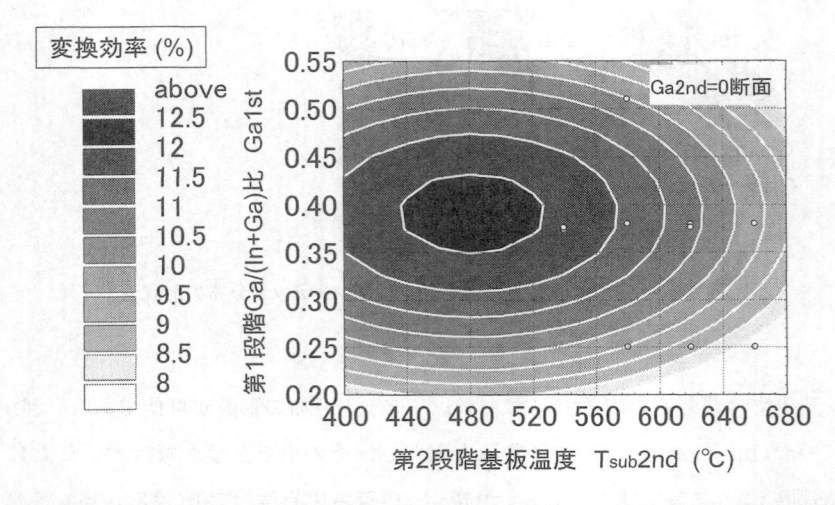

図13 実験結果から導出した第2段階基板温度と第1段階Ga, Inフラックス比に対する効率の最適条件

結果の一例を図13に示す。この結果は，Ga2nd = 0，つまり第2段階でGaを供給しない条件での効率の応答曲面である。図13からGa1stが0.4付近，$T_{sub}2nd$が480℃付近で効率13%以上が得られることがわかる。実際にこの条件で作製した10cm角のCIGS太陽電池モジュールで変換効率13%以上（反射防止膜なし）を達成している。このCIGS膜のSIMS分布から求めた膜深さのGa/(In+Ga)比を図14に示す。シミュレーションから得られた最適なバンドギャップ分布とは異なるが，ダブルグレーデッド分布になっていることがわかる。ここで，CIGS製膜では第2段階でGaを供給していないが，温度による拡散で最も低いGa/(In+Ga)比でも0.2となっている。また，シミュレーションのモデルに比べ裏面Mo（破線位置）側でGaが偏析している。

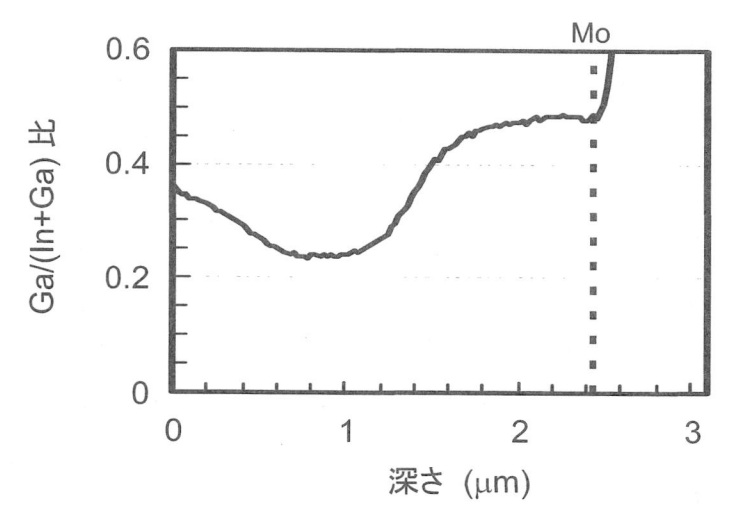

図14 3段階インライン蒸着で形成したCIGS膜のGa/(In+Ga)比の深さ分布

これは，CIGS膜を約1μm/分の堆積速度で高速製膜しているため，GaとInの拡散が不十分であることによると考えられる。また，3段階にプロセスを分割したことで生じた各段階の間での基板温度の低下等が，Ga/(In+Ga)比が最小となるノッチ位置の深さに影響を与えていると考えられる。いくつか最適化されていない条件はあるが，図13と図14の結果から実験的にもダブルグレーデッド分布が効率向上に有効であることがわかる。バンドギャップ分布形成を支配する因子を把握した上で図11（a）の1段階式における蒸着源配置等を設計し蒸着分布を利用することにより，バンドギャップ分布の最適化は可能と考えられる。

1.4　蒸着法を用いたCIGS太陽電池モジュールの変換効率

インライン蒸着法を用いて作製したCIGS太陽電池モジュールで報告されている変換効率について紹介する。デポアップ式のインライン蒸着を用いて高速形成（堆積速度約1μm/分）したCIGS膜を用いた太陽電池モジュールで変換効率14.1％（V_{oc}：18.4V，I_{sc}：92.1mA，FF：0.718，開口面積：91.1cm^2，強化ガラスでラミネート，産総研測定）が達成されている[27]。また，デポダウン式のインライン蒸着を用いた60cm×120cmサイズの大面積太陽電池モジュールで変換効率13.0％（V_{oc}：51V，I_{sc}：2.32A，FF：0.715，開口面積：0.65m^2）を達成したことが報告されている[28]。各々個別の結果ではあるが，高速形成と大面積形成ともに13％以上の効率が得られていることは，インライン蒸着法がCIGS太陽電池モジュールの量産化に適したプロセスであることを示している。

1.5 蒸着法で作製する CIGS 太陽電池モジュールの今後の展開

　CIGS 太陽電池は小面積で 20% に迫る効率が実現されており，単結晶 Si 太陽電池に匹敵する効率の達成が期待される。小面積の高効率セルにおける材料特性，デバイス構成を大面積モジュールに展開することが高効率化の課題である。その一つがバンドギャップ分布制御と考えられる。小面積と同じバンドギャップ分布を大面積 CIGS 膜で実現するには，プロセス設計と装置設計が重要となってくる。また，現状の大面積化による効率の低下に関して，組成の不均一性よりもキャリア寿命等の膜質の不均一性に焦点を当ててプロセスを改善する必要があると考えられる。CIGS 太陽電池モジュールの実用化に関しては，既に，Würth Solar 社（ドイツ）や Global Solar Energy 社（米国）がインライン蒸着法をベースとしたプロセスで CIGS 太陽電池モジュールの製造を開始しているが，今後要求される低コスト太陽電池モジュールを実現するには，歩留まり向上等の生産技術の進展も重要と考えられる。

文　　献

1) M. A. Contreras et al., Prog. Photovolt. Res. Appl., **13**, 209（2005）
2) T. Negami et al., Sol. Energy Mater. Sol. Cells, **67**, 331（2001）
3) H. W. Schock et al., Proc. 16th E.U. Photovolt. Solar Energy Conf. Glasgow, 304（2000）
4) T. Nakada et al., Jpn. J. Appl. Phys., **41**, L165（2002）
5) S. Ishizuka et al., Proc. 20th E. U. Photovolt. Solar Energy Conf. Barcelona, 1740（2005）
6) L. Stolt et al., Proc. 13th E. U. Photovolt. Solar Energy Conf. Nice, 1451（1995）
7) 根上卓之ほか，薄膜太陽電池の開発最前線，エヌ・ティー・エス，p.151（2005）
8) M. Powalla et al., Proc. 14th E. U. Photovolt. Solar Energy Conf. Barcelona, 1270（1997）
9) G. M. Hanket et al., Proc. 28th IEEE Photovolt. Spec. Conf. Anchorage, 499（2000）
10) T. Negami et al., Sol. Energy Mater. Sol. Cells, **67**, 1（2001）
11) B. Dimmler et al., Proc. 25th IEEE Photovolt. Spec. Conf. Washington, D. C., 757（1996）
12) G. Voorwinden et al., 17th E. U. Photovolt. Solar Energy Conf. Munich, 1203（2001）
13) 例えば，村上俊一ほか，薄膜 その機能と応用，日本規格協会，p.25（1991）
14) 佐藤琢也，博士論文「高効率太陽電池のための Cu(In,Ga)Se_2 薄膜の形成技術に関する研究」，京都大学，p.62（2006）
15) S. Hayashi et al., Tech. digest 15th Int'l Photovolt. Science Engineer. Conf. Shanghai, 95（2005）
16) 根上卓之ほか，Matsushita Technical J., **48**, p.59（2002）
17) S. Wiedeman et al., Proc. 29th IEEE Photovolt. Specialists Conf. New Orleans, 575（2002）
18) M. Powalla, Porc. 21st E. U. Photovolt. Solar Energy Conf. Dresden, 1789（2006）

19) M. A. Contreras *et al.*, *Sol. Energy Mater. Sol. Cells*, **41/42**, 231 (1996)
20) A. M. Gabor *et al.*, *Sol. Energy Mater. Sol. Cells*, **41/42**, 247 (1996)
21) T. Dullweber *et al.*, *Sol. Energy Mater. Sol. Cells*, **67**, 145 (2001)
22) S. H. Wei *et al.*, *Appl. Phys. Lett.*, **72**, 3199 (1998)
23) B. Dimmler *et al.*, Proc. 19th IEEE Photovolt. Spec. Conf. New Orleans, 1454 (1987)
24) G. Hanna *et al.*, *Phys. Status Solidi A*, **179**, R7 (2000)
25) 浜川圭弘ほか，太陽エネルギー工学，培風館，p.34 (1994)
26) 小長井誠ほか，薄膜太陽電池の基礎と応用，オーム社，p.12 (2001)
27) 松下電器，平成17年度「太陽光発電技術開発」及び関連事業に関する成果報告会予稿集，新エネルギー・産業技術総合開発機，56 (2006)
28) M. Powalla *et al.*, Proc. 19th E. U. Photovolt. Solar Energy Conf. Paris, 1663 (2004)

2 セレン化／硫化法による CIS 系薄膜太陽電池モジュールの作製

櫛屋勝巳*

2.1 CIS 系薄膜太陽電池モジュールの基本構造

次世代の薄膜太陽電池と位置付けられる $CuInSe_2$（CIS）系薄膜太陽電池の基本構造は，図1に示すように，高効率の観点から（入射光は最上部のn型透明導電膜窓層から入る）サブストレート構造が一般的で，基板上に4種類の薄膜層（金属裏面電極層，p型 CIS 系光吸収層，n型高抵抗バッファ層，n型透明導電膜窓層）を順次積層した pn ヘテロ接続構造である。

CIS 系薄膜太陽電池は，$1cm^2$ 以下の小面積単セルでは米国国立再生エネルギー研究所（NREL）グループが変換効率（上部電極も含むトータルエリア効率）19.5%を達成し[1]，30cm × 30cm サイズ以上の大面積では第一世代の薄膜太陽電池（アモルファス Si 太陽電池，CdTe 太陽電池）が達成できずにいる14%台が達成できている[2]。現在，$3600cm^2$ サイズ以上の大面積で13%を越える変換効率（発電有効面積である開口部面積で求めたアパーチャーエリア効率）を達成しているグループは，世界でも以下の3社である[3〜5]（いずれも基板は青板ガラスであり，図1に示した集積構造を採用する）。すなわち，

1）ドイツ：Würth Solar GmbH（WSG）／ZSW GmbH（Center for solar energy and hydrogen research, ZSW），Shell Solar GmbH（SSG）／AVANCIS KG（フランス系ガラス会社 Saint-Gobain との合弁会社）

2）日本：昭和シェル石油㈱／昭和シェルソーラー㈱（昭和シェル石油の100%子会社）

である。ここで，2006年後半から商業化を開始した昭和シェルソーラーは昭和シェル石油の開

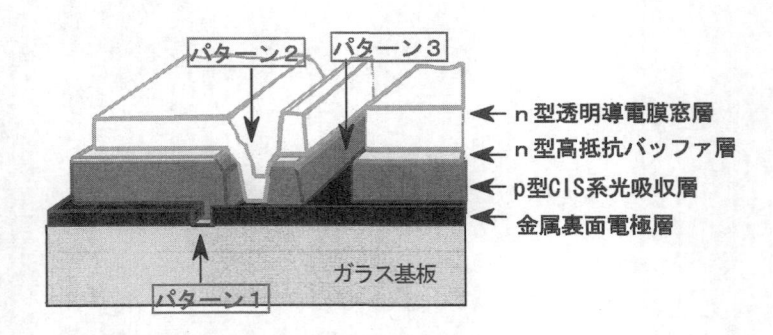

集積構造のCIS系薄膜太陽電池サーキット

図1　集積構造の $CuInSe_2$（CIS）系薄膜太陽電池の基本構造（サブストレート構造）

---

* Katsumi Kushiya　昭和シェル石油㈱　ニュービジネスディベロップメント部
担当副部長　CIS 開発グループ　主席研究員

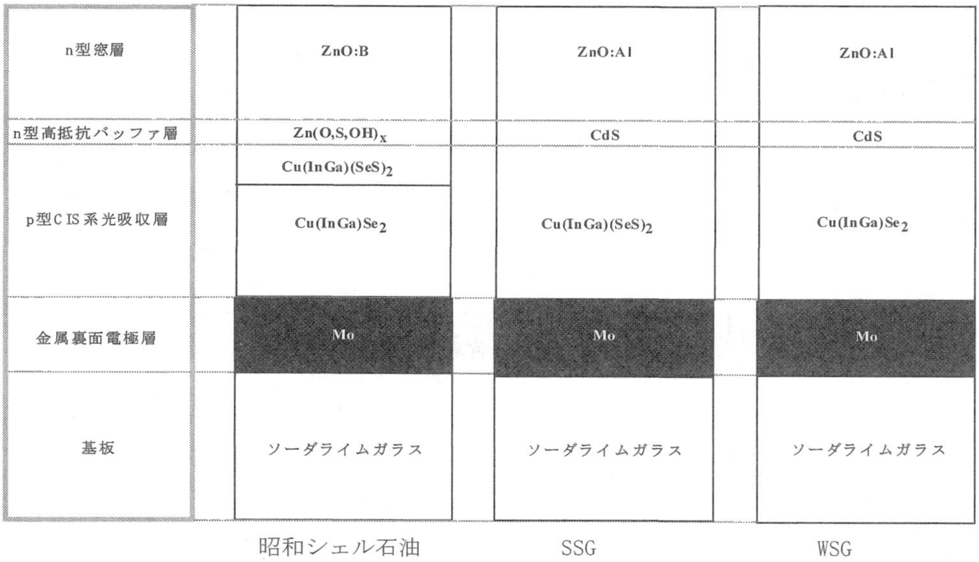

第4章 CIS太陽電池モジュールの作製技術

	昭和シェル石油	SSG	WSG
n型窓層	ZnO:B	ZnO:Al	ZnO:Al
n型高抵抗バッファ層	$Zn(O,S,OH)_x$	CdS	CdS
p型CIS系光吸収層	$Cu(InGa)(SeS)_2$ / $Cu(InGa)Se_2$	$Cu(InGa)(SeS)_2$	$Cu(InGa)Se_2$
金属裏面電極層	Mo	Mo	Mo
基板	ソーダライムガラス	ソーダライムガラス	ソーダライムガラス

図2 昭和シェル石油（昭和シェルソーラー），SSG（AVANCIS）およびWSGのデバイス構造
（入射光は最上層のn型TCO窓層から）

発技術を，WSGはZSWの開発技術を使用している。いずれも基板は青板ガラス（ソーダライムガラス）で，サイズは60cm×120cmである。これら3社のうち，昭和シェル石油（昭和シェルソーラー）とSSG（AVANCIS）が「セレン化／硫化法」により，WSG/ZSWが「多元同時蒸着法」によりCIS系光吸収層を作製する。3社のデバイス構造を図2に示す。

2.2 CIS系光吸収層作製法として「セレン化／硫化法」を採用する2社の技術動向（商業化の状況）

次世代の薄膜太陽電池として期待の大きいCIS系薄膜太陽電池はここ2年間ほど，大面積化および高効率化の技術開発成果と結晶系Si太陽電池セル用のシリコン原料不足問題が慢性化する状況が影響して商業化の動きが活発化している。ここでは，表1に示すように，「セレン化／硫化法」によりCIS系光吸収層を作製する企業（すなわち，昭和シェル石油（昭和シェルソーラー）とSSG（AVANCIS）等）に絞り込んで記述する。

2.3 昭和シェル石油／昭和シェルソーラーおよびSSG/AVANCISのCIS系薄膜太陽電池製造技術—構成薄膜層の大面積化技術

昭和シェル石油の事業化ケースは，日本におけるこれまでの結晶系Si太陽電池およびアモルファスSi太陽電池の事業化の事例と同様で，「NEDO委託研究開発の成果」を製造要素技術とす

表1 CIS系光吸収層の作製として「セレン化／硫化法」を採用する企業の商業化の動き
（2007年3月現在）

研究機関名	備考
昭和シェル石油／昭和シェルソーラー	NEDO委託研究開発（ニューサンシャイン計画後期，先進太陽電池製造技術開発）で，製造要素技術を開発。Cdフリーバッファ層を使用したデバイス構造で大面積化と高効率化に成功した世界で唯一のグループ。2006年10月より，宮崎市で年産規模20MWのパイロット生産ラインを立ち上げ中。2007年第1四半期からの商業生産開始の計画。製造会社として"昭和シェルソーラー㈱"を，国内販売会社として，"昭和シェルソーラー販売㈱"，海外販売会社として"ソーラーフロンティア㈱"を設立。別途，将来技術開発を，NEDO委託研究開発（未来技術研究開発，共通基盤技術開発）で実施中。
SSG/AVANCIS（ドイツ）	米国のSSIと協力し，「次世代製造技術」と位置付けるCIS系光吸収層作製技術（すなわち，Se/In/Cu-Ga/Mo積層構造の金属プリカーサー膜を低濃度のH_2Sガス雰囲気中で，急速加熱法（RTP法）によりセレン化・硫化する方法）を開発。2006年11月，フランス系ガラス会社Saint-Gobainと合弁で"AVANCIS KG"設立。2008年から年産20MWでの商業生産開始の計画。
Shell Solar Industries (SSI)（米国）	1980年代初頭に，セレン化法によるCIS系光吸収層製造法を開発し，CIS系薄膜太陽電池の研究開発をリードしたARCO Solar Inc.(ASI)が前身。Siemens Solar Industries (SSI)時代の1998年より，STシリーズとして製造販売。数MWレベルのパイロット生産規模で量産技術を開発して来たが，2006年6月で撤退。
本田技研工業／ホンダソルテック	光吸収層作製法はセレン化法と言われているが，デバイス構造および各構成薄膜層の製造技術は開示していない。2006年8月に熊本県と立地協定を調印。2006年9月，ホンダ熊本製作所内に，27.5MWの工場建設着工（完成は2007年秋以降）。製造・販売会社として"㈱ホンダソルテック"（本田技研工業の100％子会社）を設立。2007年3月から地域限定で販売開始の計画。2008年から（熊本工場からの製品で）全国販売の計画。

る。すなわち，結晶系Si太陽電池の製造技術はNEDOサンシャイン計画の成果を，アモルファスSi太陽電池の製造技術はNEDOサンシャイン計画とニューサンシャイン計画の成果を基盤技術としたが，昭和シェル石油のCIS系薄膜太陽電池製造技術はNEDOニューサンシャイン計画と先進太陽電池製造技術開発の成果を基盤技術とする。昭和シェル石油はNEDO委託事業に1993年度から参画し，3.2cm^{2}サイズの小面積単セルから研究を開始し，当時の単結晶Si太陽電池モジュールの変換効率12％を目標にして，この数値を達成したら電池面積を拡大してきた。この経緯を図3に示す。

図3に示したように，昭和シェル石油は，世界で初めてn型高抵抗バッファ層にCdS以外のCdを含まない材料を使用した製膜技術を開発し，1996年に変換効率14.2％（10cm×10cmサ

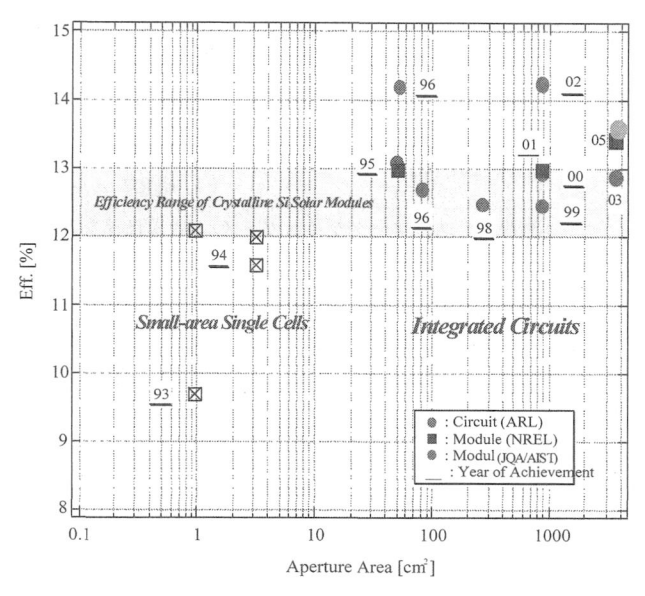

第4章　CIS太陽電池モジュールの作製技術

図3　1993年度から2005年度までのNEDO委託研究における
昭和シェル石油の大面積化と高効率化の経緯

イズの集積型デバイス構造，開口部面積51.6cm^2，自社測定）を達成した。その後も同じデバイス構造での大面積化を進め，基板サイズ30cm × 30cm，30cm × 120cmではそれぞれ14.3%，13.6%（集積型デバイス構造，開口部面積はそれぞれ864cm^2，3456cm^2，自社測定）を達成し，現在もこれらの数値は世界最高効率である[1,2]。昭和シェル石油のCIS系薄膜太陽電池製造要素技術開発と事業化への動きが代表例であるが，事業化に向かって動き出したグループ3社（すなわち，昭和シェル石油／昭和シェルソーラー[3]，WSG[4]，SSG/AVANCIS[5]の3社）はいずれも，小面積から大面積へ製造要素技術の拡張を進め，結晶系Si太陽電池モジュールと性能面で競合できる変換効率レベル13%を大面積で達成し，その要素技術を基盤技術として商業生産に移行した。

　ここでは，昭和シェル石油／昭和シェルソーラーとSSG/AVANCISの2社のCIS系薄膜太陽電池製造技術（すなわち，構成薄膜層の大面積化技術）を比較することで，大面積化技術の現状を述べる。図2に示した2社のCIS系薄膜太陽電池デバイス構造の製造技術を表2に示す。いずれも基板は安価な青板ガラスであり（但し，板厚は異なる），基本基板サイズは，昭和シェルソーラーが60cm × 120cmで生産中であるが，AVANCISは60cm × 90cmで製造プロセス開発中である。また，2社が採用する集積構造形成技術には共通点がある。すなわち，4種類の構成薄膜層を基板上に金属裏面電極層から順次，p型CIS系光吸収層，2種のn型薄膜層と製膜し，途中3種類のパターンで集積構造を形成する。大面積化技術には，大面積での面内均一性と均質

表2 昭和シェル石油／昭和シェルソーラー，SSG/AVANCIS の大面積・集積型 CIS 系薄膜太陽電池製造技術

デバイス構造	企業名	
	SSG/AVANCIS	昭和シェル石油／昭和シェルソーラー
基板	青板ガラス（ソーダライムガラス）：板厚は異なる	
アルカリバリア層	RF スパッタ法	
	窒化シリコン	シリカ
金属裏面電極層	DC スパッタ法－Mo	
パターン1	レーザー法	
p 型光吸収層	急速加熱（RTP）法によるセレン化・硫化法－CIGSS（Na ドーピングは制御性を上げるために，プリカーサー膜製膜工程で実行）	セレン化／硫化法－CIGSS 表面層／CIGS
n 型高抵抗バッファ層	溶液成長法（CBD 法）	
	CdS	$Zn(O,S,OH)_x$ 混晶
パターン2	メカニカルスクライビング法	
n 型窓層（透明導電膜）	RF スパッタ法－ZnO：Al（AZO）	MOCVD 法－ZnO：B（BZO）
パターン3	メカニカルスクライビング法	

性を確保できる製膜技術が採用されるが，p 型光吸収層の設計思想に違いがあり，n 型薄膜層（高抵抗バッファ層，透明導電膜窓層）の材料および製膜法が異なる。

2.3.1 p 型 CIS 系光吸収層製膜技術

CIS 系光吸収層製膜工程は，CIS 系薄膜太陽電池製造工程における最高温プロセスである。「セレン化／硫化法」は，ARCO Solar Industries（ASI）[6] からの技術の流れを継承しているが，表2に示したように，セレンの供給法の違いにより，昭和シェル石油／昭和シェルソーラーと SSG/AVANCIS の p 型 CIS 系光吸収層の製膜技術は異なる。図4と図5にそれぞれ，昭和シェル石油／昭和シェルソーラーと SSG/AVANCIS の CIS 系光吸収層製膜工程を模式的に示す。ここで，前者ではスパッタ製膜工程の金属ターゲットはリサイクルされる。

表3に示す p 型 CIS 系光吸収層の製膜技術としての「セレン化／硫化法」は，集積構造形成のために青板ガラス基板の変形防止が必要である。したがって，現在 CIS 系光吸収層は，青板ガラスの軟化点（520℃程度）以下の温度範囲，あるいは，その温度での保持時間を短縮することで基板材料の変形が抑制できるプログラムで作製される。そのために，「セレン化／硫化法」

第 4 章　CIS 太陽電池モジュールの作製技術

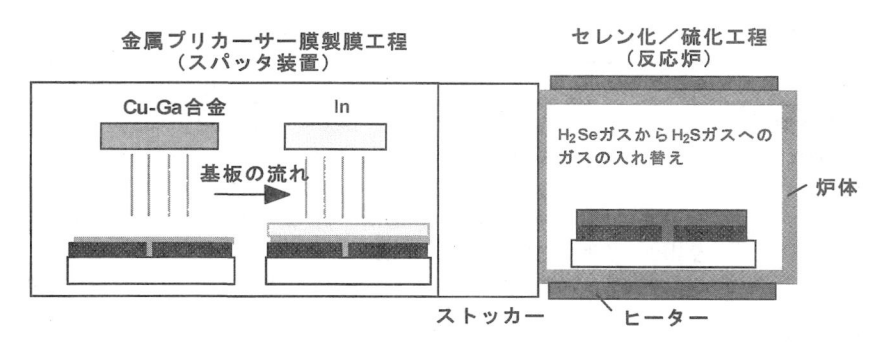

図 4　昭和シェル石油／昭和シェルソーラーの CIS 系光吸収層製膜工程

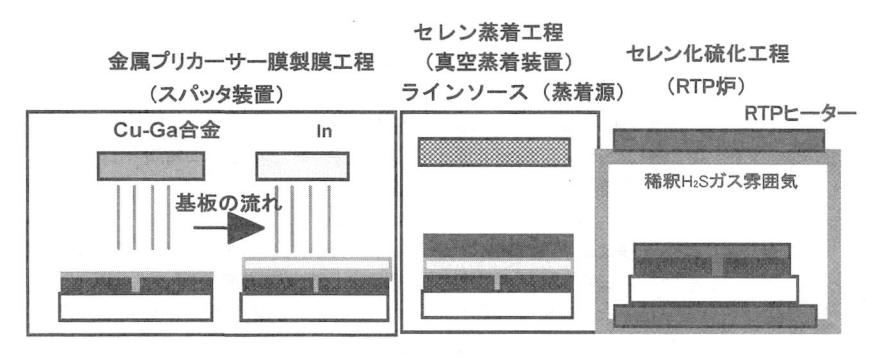

図 5　SSG/AVANCIS の CIS 系光吸収層製膜工程

で製膜された CIS 系光吸収層は，金属プリカーサー膜の積層構造に起因して，CIS 系合金中では拡散係数が小さい Ga は常に Mo 裏面電極層側に偏析する。また，硫化工程での硫黄の供給は，硫黄源として通常 H_2S ガスを使用するために，表面からの拡散により膜中に取り込まれる。したがって，良好な接合界面を確保するために CIS 系光吸収層表面の欠陥制御は極めて重要である。

　WSG へ製造技術を移転した ZSW は，高効率化技術として，小面積で NREL が「三段階法」で達成した変換効率 19.5％を念頭に，「三段階法」を達成できる次世代型インラインプロセスの開発に取り組んでいる[7]。この場合，装置の大型化に伴い，装置コストの削減が課題である。同時に，製膜速度向上と製造コスト削減を目的に，NREL が膜厚 1μm の CIS 系光吸収層で達成した変換効率 17％を目標に，多元同時蒸着法での CIS 系光吸収層の標準的な膜厚である 2μm から半分にする薄膜化の研究も進めている[7]。一方，昭和シェル石油／昭和シェルソーラーのセレン化／硫化法では，CIS 系光吸収層の膜厚は既に 1.2～1.5μm の範囲で作製されている。「多元同時蒸着法」も「セレン化／硫化法」も共に量産化技術として，製膜速度と均一性の向上が可能な装置開発が課題である。

表3 セレン化／硫化法による p 型 CIS 系光吸収層製膜技術の開発の流れ

年度	開発の流れ
1980 年代の開発＝ASI の時代	ASI＝「固相セレン化法」を開発。1988 年，「固相セレン化法」から「気相セレン化法」へ移行。 ・「固相セレン化法」は，固体のセレンを蒸着法で製膜した「積層プリカーサー膜」（スパッタ法で製膜した Cu／In 層／蒸着法で製膜した Se 層）を，窒素ガス雰囲気中で熱処理する方法。 ・「気相セレン化法」は，スパッタ法で製膜した「Cu／In 積層プリカーサー膜」を H_2Se ガス（低濃度の窒素ガス希釈）中で封じ込めて熱処理する方法。
1990 年代以降の開発＝SSI の時代，SSG と昭和シェル石油が参画	1）SSI＝1991 年以降，「気相セレン化／気相硫化法」に移行。 (SSI＝Siemens が ASI を買収した後の 1990～2003 年が Siemens Solar Industries（SSI）であり，Shell Renewables が Siemens から SSI を買収した後の 2004～2006 年が Shell Solar Industries（SSI）。2006 年に撤退。) ・「気相セレン化／気相硫化法」は，積層プリカーサー膜（スパッタ法による Cu-Ga 合金／In 層）を希釈 H_2Se ガス中でセレン化し，その後，希釈 H_2S ガス中で硫化し，CIGSS 光吸収層を作製。 2）昭和シェル石油＝SSI と同じ「気相セレン化／気相硫化法」であるが，CIGSS 表面層／CIGS 光吸収層を作製。 3）SSG＝「RTP 法による気相硫化法」。これは，積層プリカーサー膜（スパッタ法による Cu-Ga 合金／In 層／蒸着法による Se 層）を希釈 H_2S ガス雰囲気の RTP 炉内で急速アニールし，CIGSS 光吸収層を作製。 (Siemens が ASI を買収した後に Siemens 中研グループが研究開発を開始。2000～2003 年が Siemens Solar GmbH（SSG），2004 年以降が Shell Solar GmbH（SSG）。SSG は 2006 年 11 月，フランス系のガラス会社 Saint-Gobain と合弁会社 AVANCIS KG を設立。)

2.3.2 n 型薄膜層（透明導電膜窓層，高抵抗バッファ層）の大面積製膜技術

表2に示したように，現状の n 型透明導電膜窓層では，材料は酸化亜鉛（ZnO）で共通であるが，製膜法によりドーパント材料が異なる。窓層製膜技術は，SSG/AVANCIS が「RF スパッタ法」，昭和シェル石油／昭和シェルソーラーが「有機金属化学的気相成長（MOCVD, Metal-organic chemical vapor deposition）法」である。RF スパッタ法は，ドーパントである Al の供給源であるアルミナ（Al_2O_3）を 2wt％含有する ZnO：Al（AZO）セラミックターゲットを使用して AZO 膜を製膜する方法である。一方，MOCVD 法は，有機金属のジエチル亜鉛（DEZ）と純水を原料とし，ジボランからのボロン（B）をドーパントとして，ZnO：B（BZO）膜を製膜する方法である。昭和シェル石油は，セレン化／硫化法で作製する CIS 系光吸収層中の Ga 分布が Mo 裏面電極層側に偏析し，表面に向かって減少するグレーデッドバンドギャップ構造であることを重視し，1200nm 付近の長波長域までフリーキャリア吸収がなく，できるだけフラットな透過率を維持できる MOCVD-BZO 窓層を適用している。

第 4 章　CIS 太陽電池モジュールの作製技術

　現在，n 型 ZnO 窓層を集積構造の大面積サブモジュールに使用する場合，一般にシート抵抗 10 Ω／□以下を目安として，透過率（％T）を最大にするように最適化される。MOCVD 法と RF スパッタ法で製膜した n 型 ZnO 窓層（すなわち，BZO 膜と AZO 膜）の移動度は，ほぼ 2：1 である。その結果，この 2 種類の n 型 ZnO 窓層を有する CIS 系薄膜太陽電池サーキット間で，短絡電流密度（J_{sc}）に 2mAcm^{-2} 程度の差が生ずる[8]。

　スパッタ法は，インライン方式で連続的に高速製膜できる汎用大面積製膜技術であり，低コスト化と量産化に適した製造プロセスである。しかしながら，CIS 系薄膜太陽電池の場合，スパッタ法による n 型 ZnO 窓層製膜時の高エネルギー粒子の衝撃により，CIS 系光吸収層と高抵抗バッファ層の接合界面が劣化し，曲線因子（fill factor, FF）が低下する。これを避けるために，優れたショックアブソーバーである CdS バッファ層の使用，あるいは，低パワーで製膜速度の遅い RF スパッタ法による製膜を適用せざるを得ない。このことが量産化時の課題である。昭和シェル石油は，高エネルギー粒子の衝撃を緩和するために，インライン型スパッタ装置で複数のスパッターゲットを使用して，RF/DC/DC スパッタ法の組み合わせにより，3 層からなる積層構造の窓層製膜法を開発した。この方法により，個々のスパッタパワーは低減させるが製膜速度は低下させずに FF が改善できることを示した[9]。一方，MOCVD 法では，物理的なプロセスであるスパッタ法に比較すると化学的な製膜プロセスであるために，穏やかな製膜が可能となり，CIS 系光吸収層／高抵抗バッファ層接合界面の劣化を抑制できる利点はあるが，スパッタ装置のようなインライン化が課題であった。昭和シェル石油は世界で初めて MOCVD 装置のインライン化に成功した。MOCVD 法では，基板加熱と膜厚の均一性およびクリーニング等のメンテナンス性の向上が課題である。

　n 型高抵抗バッファ層の製膜技術としては，湿式の常圧バッチ方式である「溶液成長法」（Chemical bath deposition（CBD）法）が標準的なプロセスで，溶液中に基板を完全に浸漬する方法が一般的である。CBD 法は，強アルカリ性溶液中での非平衡系の化学反応による薄膜作製法であるために，経過時間と共に溶液中のコロイド生成量が増加する。したがって，反応過程が，さまざまな外乱により影響を受けやすく，また，反応素過程のすべてが理解できていないことから，反応をある一点で平衡させる手法が開発できていない。その結果，昭和シェル石油は，再現性向上の観点から各種運転管理技術を開発した。例えば，溶液の透明度（％T）をパラメータにした時の FF の低下度合いから溶液の使用可能限界を設定し，その％T になるまでに製膜を完了する方法[10,11]，あるいは，生成したコロイドを溶液中から濾過することで除去し，溶液の透明度を必要時間維持する方法等[12,13]である。

　現在，CIS 系薄膜太陽電池で高効率を達成するためには，「CBD 法で製膜した CdS バッファ層が必要である」との考えが依然として "CIS 系の常識" である。しかしながら，溶液中に基板

を完全に浸漬する CBD 法では，量産化時に大型 CBD 製膜装置が必要であり，多数枚の大面積基板を基板ホルダーにセットして処理する結果，基板エッジ部および裏面側からの CdS 膜の除去工程，高アルカリ性 CdS 含有廃液の無害化処理費（Cd を含んだ廃液および固形物残渣の処理費）が製造コストの押し上げ要因になる。したがって，製造コストを最小化するために，CBD 法でも Cd を含まないバッファ層材料の適用，廃液処理が不要な乾式製膜プロセス（蒸着法，スパッタ法，ALCVD（Atomic Layer Chemical Vapor Deposition，原子層化学的気相成長）法などによる製膜法の開発とバッファ層材料の開発）によるバッファ層製膜技術開発は重要である。この動きは，2006 年 7 月に施行された欧州の RoHS 指令（Restriction of the use of the certain hazardous substances in electrical and electronic equipment（電気電子機器の特定有害物質使用規制））により，これまで以上に活発化している。Cd を含まないバッファ層材料として各種半導体材料が検討されているが，現状，昭和シェル石油が開発した $Zn(O,S,OH)_x$ バッファ層（CBD 法で製膜する ZnO，ZnS，$Zn(OH)_2$ の混晶化合物）が大面積でも 14％以上の変換効率を達成しており，CdS と同等の変換効率が達成できている唯一の事例である。SSG/AVANCIS は，いくつかの試みを実行しているが，依然として，CBD 法による CdS バッファ層を適用している。Zn 混晶系バッファ層（バンドギャップが 3.2eV）は，CdS（バンドギャップ 2.42eV）に比べてバンドギャップが広いことから，収集効率（QE）の測定結果から明らかなように，短波長域（300～500nm）での吸収ロス（CdS の吸収端は 532nm）が減少し，光電流の増加が期待できる。

2.3.3　集積構造形成のためのパターニング技術

　薄膜太陽電池に共通の特徴は，モノリシック構造に集積化することで直列接続構造を作り込みできることであり，動作電圧を直列接続数（セル数）で決定できることである。これが，「ストリングス工程」（2 本のリボンにより結晶系 Si 太陽電池セルの裏表で接続することで直列接続を形成する工程）が必要な結晶系 Si 太陽電池モジュール製造工程との大きな違いであり，低コスト化に寄与する。

　集積構造形成に必要なパターニング技術も表 2 に示したように，共通技術が採用されており，レーザー法と金属針を使用したメカニカルスクライビング法の併用による 3 種類のパターンが形成される。いずれもバッチ式の工程であるが量産性は高い。特に，パターン 2 と 3 形成に使用されるパターニング装置は，パターン 1 形成に使用されるレーザーに比べれば，装置コストが安価であり，運転コストも小さく，セル数に合わせて金属針本数を増減することで高速処理も可能で，量産性に優れている。

2.3.4　大面積・集積構造の CIS 系薄膜太陽電池サブモジュール製造工程

　大面積・集積構造の CIS 系薄膜太陽電池製造工程は，表 2 からも明らかなように，ガラス基板準備工程から仕上げ工程までの 10 工程から構成され，連続とバッチの製膜プロセスが組み合

第4章　CIS太陽電池モジュールの作製技術

わされた8工程とガラス基板準備と出力測定のための仕上げの2工程がある。ここで,「連続プロセス」とは,基板が1枚ずつ連続的に入り口部から装置内に入り,出口部から搬出される装置を使用する工程と定義すると,ガラス洗浄工程,スパッタ法による製膜工程（金属裏面電極層製膜工程,金属プリカーサー膜製膜工程,AZO窓層製膜工程）,MOCVD法によるBZO窓層製膜工程,パターニング工程（レーザー法によるパターン1形成工程,メカニカルスクライビング法によるパターン2と3の形成工程）が該当する。一方,「バッチプロセス」とは,多数枚の基板を収容できる「基板ホルダー」を使用する工程と定義すると,セレン化／硫化法によるCIS系光吸収層形成工程,CBD法による高抵抗バッファ層製膜工程（連続でもバッチでもどちらでも対応できるが,「基板ホルダー」を使用するとの定義であれば,バッチである）が該当する。通常,製膜工程間を基板搬送システムで接続することで,一貫製造ラインに組上げられる。

　以上のように,CIS系薄膜太陽電池製造プロセスは,他の薄膜太陽電池の製造プロセスと同様に工程数が少なく,複雑で多様なバッチプロセスの組み合わせである結晶系Si太陽電池の製造プロセスに比べると半分以下の工程数である。このことが製造コストの大幅な削減に寄与する。

2.3.5　CIS系薄膜太陽電池のパッケージング技術

　先行する第一世代の薄膜太陽電池（アモルファスSi太陽電池,CdTe太陽電池）は,ガラス基板を使用する場合,表面のガラス基板を透過して光が入射する「スーパーストレート構造」で製造される。したがって,裏面部分の絶縁確保とエッジシールに留意したパッケージング法になる。一方,CIS系薄膜太陽電池モジュールは高効率化の要求から,図6に示すように,合わせガラス構造が基本である。青板ガラス基板が最下部にあり,光が最上部の透明導電膜窓層を透過して入射する「サブストレート構造」で作製されるために,結晶系Si太陽電池モジュール作製技術と同一の部材,同一の製造方法（ラミネーション法）が適用される。すなわち,カバーガラスである白板半強化ガラスと青板ガラス基板上に作製されたCIS系薄膜太陽電池デバイス部との間に,結晶系Si太陽電池モジュールでは封止材として使用されるエチレンビニルアセテート(EVA)樹脂を同様のラミネーション法により,加熱架橋させて「接着剤」として張り合わせる。結晶系Si太陽電池モジュールと基本的に同一のモジュール構造を採用する場合,合わせガラス構造の利点が活用できないことが薄膜太陽電池共通の問題点である。すなわち,既存結晶系Si太陽電池モジュールでは,接続箱（ジャンクション・ボックス）をモジュール裏面に設置することになる。そのために,裏面での絶縁性確保からアルミ箔入りのバックシートが必要になる。これが製造コストの押上げ要因であると共に,バックシートの使用がマテリアルリサイクルを困難にする。したがって,低コスト化,施工性,リサイクル性の観点から,合わせガラス構造の利点を生かしたCIS系薄膜太陽電池サブモジュールに最適なモジュール構造の開発が必要である。

　昭和シェルソーラーが2007年第1四半期から販売開始予定のCIS系薄膜太陽電池モジュール

化合物薄膜太陽電池の最新技術

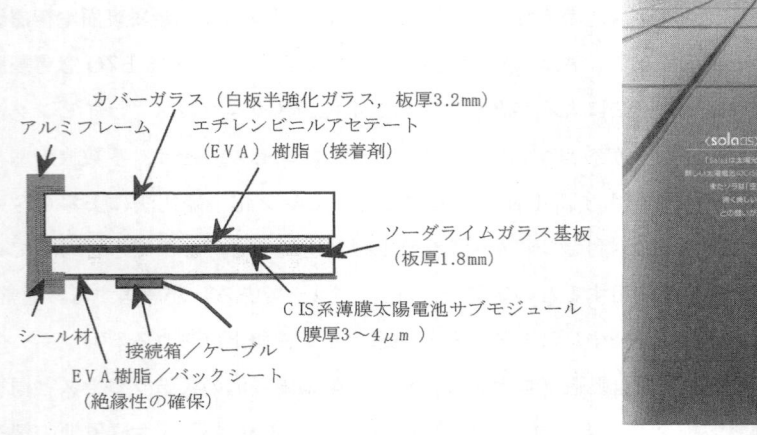

図6　CIS系薄膜太陽電池モジュールの基本構造－合わせガラス構造と外観

（登録商品名ソラシス）の外観と宮崎市に建設した年産20MW規模の製造プラントを図6に示す。

CIS系薄膜太陽電池モジュールは，その構造から，屋外使用で長期信頼性が確立されている結晶系Si太陽電池モジュールの実績を継承しており，この基本構造での屋外曝露試験は，NRELの屋外曝露試験場で1990年から継続されている実施例が最長であり，過去17年間の結果は問題なく，耐久性・耐候性の必要条件を満足している。結晶系Si太陽電池モジュールに対する環境試験と耐久性試験を規定するJIS C 8917および，アモルファスSi太陽電池モジュールの環境試験法と耐久性試験法を規定した国際規格「薄膜太陽電池モジュールの型式認証試験（Thin-film Terrestrial Photovoltaic (PV) Modules-Design Qualification and Type Approval）」（IEC 61646，第1版）に合格できている。現在，IEC 61646は，CIS系薄膜太陽電池モジュールを取り込んで，薄膜太陽電池モジュール全般を対象にした第2版の制定作業が国際共同で協議されており，2007年末までには発行される予定である。

また，2020年以降と予想される本格的な「資源循環型社会システム」に対応するために，マテリアルリサイクルが可能なモジュール製造技術開発とそのリサイクル処理技術開発も重要である。その一環としての「RoHS指令」への対応は太陽電池産業全体として取り組むべき課題であり，世界的な規模で研究が進められている。ドイツでは太陽電池用Si原料不足問題も契機となって，中古結晶系Si太陽電池モジュールを対象に事業化の動きがある。昭和シェル石油は，RoHS指令を遵守した（CdとPbを含まない）大面積・集積型デバイス構造で，13％以上の変換効率を達成しているが，同時にモジュールからの資源リサイクルプロセス開発も進めている。

第 4 章　CIS 太陽電池モジュールの作製技術

2.4　まとめ

　CIS 系薄膜太陽電池は，大面積化と商業化において第一世代にまだ遅れを取ってはいるが，新エネルギー・産業技術総合開発機構（NEDO）作成の「2030 年に向けた太陽光発電ロードマップ」（PV2030）[14] において，高効率化による低コスト化を狙える太陽電池として，結晶系 Si 太陽電池と同等の変換効率が達成できる太陽電池と位置付けられている。

　2005 年以降の結晶系シリコン太陽電池原料（Solar-grade Silicon（SOG-Si））不足問題の顕在化と深刻化に端を発した代替デバイスとしての薄膜系太陽電池へのシフトを契機として，変換効率向上の可能性が高い上に，シリコン原料を使用しないことから CIS 系薄膜太陽電池は注目を集めている。このような状況の中で，2006 年半ばから 2007 年始めにかけて，青板ガラスを基板材料とするグループから 4 社（WSG，昭和シェル石油，本田技研工業，SSG）が商業生産への移行を発表した。ここで，WSG と昭和シェル石油（昭和シェルソーラー）の 2 社は 2006 年内に製造工場の建設を完了し立ち上げ作業に入った。いずれも 2007 年第 1 四半期からの販売を予定している。一方，本田技研工業（ホンダソルテック），SSG（AVANCIS）は 2007 年後半での製造工場の建設完了を予定している。したがって，2007 年以降，世界規模で現状の 7 ～ 10 倍規模の年産 70 ～ 100MW 台に拡大する見込みで，コスト競争力を検証できる生産規模で，製造技術の量産性と拡張性を検証する段階に移行する。また，ベンチャーキャピタルから資金を提供された軽量フレキシブル材料を基板材料とするグループも，それぞれ意欲的な生産計画を発表しており，実際に工場建設を開始し生産に移行したグループもある。このように CIS 系薄膜太陽電池は研究開発からパイロット生産への移行期に入っており，量産技術の見極めを付けて，結晶系シリコン太陽電池セルの生産規模に匹敵する本格的な製造段階へ移行することが期待されている。そのような道筋を迅速に辿ることが "PV2030" ロードマップの期待に応える内容である。CIS 系薄膜太陽電池は，1cm^2 以下の小面積単セルで変換効率 19.5% を達成し，20% が見えており，高効率へのポテンシャルは高いが，まだ，結晶系 Si 太陽電池セルの製造規模並みの 1 社年産数百 MW 規模の本格的な生産を議論できる段階にはない。しかしながら，CIS 系薄膜太陽電池は，「高効率化技術開発と量産化技術への拡張」への道筋を付けるために，市販結晶系 Si 太陽電池モジュールの変換効率 13 ～ 15% 達成を目標に，本格的な量産段階への移行に耐え得る製造プロセス確立を目指して，動き始めている。その結果，2010 年以降と想定される太陽電池の大規模導入普及期，さらに，2030 年以降と想定される「エネルギー多様化（すなわち，エネルギーミックス）の時代」あるいは，国内太陽電池産業全体で 100GW 以上の生産規模が必要と推察される 2030 年代に，CIS 系薄膜太陽電池が生産量・導入量共に「GW 時代」の一翼を担うことが可能となる。

文　　献

1) M. Green, K. Emery, D.L. King, S. Igari, W. Warta, *Prog. Photovolt.*, **11**, Issue 1, p.39 (2003)
2) Y. Tanaka, N. Akema, T. Morishita, D. Okumura, K. Kushiya, Proc. 17th EC Photovolt. Sci. Eng. Conf., p.989 (2001)
3) K. Kushiya, Tech. Dig. 15th Photovolt. Sci. Eng. Conf., p.490 (2005)
4) M. Powalla and B. Dimmler, Tech. Dig. 15th Photovolt. Sci. Eng. Conf., p.49 (2005)
5) V. Probst, W. Stetter, W. Riedl, H. Vogt, M. Wendl, H. Calwer, S. Zweigart, K.-D. Ufert, B. Freienstein, H. Cerva, F.H. Karg, Proc. Symposium N on Thin Film Chalcogenide Photovoltaic Materials, **387**, p.262 (2000)
6) U. V. Choudary, Yun-Han Shing, R.R. Potter, J.H. Ermer, V.K. Kapur, US Patent No. 4,611,091 (1986)
7) M. Powalla, Proc. 21st EC Photovolt. Sci. Eng. Conf., p.1789 (2006)
8) K. Kushiya, M. Ohshita, I. Hara, Y. Tanaka, B. Sang, Y. Nagoya, M. Tachiyuki, O. Yamase, *Sol. Energy Mater. Sol. Cells*, **75**, p.171 (2003)
9) F.W. Cooray, K. Kushiya, A. Fujimaki, D. Okumura, M. Sato, M. Ohshita, O. Yamase, *Jpn. J. Appl. Phys.*, **38**, p.6213 (1999)
10) K. Kushiya, B. Sang, D. Okumura and O. Yamase, *Jpn. J. Appl. Phys.*, **38**, p.3997 (1999)
11) K. Kushiya, *Solar Energy*, **77**, p.717 (2004)
12) D. Hariskos, M. Powalla, N. Chevaldonnet, D. Lincot, A. Schindler, B. Dimmler, Proc. Symposium N on Thin Film Chalcogenide Photovoltaic Materials, **387**, p.179 (2000)
13) 中田時夫, 応用物理, **74** (3), p.333 (2005)
14) NEDO ホームページ,「2030 年に向けた太陽光発電ロードマップ（2004 年 6 月）」, http://www.nedo.go.jp/informations/other/161005_1/gaiyou_j.pdf#search = 'PV2030 % 20 ロードマップ

第5章　CIS 太陽電池の評価技術

1　CIS 太陽電池性能評価技術

菱川善博*

1.1　はじめに

　出力電流・電圧や変換効率等の正確な評価は，太陽電池の研究・開発・生産に必要不可欠であり，最近の新型太陽電池や高効率太陽電池の性能を高精度に評価するための適切な評価技術の開発が重要である[1〜4]。CIS 系太陽電池は，組成によりバンドギャップおよび分光感度特性の長波長端が大きく変化する等，材料・デバイス構造によって性能が大きく変化する。更に光照射および暗所での保存により性能が顕著に変化することも特徴であり，CIS 系太陽電池の正確な性能評価において考慮するべき課題となっている。ここでは，まず各種太陽電池の評価に共通な要素技術を概説し，その後に CIS 系太陽電池に特有の性能評価上の注意点について述べる。

1.2　太陽電池性能評価技術の概要

　生産の現場や研究室で，太陽電池特性を測定する際に関係する主な技術は，以下の通りである（図1）。
①光源（ソーラシミュレータ）装置と調整。
②測光（照度，分光放射スペクトル，均一性）。
③温度制御，測定。
④分光感度測定。
⑤電流電圧（IV）特性測定。
⑥IV 特性補正。
⑦太陽電池の材料・構造に因る特殊な性質の把握。

　これらは，太陽電池の種類によらず，いずれも正確な性能評価のために重要な要素である。1.3項ではその代表的な例として，測定結果に影響を及ぼし易いものについて述べる。

---

*　Yoshihiro Hishikawa　㈱産業技術総合研究所　太陽光発電研究センター　評価・システムチーム　チーム長

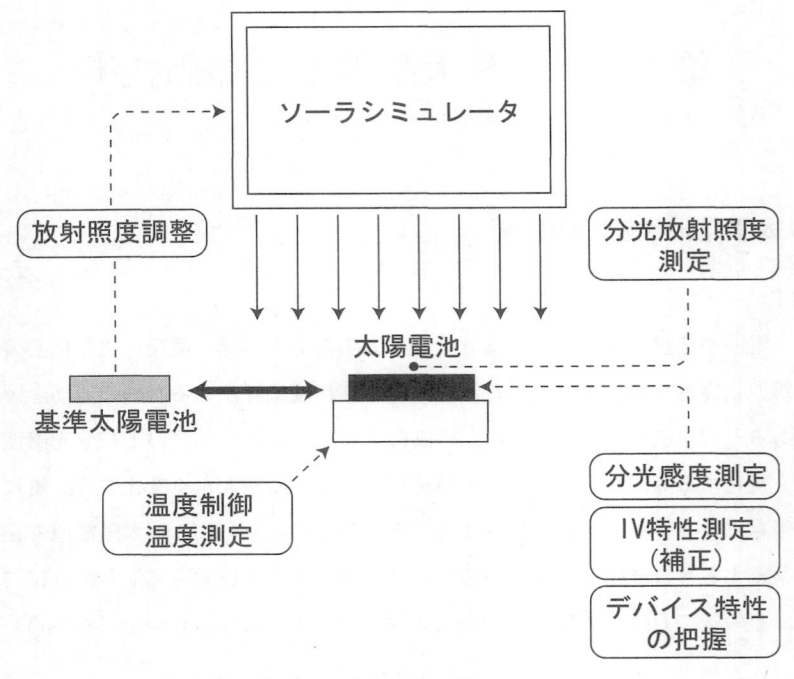

図1　太陽電池性能評価技術の概要

1.3　測定結果に影響する主な要素

太陽電池の特性は，温度と入射光の照度・スペクトルに大きく依存する。従って，標準的な測定条件（STC）として，入射光の照度 $1kW/m^2$，スペクトルは AM1.5G，デバイス温度25℃での測定が通常行われており，規格でも定められている[2]。具体的な性能評価技術として，入射光の（分光）放射照度測定と，出力電流・電圧を測定することが必要となる。この中で，光の照度の絶対測定が技術的に難しい。例えば市販の計測装置で，電流・電圧なら0.1％以内の精度は普通であるが，光の強度では特殊なものを除き1～5％の精度しかないことも，それを物語っている。更に太陽電池の分光感度は様々であることから，サンプルと分光感度が同じ又は類似した基準太陽電池を用いてソーラシミュレータの照度を調節する必要がある。

1.3.1　ソーラシミュレータ光の調整

ソーラシミュレータの出力光は，基準太陽光のスペクトルに近似するように設計されているが，そのスペクトルには差がある（図2）ので，照度の調整には，サンプルと分光感度の合致した基準太陽電池を用いることが望ましい。キセノン（Xe）ランプは色温度が基準太陽光とほぼ一致しており，ソーラシミュレータに適した光源として常用されているが，近赤外領域では輝線が顕著である。特に結晶 Si および CIS 系太陽電池の吸収端を含む1100～1300nm や，アモルファス

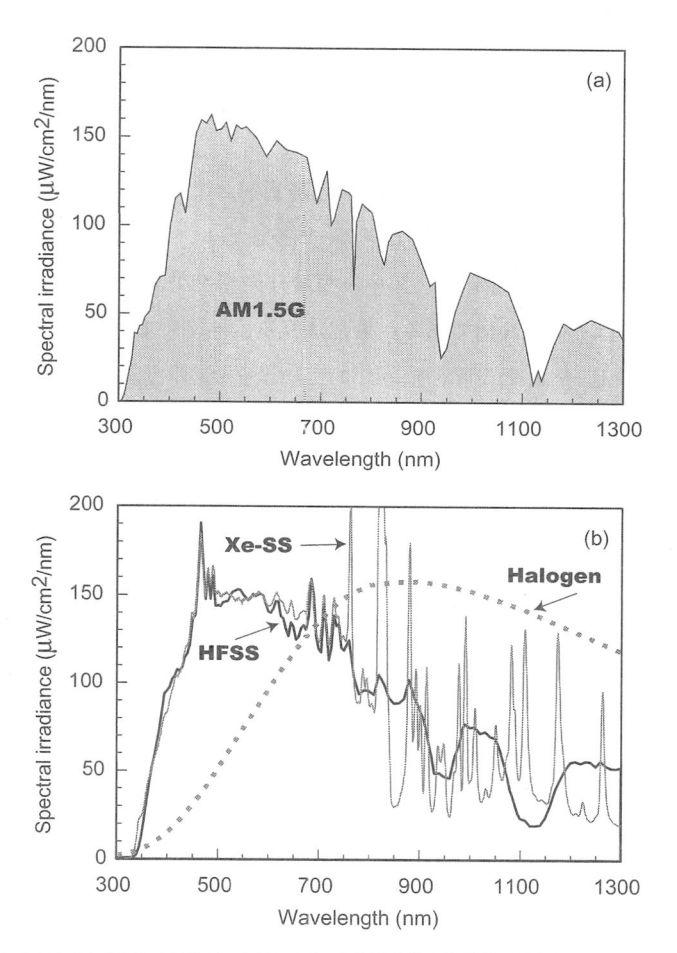

第 5 章　CIS 太陽電池の評価技術

図 2　(a) AM1.5G 基準太陽光および (b) 各種光源の分光放射照度スペクトルの一例
参考としてハロゲンランプのスペクトル例も相対値で示す。

Si，GaAs および色素増感太陽電池の吸収端を含む 750〜950nm にも，スペクトルに数多くのピークと谷が存在するので，特に CIS 系のように，バンドギャップの異なる太陽電池の比較測定時には注意を要する。また当然のことながら，ハロゲンランプのように，基準太陽光とスペクトルが大きく異なる光源は，性能評価に適さない。Xe ＋ハロゲンランプを光源とする 2 光源ソーラシミュレータでは，輝線の影響は低減され，スペクトルが調整可能となる利点があるが，基準太陽光とスペクトルが完全に合致しているわけではない。基準太陽電池を用いた太陽電池測定において，ソーラシミュレータと基準太陽光のスペクトルの差，および被測定サンプルと基準太陽電池の分光感度の差，すなわちスペクトルミスマッチが短絡電流 I_{sc} の測定結果に及ぼす影響は，照度と I_{sc} に比例関係が成立する範囲では，(1)式で表される。

$$I_{SC,S} = I_{SC,M} \times \frac{\int \Phi_S Q_M d\lambda}{\int \Phi_M Q_M d\lambda} \frac{\int \Phi_M Q_R d\lambda}{\int \Phi_S Q_R d\lambda} \times \frac{CV}{I_{SC,M,RC}} \tag{1}$$

ここで $I_{SC,S}$ および $I_{SC,M}$ は被測定太陽電池の基準太陽光下およびソーラシミュレータ下における短絡電流，Φ_S および Φ_M は基準太陽光およびソーラシミュレータの相対分光放射照度，Q_R および Q_M は基準太陽電池および被測定サンプルの相対分光感度である。CV は基準太陽電池の I_{SC} 校正値であり，$I_{SC,M,RC}$ はその実測値である。通常は $I_{SC,M,RC}$ = CV である。(1)式より，基準太陽光下における太陽電池の I_{SC} を正確に測定するには，下記①〜③の方法があることがわかる。

①基準太陽光にスペクトルが合致するソーラシミュレータを使用する（$\Phi_S = \Phi_M$）。
②被測定サンプルと分光感度が一致する基準太陽電池を使用してソーラシミュレータを調整する（$Q_R = Q_M$）。
③ソーラシミュレータの分光放射照度と，被測定サンプルおよび基準太陽電池の分光感度を正確に知る。

　JIS および IEC 規格で，①②に対応して Φ_S と Φ_M，Q_R と Q_M を合致させた状態での太陽電池測定法が規定されている。③により更に測定精度向上が可能になるが，Φ_M，Q_R，Q_M の正確な測定が可能であることが前提となる。適切な基準セルが存在しない新型太陽電池等の性能をAIST で評価する際には，③の方法もしくは絶対分光放射照度を用いた方法を使用している。

1.3.2　基準太陽電池の選定

　被測定サンプルと同一ロット等，材料・構造・分光感度が同じ基準太陽電池でソーラシミュレータの照度を調整することが理想的だが，多接合太陽電池や，図 3D のように，結晶 Si よりも分光感度の範囲が狭いデバイスについては，結晶 Si 太陽電池に光学フィルタを組み合わせて模擬的に類似した分光感度の基準太陽電池を作成することも可能である。ただし，研究開発の現場で，類似した分光感度の基準太陽電池が存在しない場合もある。そのような場合，1.3.1 項で述べたスペクトルミスマッチによる測定誤差が特に顕著になり，基準セルの分光感度とソーラシミュレータのスペクトルの合致度によっては，誤差が 5 〜 10% 以上になることもあり得る。また，例えば単結晶 Si 太陽電池の中でも，図 3A，B，C に示すように，その構造によって分光感度は大きく異なることも要注意である。

1.3.3　照度ムラ・サンプル形状

　ソーラシミュレータ光の照度は位置によって分布があるので，基準太陽電池はサンプルと同一平面上で，かつサンプル面の平均的な照度の場所に設置する必要がある。この際サンプルや測定治具表面の反射率が大きいと，サンプルからの反射光がソーラシミュレータの出射レンズに再反射して，照度が設定値よりも大きくなる場合がある。また，変換効率を測定する場合には面積を

第5章　CIS太陽電池の評価技術

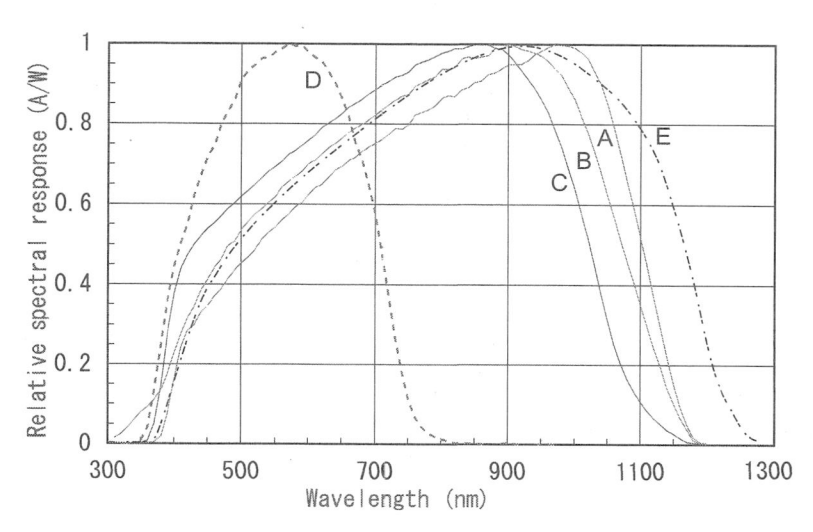

図3　単結晶Si(A，B，C)，アモルファスSi(D)およびCIS太陽電池(E)の相対分光感度スペクトルの例
なお，この分光感度はA/Wの次元であり，通常デバイス解析等に用いられる量子効率スペクトルとは形が異なる。(A/Wの分光感度)≒(量子効率)×(波長：nm)/1240である。

規定するマスクを用いることが多いが，特に1cm以内の小面積セルではマスク表面・端面からの反射光が無視できない。

1.3.4　温度調節と温度測定

太陽電池の種類により，P_{max}，V_{oc}は－0.2～－0.5%/℃，I_{sc}は＋0.05～0.08%/℃の温度係数を持つことが多い。光照射開始から1秒での温度上昇は通常0.5～1℃以内であり，サンプルが十分室温になじんだ状態からのパルス光測定であれば，温度上昇はその範囲に収まるが，サンプル内の温度ムラは要注意である。定常光での測定では，サンプルの温度調節が必須となる。例えば基準セルパッケージの構造で水冷を行えば，0.5℃以内の再現性で温度制御を行うことが可能であるが，その他の構造では，正確な性能評価を行うために，サンプル毎にモニタ点の温度がサンプルの実温を正確に反映しているかどうか，注意深く検証する必要がある。

1.3.5　IV測定

最近の太陽電池の大面積化に伴い，大電流の太陽電池が増加している。特に大面積結晶Si太陽電池の単セルでは，最適動作電流・電圧が例えば7A程度，0.5V程度の大電流・低電圧となる。この場合直列抵抗が重要となり，1mΩの直列抵抗でもP_{max}とFFが1%以上低下する。ラミネート前のセルでは，4端子測定を行う際の電流端子・電圧端子の位置関係で，P_{max}とFFが大きく異なる。性能評価の目的として，モジュール化した際の性能を把握したいのか，それともタブやハンダの抵抗を除いたセル本体の性能を測定したいのかによって，各端子を設置するべき位置が異なる。

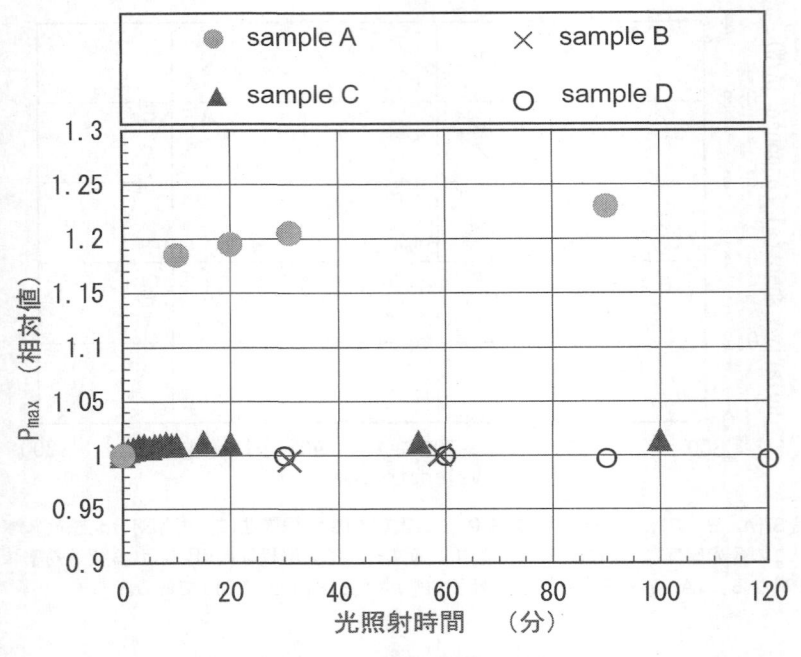

図4 各種CIGS太陽電池の光照射効果の一例

1.3.6 温度・照度依存性

　STCにおける性能評価技術に加えて，太陽電池の屋外での実際の稼動条件に対応する様々な温度・照度における，各種太陽電池モジュールの性能を評価する技術の重要性が増してきている。性能の照度・温度依存性は，太陽電池セル・モジュール設計によって異なるが，各種太陽電池に同一の手法が適用可能な評価技術の開発が望ましい。著者らは，様々な条件における太陽電池の出力予測（Energy rating）技術開発の一環として，従来用いられてきたIV特性の照度・温度補正式にくらべて，より広い温度・照度範囲で高精度に温度・照度依存性を記述する補正方法の開発を行っている[5, 6]。現在までに，IV特性の直線補間による照度補正・温度補正が各種太陽電池に適用可能であることが明らかになっている。

1.4 CIS太陽電池に特有な性能評価技術

1.4.1 光照射効果

　CIS系太陽電池は，光照射により，多くの場合変換効率が上昇することが知られている。図4に各種CIGS太陽電池特性に光照射が及ぼす影響の実測結果を示す。30分の1sun光照射で約2割 P_{max} が増加するサンプルがある一方，全く P_{max} が変化しないものもあり，デバイス構造によって光照射効果が大きく変化する。また，図5に示すように，更に長時間・複数回の光照射／暗

第5章　CIS太陽電池の評価技術

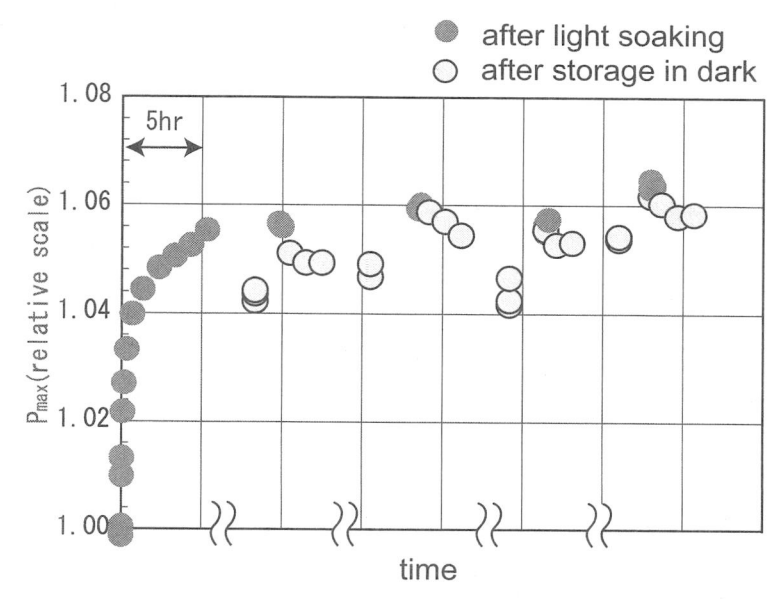

図5　CIGS太陽電池の光照射効果／暗所放置の繰り返しによるP_{max}変化の一例

所保存の繰り返しによる蓄積効果を示す場合がある。従って，CIS系太陽電池の性能評価においては，1sun，30分の事前光照射で，性能変化の大小は判断できるものの，その詳細は今後も引き続き検討が必要である。例えば，図4，5は開放状態で約1sun（1kW/m²）の光照射を行ったが，短絡状態や最適動作状態等，バイアス電圧によって光照射効果が異なる可能性があり，光照射効果の照度依存性も現状では明らかになっていない。特に屋外における発電量を見積もる際には，該当するデバイス構造における光照射効果を検証することが必要となる。

1.4.2　組成・構造の多様さ

CIS系太陽電池は，図3に示したような分光感度特性が，発電層中のGa量等の組成やデバイス構造に大きく依存することも大きな特徴のひとつである。結晶Si太陽電池も，その構造によって図3A，B，Cのように分光感度が変化するが，CIS系では，組成によって発電層のバンドギャップが変化するので，更に変化が大きい。従ってCIS系太陽電池の性能を正確に測定するためには，1.3.1項①②③で述べたようなスペクトルミスマッチに関する対策が特に重要となる。

1.5　今後の課題

現状の各種太陽電池評価技術の高精度化に加えて，新たに開発される新型太陽電池に適した性能評価技術開発が必要である。CIS系太陽電池では，組成・構造によるデバイス特性の大きな変化と，光照射・暗所保存による特性変化が，性能評価に影響している。更に，太陽電池の世界的

な普及に対応して，1.3.6項で述べた温度・照度依存性を基本とするEnergy rating技術，および年間発電量を予測するPower rating技術開発とその標準化が重要性を増している。

謝辞

本稿に掲載した研究成果の一部はNEDOから受託して実施したものであり，関係各位に感謝する。

文献

1) 菱川，猪狩，"太陽光発電における性能評価の重要性と動向"，電機，p2-7（2002.8）
2) 例えば，JIS C8914, C8934, IEC 60904-1
3) Hishikawa, Igari, Kato, "Calibration and Measurement of Solar Cells and Modules by the Solar Simulator Method in japan" Proceedings of WCPEC-3, Osaka, 1081-84（2003）
4) S. Winter, J. Mtzdorf, K. Emery, F. Fabero, Y. Hishikawa et al., "The Results of the Second World Photovoltaic Scale Recalibration" Proceedings of the 31st IEEE PVSC, 1011-1014（2005）
5) Hishikawa, Imura, Proceedings of the 28th IEEE PVSC, 1464-1467（2000）
6) Y. Tsuno, Y. Hishikawa and K. Kurokawa, "Translation Equations for Temperature and Irradiance of the I-V Curves of Various PV Cells and Modules", Proceedings of WCPEC-4, Waikoloa, Hawaii（2006.5）

2 CIGS太陽電池の電子構造評価

寺田教男*

2.1 正・逆光電子分光によるCBD-CdS/CIGS界面バンド接続の評価

$Cu(In_{1-x}Ga_x)Se_2$ (CIGS) 系混晶は,その禁制帯幅 E_g を Ga 置換率 $x = 0$ の 1.06 eV から $x = 1.0$ の 1.68 eV まで,Ga 置換率により制御可能なことを大きな特徴としており,CIGS 層の禁制帯幅を太陽光の吸収に最適な約 1.4 eV とした場合,25%を超える高変換効率が得られる可能性があることがモデル計算から示されている[1~5]。しかしながら,Ga 置換率を上昇させていくと禁制帯幅の拡張に伴って開放電圧 V_{oc} が増加することが期待されるが,実際の V_{oc} は E_g が 1.2 eV を越えると化合物半導体を光吸収層とする多くの太陽電池で観測されている関係である。

$V_{oc} = E_g/e - 0.5(V)$ を下回り,飽和傾向が顕著となる。このため,変換効率はCIGS層のワイドギャップ化により急速に低下することが報告されている。開放電圧は,第1近似として電池構造内のp-n接合領域の禁制帯幅に支配されることからCIGS太陽電池の高効率化に向けて,当該部位である chemical bath deposition (CBD) 法による CdS 層を代表とするバッファ層と CIGS 層間のヘテロ界面におけるバンド接続の評価・制御が,各層の高品質化によるバルク再結合の低減と並んで,重要であるとの指摘がなされてきた[6~8, 12, 13]。

具体的には,CBD-CdS/CIGS ヘテロ界面における伝導帯接続が CdS 層の伝導帯下端 (CBM) に比べて CIGS 層の CBM が低い type I 型から,この関係が逆転($CBM_{CdS} < CBM_{CIGS}$)した type II 型に移行し,後者では界面領域における禁制帯幅の最小値が CdS の伝導帯-CIGS 伝導帯間で決まるために CIGS 層の禁制帯幅が大きくなっても開放電圧は向上しないと推定されてきた[6, 7]。

界面におけるバンド不連続の決定には,通常,光電子分光による伝導帯下端の変位を内殻準位の変位から得られるバンド湾曲を補正することで,まず価電子帯不連続を決定し,続いて界面を構成するそれぞれの層に関する既知の禁制帯幅を加えることより伝導帯不連続を算出する手法が用いられる。しかし,CIGS 系ではバッファ層との相互拡散,陽イオンの空孔が秩序配列した層の発生等により禁制帯幅が変化する可能性があり,禁制帯幅を仮定した伝導帯接続の決定方法は適当で無い場合が多い。このため,CIGS を含む構造では伝導帯構造についても,独立な評価が望まれてきた[9, 10]。光電子放出の逆過程を利用する逆光電子分光は伝導帯構造を直接評価できるため,光電子分光と併用することで禁制帯幅が変動する界面の電子構造接続を決定でき,ドイツ,日本のグループにより,この直接法を用いた界面の評価が報告されている[11~14]。以下では,逆光電子分光法の概略,バッファ層/CIGS層界面におけるバンド接続の評価結果を紹介する。

---

* Norio Terada 鹿児島大学 大学院理工学研究科 ナノ構造先端材料工学専攻 教授

2.1.1 逆光電子分光法

逆光電子分光（Inverse Photoemission Spectroscopy：IPES）[15〜17]は単色電子ビームを入射した際，この電子の固体表面における制動により放出される光を観測することによって非占有電子状態に関する情報を得る手法で，占有電子状態の情報が得られる光電子分光とは時間反転した過程を利用している[18]。試料の全電子数をNとすると，この過程は｜N＋1＞の一価イオンの状態から中性の｜N＞状態への遷移であるため，分子性固体のように電子相関エネルギーが大きい物質の場合は固有の電子構造を反映しなくなることがあるが，多くの金属や半導体の伝導帯をバンド分散も含めて直接評価できることが知られている。逆光電子分光に関わる過程は微分断面積が光電子分光の10^{-3}〜10^{-5}程度であり，低効率であることが問題となっていたが，近年，電子銃，電子源，検出器等の発達によって適用範囲が拡大している。逆光電子分光は特定のエネルギーの光だけを観測するBIS（Bremsstrahlung Isochromat Spectroscopy）モードと一定の電子エネルギー条件のもとで放出光のエネルギー分布を測定するTPE（Tunable Photon Energy）モードに分類される。CIGS太陽電池の評価には電子線照射による損傷を避けることが必須であり，これには照射電子エネルギー・密度の低減した真空紫外領域の光子を計測対象とする高感度測定の採用が必要となる。このため①光学系が非常に明るいこと，②①の理由から照射電子密度を低く設定できるため帯電効果，電子照射損傷が抑制できるなどの理由で，BISモードが多く用いられている。電子銃にはErdman-Zipf型[19]，Stoffel-Johnson型[20]，Pierce型[21]等が，検出器にはSrF_2，CaF_2等を高エネルギー光遮断，Cu-Beの光電子放出の閾値を低エネルギー光遮断フィルターとする組み合わせや，ガイガーミュラー管とその封入ガスのイオン化の組み合わせたバンドパスフィルターに電子増倍管を組み合わせたものが多く用いられている[15,22]。測定される光子の中心エネルギーは9〜10 eV，光子エネルギー分解能，バンド端シフトの分解能としてそれぞれ0.45，0.05〜0.1 eVが実現されている。このようなシステムで，照射電子エネルギーを走査することにより表面より数nmの領域の非占有状態の情報が得られる。

2.1.2 バッファ層/CIGS層界面におけるバンド接続

実用的なセル構造では，CIGS上に形成される窓層・バッファ層の厚さはそれぞれ数μm，数十nmと電子分光における測定深さを大きく上回っているので，構造内に「埋め込まれた界面」の評価を行うためには，これらの層を評価領域の固有の状態を損なうことなく除去する必要がある。このためには，通常，イオンビームエッチングが用いられている。この場合，実際の電池構造における層厚オーダーを除去するために十分なエッチング速度と試料構成元素のミキシング等の照射による欠陥の発生の抑制を同時に達成することが望ましいため，低いイオンエネルギーで高密度のイオン電流密度の得られるイオン源の適用がポイントとなる。現在まで，イオン生成領域から引き出された高密度・高エネルギーなイオンビームを試料到達直前にイオン光学系で減

第 5 章　CIS 太陽電池の評価技術

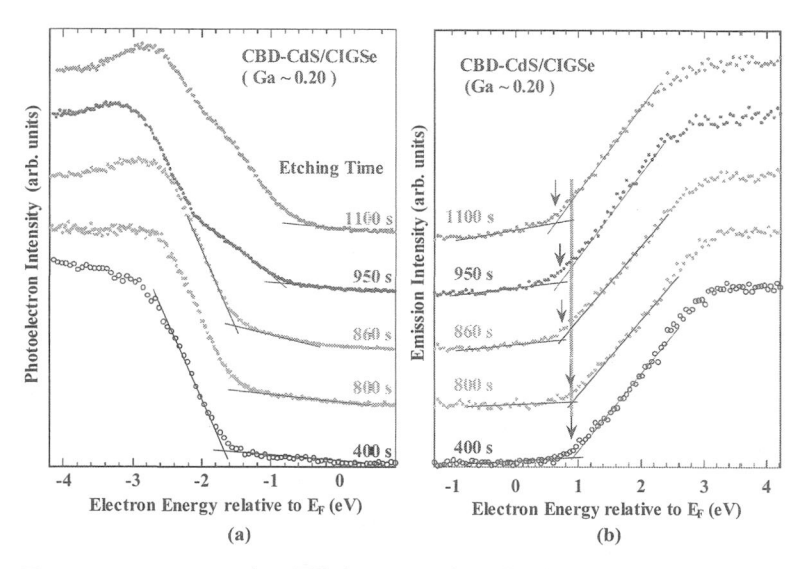

図 1　CBD-CdS/CIGS（Ga 置換率 $x = 20\%$）試料の紫外光電子スペクトル（a）および逆光電子スペクトル（b）のエッチング時間による変化

速することで低エネルギー・高密度ビームを得るフローティング型イオン銃や生成領域のイオン密度を高めることで上記の要請を達成する電子サイクロトロン共鳴型イオン銃等が用いられている。筆者らのグループでも，前者（エッチング速度は 0.01 nm/min と低いもののイオンエネルギーを 50 eV 以下にできるイオン源等）を酸化物等に，後者を主にカルコゲナイド系ヘテロ構造に用いるなど，複数のイオン源を被照射構造・材料の耐性に応じて使い分けている。このような照射損傷の少ないエッチングと「その場観察」正・逆光電子分光による電子構造評価サイクルを繰り返すことで，ヘテロ界面における伝導帯，価電子帯接続を独立に決定することができる。

CIGS 系太陽電池における最高の変換効率は CBD 法による CdS バッファ層と MBE 装置を用いた 3 段階共蒸着法による CIGS 層との界面を活性領域とする構造で得られている。以下では，この界面（作成：㈱産業技術総合研究所 太陽光発電研究センター 化合物薄膜チーム）におけるバンド接続の Ga 置換率依存性（Ga 置換率～ 20%，45%，60%，75%）に関する評価結果を紹介する。

図 1 に Ga 置換率 $x = 20\%$ の試料の紫外光電子スペクトル（a）および逆光電子スペクトル（b）のエッチング時間による変化を示す。この試料ではエッチング時間 800 秒から CIGS 関連の内殻 XPS スペクトルが観測され始め，CdS/CIGS 界面はこの領域に位置していた。エッチング深さが界面領域に達すると，価電子帯上端（VBM），伝導帯下端（CBM）のエネルギー位置が移動を開始し，両者ともエッチングの進行とともにフェルミ準位に近寄る傾向が観測された。図 2 に

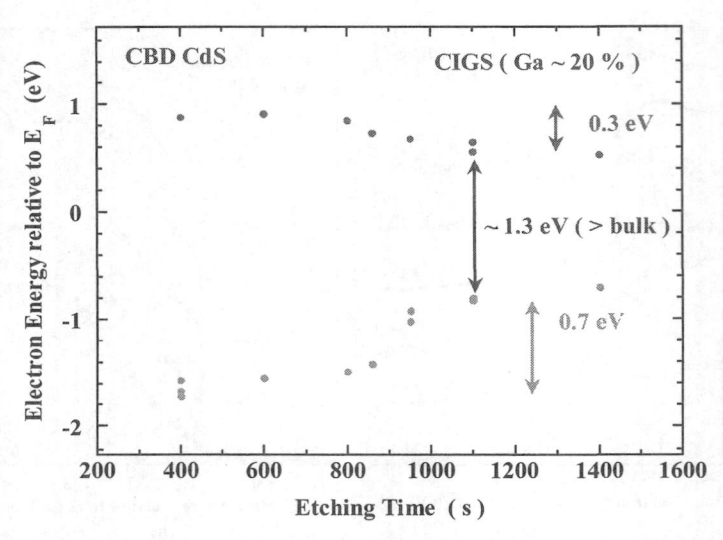

図2 CBD-CdS/CIGS（Ga 置換率 $x = 20\%$）試料の価電子帯上端（VBM），伝導帯下端（CBM）のエッチング時間依存性

VBM，CBM のエッチング時間依存性を示す。界面での VBM，CBM のシフト量はそれぞれ約 0.8 eV，＋0.3 eV であった。これらの量はバンド端のシフト量であり，バンドオフセットの算出には界面におけるバンドの湾曲の寄与を補正する必要があるが，一連の低 Ga 置換率試料では界面におけるバンドの湾曲の絶対値は 0.1 eV 以下と小さく，バンド端のシフト量はバンドオフセットをほぼ正確に反映する量となっていた。これらから，Ga 置換率 $x = 20\%$ 試料の価電子帯オフセット（VBO），伝導帯オフセット（CBO）はそれぞれ 0.7 ± 0.15 eV，＋0.3 ± 0.15 eV と決定された。また，CIGS 層の界面に接する領域のバンドギャップは約 1.3 eV と平均 Ga 置換率から期待される値よりも大きい。このとき，XPS スペクトルから求めたこの領域の Cu 濃度は III 族元素や Se に対する仕込み組成よりも大幅に低くなっていた。これらの結果は，CIGS に比べてワイドギャップを持つとされている Cu 欠損相が界面領域で形成されていることを示唆している。

図3に Ga 置換率 40% の試料の紫外光電子スペクトル（a）および逆光電子スペクトル（b）のエッチング時間による変化を示す。この試料では VBM のエッチングの進展による上方シフトが Ga 置換率 20% 試料に比べて増大していた。一方，伝導帯スペクトルの移動は顕著ではない。電子エネルギー〜＋2 eV で規格化した伝導帯スペクトルを図 4 に示す。スペクトルの形状・エネルギー位置がエッチング時間によらず殆ど不変であることが分かる。図 5 に Ga 置換率 40% 試料の VBM，CBM のエッチング時間依存性を示す。界面における VBM のシフトは 0.9〜1.0 eV に達している。一方，CBM のシフト量は 0〜−0.1 eV 以下である。ここで，負のシフトは CIGS 層の VBM が CdS 層のそれを上回っていることを示す。この界面におけるバンド湾曲は CdS →

第 5 章　CIS 太陽電池の評価技術

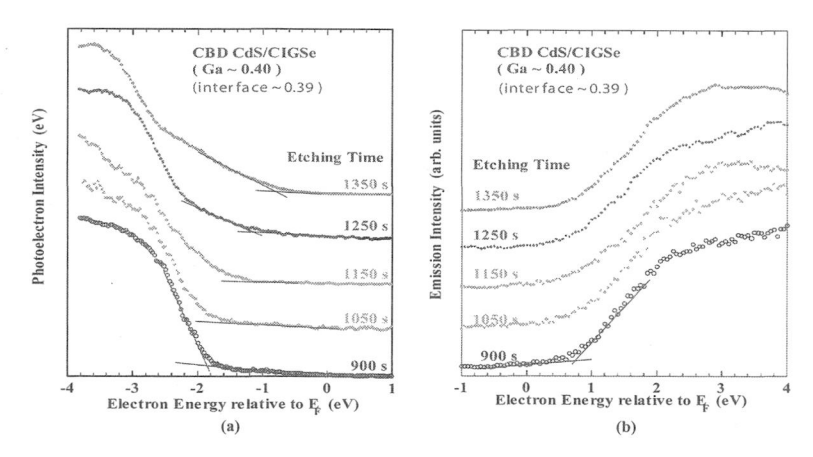

図 3　CBD-CdS/CIGS（Ga 置換率 $x = 40\%$）試料の紫外光電子スペクトル（a）および逆光電子スペクトル（b）のエッチング時間による変化

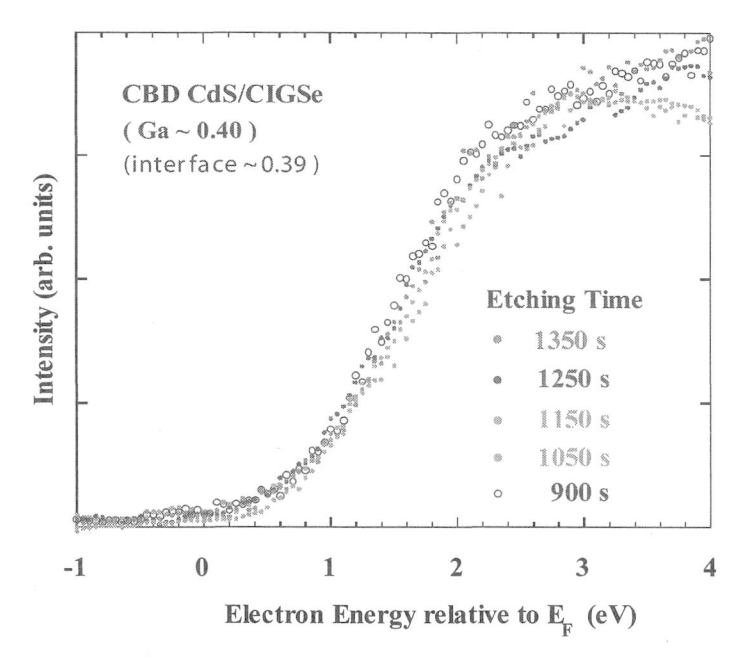

図 4　CBD-CdS/CIGS（Ga 置換率 $x = 40\%$）試料の逆光電子分光スペクトル；電子エネルギー〜＋ 2 eV で規格化

CIGS の方向へ -0.1 eV 程度であった。したがって，逆光電子分光装置の分解能を考慮すると，この界面での伝導帯オフセット CBO はゼロないしはわずかに負と見なせる。すなわち，CBD-CdS バッファ層と 3 段階共蒸着法による CIGS 層との界面では，Ga 置換率〜 40％のとき，ほぼフラットな伝導帯接続が実現されることが明らかとなった。Ga 置換率 20 〜 40％試料の結果は，

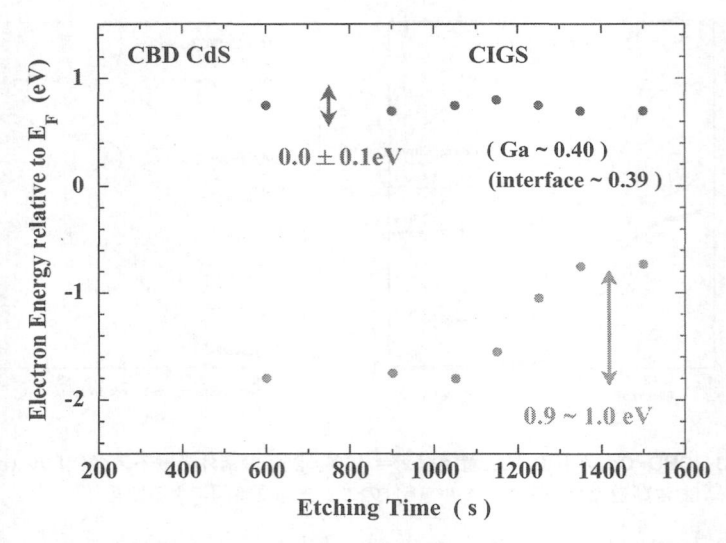

図5 CBD-CdS/CIGS（Ga置換率 $x = 40\%$）試料の価電子帯上端（VBM），伝導帯下端（CBM）のエッチング時間依存性

開放電圧の維持・キャリア分離に有利な界面バンド接続が40％をやや下回る置換率で実現されることを示している。実際，CBO測定した試料と共通のプロセス・条件で作製された電池構造はGa置換率30～40％で最高の変換効率を示しており，伝導帯接続と変換効率の対応が確認された。

図6，7にGa置換率60，75％の試料のバンド端VBM，CBMのエッチング時間依存性を示す。これらのGaリッチ試料では界面領域に差し掛かると，特に逆光電子スペクトルでバンド端構造のブロード化が観測された。また，逆光電子分光スペクトルの下部における主スロープの直線外挿線とバックグラウンドの交点のエネルギーは界面領域で上昇した後，CIGS内部領域でわずかに減少した。このような界面領域におけるCBMがCBD-CdS層に比べて高い界面電子構造はGaリッチ試料に特有であった。両試料とも，CBMはCIGS層内で緩やかに下降した後，ほぼ一定となった。CIGS層内部のCBMがCdS層内部のそれを上回っているのは注目すべき点で，高Ga置換率CIGS上の界面では，平均的に見てもCliff型あるいはtype IIと称されるCBOの符号が負の伝導帯接続となることが明らかとなった。また，界面近傍ではバンド端の上昇により負のCBOが強調されることも明らかとなった。

このようなGaリッチ試料の界面電子構造の起源を検討するため，界面領域のバンド湾曲，不純物分布を調べた。図8にGa置換率75％試料の酸素1s内殻信号のエッチング時間依存性を示す。この試料の界面はエッチング時間約950秒に位置していた。成長後の大気中搬送時に付着した酸素はエッチング処理の初期段階で検出限界程度に減少し，CdS層内では数％以下となるが，界面

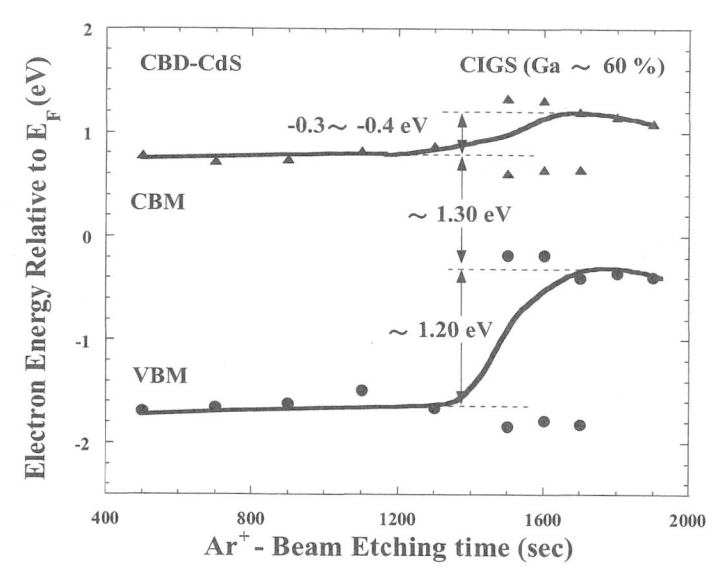

第5章　CIS太陽電池の評価技術

図6　CBD-CdS/CIGS（Ga置換率 $x = 60\%$）試料の価電子帯上端（VBM），伝導帯下端（CBM）のエッチング時間依存性

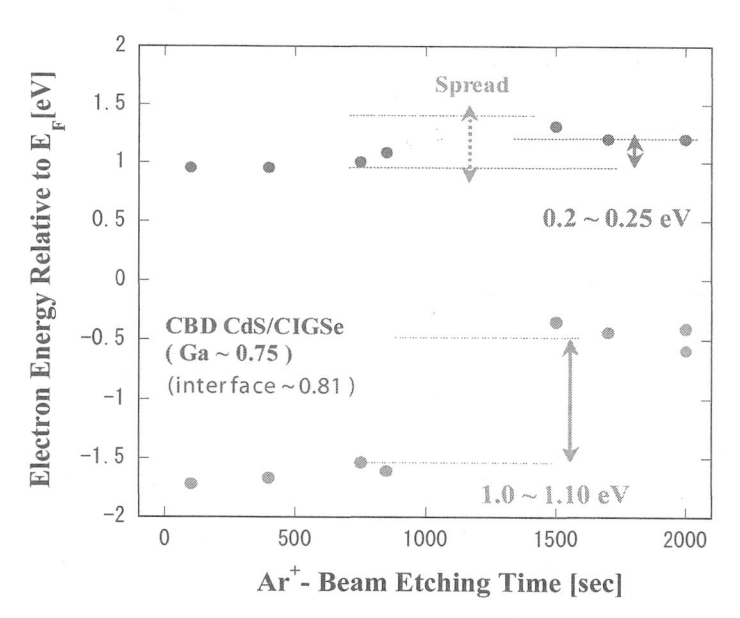

図7　CBD-CdS/CIGS（Ga置換率 $x = 75\%$）試料の価電子帯上端（VBM），伝導帯下端（CBM）のエッチング時間依存性

領域で一時的に急増している。この局所構造はGa置換率60%試料より75%試料で顕著であった。低Ga置換率試料の界面では酸素関連信号はXPSの検出限界程度であったことと比較すると，

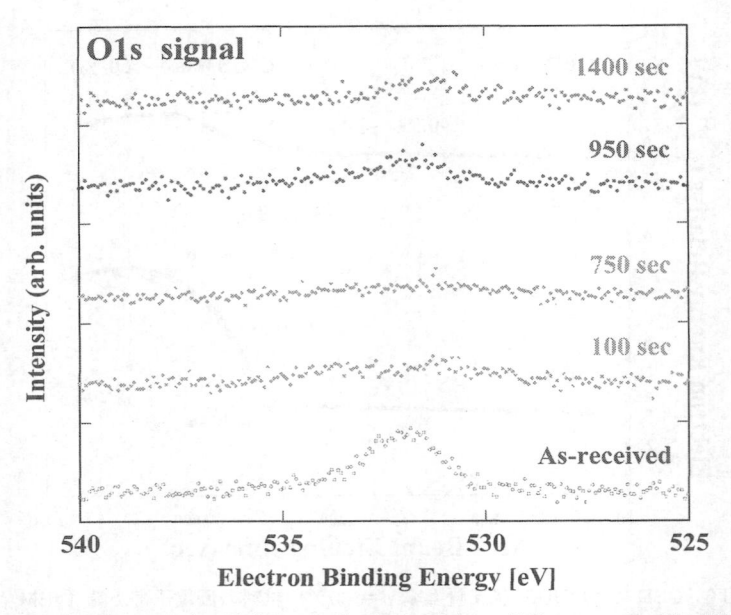

図8 CBD-CdS/CIGS（Ga置換率75%）試料の酸素1s信号のエッチング時間依存性

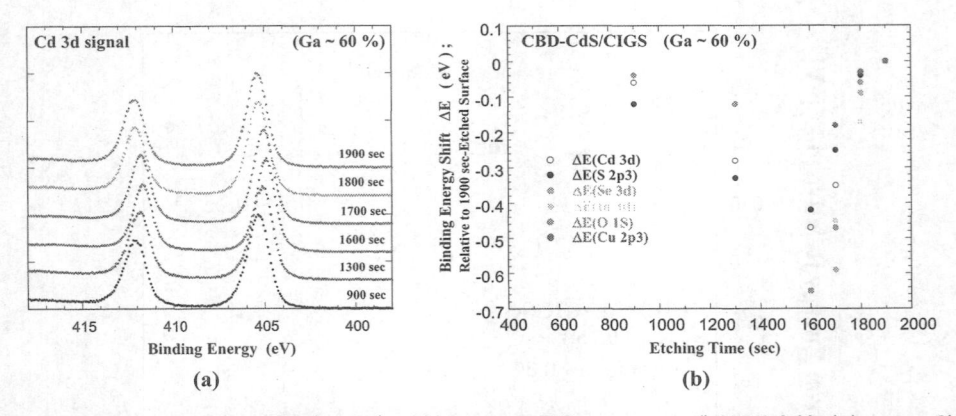

図9 CBD-CdS/CIGS（Ga置換率60%）試料のCd 3d信号のエッチング時間依存性（a），1900秒エッチングした表面を基準とした構成元素の主な内殻の結合エネルギーのエッチング時間依存性(b)

この結果はGa置換率の上昇，In置換率の低下により界面の化学的活性度が高まり，CIGS層形成後の大気露出，CBDプロセス等での不純物の取込みが促進されることを示唆するものと考えられる。この結果はGaが相対的に酸素親和性の高い元素であること，合金等でInがIn-O皮膜を形成することで酸化の内部浸透を防止する効果を持つことにも対応している。図9（a）にGa置換率60%試料のCd 3d内殻スペクトルのエッチング時間依存性を示す。この試料の界面が現れるエッチング時間1700秒のスペクトルを中心に結合エネルギーの一時的低下が見られる。図

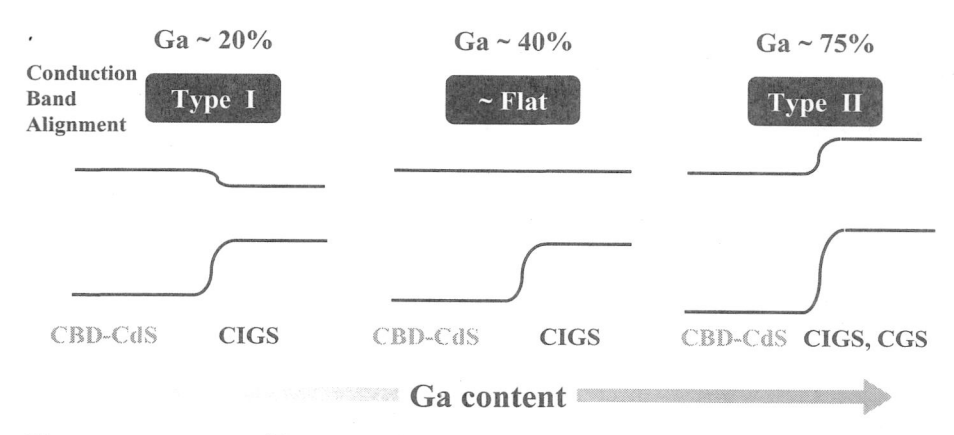

第 5 章　CIS 太陽電池の評価技術

図 10　CBD-CdS/CIGS 界面における伝導帯，価電子帯オフセットの Ga 置換率依存性およびバンド接続の概略図

9（b）に 1900 秒エッチングした表面を基準とした構成元素の主な内殻の結合エネルギーのエッチング時間依存性を示す。すべての構成元素のスペクトルが 1700 秒を中心とする結合エネルギーの低下を示している。結合エネルギーシフトが全元素で一様であることは，この変化がバンド端の局所的な上昇に起因することを示しており，界面領域では電子キャリアの濃度低下またはホール濃度の上昇があることを意味している。この現象は高 Ga 置換率ほど顕著となる界面不純物濃度の上昇に起因すると考えられ，また，不純物アニオンの存在により In-Cu イオン間の置換型欠陥の抑制・Se 空孔の発生の抑制等を通じて CIGS の電子構造を p 型の方向への変調可能性が報告されていることと矛盾しない。

　高 Ga 置換率界面におけるバンド不連続を求めるには，バンド端の移動量にバンド湾曲を補正する必要がある。この補正を行った結果，界面中央領域でのバンド端の上昇の一部がバンド湾曲に由来するものであることが分かった。一方，CIGS 層側の界面では内殻スペクトルのシフト量はわずかであり，バンド湾曲はほぼ無視できる。したがって，高 Ga 置換率試料において伝導帯不連続は負であると結論された。以上の結果は，低 Ga 濃度試料で見られた CIGS 層伝導帯下端の CdS 層伝導帯下端に対する相対的上昇が極めて広い Ga 置換率領域にわたり連続することを示している。

　図 10 に CBD-CdS/CIGS 界面における伝導帯，価電子帯オフセットの Ga 置換率依存性およびバンド接続の概略図を示す。太陽電池構造の開放電圧の決定因子の一つと考えられている界面領域における VBM と CBM のエネルギー差を考えると，本研究開発で得られた結果は Ga 置換率 40％程度までの CIGS 上の界面では VBM（CIGS）と CBM（CIGS）の差である CIGS 層のバンドギャップに一致しているが，高 Ga 濃度試料では CBO の符号反転により VBM（CIGS）と

CBM（CdS）の差が対応するようになることを示している。すなわち，高Ga置換率領域ではCIGS層自体のバンドギャップが増大するにもかかわらず，界面領域におけるVBMとCBMのエネルギー差の最小値はさほど増大しない。伝導帯オフセットの符号反転が生じるGa置換率は，開放電圧の飽和傾向・返還効率の低下が顕著となるGa置換率とほぼ一致している。これらの結果はCIGS系太陽電池の開放が，低Ga置換率領域で見られるCIGS層のバンドギャップの増加に従い直線的に上昇する傾向からGa置換率30～40%から徐々に外れ，高Ga置換率領域では飽和傾向を示す実験結果と良く対応しており，CBD-CdS/CIGS界面におけるバンド接続が開放電圧の決定因子の一つであることを示している。また，高Ga置換率領域における特性改善には，CdS層の伝導帯下端位置の制御，低い電子親和力を持つバッファ層の開発，界面不純物の制御等が有効となる可能性を示唆するものである。以上は，CIGS系で最高の変換効率を示す電池構造の活性領域であるCBD法によるCdSバッファ層と3段階共蒸着法によるCIGS層の間の界面電子構造のGa置換率依存性に関する結果であるが，各構成元素の積層膜の高速熱処理（Rapid Thermal Annealing法）により形成されたCIGS層とCBD-CdS層の界面では平均組成として数十%導入されているGaが検出限界以下であること，界面バンドギャップがCIGS層内部に比べて拡大していること，伝導帯オフセットが極めて小さいことが報告されている[10]。作成法が同一の場合，界面電子構造はGa置換率に対して伝導帯オフセットを減少させる方向に変化すると言えるが，符号反転が生じるGa置換率は作成法の種類・界面における意図的な禁制帯幅傾斜を含む組成変動等により変動すると考えられる。界面電子構造と電池特性の関連性の統一的理解および作成プロセス毎の最適化には，種々の作成法による界面に関する実験結果の蓄積が望まれる。

2.2 電子構造面内分布評価（結晶粒界の電子構造評価）

CIGSは高Ga置換率の上昇に伴い結晶粒が微細化する傾向があり，また，本質的に低温の成長であるCBD法によるCdS層はより微細な結晶粒からなっている。CIGS太陽電池における最高変換効率を追求するためには，特にワイドギャップCIGSで重要となると考えられる粒界の電気伝導への寄与度の評価・制御も重要となるとされている。

粒界の結晶学的寸法は数nmであり，電子構造の変調幅・空間的拡がりはそれぞれ数百meV，数十nm，程度と予想されるので，評価手法は組成・構造に関してナノメートルオーダーの面内分解能，電気特性に関して数十meV以上のエネルギー分解能を持つことが必要である。このような要請を満足するシステムとして走査ケルビンプローブ顕微鏡（KPFM），走査オージェ分光（SEM-AES），電子エネルギー損失分光顕微鏡（TEM-EELS）等があげられる。この中で超高真空走査ケルビンプローブ顕微鏡（UHV-KPFM）は電子構造をプローブ-試料間の接触電位差（CPD）により評価する間接法であるため，プローブの仕事関数を頻繁に校正する必要があるが，

第5章　CIS太陽電池の評価技術

Topo像　　**CPD像**

2.5×2.5 [μm]
Clock:20.00[ms] (測定速度:115[nm/s])

TopoとCPDのラインプロファイル

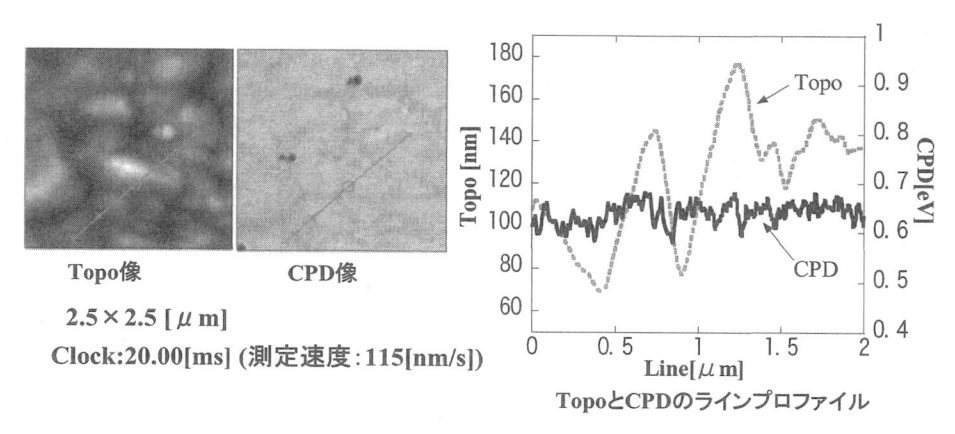

図11　低エネルギーイオンエッチングおよび高真空中低温・短時間の熱処理により清浄化した CBD-CdS バッファ層表面の *in-situ* トポグラフィー像および接触電位差（CPD）像

他の評価法との統合が容易であり総合的な評価システムへの発展性を持つなどの利点を持ち，日米欧のグループで用いられている[23〜26]。AESは空間分解能がやや劣るものの，微小領域の組成と仕事関数を同時に測定可能であり，米国等からの報告がある[27]。本項では，これらの手法による報告を紹介する。

図11に低エネルギーイオンエッチングおよび高真空中低温・短時間の熱処理により清浄化したCBD-CdSバッファ層表面の *in-situ* トポグラフィー像および接触電位差（CPD）像を示す。前者では結晶ファセット，粒界等が明瞭に観測されている。実空間での凹凸100 nm に及んでいるが，CPD像には，100 meV 以上の変化は見られていない。これは，測定したCdS膜表面が最大凹凸100 nm 程度の多結晶表面で，粒界密度も高いにもかかわらず，電気的にはほぼ均一であることおよび粒界でのバンド湾曲が小さいことを示しており，この層の粒界が電気的（再結合中心）として不活性であることが明らかとなった。

図12にCdS層を除去した後の$Cu_{0.96}In_{0.4}Ga_{0.6}Se_2$表面のトポグラフィー像，CPD像および凹凸および仕事関数のラインプロファイルを示す。トポグラフィー像の粒界に対応する領域で接触電位差の低下が見出された。この電位低下は粒界，試料毎に分散があるが－0.1〜－0.2Vの範囲であり，CIGSでは価電子帯上端が粒界領域で低下していることが明らかとなった。p型$CuGaSe_2$（CGS）層表面の粒界でも仕事関数低下は150 meVであることが報告されている。また，粒界電子構造の試料深さ方向依存性を調べたところ，界面を離れるに従い，仕事関数の面内平均値が上昇するとともに粒界での仕事関数ディップが顕著となることが見出された。前者に関しては同組成試料に関して行われた正・逆光電子分光法の結果と対応しており，CIGS層内部に向かっての電子構造のp型化によるものである。後者に関連する研究結果としては，AESを用いて

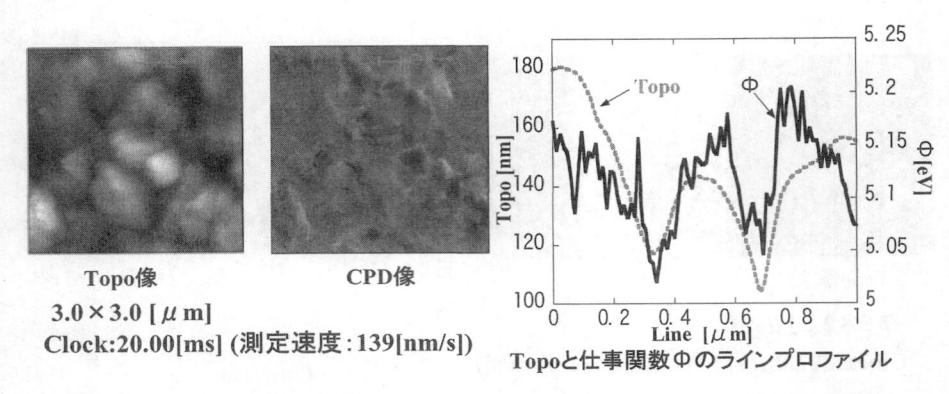

図12 CdS層を除去した後のCu$_{0.96}$In$_{0.4}$Ga$_{0.6}$Se$_2$表面のトポグラフィー像,CPD像,および凹凸および仕事関数のラインプロファイル

CIGS層断面の評価において,CBD-CdS/CIGS界面から数百nm離れたCIGS層内の粒界で約500 meVの仕事関数低下が報告されている[27]。これらの報告は,CIGS層は深さとともに真空準位がフェルミ準位から遠ざかる,結晶粒内のp型的状態が強まるにつれて粒界における仕事関数低下が顕著となる現象として理解される。この原因としては,粒界における組成変化,電荷蓄積等が考えられる。前者の場合,界面における内部電解が電子,ホールに不均等に作用するので,電子・ホール分離を促進することになり電池特性の向上に有利と考えられる。一方,後者の場合,実効的バンドギャップを縮小させるのでキャリア再結合を促進することになる。モデルの特定には微細領域の禁制帯幅を決定することが望ましいが,これは技術的に実行困難であるので,当該領域の組成・構造を決定し,バルクデータから禁制帯幅を推定することが有効と考えられる。現在,複数の機関でバンド湾曲の構造的起源に関する研究が進められている。これらの研究の結果とプロセス条件の関連を明らかにすることが,CIGS太陽電池のワイドギャップ領域での高効率化あるいはタンデム型太陽電池のトップセル用材料としての検討のために,今後の解明されるべき重要課題の一つと考えられる。

文　献

1) G. Voorwinden, R. Kiese and M. Powalla, *Thin Solid Films*, **431-432**, 538 (2003)
2) M. A. Contreras, J. Tuttle, A. Gabor, A. Tennant, K. Ramanathan, S. Asher, A. Franz, J. Keane, L. Wang and R. Noufi, *Sol. Energy Mater. Sol. Cells*, **41/42**, 231 (1996)

3) R. Herberholz, V. Nadenau, U. Ruhle, C. Koble, H. W. Schock and B. Dimmeler, *Sol. Energy Mater. Sol. Cells,* **49**, 227 (1997)
4) S. Siebentritt, *Thin Solid Films,* **403-404**, 1 (2002)
5) G. Cernivec, J. Krc, F. Smole and M. Topic, *Thin Solid Films,* **511-512**, 60 (2006)
6) T. Minemoto, Y. Hashimoto, T. Satoh, T. Negami, H. Takakura and Y. Hamakawa, *J. Appl. Phys.,* **89**, 8327 (2001)
7) D. Schmid, M. Ruckh and H. W. Schock, *Sol. Energy Mater. Sol. Cells,* **41/42**, 281 (1996)
8) U. Rau and H. W. Schock, *Appl. Phys. A,* **69**, 131 (1999)
9) T. Schulmeyer, R. Hunger, A. Klein, W. Jaegermann and S. Niki, *Appl. Phys. Lett.,* **84**, 3067 (2004)
10) L. Kronik, L. Burstein, M. Leibovitch, Y. Shapira, D. Gal, E. Moons, J. Beier, G. Hodes, D. Cahen, D. Hariskos, R. Klenk and H. W. Schock, *Appl. Phys. Lett.,* **67**, 1405 (1995)
11) M. Morkel, L. Weinhardt, R. Lohmuller, C. Heske, E. Umbach, W. Riedl, S. Zweigart and F. Karg, *Appl. Phys. Lett.,* **79**, 4482 (2001)
12) L. Weinhardt, C. Heske, E. Umbach, T. P. Niesen, S. Visbeck and F. Karg, *Appl. Phys. Lett.,* **84**, 3175 (2004)
13) N. Terada, R. T. Widodo, K. Itoh, S. H. Kong, H. Kashiwabara, T. Okuda, K. Obara, S. Niki, K. Sakurai, A. Yamada and S. Ishizuka, *Thin Solid Films,* **480-481**, 183 (2005)
14) S. H. Kong, H. Kashiwabara, K. Ohki, K. Itoh, T. Okuda, S. Niki, K. Sakurai, A. Yamada, S. Ishizuka and N. Terada, *Materials Research Society Symposium,* **865**, 155 (2005)
15) "*Unoccupied Electronic States*", (Edited by J. C. Fuggel and J. E. Ingelsfield, Springer-Verlag, 1992)
16) 佐川敬, 応用物理, **55**, 677 (1986)
17) 高橋隆, 固体物理, **23**, 397 (1988)
18) J. Pendry, *Phys. Rev. Lett.,* **45**, 1356 (1986)
19) P. W. Erdman and E. C. Zipf, *Rev. Sci. Instrum.,* **53**, 225 (1982)
20) N. G. Stoffel and P. D. Johnson, *Nucl. Instrum. and Methods,* **A234**, 230 (1985)
21) Th. Fauster, F. J. Himpsel, J. J. Donelon and A. Mark, *Rev. Sci. Instrum.,* **54**, 68 (1983)
22) A. Goldman, V. Dose and G. Borstel, *Phys. Rev. B,* **32**, 1971 (1985)
23) S. Sadewasser, Th. Glatzel, M. Rusu, A. Jager-Waldau and M.Ch. Lux-Steiner, *Appl. Phys. Lett.,* **80**, 2979 (2002)
24) Th. Glatzel, D. Fuertes Marron, Th. Schedel-Niedrig, S. Sadewasser and M.Ch. Lux-Steiner, *ibid.,* **81**, 2017 (2002)
25) S. Sadewasser, Th. Glatzel, S. Schuler, S. Nishiwaki, R. Kaigawa and M.Ch. Lux-Steiner, *Thin Solid Films,* **431-432**, 257 (2003)
26) C.-S Jiang, R. Noufi, J. A. AbuShama, K. Ramanathan, H. R. Moutinho, J. Pankow and M. M. Al-Jassim, *Appl. Phys. Lett.,* **84**, 3477 (2004)
27) M. J. Hetzer, Y. M. Strzhemechny, M. Gao, M. A. Contreras, A. Zunger and L. J. Brillson, *Appl. Phys. Lett.,* **86**, 162105 (2005)

3 CIGS太陽電池の電子物性評価

櫻井岳暁[*1], 秋本克洋[*2]

3.1 はじめに

CIGS薄膜には粒界や原子空孔（Cu空孔，Se空孔等）などが数多く存在し，これらが欠陥準位となり薄膜の電子物性に多大な影響を及ぼす。従って，CIGS薄膜の欠陥準位を同定することが可能になれば，CIGS太陽電池特性を改善するための指針が明らかになるものと期待されている。一方，CIGS薄膜の欠陥準位は，熱やバイアス電圧のストレスに対する安定性に乏しく[1]，通常の半導体の欠陥準位検出に用いられる測定手法（例えばDLTS法；Deep Level Transient Spectroscopy）の使用が難しいため，その性質が十分に理解されていなかった。しかし，近年多様な欠陥評価手法が新たに開発され，CIGS太陽電池における欠陥の起源やその電子物性に与える影響の理解が急速に進展した。ここでは，特に数多くの情報をもたらしたアドミッタンススペクトロスコピー法（Admittance Spectroscopy）に焦点を絞り，測定原理ならびに欠陥準位と電子物性の相関について得られた結果の概要を述べる。

3.2 アドミッタンススペクトロスコピー法の測定原理

3.2.1 測定原理

アドミッタンススペクトロスコピー法とは，測定試料への印加電圧を一定に保ちながら電気容量の周波数応答を観測し，欠陥準位に捕獲されたキャリアの充放電過程を観測することにより欠陥準位密度を見積もる手法である。ここでは説明を単純化するため，単一の欠陥準位（電子トラップ）が存在するn型半導体ショットキー接合を用い，Schockley-Read-Hall統計に基づいて測定法の原理を解説する[2〜5]。

図1のショットキー接合において欠陥準位E_Tとフェルミ準位E_Fが交差した位置では，電子が欠陥準位を部分的に占有し，欠陥準位E_Tと伝導帯E_Cとの間で電子の捕獲・放出（充放電）が行われる。この欠陥準位への電子の捕獲速度R，放出速度Gは

$$R = v_{th}\sigma_n n N_T(1-f) = c_n n N_T(1-f) \tag{1}$$

$$G = e_n N_T f \tag{2}$$

で表される。ここで，v_{th}:熱電子速度，σ_n:電子の捕獲断面積，n:伝導帯電子濃度，N_T:欠陥密度，

[*1] Takeaki Sakurai 筑波大学 大学院数理物質科学研究科 講師
[*2] Katsuhiro Akimoto 筑波大学 大学院数理物質科学研究科 教授

第5章　CIS太陽電池の評価技術

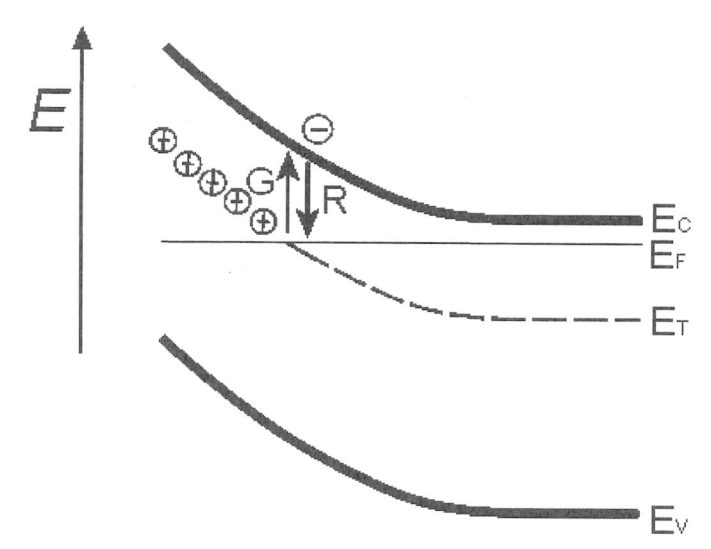

図1　単一の欠陥準位を有するn型半導体ショットキー接合のバンド図

f：電子による欠陥準位の占有割合である。また c_n, e_n はそれぞれ電子の捕獲定数と放出定数を示す。熱平衡状態ではこの捕獲速度 R と放出速度 G が一致するため，e_n は以下の式で表される。

$$e_n = c_n n_0 (1-f_0)/f_0 \tag{3}$$

ここで n_0 ならびに f_0 はそれぞれ熱平衡状態における電子濃度ならびに欠陥準位への電子の占有割合を示す。

次に熱平衡状態にある試料に微弱な交流電圧（$\propto e^{i\omega t}$）を印加すると，フェルミ準位 E_F の変化に伴い電子による欠陥準位 E_T の占有割合が変化し，欠陥準位と伝導帯との間で電子の充放電が起きる。この充放電に伴う電子の増減を電流 $i_T (= q\, dn/dt)$ で表し，$f = f_0 + \delta f$, $n = n_0 + \delta n$ と置いた上で一次の近似まで取り扱うと i_T は

$$i_T = q\frac{dn}{dt} = q\left[c_n n N_T (1-f) - e_n N_T f\right] \cong q c_n N_T \left[(1-f_0)\delta n - (n_0/f_0)\delta f\right] \tag{4}$$

と表すことができる。一方，i_T は欠陥準位にある電子の占有割合 f の変化（df/dt）からも求めることができ，この f は交流電圧の変化（$\propto e^{i\omega t}$）に追随することから

$$i_T = q N_T \frac{df}{dt} = j\omega q N_T \delta f \tag{5}$$

となる。従って，(4), (5)式を等価とすることにより

143

$$\delta f = \frac{f_0(1-f_0)\delta n}{n_0(1+j\omega f_0/c_n n_0)} \tag{6}$$

の関係式を導くことができる。なお，充放電が起こる欠陥位置での電子濃度 n は $n = n_i \exp[q(\varphi_T - \varphi_B)/kT]$ で表すことができる。ここで，φ_T は空乏層の曲がりにより生じた電位（バルク内部はゼロ），φ_B はバルク内部におけるバンドギャップ中央のエネルギー E_i を基準としたフェルミ準位 E_F の電位（$E_F - E_i = -q\varphi_B$），n_i は真性半導体の電子濃度である。これより，交流電位の変化が $q\delta\varphi \ll kT$ の条件下において δn は

$$\delta n = \frac{q}{kT}n_0\delta\varphi \tag{7}$$

と表すことができる。

続いて(5)～(7)式を用い，欠陥準位への電子の充放電過程をアドミッタンス Y_T を用いて表す。欠陥準位と伝導帯との間で流れる電流 i_T には $i_T = Y_T \delta\varphi$ の関係式が成り立つことから，Y_T は

$$Y_T = j\omega \frac{q^2}{kT} \frac{N_T f_0(1-f_0)}{1+j\omega f_0/c_n n_0} \tag{8}$$

と表される。一方，欠陥準位の容量 C_T と抵抗 R_T を直列に接続した回路を想定し（図2（a）点線部），これをアドミッタンス Y_T を用いて表すと

$$Y_T = \frac{1}{(j\omega C_T)^{-1}+R_T} = \frac{j\omega C_T}{1+j\omega\tau} \tag{9}$$

となる。ここで，τ は回路の時定数であり C_T と R_T の積で表される。この(8)式と(9)式を対応させると

$$C_T = \frac{q^2}{kT}N_T f_0(1-f_0) \tag{10}$$

$$\tau = C_T R_T = \frac{f_0}{c_n n_0} \tag{11}$$

が導出できる。なお，この(10)式から欠陥密度 N_T が大きいほど C_T が大きくなることがわかる。

一方，ショットキー接合が，図2（a）に示すような空乏層容量と欠陥準位から成る単純な並列回路で置き換えられると仮定すると[5]，回路全体のアドミッタンスは

第5章　CIS太陽電池の評価技術

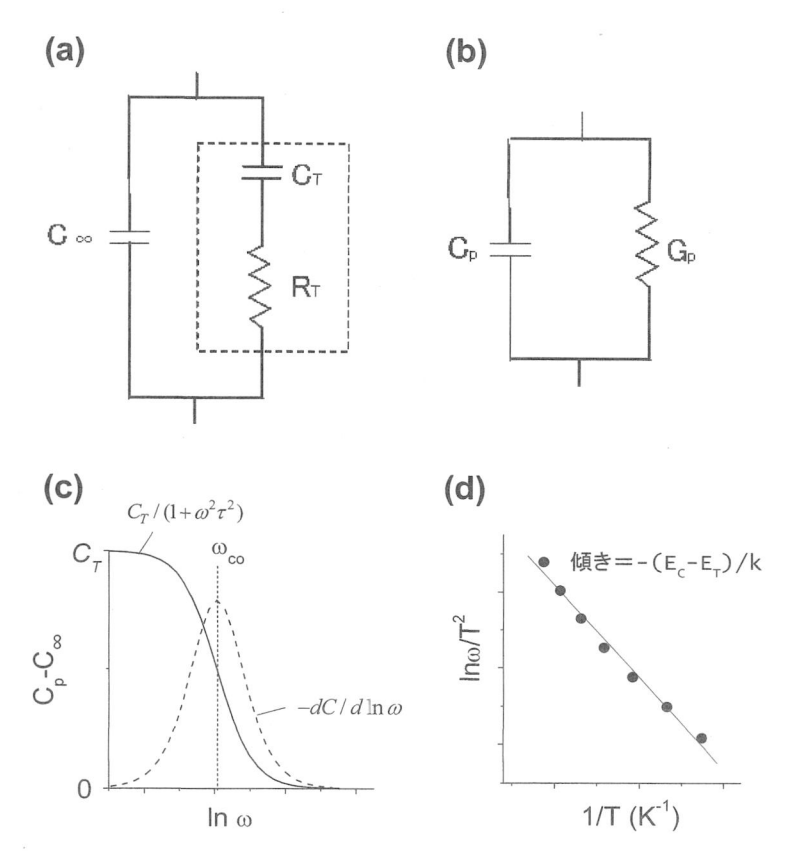

図2　(a)(b) 単一の欠陥準位を有するショットキー接合の等価回路，(c) 電気容量の周波数応答曲線，(d) 試料温度を変えた時のω_{co}の変化を示すアレニウスプロット

$$Y = \frac{C_T \omega^2 \tau}{1+\omega^2\tau^2} + j\omega\left(C_\infty + \frac{C_T}{1+\omega^2\tau^2}\right) = G_p + j\omega C_p \tag{12}$$

で表され，図2(a)は図2(b)の等価回路で置き換えられる。ここで，G_pは並列コンダクタンス，C_pは並列容量である。

　実際の測定では，周波数応答のない半導体の空乏層容量C_∞と周波数応答がある欠陥準位の電気容量$C_T/(1+\omega^2\tau^2)$の和を，系全体の電気容量C_pとして検出する。従って，周波数応答する成分$C_T/(1+\omega^2\tau^2)$をC_pから抽出することにより，欠陥準位の充放電過程を図2(c)のようにモニターできるようになる。この変化を定性的に説明すると，印加する交流電圧が低周波の場合，電圧の変調に欠陥準位からの電子の充放電が追随しC_Tが検出されるのに対し，印加する交流電圧が高周波の場合，電圧の変調に電子の充放電が追随できなくなりC_Tが検出されなくなる。

　ここで，重要なパラメーターに遮断角周波数ω_{co}がある。遮断角周波数はキャリアの充放電

が追随できる限界の周波数を表し，$\omega_{CO} = 1/\tau$ で示される．また，(10)式より f_0 が 1/2，すなわち欠陥準位が半分電子で埋まった状態の時に最も欠陥準位からの応答が大きくなる．この時，欠陥準位 E_T とフェルミ準位 E_F が等しくなる（$E_F = E_T$）ことから，電子濃度 $n = N_c \exp[-(E_c - E_F)/kT]$，熱電子速度 $v_{th} = \sqrt{3kT/m^*}$，有効状態密度 $N_C = 2(2\pi m^* kT/h^2)^{3/2}$ を用いることにより，ω_{CO} は

$$\omega_{CO} = 2c_n n = \xi_0 T^2 \exp\left[-(E_c - E_T)/kT\right] \tag{13}$$

で表される．ここで，m^* は有効質量，h はプランク定数，ξ_0 は温度に依存しない係数である．これより，試料温度を変化させながら ω_{CO} を観測し，(13)式の変形より得られるアレニウスプロット（図2(d)）を作成すると，その傾きから欠陥準位の活性化エネルギー $E_A (= E_c - E_T)$ を見積もることができる．また，ω_{CO} は電気容量の周波数微分 $-dC/d\ln\omega$ の極大点からも求めることができ（図2(c)），さらに $-dC/d\ln\omega$ は欠陥準位密度に対応して増減する．

一方，実際の CIGS 太陽電池における欠陥準位密度の測定では，少数キャリアトラップ，空乏層のバンドの曲がり，応答する欠陥準位の深さ，キャリア分布など，さらに多くの要素を考慮する必要がある．これらを考慮し，定量的に欠陥準位密度スペクトル $D_T(E)$ を求める式が Stuttgart 大より提唱されている[6]．

$$D_T(E_A) = -\frac{1}{kT} \frac{2V_{bi}^{3/2}}{w\sqrt{q}\sqrt{qV_{bi} - (E_g - E_A)}} \cdot \frac{dC}{d\ln\omega} \tag{14}$$

ここで，E_A は欠陥準位の活性化エネルギー，w は空乏層幅，V_{bi} は内蔵電位，E_g はバンドギャップである．このうち既知のパラメーター（E_g）と C-V 測定から求めることができる空乏層幅 w や内蔵電位 V_{bi} を用い，電気容量の周波数微分 $-dC/d\ln\omega$ に基づきアドミッタンススペクトルを解析すると，欠陥準位密度を見積ることができる．

3.2.2 アドミッタンススペクトロスコピー法と他の電気測定法の相違点

半導体デバイスの電子物性と欠陥準位の間には強い相関があり，このため欠陥準位の検出ならびに同定は過去，様々な半導体デバイス開発において重要な役割を果たしてきた．中でも GaAs を初めとする化合物半導体に関しては，Lang らが開発した DLTS 法が既に確立された手法として重用されており，欠陥準位の種類（多数キャリアトラップと少数キャリアトラップの区別など），捕獲断面積，深さ分布などを決定してきた実績がある[7]．ところが CIGS 太陽電池に関しては，後述するメタスタビリティと呼ばれる過渡応答現象が存在し，バイアス電圧や光の刺激を加えると非常に長い時定数を持った電気信号が出現するため解析が極めて難しくなる[1,8]．このため，パルス電圧を用いる DLTS 法では解析が難しく，CIGS 太陽電池の電気特性評価にはバイアス電

第5章　CIS太陽電池の評価技術

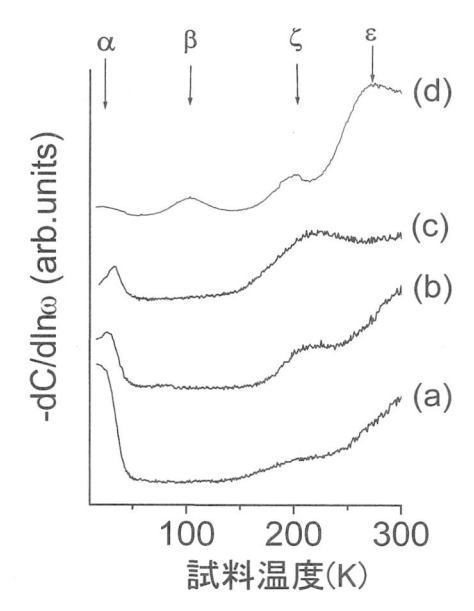

図3　Al/CIGS接合（(a) $x=0.38$，(b) 0.51，(c) 1.0）および（d）ZnO/CdS/CIGS接合（$x\cong0.5$）のアドミッタンススペクトル（Ga含有率$x=$[Ga/(Ga+In)]）

圧等の刺激を加えずに解析できるシンプルな方法が求められていた。以上の背景のもと開発されたのがアドミッタンススペクトロスコピー法である。現在，この手法はCIGS太陽電池の欠陥評価手法として一般的に広く用いられており，またこの手法で検出された欠陥準位とデバイス特性との相関についても詳しく調べられ始めている。

3.3　CIGS太陽電池における欠陥準位と電子物性の相関

CIGS太陽電池はn-ZnO/i-ZnO/CdS/CIGS/Mo/SLG（ソーダライムガラス基板）と多層膜からなる複雑なデバイス構造を有しており，欠陥準位の深さ分布やその起源の同定が極めて難しい。そこで本項では，欠陥準位の起源の解釈が容易であるAl/CIGSショットキー接合と，実際の太陽電池構造であるZnO/CdS/CIGSヘテロ接合の欠陥準位ならびに電子物性について，前項で述べたアドミッタンススペクトルと様々な電気測定手法を組み合わせて比較した結果を紹介する[9,10]。

3.3.1　アドミッタンススペクトロスコピー法を用いた欠陥準位の検出

図3にGa含有率（$x=$[Ga/(Ga+In)]）の異なるCIGS薄膜を用いて作製したAl/CIGSショットキー接合とZnO/CdS/CIGSヘテロ接合のアドミッタンススペクトルを示す。これより各試料のスペクトルについて，異なるエネルギー準位の電気応答に対応する複数のピークを確認できる。また，アレニウスプロットを用い活性化エネルギーの解析を行うと，スペクトル上の全ての

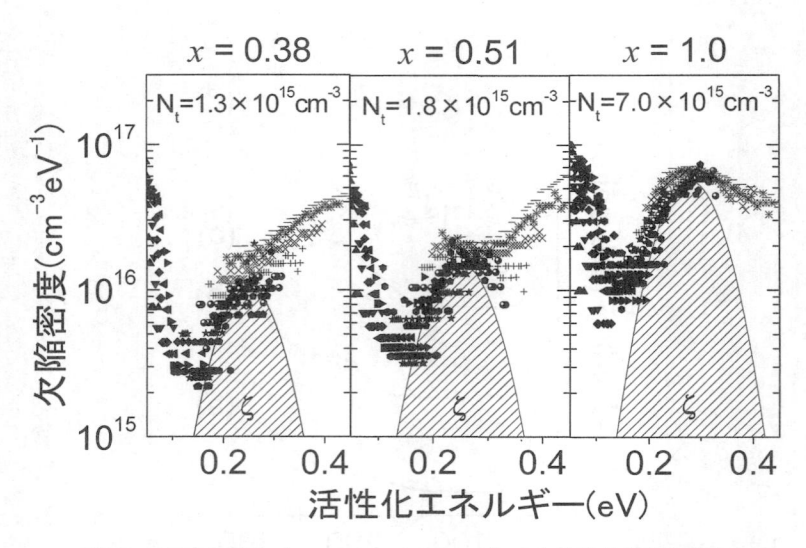

図4 Al/CIGS接合（$x = 0.38$，0.51，1.0）の欠陥準位密度分布図

ピークが α，β，ζ，ε の4つのエネルギー準位に分類できることが明らかになった。なお，α，ζ，ε は全ての試料で出現することからCIGS薄膜に起因する準位であり，このうち α はアクセプタ準位（活性化エネルギー約10meV），ζ は欠陥準位（活性化エネルギー約250meV）に対応する。一方，β はZnO/CdS/CIGSヘテロ接合のみ確認されることから，CdS薄膜に起因した準位（活性化エネルギー約100～150meV）に対応することが明らかになっている。続いて，図4にAl/CIGSショットキー接合のアドミッタンススペクトルより導出された欠陥準位スペクトルを示す。これより，CIGS薄膜内部のGa含有率の増大に伴い欠陥準位 ζ の密度 N_T が増すことがわかる。この傾向はGa含有率の異なるCIGS薄膜を用いたZnO/CdS/CIGSヘテロ接合でも確認されており，さらに ζ の密度はCIGS薄膜太陽電池の開放起電圧 V_{oc} の損失（E_g-qV_{oc}）と相関のあることがStuttgart大のグループから報告されている（図5）[11, 12]。従って，欠陥準位 ζ はCIGS太陽電池の電子物性に多大な影響を与えるとみなされており，現在この起源の解明と抑制法に焦点を当てた研究が行われている。

3.3.2 欠陥準位と電子物性の相関

近年，アドミッタンススペクトロスコピー法の測定に光やバイアス電圧の変調を加えたり，他の電気特性評価と組み合わせることにより，欠陥準位の特徴と電気特性に与える影響を調べる試みがなされるようになってきた。ここでは，その一例を紹介する。

図6にGa含有率の異なるAl/CIGSショットキー接合のMott-Schottky（$1/C^2-V$）プロットを示す[9, 10]。この図より，Al/Cu(In$_{0.62}$,Ga$_{0.38}$)Se$_2$，Al/CuGaSe$_2$ の両接合とも，全ての測定温度に

第5章　CIS太陽電池の評価技術

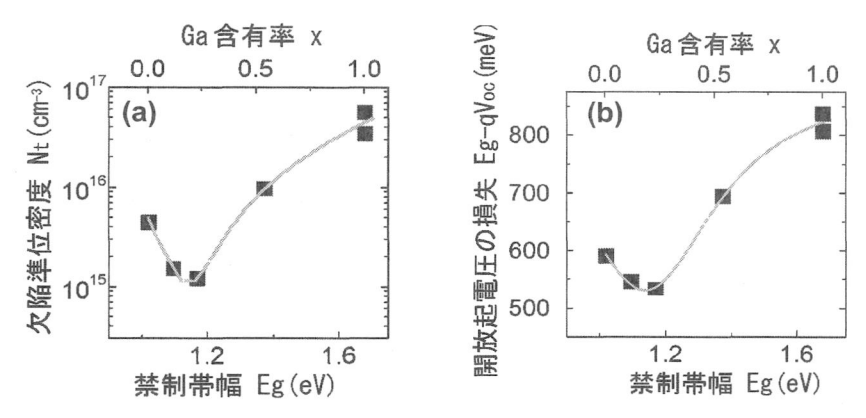

図5　CIGS太陽電池における（a）Ga含有率に対する欠陥準位ζ（文献ではN2）の密度と（b）開放起電圧（V_{OC}）の損失（E_g-qV_{OC}）（文献11より抜粋）
　なお，開放起電圧の損失量は結晶品質に依存し，単結晶太陽電池では約400meVであることが経験的に知られている[23]。

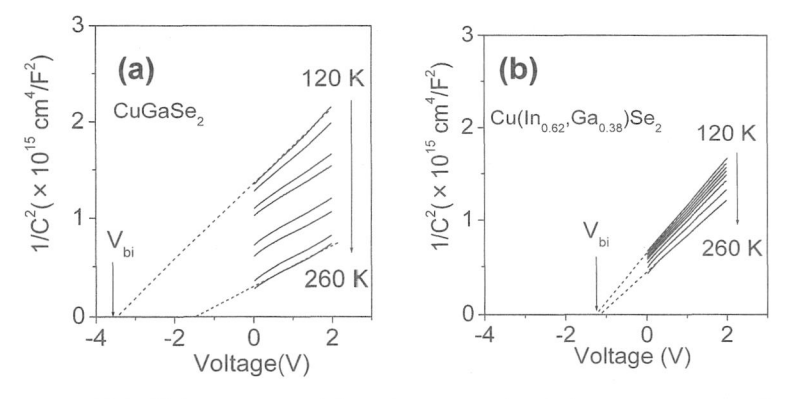

図6　Al/CIGS接合（(a) $CuGaSe_2$，(b) $Cu(In_{0.62},Ga_{0.38})Se_2$）のMott-Schottkyプロット
　（試料温度を20Kおきに変化させながら測定）

て $1/C^2$-V プロットが直線的に変化するため，プロットを外挿した直線と電圧軸の交点から接合の内蔵電位 V_{bi} を求めることができることがわかる。なお，理想的なショットキー接合において，ショットキー障壁 ϕ_B と内蔵電位 V_{bi} の関係は

$$\phi_B = V_{bi} + (E_F - E_V)/q \tag{15}$$

で表される（E_V：価電子帯上端のエネルギー）ことから，内蔵電位はフェルミ準位 E_F に応じて変化する[13]。ところが Al/$CuGaSe_2$ 接合については，試料温度120Kと260Kにおける内蔵電位が，フェルミ準位の変化では説明の付かない数ボルトもの大きな変化を示した。このような変化は薄

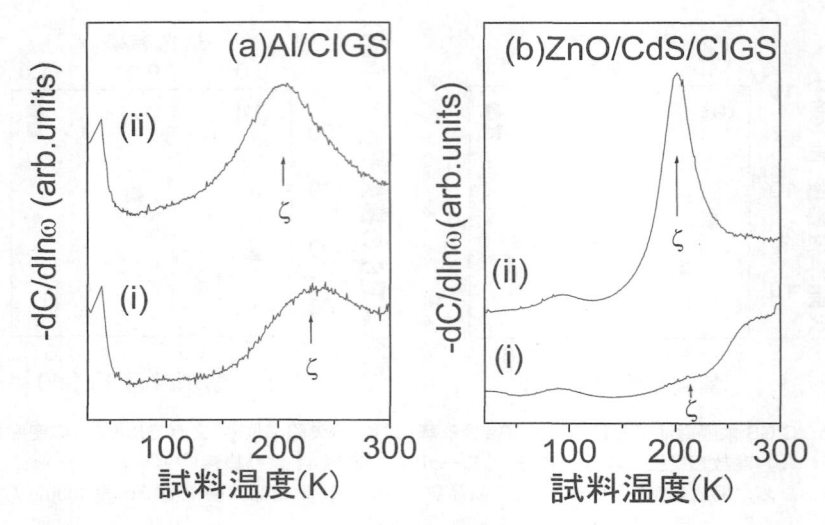

図7 アドミッタンススペクトルのバイアス電圧の刺激に伴う変化
((a) Al/CIGS接合 (b) ZnO/CdS/CIGS接合, Ga含有率はともに $x \cong 0.5$)
(i) 無バイアス電圧 (0V) で試料を冷却後, そのまま無バイアス電圧で昇温しながら測定,
(ii) 逆バイアス電圧 (0.5V) で試料を冷却し, その後無バイアス電圧で昇温しながら測定。

膜表面に界面層ならびに高密度な欠陥準位が存在する時に観測されることから, 欠陥に捕獲された電荷の増減に伴う内蔵電位の変化に対応しているものと思われる。さらに, この内蔵電位の変化量と欠陥準位ζの密度が対応するため, 欠陥準位ζは表面近傍に形成されている可能性が高く, 内蔵電位に影響を及ぼすものと推察される。

図7にAl/CIGSショットキー接合とZnO/CdS/CIGSヘテロ接合にバイアス電圧の刺激(試料冷却時に逆バイアス電圧を印加し, その後無バイアスに戻して測定)を加えて測定したアドミッタンススペクトルを示す[10]。これらのスペクトルを比較すると, どちらの接合においても冷却時に逆バイアス電圧を加えた方が, 欠陥準位ζに対応する信号強度が増大する様子を確認できる。これは, バイアス電圧の違いにより, 冷却時に欠陥準位ζに捕獲されたまま残留する電荷量が変化したことを示している。また, このζの強度変化に対応し, 接合の内蔵電位(図6で説明)が変化する様子が確認された。以上の結果は, CIGS薄膜に存在する欠陥準位ζが接合やデバイスの電気特性(内蔵電位)に強い影響を与えることを示唆している。なお, このような現象は光照射時にも観測され, さらに室温付近でも完全には無くならず電気特性の不安定性を誘起することからメタスタビリティ (metastability) と呼ばれる[1, 8, 14~16]。現在, 欠陥準位ζとメタスタビリティ, CIGS太陽電池特性の相関が注目されており, これに関する研究が世界各地で取り組まれ始めている[17]。

3.3.3 欠陥準位の起源

CIGS薄膜の欠陥モデルは古くから提案されており，例えばNRELのZhangらは構成元素の空孔型欠陥やinterstitial，アンチサイト欠陥，複合欠陥等の欠陥準位のモデルを立て，それぞれのエネルギーを第一原理計算を用いて導出している[18]。一方，実際のCIGS太陽電池では，複雑なデバイス構造，Naの拡散を含めた特殊な製膜プロセス，多元混晶，粒界，分布など応答する欠陥準位の起源として考える要素が膨大に存在する。このため，欠陥準位の起源を実験的に証明するのは極めて困難である。例えばOldenburg大とShell Solar社のグループは，CIGS薄膜の化学量論的組成を最適条件から微量ずらす（Cu richなど），もしくはSLG基板からのNaの添加を防いだCIGS薄膜についてアドミッタンススペクトロスコピー法の測定を行ったが，この時薄膜の電子物性が大幅に変わるのに伴いスペクトルの形状が大きく変化する様子を報告している[19]。一方，$Cu(In, Ga)(S, Se)_2$太陽電池において，InとGaだけでなくSとSeの含有率を変えても同じ欠陥準位 ζ（文献ではN2トラップ）が形成されるという報告もある[20]。このようにCIGS太陽電池の欠陥準位に関しては，活性化エネルギーに関して再現性の良い実験結果がようやく得られ始めた段階であり，その起源に関して明瞭な結論は未だ得られていない。一方，NRELのLanyとZungerは第一原理計算により，セレン空孔（V_{Se}）と銅欠損（V_{Cu}）からなる複合欠陥（V_{Se}-V_{Cu}）が，荷電状態の変化に伴い局所的構造変形を起こしメタスタビリティの起源となるモデルを提唱している[21, 22]。この欠陥モデルはまだ実験的には証明されていないが，今後の研究の進展が期待される。

3.4 まとめ

CIGS太陽電池における欠陥準位と電子物性の相関は，アドミッタンススペクトロスコピー法の開発により理解が格段に進歩し，特定の欠陥準位が電子物性に影響を及ぼすことも徐々に明らかになってきた。一方，CIGS薄膜の欠陥準位の起源に関しては，複雑であり理解するのが極めて難しい。今後，電子物性の理解を進め，効果的な電子物性の制御法が確立するためには欠陥準位の起源や役割を正確に把握する必要があり，デバイス特性だけでなく様々な評価手法，計算と組み合わせ，多角的に研究する必要がある。

文　　献

1) M. Igalson and C. Platzer-Bjorkman, *Sol. Energ. Mater. Sol. Cells*, **84**, 93 (2004)

2) W. Schockley and W. T. Read, Jr., *Phys. Rev.,* **52**, 835 (1952)
3) E. H. Nicollian and J. R. Brews, *MOS (Metal Oxide Semiconductor) Physics and Technology,* (John Wiley & Sons, New York, 1982), Appendix I
4) J. Barrolla, S. Duenas and L. Bailon, *Solid Stat. Electron.,* **25**, 285 (1992)
5) D. L. Losee, *J. Appl. Phys.,* **46**, 2204 (1975)
6) T. Walter, R. Herberholz, C. Müller and H. W. Schock, *J. Appl. Phys.,* **80**, 4411 (1996)
7) D. V. Lang, *J. Appl.Phys.,* **45**, 3023 (1974)
8) M. Igalson, M. Bodegård, L. Stolt and A. Jasenek, *Thin Solid Films,* **431-432**, 153 (2003)
9) T. Sakurai, N. Ishida, S. Ishizuka, K. Matsubara, K. Sakurai, A. Yamada, G. K. Paul, K. Akimoto and S. Niki, *Thin Solid Films,* in press (2007)
10) T. Sakurai, N. Ishida, S. Ishizuka, K. Matsubara, K. Sakurai, A. Yamada, G.K. Paul, K. Akimoto and S. Niki, *phys.status solidi (c),* **3**, 2576 (2006)
11) G. Hanna, A. Jasenek, U. Rau and H. W. Schock, *Thin Solid Films,* **387**, 71 (2001)
12) H. W. Schock and U. Rau, *Physica B,* **308-310**, 1081 (2001)
13) S. M. Sze, Semiconductor Devices, Physics and Technology, 2nd Ed. (Wiley, New York, 2002)
14) P. Zabierowski, U. Rau and M. Igalson, *Thin Solid Films,* **387**, 147 (2001)
15) Th. Meyer, M. Schmidt, F. Engelhardt, J. Parisi and U. Rau, *Eur. Phys. J. AP,* **8**, 43 (1999)
16) Th. Meyer, F. Engelhardt, J. Parisi and U. Rau, *J. Appl. Phys.,* **91**, 5093 (2002)
17) U. Rau, M. Turcu and A. Jasenek, *Thin Solid Films,* in press (2007)
18) S. B. Zhang, S. Wei, A. Zunger and H. Katayama-Yoshida, *Phys. Rev. B,* **57**, 9642 (1998)
19) C. Deibel, A. Wessel, V. Dyakonov, J. Parisi, J. Palm and F. Karg, *Thin Solid Films,* **431-432**, 163 (2003)
20) M. Turcu, I. M. Kotschau and U. Rau, *J. Appl. Phys.,* **91**, 1391 (2002)
21) S. Lany and A. Zunger, *Phys.Rev. B,* **72**, 035215 (2005)
22) S. Lany and A. Zunger, *J. Appl.Phys.,* **100**, 113725 (2006)
23) 太陽光発電技術研究組合監修，小長井誠編「薄膜太陽電池の基礎と応用 －環境にやさしい太陽光発電の新しい展開－」第1章，オーム社 (2001)

4 時間分解フォトルミネッセンス（TRPL）法による CIGS 薄膜の評価

根上卓之*

4.1 はじめに

　CIGS 太陽電池の高効率化を図るためには，光吸収層となる CIGS 膜の高品質化が最も重要である。CIGS 膜の物性評価として，X 線回折による結晶構造分析及び配向性の評価，SIMS やオージェ分析による深さ方向の元素分析，TEM による結晶構造分析，SEM による結晶粒径の評価など結晶の基本特性の評価は多く報告されている。これらの評価法は，CIGS 膜の高品質化へのプロセス開発には有効であるが，その物性値と太陽電池特性との関連は間接的である。太陽電池の高効率化の観点からは，デバイス特性に直接影響を及ぼす少数キャリア寿命や拡散長の評価が必要である。しかし，CIGS は直接遷移半導体であるため，少数キャリア寿命が短く，結晶系 Si でよく用いられている Microwave Photoconductivity Decay（μPCD）法を適用することが困難である。そこで，CIGS 膜の少数キャリア寿命や拡散長の評価法として，Electron Beam Induced Current（EBIC）法[1,2]，Dual Beam Optical Modulation（DBOM）法[3] や Time of Flight（TOF）法[4] が報告されている。しかしながら，これらの測定法は pn 接合やショットキー接合を形成する必要があり，製膜直後の CIGS 膜のバルクの少数キャリア寿命の測定には適していない。非破壊で as-deposited の CIGS 膜の少数キャリア寿命の評価法として，フォトルミネセンス（PL）強度の時間減衰を測定する時間分解フォトルミネッセンス（Time Resolved Photoluminescence TRPL）法が報告されている[5~8]。ここでは，TRPL 法による CIGS 膜の少数キャリア寿命の評価について紹介する。

4.2 測定方法

　CIGS 膜にバンドギャップより高いエネルギーの光を照射すると，光吸収によりキャリアが励起される。励起されたキャリアは輻射あるいは非輻射再結合により消滅する。消滅するまでの時定数が少数キャリア寿命に相当する。輻射再結合により発生する光はフォトルミネッセンス（PL）として観測される。PL 強度は輻射再結合するキャリアの量に依存することから，短パルスの光を照射すると輻射再結合により励起されたキャリアは漸次減少するため PL 強度は時間減衰する。この時，主に欠陥あるいは不純物を介する非輻射再結合確率が高いと励起されたキャリアの多くは非輻射再結合し，輻射再結合での PL 強度の時間減衰が速くなる。従って，PL 強度の時定数となる PL 寿命を測定することにより，少数キャリア寿命を評価することができる。この PL の時間減衰を測定する方法が TRPL 法である。PL の時間減衰を測定する方法の一つとして

＊　Takayuki Negami　松下電器産業㈱　先行デバイス開発センター　主幹技師

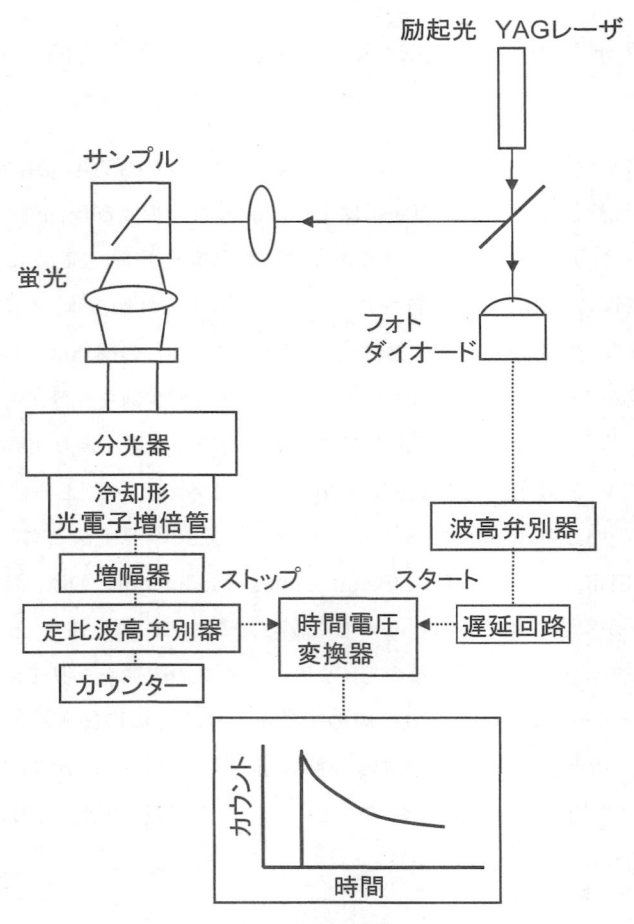

図1 TRPL 測定装置の構成

単一光子計数法がある[9]。ここでは，単一光子計数法を用いた TRPL 測定法について紹介する。

図1に TRPL 測定系を示す。励起 YAG レーザは，サンプル照射と一部トリガーパルス発生用にフォトダイオードへと分岐される。フォトダイオードで変換されたトリガーパルスは，波高弁別器（DISCRIM）を通って時間電圧変換器（Time-to-Amplitude Converter TAC）のスタート入力へ送られ，TAC のコンデンサー充電が開始される。一方，サンプルに照射されたパルス光でキャリアが励起され PL が発生する。1回のパルス照射に対し1個の光子だけ検出されるように，分光器の開口（aperture）を調整する。この光子を検出した信号で，TAC は充電を停止し，コンデンサーの電荷に比例した，つまりスタートパルスとストップパルスの間の時間間隔に比例した大きさの電圧を出力する。ここで1個の光子はパルス光で発生した PL の時間減衰の全体の中のある時間に発生した1つの光子を示している。従って，確率から繰り返し測定するとキャリ

第 5 章 CIS 太陽電池の評価技術

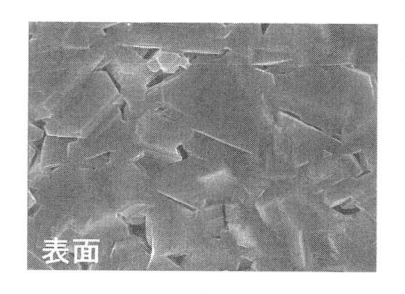

(a) 効率14.3%のCIGS膜

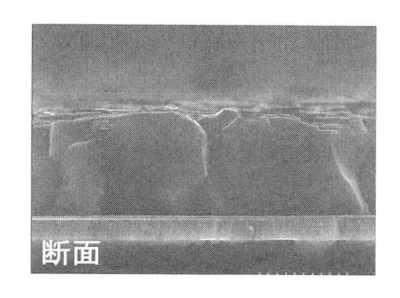

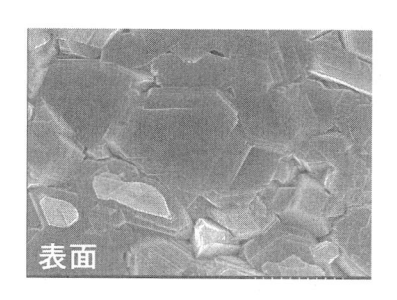

(b) 効率4.2%のCIGS膜

図 2　効率 14.3% と 4.2% の CIGS 膜の断面および表面 SEM 像

アが多い励起直後の短時間での光子の検出回数は多く，キャリアが少なくなる長時間での光子の検出回数は少なくなる。つまり，繰り返し測定において，時間（TAC の電圧）に対する光子の測定された回数を積算（計数 counts）したヒストグラムが PL の減衰曲線となる。以下では，YAG の 2 倍高調波の波長 532nm，出力 6mW，パルス幅 700ps，繰り返し周波数 15.5KHz を励起レーザとして用いて 77K と室温（300K）で測定した TRPL の結果について述べる。

4.3　PL 寿命と変換効率

　PL 減衰曲線と PL 寿命の算出について粒径は同等だが，効率の異なる CIGS 膜についての PL 寿命評価を示して説明する。図 2（a），（b）に効率 14.3% と 4.2% が得られた CIGS 膜の SEM 像を示す。2 つの膜の粒径はほぼ同等であるが，効率は 10% の差がある。図 3 に図 2（a），（b）に示した CIGS 膜のドナーアクセプタ（DA）ペア発光における 77K での PL 強度の時間減衰曲線を示す。PL スペクトルによる PL 寿命の違いについては次項で述べる。図 3 の PL 強度 I の減衰曲線を式(1)でフィッティングして PL 寿命を求める。

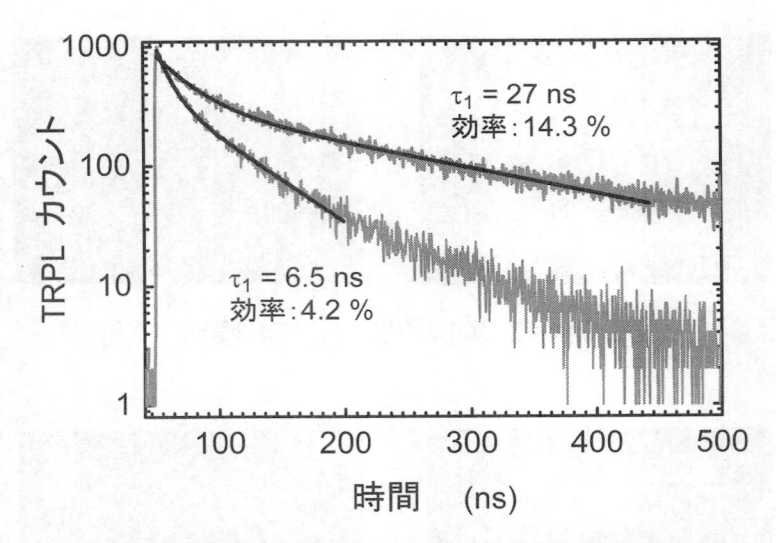

図3 効率の異なる CIGS 膜の PL 強度の時間減衰曲線

$$I(t) = A_1\exp(-t/\tau_1) + A_2\exp(-t/\tau_2) \tag{1}$$

ここで，A_1，A_2 は係数であり，τ_1，τ_2 は PL 寿命の速い成分と遅い成分である。図3において短い時間域では τ_1 が，長い時間域では τ_2 が支配的となる。ここではキャリア寿命の影響が反映されやすい τ_1 を用いて評価した。また，式(1)は指数関数の多項式であり，$A_3\exp(-t/\tau_3)$ 以下の項を増やすことで減衰曲線に対する近似精度は向上するが，PL 寿命 τ_1 の精度にはほとんど影響を及ぼさないため，式(1)の2項式で近似した。図3の実線が近似曲線を表している。この近似曲線から PL 寿命 τ_1 を算出した結果，効率 14.7％ が得られた CIGS 膜の PL 寿命 τ_1 は 27ns であり，効率 4.2％ の PL 寿命 τ_1 の 6.5ns の 4 倍以上の長い寿命であった。SEM 像からは粒径の違いはほとんど観察されないが，効率に相応して PL 寿命が異なることがわかる。

次に，数種類の CIGS 膜の PL 寿命を 77K と 300K で測定して得られた PL 寿命 τ_1 に対する変換効率（●）と開放電圧（△）の相関を図4に示す。77K と 300K の測定ともに PL 寿命が長くなるにつれ効率が増加している。また，短絡電流密度は PL 寿命に対する依存性は観測されていない。開放電圧は欠陥による再結合に大きく依存するため，非輻射再結合に影響される PL 寿命と強い相関が得られることになる。PL 寿命と効率の関係は，デバイス化することなく非破壊での PL 寿命測定により効率に直接影響する CIGS 膜の少数キャリア寿命や欠陥評価が可能であることを示している。

第 5 章　CIS 太陽電池の評価技術

(a) 77K での TRPL 測定

(b) 300K での TRPL 測定

図 4　PL 寿命と変換効率および開放電圧の相関

(a) 効率 14.8% の CIGS 膜

(b) 効率 9.9% の CIGS 膜

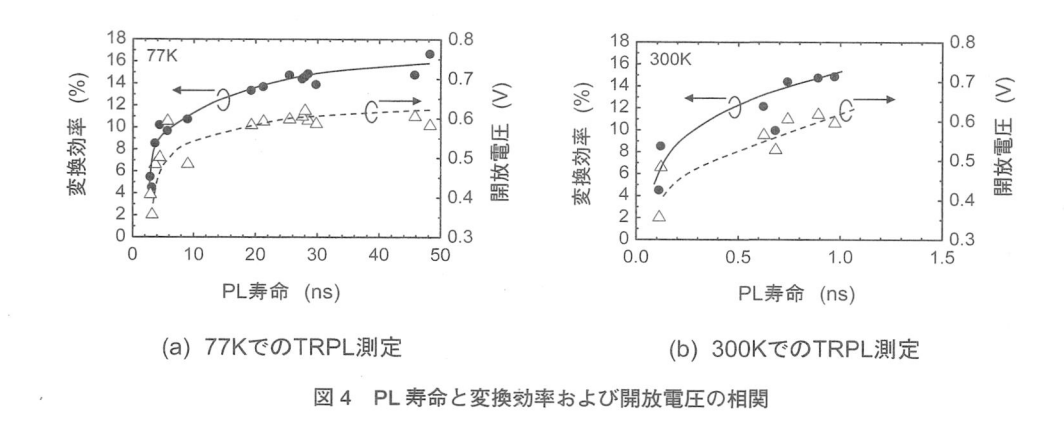

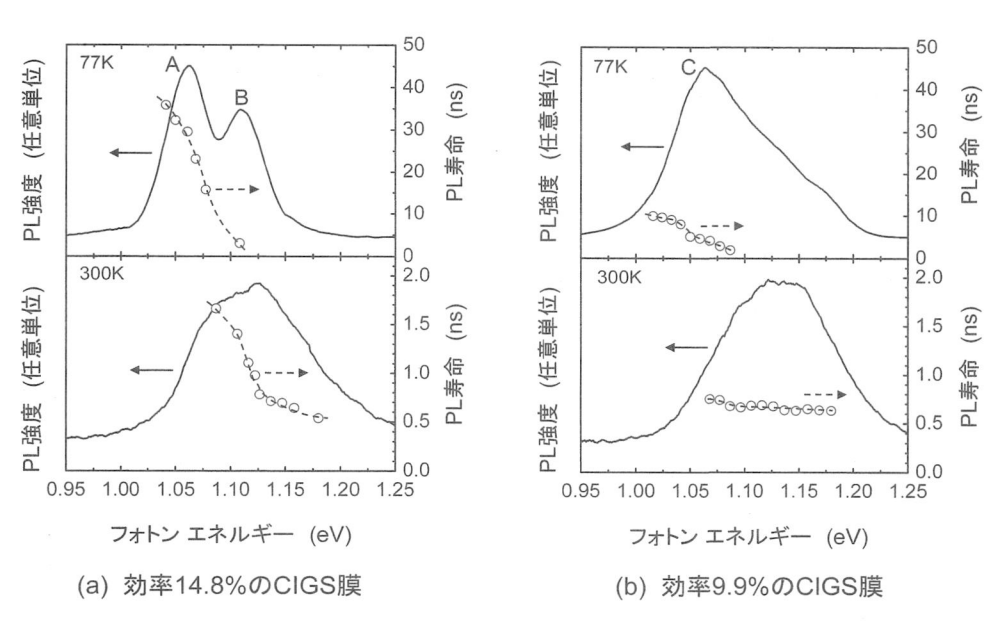

図 5　効率の異なる CIGS 膜の 77K と 300K における PL スペクトル（実線）と PL 寿命（○）

4.4　PL 寿命のスペクトル依存性

太陽電池に用いられる CIGS 膜の PL スペクトルはブロードであり，起源の異なる発光も観測される。従って，デバイス特性評価に用いるためには，PL 寿命のスペクトル依存性を把握することは重要である。ここでは，PL スペクトルによる PL 寿命の依存性と欠陥による依存性の変化について述べる。

図 5 には効率 14.8% と 9.9% の CIGS 膜の 77K と 300K における PL スペクトル（実線）と各スペクトルでの PL 寿命（○）を示している。励起光強度依存性の測定から図 5（a）の上図の 77K

157

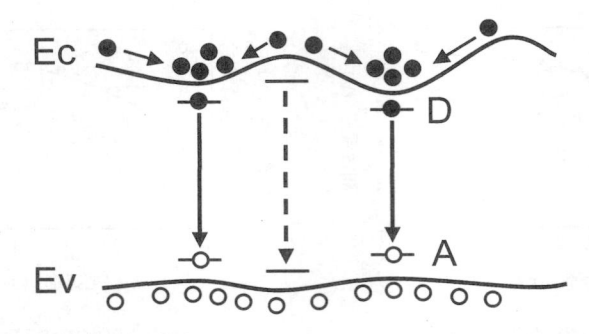

図6 PLライフタイムのスペクトル依存性のモデル

測定のスペクトルAとBはそれぞれDAペア発光とフリーツゥアクセプタ（FA）発光であることを確認している。同様に図5（b）の上図の77K測定のスペクトルCはDAペア発光であることを確認している。FA発光では一般的に伝導帯電子密度と価電子帯正孔密度が短時間で平衡状態に戻るためPL寿命は短くなり、非輻射再結合中心の密度によるPL寿命の変化はほとんど観測できないと考えられる。従って、少数キャリア寿命や欠陥密度評価にはPL寿命の長いDAペア発光のスペクトルを選択する必要がある。このDAペア発光においては図5上図の77K測定ではスペクトルに対しPL寿命が依存しており、PLスペクトルのエネルギーが低くなるにつれPL寿命は長くなっている。特に効率が高い図5（a）でスペクトルに対し大きな変化を示している。これは、CIGS膜のバンドの揺らぎによる励起キャリアの局在によるためと考えられる。図6に示すバンドの揺らぎによるキャリア局在のモデルを用いて説明する。CIGS膜はInとGaの組成比でバンドギャップが変化する。完全に均一に混晶したCIGS膜においてもGaとInの配列による微視的なバンドの揺らぎは存在する。実際に作製した膜ではGaとInの組成分布によるバンドの揺らぎは大きいと考えられる。バンドの揺らぎが存在すると、励起されたキャリアはエネルギーの低いレベルに移動し局在化する。従って、高いバンドギャップでのキャリアが減少するため、破線で示すPLの寿命は短くなる。逆に、低いバンドギャップではキャリアが局在化し発光が持続するため、実線で示すPLの寿命が長くなると考えられる。このようなキャリア局在によるPL寿命の変化はInGaN膜でも観測されている[10]。次に、図5（b）に示す欠陥が多く効率が低い膜でPL寿命のスペクトル変化が小さいことは欠陥密度の増加で説明できる。欠陥密度が増加するとキャリアが局在化した低いバンドギャップでも非輻射再結合確率が高くなるためPL寿命が短くなり、スペクトルに対するPL寿命の変化が小さくなると考えられる。図5の下図の300K測定では効率14.8%と9.9%のCIGS膜ともにスペクトルに対するPL寿命の変化は小さくなっている。これは、300Kでは熱エネルギーによりキャリアの局在化が小さくなるためと考えられる。特に効率の低い9.9%の膜では、PL寿命がスペクトルに対しほとんど依存していな

第5章　CIS 太陽電池の評価技術

いのは，熱によるキャリア局在化の減少と欠陥密度増加のためと考えられる。以上の結果は，PL 寿命の値だけでなく，スペクトルに対する PL 寿命の依存性を測定することにより少数キャリア寿命や欠陥密度を評価することが可能であることを示している。PL 寿命のスペクトル依存性による評価は，特に PL 寿命が短い室温測定で有効であると考えられる。

　As-deposited の CIGS 膜ではバルク再結合だけでなく表面再結合の影響が大きい。ここでは，波長 532nm の比較的 CIGS 膜への侵入深さが浅い励起光で PL 寿命を測定しているため，77K と 300K での PL 寿命の値の違いは表面再結合の影響も大きいと考えられる。しかし，CIGS 膜の表面再結合はデバイス構成上では意味を持たない。デバイスでは CIGS 膜の上にバッファー層が堆積されるため，バッファー層と CIGS 膜の界面再結合の評価が重要となってくる。表面再結合の影響を少なくし，バルク再結合を評価するには波長の長いレーザ光を使用する方法が有効である[11]。逆に，バッファー層による界面再結合の影響を評価するには，波長の短い紫外レーザを使用することが有効である[12]。TRPL 法では評価する対象により励起光の波長を選択する必要がある。

4.5　おわりに

　時間分解フォトルミネッセンス（TRPL）法を用いた CIGS 膜の評価について紹介した。PL 寿命と変換効率で相関が得られ，as-deposited の CIGS 膜のデバイス特性の評価に有効であることを示した。TRPL 評価法は太陽電池高効率化への CIGS 膜作製プロセスへのフィードバックに有効である。また，今後，生産工程において CIGS 膜製膜直後の不良チェックへ導入するには，室温測定での表面再結合の影響低減と精度向上，PL 寿命のスペクトル依存性測定や面内マッピングに要求される測定の高速化が必要になると考えられる。一方，紫外光を用いたバッファー層と CIGS 膜界面再結合評価への応用は界面制御による高効率化への寄与が期待できる。TRPL 法は高効率化と生産性向上に対して有力な評価法として今後発展する可能性がある。

文　　献

1) R. Scheer *et al., J. Appl. Phys.,* **66**, 5412 (1989)
2) D. Schnidt *et al.,* Proc. 10th E. C. Photovolt. Solar Energy Conf. Lisbon, 935 (1991)
3) C. H. Huang *et al.,* Proc. 26th IEEE Photovolt. Spec. Conf. Anaheim, 407 (1997)
4) M. Nishitani *et al., J. Appl. Phys.,* **82**, 3572 (1997)

5) G. Bacher *et al., Cryst. Res. Technol.,* **31**, 737 (1996)
6) K. Puech *et al., Appl. Phys. Lett.,* **69**, 3375 (1996)
7) B. M. Keyes *et al.,* Proc. 29th IEEE Photovolt. Spec. Conf. New Orleans, 511 (2002)
8) S. Shimakawa *et al., Phys. Status Solidi A,* **203**, 2630 (2006)
9) 例えば，D. V. O'Connor *et al.,* 平山鋭ほか訳，ナノ・ピコ秒の蛍光測定と解析法，学会出版センター，p.33 (1988)
10) C. Sasaki *et al., J. Appl. Phys.,* **93**, 1642 (2003)
11) R. Weigand *et al.,* Proc. 2nd World Conf. Photovolt. Solar Energy Conver. Vienna, 573 (1998)
12) S. Shimakawa *et al., Sol. Energy Mater. Sol. Cells,* to be submitted

第6章　化合物薄膜太陽電池の展開

1　高効率・低環境負荷型 CdTe 太陽電池

外山利彦*

　CdTe は，禁制帯幅が太陽光スペクトルに対し理想的である，直接遷移材料であり光吸収係数が大きい，高品位な多結晶薄膜が得られる，価電子制御が可能であり p，n 両型ともに得られる，大面積化に対応可能等，薄膜太陽電池に適した優れた特長を数多く有し[1〜3]，これまでに小面積セルで最高 16.5%の高変換効率が得られている[4]。現在では，独 ANTEC Solar[5] および米 First Solar[6] の2社を中心にモジュール生産へ向けた精力的な研究開発が欧米で行われている[2]。CdTe は，化学的に安定で熱分解され難く，その毒性は金属 Cd ほど激しくは無い[2,7]。しかし，薄膜 CdTe 太陽電池を量産するためには，CdTe の毒性に起因した環境負荷を考慮する必要がある[5,6]。そこで著者のグループでは，CdTe 層の膜厚を減じた低環境負荷型 CdTe 太陽電池を開発してきた[3,8〜15]。従来の薄膜太陽電池では，CdTe 層の膜厚は 10 μm 程度あったが，低環境負荷型太陽電池では，光吸収に必要な最小膜厚 2〜3 μm とした。CdTe 膜厚を減らすことにより，CdTe 消費量の抑制と CdTe 製膜時間の短縮による製造コスト削減効果も期待される。ところが，単純に CdTe 膜厚を減らした場合，変換効率は 10%未満へ大幅に低下する[8]。これは，CdTe の結晶性の低下，CdTe 界面特性の劣化，pn 接合を形成するイオン化不純物濃度分布の不適等に起因する。本稿では，CdTe 膜厚を薄くした低環境負荷型 CdTe 太陽電池における高効率化にあたり，その材料，界面およびデバイスの基本特性を再検討した結果について述べる。

　図1に薄膜 CdTe 太陽電池の構造を示す。基板には，透明導電酸化（TCO）膜（酸化インジウム錫，ITO）付きガラス基板を用いた。TCO 膜には，SnO_2，ZnO 等[1,2] 様々な材料が試みられており，Cd_2SnO_4/Zn_2SnO_4 2層構造 TCO 膜が，高効率化に有効であることが報告されている[4]。CdS 層は，有機金属化学気相成長（MOCVD）法[16] で作製した。CdS 層の作製方法の報告は，化学析出（CBD）法[4] 等非常に多い。CdTe 層は，近接昇華（CSS）法で堆積した[17]。CdTe 層の作製方法の報告も数多いが，高効率化には CSS 法が極めて有効である。これは，CdTe 堆積時（堆積温度約 600℃）に CdS/CdTe 界面近傍で，相互拡散による $CdS_{1-x}S_x$ 混晶化が起きるた

---

*　Toshihiko Toyama　大阪大学　大学院基礎工学研究科　助教

化合物薄膜太陽電池の最新技術

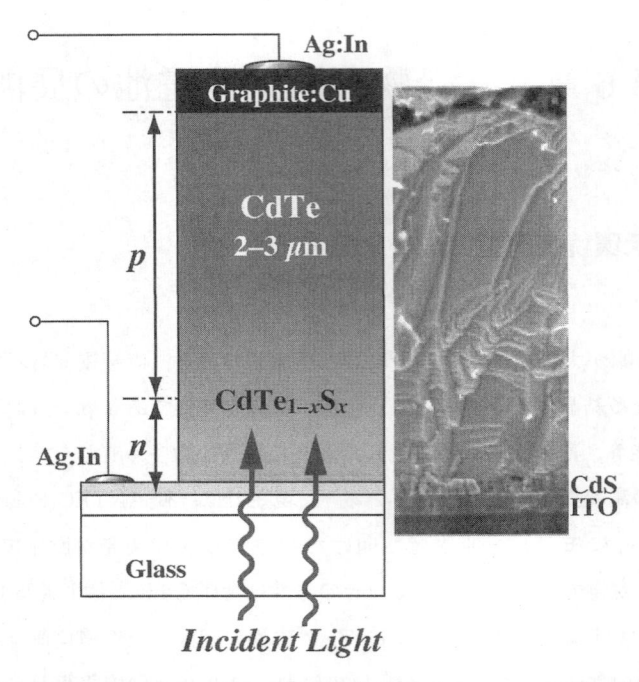

図1 低環境負荷型 CdTe 太陽電池の基本構造と断面走査型電子顕微鏡（SEM）像 [3]
太陽光は，n 層側から入射する。

めである [18, 19]。さらに，CdTe 表面に $CdCl_2$ 水溶液を塗布後，加熱する（$CdCl_2$ 処理）。$CdCl_2$ 処理により，CdTe 多結晶の粒界で固相成長が生じ，粒界が不活性化する [20]。また，Cl は Te 置換によりドナー化し，拡散電位の増加に寄与する [9, 21, 22]。また，過剰な $CdCl_2$ 処理は混晶化を再促進させる [11, 20, 22]。この溶液処理により，変換効率は大幅に向上する。上部電極は，Cu 添加グラファイトならびに In 添加 Ag ペーストをスクリーン印刷し，加熱して形成する。この際，グラファイトに含有された Cu が CdTe 層に拡散され，Cd 置換によりアクセプタとして活性化する [2, 22]。同時に CdTe/ グラファイト界面での高濃度 Cu は，直列抵抗低減へ寄与する。最後に，スクライブで露出させた下地 CdS 層上に In 添加 Ag ペーストをスクリーン印刷し，さらに加熱を施し下部電極を形成すると太陽電池が完成する。

さて，CdTe 太陽電池においては，CdS/CdTe ヘテロ界面の特性が高効率化への鍵を握る。CdS 層は，pn 接合における n 層，広い禁制帯幅を有する窓層，CdTe 結晶成長の種層，そして $CdS_{1-x}S_x$ 混晶化の S 供給源の役割を果たす。ここで $CdS_{1-x}S_x$ 混晶化は，多様な面で大きな役割を果たす。まず結晶工学的な役割について述べる。CdS と CdTe の基本物性を表1に示す [2, 19, 23, 24]。作製された CdS は，（0002）配向ウルツ鉱型構造多結晶であり，また CdTe は，（111）配向

第6章　化合物薄膜太陽電池の展開

表1　CdS および CdTe の主な材料物性 [2, 19, 23, 24]

	CdS	CdTe
結晶構造	ウルツ鉱型	閃亜鉛鉱型
格子定数（Å）	$a = 4.136$	$a = 6.482$
	$c = 6.714$	
禁制帯幅（室温）(eV)	2.48	1.51
電子親和力（eV）	4.5	4.28
移動度（室温）($cm^2V^{-1}s^{-1}$)	電子 350	電子 1050
	正孔 40	正孔 100
比誘電率	9.1	10.2
光学遷移	直接	直接
屈折率（波長）	2.57（550nm）	3.106（550nm）
	2.38（850nm）	2.996（850nm）

表2　CdS および CdTe の結晶配向面，垂直面，垂直面の格子間隔および格子不整合 [15]

CdS			CdTe			格子不整合 (%)
配向面	垂直面	格子間隔 (nm)	配向面	垂直面	格子間隔 (nm)	
(0002)	(11$\bar{2}$0)	0.2068	(111)	(2$\bar{2}$0)	0.2292	9.8
(10$\bar{1}$3)	(1$\bar{2}$10)	0.4136	(111)	(1$\bar{1}$0)	0.4583	9.8

閃亜鉛構造多結晶である。それぞれの優先配向面の垂直面は，その三回対称性からヘテロエピタキシャル成長が可能ではあるが，9.8％の大きな格子不整合を有する（表2）[15]。しかし，混晶化により，組成比 x が CdS/CdTe 界面から離れるにつれて減少する（$x = 0.05 \rightarrow 0$）組成勾配が形成される [19]。その結果，混晶化の促進によって格子不整合が緩和され，強い (111) 配向性を有する粒径の大きい CdTe 層が形成可能となる（図2）[15]。同様に CdS 層には，垂直面が 9.8％ の格子不整合を引き起こす (10$\bar{1}$3) 配向結晶粒も多く含まれるが（表2），やはり，混晶化により (111) 配向 CdTe の成長に寄与する [13〜15]。

$CdS_{1-x}S_x$ 混晶化は，電気的特性にも大きな意味を持つ。CdTe 太陽電池の pn 接合面は，CdS/CdTe の冶金工学的界面ではなく，界面より 0.3〜0.8 μm 離れた $CdS_{1-x}S_x$ 混晶層中に形成される。pn 接合近傍では，$CdS_{1-x}S_x$ 混晶層の禁制帯幅は CdTe の禁制帯幅より 40〜50meV 小さく，pn 接合近傍での混晶比は 0.03 と算出された [18, 19]。また，pn 接合界面の位置は太陽電池の作製条件の違いに影響され難く，常に $CdS_{1-x}S_x$ 混晶層内に形成される。一方，CdTe 太陽電池では，n 層側のキャリア濃度が高いことから，空乏層は主に p 層側に広がる。空乏層幅は 1〜2 μm であり，$CdS_{1-x}S_x$ 混晶層の多くを占める。また，CdS/CdTe ヘテロ接合により生じる伝導帯

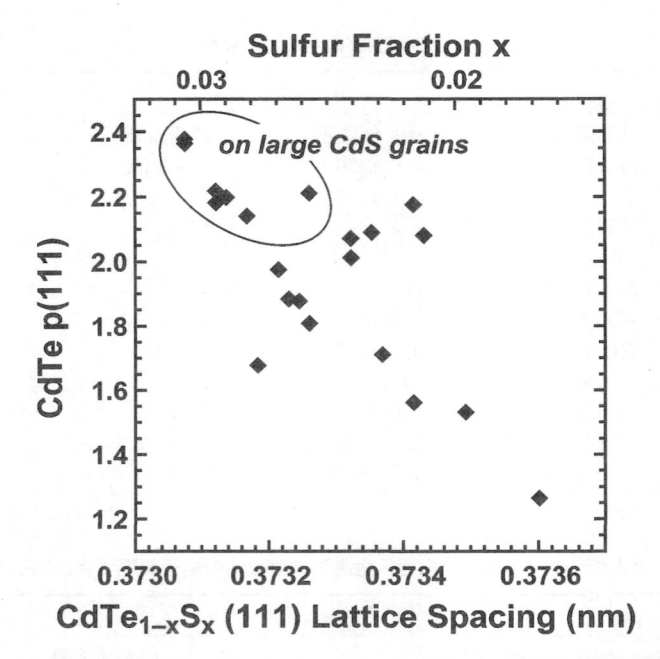

Sulfur Fraction x

図2 CdTe（111）優先配向度 p（111）の CdTe$_{1-x}$S$_x$ 混晶（111）面の格子間隔依存性 [15]
左上の丸で囲んでいる領域は，結晶粒径が大きい（約 30 nm 以上）CdS 上に CdTe を堆積した結果である。上軸に，格子間隔から算出した混晶比 x を示す。

の不整合 ΔE_c は，CdS と CdTe の電子親和力の差 0.22eV より小さな 0.03eV 程度との報告があり [25]，これも混晶化に起因していると推察される。以上のように，電気的特性からも CdS$_{1-x}$S$_x$ 混晶層の存在が太陽電池性能へ与える影響が大きいことは明らかである。

上述した基礎特性を考慮して，低環境負荷型 CdTe 太陽電池の高効率化を図った。まず，結晶工学的観点から，CdTe 層の（111）配向性を指針として CdTe 層の結晶性の改善を試みた。CdS 層の粒径増大は，混晶化の促進ならびに CdTe 層の（111）配向性改善に効果がある [10, 12〜15]。特に異種有機金属（Sn, In, Zn, Ge）化合物を添加した有機 CdS 化合物より作製した CdS 層では [12〜14]，CdS の粒径が増加し，CdTe の（111）配向性が改善され，変換効率が改善された。次に，電気的特性の観点から，CdCl$_2$ 処理 [11] および Cu 熱拡散条件 [3] の検討を行った。両プロセスともに高温（350〜380℃）短時間（5 分）で行うことにより，変換効率改善に効果があった。これは，ドナー濃度の増加（CdCl$_2$ 処理）[9, 11] およびアクセプタ濃度（10^{15}cm^{-3}）の深さ方向分布の平坦化により [3]，階段型に近い pn$^+$ 接合が得られ，拡散電位が増加したことに起因すると推察される。また，高温短時間 Cu 熱拡散は，直列抵抗成分の減少にも効果がある [3]。さらに，CdCl$_2$ 処理時において 20% 程度の酸素濃度の雰囲気下での処理が，拡散電位増加に効果的であ

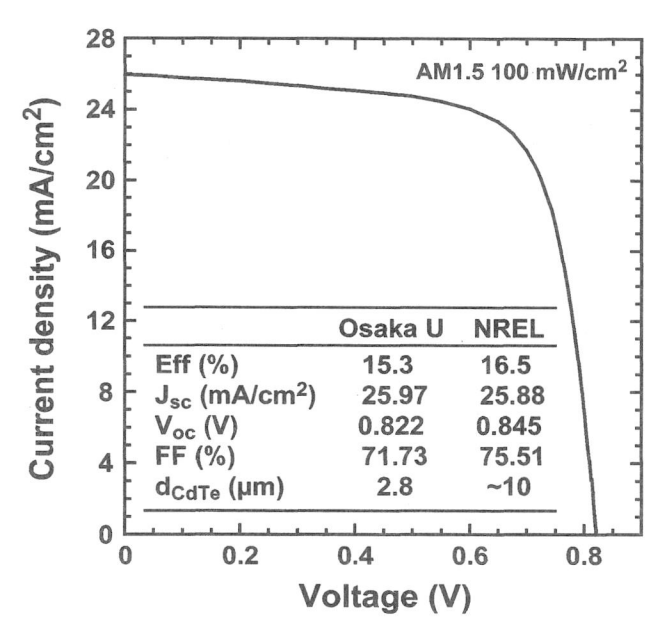

第6章　化合物薄膜太陽電池の展開

図3　低環境負荷型 CdTe 太陽電池の擬似光（Air Mass 1.5，光強度 100mW/cm²）照射電流-電圧特性
挿入表は，低環境負荷型（Osaka U）[13] と従来型（NREL）[4] の CdTe 太陽電池における太陽電池特性（変換効率 Eff, 短絡光電流 J_{sc}，開放電圧 V_{oc}，曲線因子 FF）および CdTe 層膜厚 d_{CdTe} を示す。

る[11]。光学的には，青色感度を確保するため，CdS 窓層の膜厚は 100nm 以下に制限される[10]。一方，CdS の粒径増加は，CdS/CdTe 界面において光の波長以下の界面粗さを引き起こし，有効媒質近似による中間屈折率層を界面に形成する。その結果，反射率が全波長領域において抑制され，光電流の増加が生じる[12]。上述した作製プロセスの改善を施した結果，CdTe 層膜厚 2.8 μm の太陽電池において，CdTe 太陽電池としては世界最高水準である変換効率 15.3%を達成した（図3）[13]。

文　　献

1) T. L. Chu, "Current Topics in Photovoltaics", p.236, Academic Press, New York（1988）
2) M. Burgelman, "Thin Film Solar Cells", p.277, John Wiley & Sons, Chichester（2006）
3) 中村京太郎，博士論文，大阪大学（2002）
4) X. Wu *et al.*, Proc. 17th EU PVSEC, p.995（2002）

5) D. Bonnet and M. Harr, Proc. 2nd WCPEC, p.397 (1998)
6) J. Bohland and K. Smigielski, Proc. 28th IEEE PVSC, p.575 (2000)
7) V. Fthenakis *et al.*, *Prog. Photovolt. Res. Appl.*, **7**, 489 (1999)
8) T. Toyama *et al.*, *Sol. Energy Mater. Sol. Cells*, **67**, 41 (2001)
9) K. Nakamura *et al.*, *Jpn. J. Appl. Phys.*, **40**, 4508 (2001)
10) K. Nakamura *et al.*, *Sol. Energy Mater. Sol. Cells*, **75**, 183 (2003)
11) K. Nakamura *et al.*, *Jpn. J. Appl. Phys.*, **41**, 4474 (2002)
12) T. Toyama *et al.*, *J. Appl. Phys.*, **98**, 013535 (2005)
13) K. Matsune *et al.*, Proc. 31st IEEE PVSC, p.239 (2005)
14) K. Matsune *et al.*, *Sol. Energy Mater. Sol. Cells*, **90**, 3108 (2006)
15) T. Toyama *et al.*, *J. Phys. D: Appl. Phys.*, **39**, 1537 (2006)
16) T. Aramoto *et al.*, *Jpn. J. Appl. Phys.*, **36**, 6304 (1997)
17) J. Britt and C. Ferekids, *Appl. Phys. Lett.*, **62**, 2851 (1993)
18) T. Toyama *et al.*, *Sol. Energy Mater. Sol. Cells*, **49**, 213 (1997)
19) T. Yamamoto *et al.*, *Jpn. J. Appl. Phys.*, **37**, L916 (1998)
20) B.E. MaCandless *et al.*, *Prog. Photovolt. Res. Appl.*, **5**, 249 (1997)
21) R. Dhere *et al.*, Proc. 26th IEEE PVSC, p.435 (1997)
22) T. Okamoto *et al.*, *Jpn. J. Appl. Phys.*, **37**, 3894 (1998)
23) S.M. Sze and K.K. Ng, "Physics of Semiconductor Devices" 3rd Ed., p.789, John Wiley & Sons, New Jersey (2007)
24) O. Madelung, "Data in Science and Technology: Semiconductors other than Group IV Elements and III-V Compounds", p.29, Springer, Berlin (1992)
25) J. Fritsche *et al.*, *Appl. Phys. Lett.*, **81**, 2297 (2002)

2 CdTe 太陽電池サブモジュール

花房　彰*

2.1 サブモジュールの構造

CdTe 太陽電池は図1に示すスーパーストレート型が採用されており，カバーガラスを基板として使用し，透明導電膜，CdS 薄膜，CdTe 膜，および裏面電極膜をそれぞれに積層するとともにパターニングして，直列結線した集積型構造が一般的である[1, 2]。

2.2 セル長とサブモジュール特性

薄膜太陽電池は出力電流レベルに対して必ずしも十分に低い内部抵抗ではないため，セル長を余り長くすると外部に取り出せる出力は減少する。一方，セル長を短くして直列数を増やすとセル間の電気的絶縁や直列結線部分の割合が増えて単位面積あたりの有効発電面積が減少するため最適なセル長が存在する。実験的に検証した結果を図2に示す[3]。

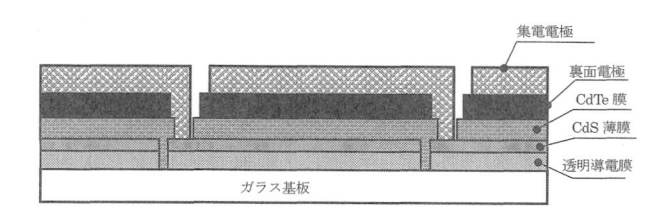

図1　CdTe 太陽電池サブモジュールの断面構造

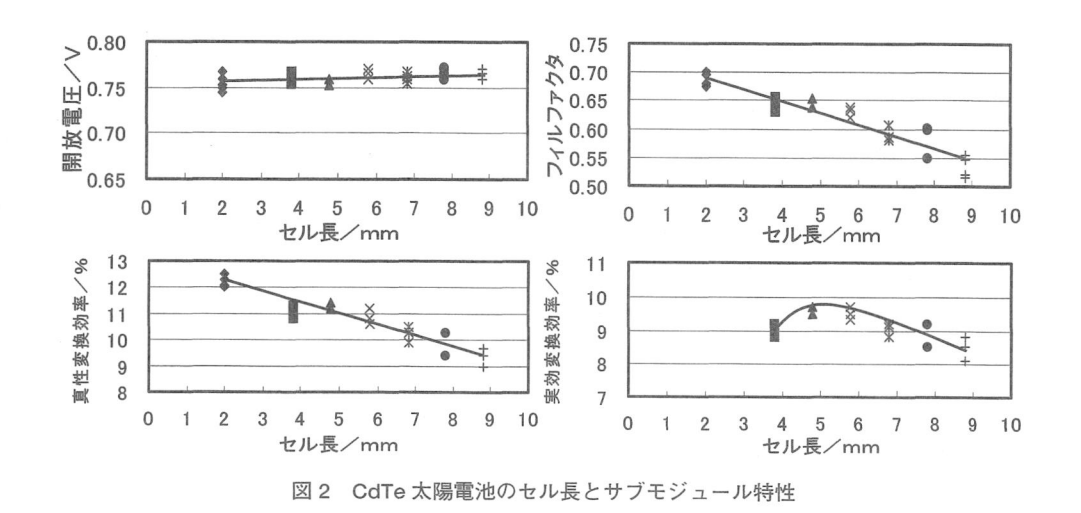

図2　CdTe 太陽電池のセル長とサブモジュール特性

* Akira Hanafusa　松下電池工業㈱　人事グループ　参事

表1　CdTe太陽電池サブモジュールの製造プロセス

膜	パターニング法
透明導電膜	CdS膜と同時レーザースクライブ
CdS膜	透明導電膜と同時レーザースクライブ
CdTe膜	レジスト印刷とサンドブラスト
カーボン電極	スクリーン印刷（製膜と同時実施）
銀電極	スクリーン印刷（製膜と同時実施）

2.3　サブモジュール形成技術

　CdTe太陽電池サブモジュールの製造工程は表1に示すように，薄膜形成工程とパターニング工程からなる[2]。

2.3.1　透明電極形成

　CdTe太陽電池に適した透明導電膜はフラットな表面を持ったものであることは知られている[4]。この理由は窓層にCdS膜を使用しているため，透明導電膜は反射防止膜としては理想的な屈折率であるため，テクスチャー構造を持つ透明導電膜を使用すると短絡電流密度の増加はわずかであり，開放電圧の低下が顕著になるからである。

　また，CdTe膜の製膜温度は500℃以上であるため耐熱性を持った透明導電膜が必要となる。そこで，ここではミスト法を用いてSnO_2膜を形成した例を紹介する。

　大面積基板用透明電極形成法として，2塩化ジメチル錫を主原料として，714mm×820mmの基板上に，フッ素系ドーパント添加の有無により，2塩化ジメチル錫水溶液中に超音波振動子を浸漬して印加電圧を制御するミスト法により，低抵抗の$SnO_2:F$膜とノンドープのSnO_2膜を約5000Å積層させて太陽電池に利用されている[5]。大面積基板上に形成された透明導電膜の特性を図3に示すように，均一で，移動度の高さに起因した高透過率で低抵抗の膜が得られていることがわかる[6]。

2.3.2　CdS薄膜形成

　CdTe太陽電池の窓層であるCdS薄膜の膜厚が1000Å以下になってくるとバンドギャップ以下の短波長光が発電層であるCdTe層に入射し始めるので，短絡電流密度が増大し始めるが，ピンホールの発生確率が増大して，開放電圧の低下を来たす[7]。そのため，CdS膜の膜厚を大面積基板上に均一に制御可能でピンホール密度も小さい製膜法が必要となる。ここではミスト法を用いてCdS薄膜を形成した例を紹介する。

　原料にジブチルジチオカルバミン酸Cdを用い，溶媒として溶解度の高いトルエンを用いたミスト法が採用され，大面積基板上に良質なモフォロジーを持つCdS薄膜をほぼ全域に渡って

第6章 化合物薄膜太陽電池の展開

(a)

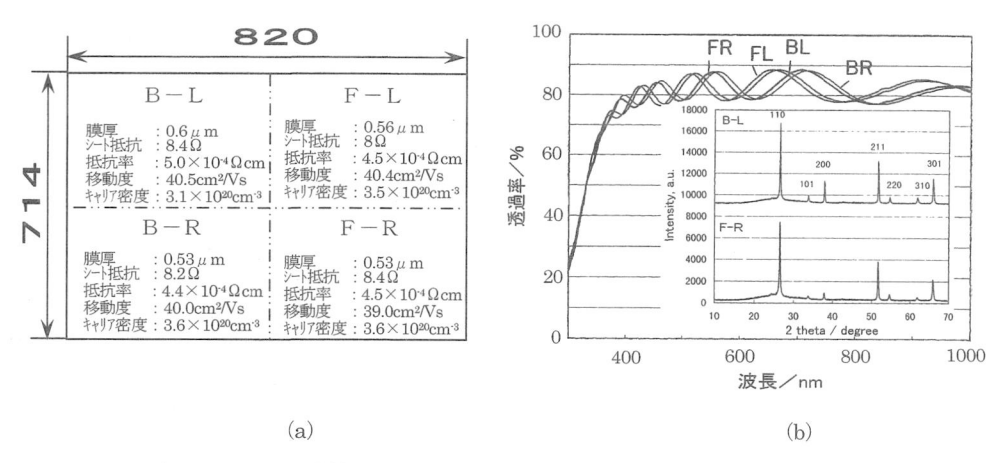

(b)

図3 ミスト法で大面積基板上に形成されたSnO$_2$膜の電気特性(a)と他の特性(b)

(a)

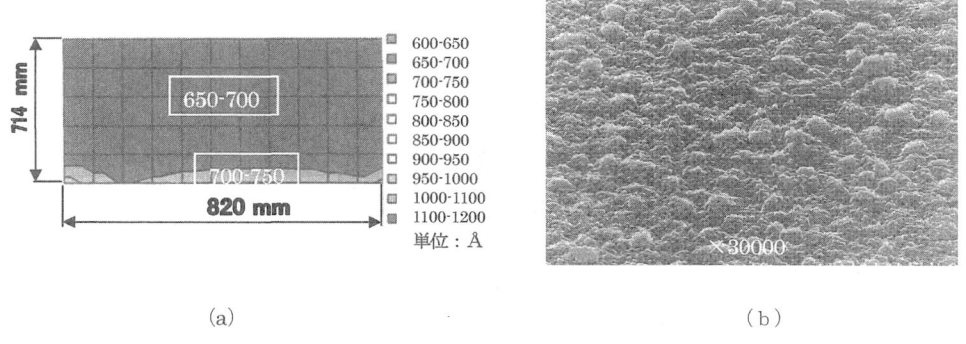

(b)

図4 ミスト法で大面積基板上に形成されたCdS薄膜の膜厚分布(a)と表面モフォロジー(b)

650〜700 Åの膜厚で製膜することに成功している。結果を図4に示す。

2.3.3 CdTe膜形成

CdTe太陽電池の発電層であるCdTe膜はCdS膜上では混晶層を形成しやすく格子定数の不整合を緩和していると考えられている。しかしながらCdTe膜内にS成分が混入すると光電変換効率は低下する。近接昇華法では,比較的低温で高速製膜が可能であるため高い変換効率が期待できる。ここでは,より低コスト化が可能な常圧近接昇華法を用いた例を紹介する。

近接昇華法で得られる膜は,図5に示すように,膜密度も高く,結晶粒のよく発達した膜である[7]。

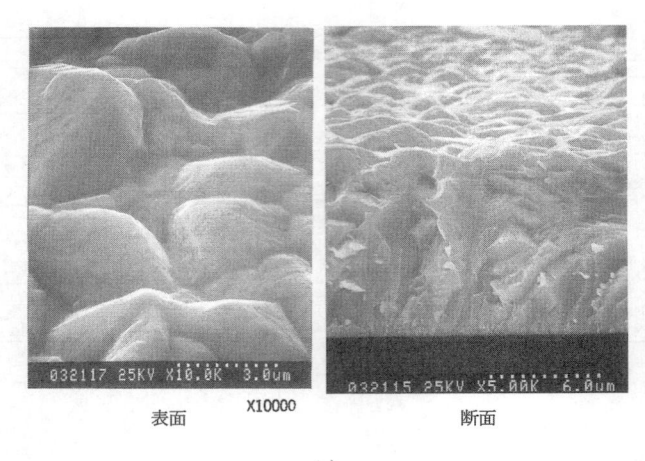

化合物薄膜太陽電池の最新技術

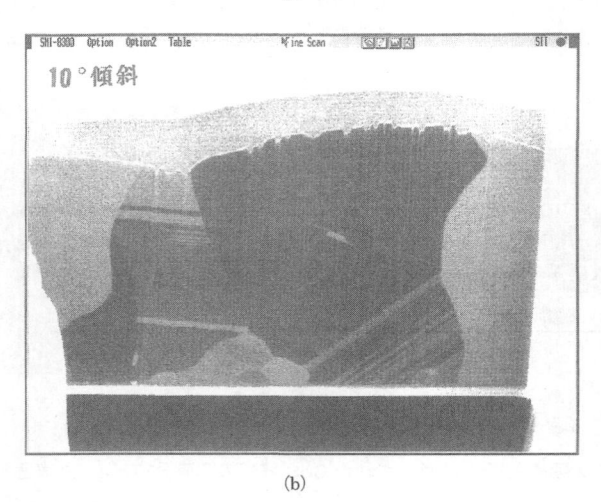

図5 常圧近接昇華法で形成したCdTe膜のSEM（Scanning Electron Microscopy）写真（a）とSIM（Scanning Ion Microscopy）写真（b）

2.4 サブモジュール特性

　大面積基板上に配列して作製した1cm^{2}の有効面積を持つセルの真性変換効率の分布とアパーチャー面積5413cm^{2}のCdTe太陽電池サブモジュール特性を図6に示す。CdTe太陽電池は大面積基板でも十分に高い11.0%の変換効率が得られている[5]。

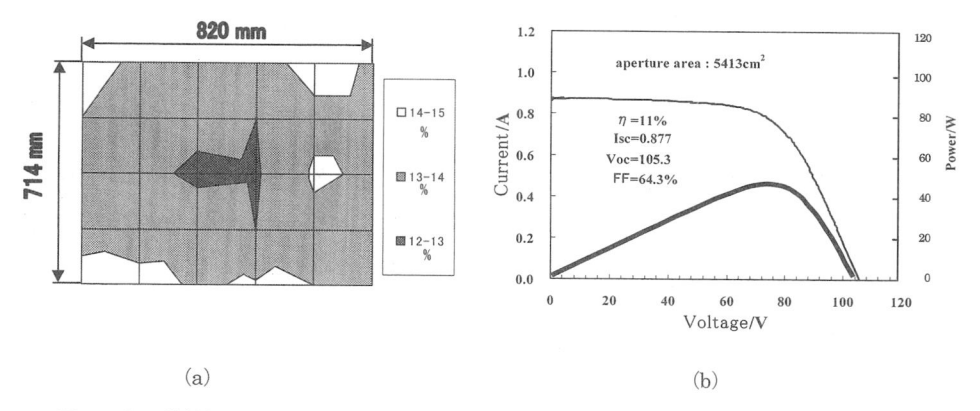

第6章　化合物薄膜太陽電池の展開

図6　大面積基板上の小面積セル真性変換効率分布（a）とサブモジュールの出力特性（b）

文　　献

1) T. Arita *et al., Sol. Energy Mater.*, **23**, 374（1991）
2) A. Hanafusa *et al., Sol. Energy Mater. & Sol. Cells*, **67**, 22（2001）
3) 平成9年度新エネルギー・産業技術総合開発機構委託業務成果報告書（高信頼性CdTe太陽電池モジュールの製造技術開発），p167，平成10年3月
4) 山浦紀八, 科学と工業, **74**（6），309（2000）
5) T. Aramoto *et al., Conf. Rec. of the 28th IEEE PVSC*, 436（2000）
6) P. Veluchamy *et al., Sol. Energy Mater. & Sol. Cells*, **67**, 179-185（2001）
7) S. Kumazawa *et al., Sol. Energy Mater. & Sol. Cells*, **49**, 207（1997）

3 CIGS太陽電池の宇宙応用

川北史朗*

3.1 はじめに

近年,宇宙機全体に対して小型・軽量化が要求されている。太陽電池パドルもその例外ではなく,単位重量あたりの電力供給量を,現状の5〜60W/kgから100〜150W/kgないしそれ以上に向上させることが課題となっている。この目標を達成するための手段として,薄膜太陽電池の宇宙への適用が考えられる。

宇宙機に適した薄膜太陽電池として,$Cu(In,Ga)Se_2$薄膜太陽電池(以下,CIGS太陽電池と略す)が有力な候補であると考えられている。この太陽電池の特長は,報告されている変換効率がAM1.5で19.2%と他の薄膜太陽電池の中で一番高いこと[1],高い耐放射線性を有すること[2],ポリイミドやステンレス基板を用いた軽量太陽電池が開発されていること[3〜5]などが挙げられる。

本節では,CIGS太陽電池の放射線特性,人工衛星による宇宙実験などについて最新の成果を紹介する。

3.2 $Cu(In,Ga)Se_2$薄膜太陽電池の放射線特性

CIGS太陽電池,宇宙用シリコン太陽電池および宇宙用3接合太陽電池に,宇宙用太陽電池の耐放射線性の評価基準となっている1MeVの電子線を照射し,その特性の変化を取得した。その結果を図1に示す。これより,CIGS太陽電池がシリコンおよび3接合太陽電池と比べて耐放射線性が高いだけでなく,電子線に対してほとんど劣化しないことがわかる。一方,宇宙環境にて太陽電池の電気性能を劣化させるもうひとつの放射線である陽子線に対しては,図2に示すように,CIGS太陽電池は他の太陽電池と同様に電気性能が劣化する。以上より,CIGS太陽電池を宇宙機に適用する際は,陽子線による劣化を中心とした評価が重要であることがわかる。

この陽子線によるCIGS太陽電池の性能劣化について,陽子線を照射したCIGS太陽電池を室温で放置していると,時間の経過とともに電気特性が回復することが知られている[6]。そのため,陽子線照射中にも照射欠陥の回復現象が起こっていることが推察され,陽子線照射損傷とそのアニール効果の詳細な検討が必要である。そこで,CIGS薄膜太陽電池の陽子線照射による劣化とアニール効果を明らかにするため,放射線照射中および照射後の熱アニール効果が,短絡電流のその場測定にて評価されている。図3に,その場測定による結果を示す。ここでは,照射温度を

---

* Shirou Kawakita ㈶宇宙航空研究開発機構 総合技術研究本部 電源技術グループ 開発員

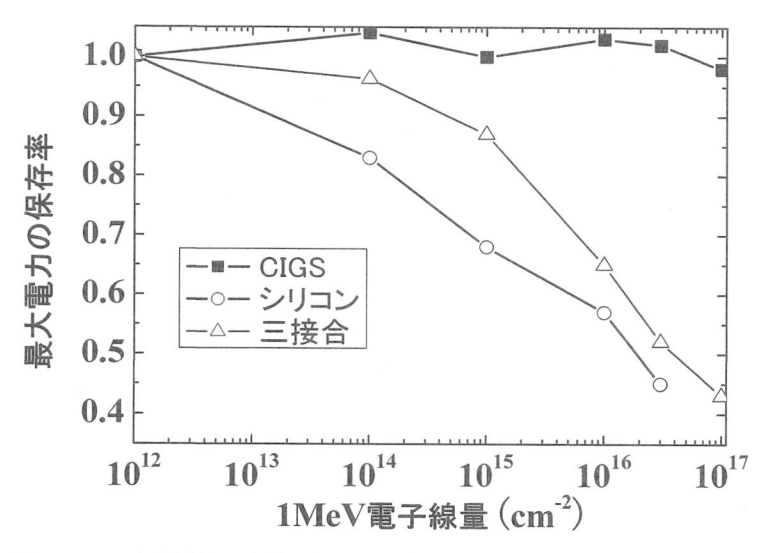

第 6 章　化合物薄膜太陽電池の展開

図 1　CIGS 太陽電池，宇宙用シリコン太陽電池，宇宙用 3 接合太陽電池の 1MeV 電子線による電気性能の劣化特性

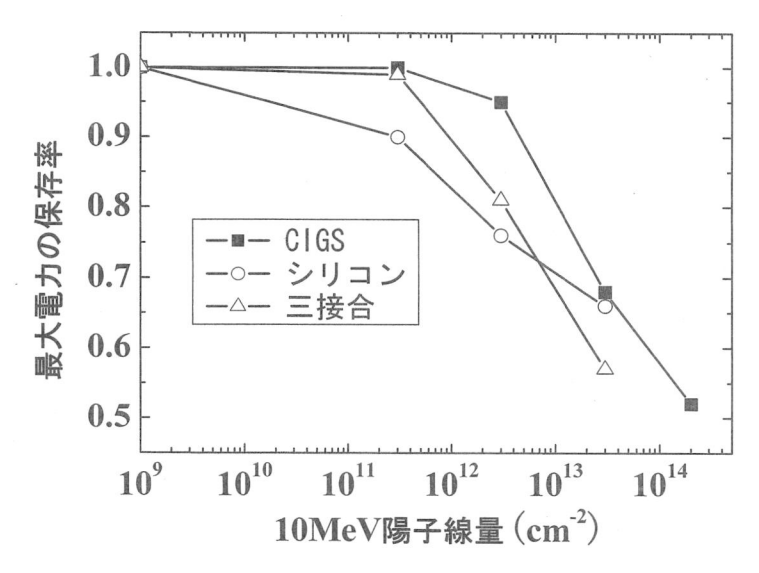

図 2　CIGS 太陽電池，宇宙用シリコン太陽電池，宇宙用 3 接合太陽電池の 10MeV 陽子線による電気性能の劣化特性

変えている。これより，照射後すぐに特性が回復することと，短絡電流の劣化率および回復率が照射温度に大きく依存していることがわかった。また，この傾向は，陽子線のエネルギーを 0.38MeV および 10MeV としたときの実験においても図 3 の結果と同じ現象が報告されているこ

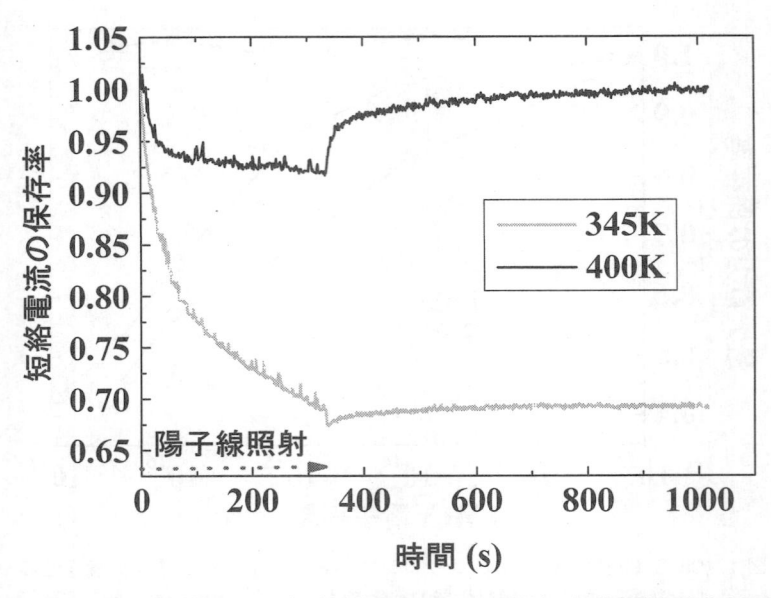

図3 0.38MeV 陽子線照射下および照射直後の CIGS 太陽電池の短絡電流の劣化と回復挙動

とから，陽子線のエネルギーに依存しないことが示されている。陽子線による性能の劣化の回復率と温度との関係を明らかにするために，陽子線を照射した CIGS 太陽電池にアニール試験が行われ，この関係が報告されている[7]。

このように，CIGS 太陽電池の放射線による性能劣化が回復することから，実宇宙環境において，その性能が熱や太陽光照射によってその電気性能が回復することが期待される。静止軌道における太陽電池パドルの温度は 60℃ 程度であり，この温度での放射線による照射欠陥の回復速度は十分大きいと考えられる。このため，軌道上での太陽電池パドルの発生電力の低下はほとんどないと報告されている[8]。

この CIGS 太陽電池の放射線による劣化メカニズムについては，照射欠陥が In アンチサイト欠陥であろうと報告されているが，実験による確証には至っていない[9]。また，回復機構についても同様であり，今後の研究によってそのメカニズムが解明されることを期待する。

以上より，CIGS 太陽電池の電気性能は，電子線に対しては劣化しないこと，陽子線に対しては劣化するが室温程度の比較的低温においても回復速度が大きいことから，将来の宇宙用太陽電池の有力候補と期待されている。

3.3　Cu(In, Ga)Se$_2$ 薄膜太陽電池の宇宙実験

CIGS 太陽電池は，地上での放射線照射試験によって高い放射線耐性は示されているが，実際

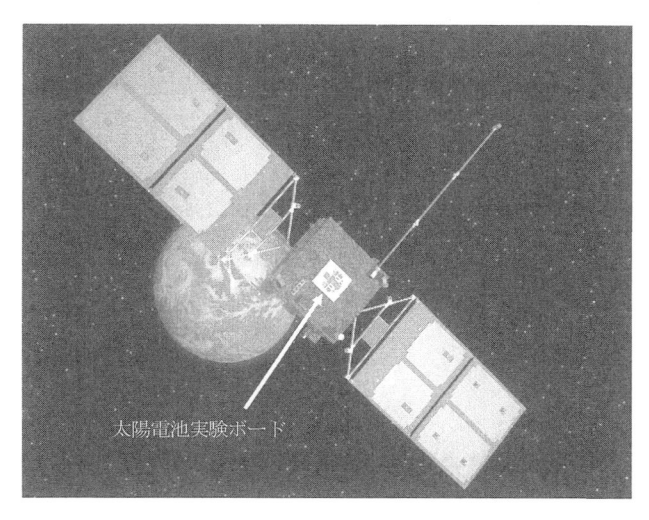

第6章　化合物薄膜太陽電池の展開

図4　人工衛星「つばさ」

の宇宙環境においてどのような性能となるのかを検証することが重要である。そこで，実際の人工衛星の電力源への適用の前に，実宇宙環境における電気性能の評価を，人工衛星にCIGS太陽電池を貼り付けた実験ボードを搭載しその電気特性を測定する宇宙実験がいくつか行われている。

はじめてのCIGS太陽電池の宇宙実験は，1997年12月に打ち上げられたドイツの人工衛星（Equator-S）にて行われた[10]。しかし，ここで搭載したCIGS太陽電池は，地上での保管時に湿度が原因と考えられる性能劣化が観測されており，その状態にて宇宙実験が行われたため，電気性能を十分評価することができなかった。

次に，2002年2月に打ち上げられた日本の人工衛星「つばさ」によって，CIGS太陽電池の宇宙実験が行われた。図4に人工衛星「つばさ」の軌道上予想図を示す。この人工衛星は，耐放射線性を効率よく観測するという目的のため，放射線環境の厳しい静止遷移軌道上を周回していた。この耐放射線性を評価される半導体部品のひとつとして，「つばさ」にはCIGS太陽電池を含めたいくつかの実験用太陽電池が搭載されている。この太陽電池ボードの日照時の平均温度は約70℃である。

この実験の結果，同時に搭載している他の種類の太陽電池は劣化しているが，CIGS太陽電池について，短絡電流は劣化せず，開放電圧は1%程度の劣化しかないことが確認された（図5)[8]。このようにCIGS太陽電池が実宇宙環境においても高い耐放射線性を有していることを検討するため，CIGS太陽電池の地上試験より求められた性能予測モデルを用いて，実験結果との比較検証が行われている。これより，CIGS太陽電池の電気性能は，放射線による損傷よりも回復が大

化合物薄膜太陽電池の最新技術

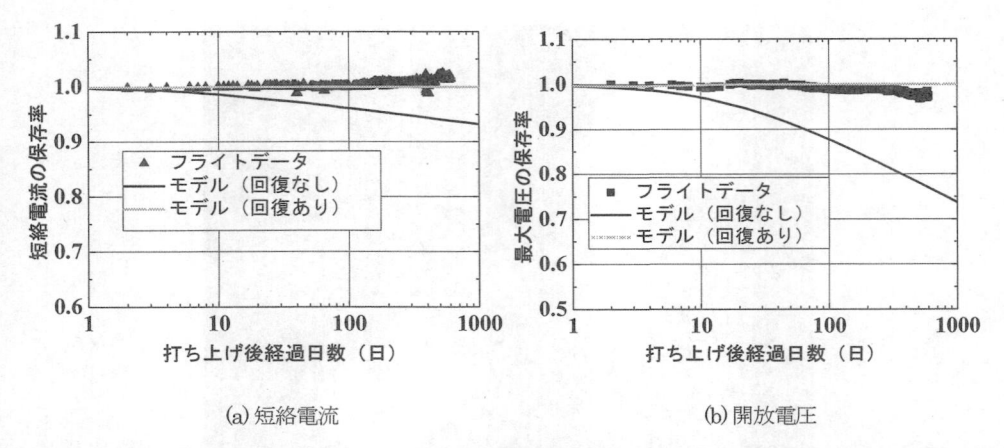

図5 人工衛星「つばさ」に搭載したCIGS太陽電池の電気性能のフライトデータと予測モデルによる計算結果

(a) 短絡電流　(b) 開放電圧

きいため劣化はしないと予想され，軌道上での観測結果と一致することが明らかとなっている（図5）。

ここで実験したCIGS太陽電池は，低エネルギーの陽子線による性能劣化を防止するために用いられているカバーガラスが表面に貼り付けられている。CIGS太陽電池が人工衛星に適用される際は，そのタイプは軽量化のためにフレキシブル型になると予想される。そのため，ガラスなどを表面に貼り付けるとフレキシブル性が損なわれることから，何も実装しないか，もしくはフレキシブル材料にて表面を保護することが望まれている。

地上試験の結果より，カバーガラスがないCIGS太陽電池の高度1000km以下の低軌道および静止軌道における電気性能の劣化予測が行われている[8]。この結果，低エネルギー陽子線により発生する欠陥は，太陽電池パドルの温度レベルにおいても回復しCIGS太陽電池の電気性能は全く劣化しないと予測された。この予測を検証するために，東京大学が開発した小型人工衛星XI-V（2005年10月打ち上げ）にてカバーガラスがないCIGS太陽電池の宇宙実験が行われている。人工衛星の外観写真を図6に示す。この人工衛星は1辺が10cmの立方体となっており，6面のうち1面にカバーガラスがないCIGS太陽電池が貼り付けられている。このCIGS太陽電池の電気出力のトレンドデータを図7に示す。これより，CIGS太陽電池はカバーガラスがなくても，地上試験による予測結果と同じく，電気性能が劣化しないことが明らかとなった[11]。

3.4 まとめ

CIGS太陽電池の宇宙応用に関して，その放射線による劣化特性と宇宙実験について最近の成果を報告した。これまでの研究成果より，CIGS太陽電池が高い耐放射線性を有しているのは，

第 6 章　化合物薄膜太陽電池の展開

図 6　小型人工衛星 XI-V の外観写真

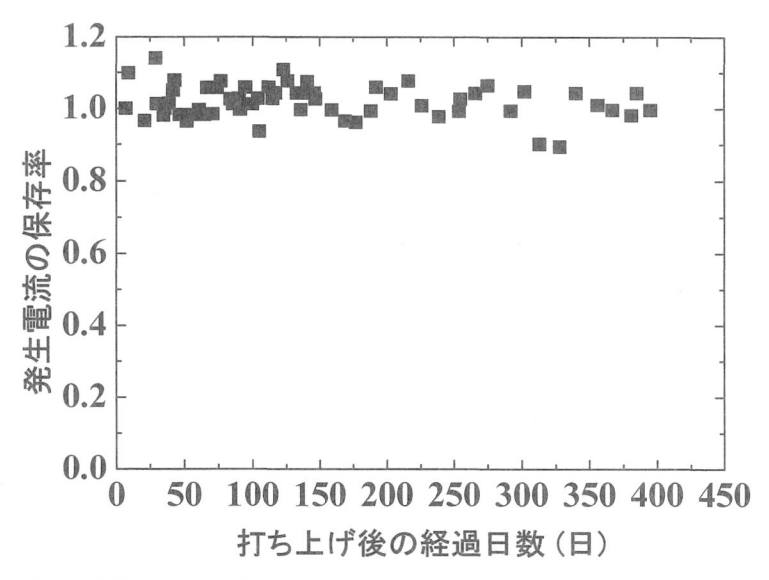

図 7　小型人工衛星 XI-V に搭載した CIGS 太陽電池モジュールの発生電流のトレンドデータ

放射線による照射欠陥は発生するが室温付近においても回復するために，結果として放射線による劣化が観測されないためと考えられている。また，CIGS 太陽電池の宇宙実験において，人工

衛星「つばさ」や小型衛星 XI-V において，その高い耐放射線性が実証されている。以上の研究成果を基に，宇宙用フレキシブル CIGS 太陽電池を用いた人工衛星の太陽電池パネルレベルの設計検討が盛んに行われている。

文　　　献

1) K. Ramanathan *et al.*, *Prog. Photovolt.*, **11**, 225 （2003）
2) T. Aburaya *et al.*, 2nd WCPEC, Austria, 3568 （1998）
3) D. Bremaud *et al.*, 19th EPVSEC, France, 1710 （2004）
4) Y. Hashimoto *et al.*, 3rd WCPEC, Osaka （2003）
5) J. R. Tuttle *et al.*, 28th IEEE PVSC, Anchorage, 1042 （2000）
6) A. Bohen *et al.*, 28th IEEE PVSC, Anchorage, 1038 （2000）
7) S. Kawakita *et al.*, *Jpn. J. Appl. Phys.*, **41**, 797 （2002）
8) S. Kawakita *et al.*, 3rd WCPEC, Osaka （2003）
9) J. F. Guillemoles *et al.*, *J. Phys. Chem B*, **104**, 4849 （2000）
10) H. W. Schock *et al.*, 2nd WCPEC, Vienna, 3586 （1998）
11) S. Kawakita *et al.*, 21st EPVSEC, France （2006）

4 高効率 Cu(In, Ga)S$_2$ 系太陽電池

海川龍治*

4.1 はじめに

　CuInS$_2$ 化合物半導体は，カルコパイライト構造を持ち，格子定数は $a = 5.52$，$c = 11.08$ である[1]。CuInS$_2$ 化合物半導体は主成分に Se を含まない薄膜太陽電池吸収層として注目されている。CuInSe$_2$ 化合物自体は有毒ではないが[2]，製造段階で主成分である Se の使用は不可欠なので，Se を使用しない CuInS$_2$ 薄膜太陽電池吸収層は製造段階で有利である。今まで製品化されたカルコパイライト系薄膜太陽電池の材料は Se を主成分に含むものだけであったが，2006 年からドイツの Sulfurcell 社が Se を含まない 125 × 65cm^2 の CuInS$_2$ モジュールを作製し，製品化している。

　CuInS$_2$，CuGaS$_2$ の禁止帯幅はそれぞれ 1.5eV，2.43eV であり，Cu(In, Ga)S$_2$ は Ga/(In + Ga) 量により禁止帯幅を 1.5eV から 2.43eV まで変化できる。後で説明するように Cu(In, Ga)Se$_2$ を下部セルに用いたタンデム構造の太陽電池を作製する場合，上部セルは 1.6eV 以上の禁止帯幅を持つ必要がある。上部セルとして使用可能なカルコパイライト薄膜太陽電池の中で，Cu(In, Ga)S$_2$ 薄膜太陽電池（1.65eV）は初めて変換効率 10% を上回り，上部セルの有力候補となった[3]。本節ではこのように実用化，さらなる高効率化が期待される Cu(In, Ga)S$_2$ 薄膜太陽電池の現状，特性，利点，問題点などを解説する。

4.2 Cu(In, Ga)S$_2$ 薄膜太陽電池の特長

4.2.1 Cu(In, Ga)S$_2$ 薄膜太陽電池の構造

　図 1（a）のように Cu(In, Ga)S$_2$ 系太陽電池の構造は一般的な Cu(In, Ga)Se$_2$ 系太陽電池の構造とほぼ同じである[4]。ソーダライムガラス基板を機械的に洗浄した後，スパッタリング法により裏面電極のモリブデン膜を蒸着し，次項で説明するいくつかの方法で約 1.5μm の Cu(In, Ga)S$_2$ 薄膜を作製する。このとき Cu-rich(Cu/In＞1) 状態で薄膜を作製するので，表面に Cu$_x$S 層が現れる。この Cu$_x$S 層は，室温で 10% の KCN 溶液でエッチングする。次に溶液成長法(Chemical bath deposition; CBD)を用いて 30 ～ 50nm の CdS バッファ層を積層する。さらに ZnO 半絶縁膜，ZnO：Al または ZnO：Ga 透明電極をスパッタリング法により成膜する。グリッドには Ni-Al，反射防止膜には MgF$_2$ を用いる。

　Se 系と同様に Cu(In, Ga)S$_2$ 吸収層を Cu-poor 状態で作製し，Cu$_x$S 層除去なしで太陽電池を作製している報告もある[5, 6]。しかし Cu(In, Ga)S$_2$ 吸収層の場合，わずかな Cu-poor 状態でも極端に VI 族欠陥（ドナー）が多くなり n 型になり易く，太陽電池作製は非常に難しく，一般的

---

* Ryuji Kaigawa　龍谷大学　理工学部　電子情報学科　講師

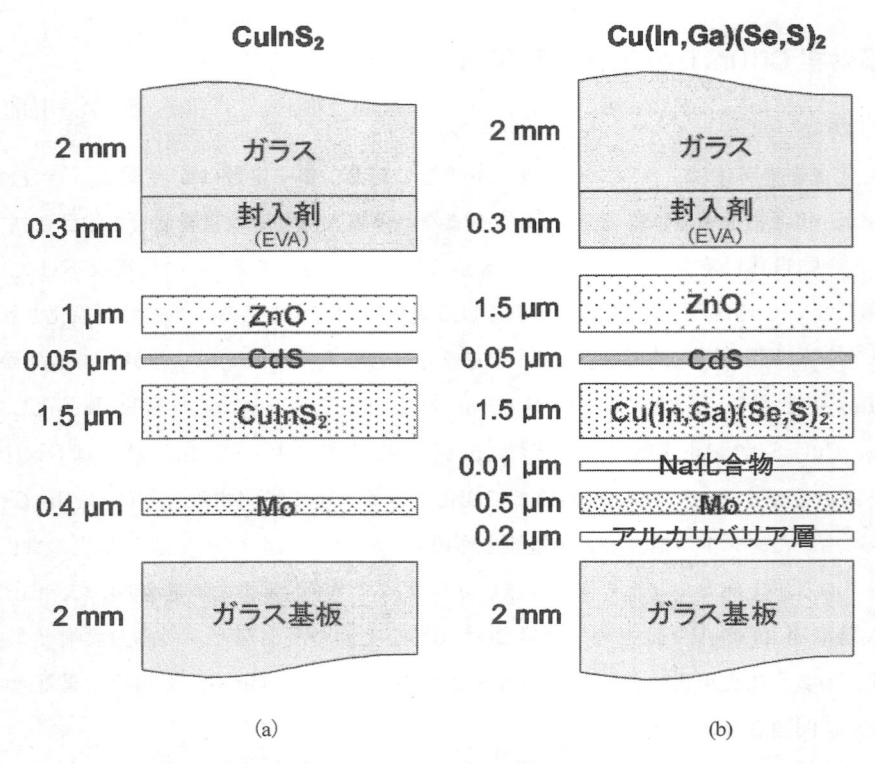

図1 カルコパイライト型薄膜太陽電池の構造

4.2.2 Na添加の不要

 NaはCu(In, Ga)Se$_2$薄膜太陽電池にとってポジティブな役割を果たすことが知られている。Na添加により，結晶粒径の増加，伝導率ホール濃度の増加などが報告されている[7, 8]。また通常基板にNaを主成分に含むソーダライムガラスを用いるので，Naを故意に添加しなくてもMo裏面電極を通してカルコパイライト薄膜太陽電池吸収層にNaは拡散してくる。しかしこのNaの拡散は大面積セルにおいて均一ではなく，太陽電池特性の不均一を招く。これを解消するため，図1(b)のように，ソーダライムガラス基板にまずアルカリバリア層を蒸着した後，Na化合物を蒸着し，均一にNaを添加する試みが一般的にされている[9]。しかし図1(a)に示すようにCu(In, Ga)S$_2$薄膜太陽電池では大面積モジュールにおいてもNaの制御なしで作製されている。それは13%のNa$_2$Oを含むソーダライムガラス基板を用いたときと，Na-freeの基板を用いたときの太陽電池特性に差はないことがわかっているためである[10]。Na効果のメカニズムとして，Na添加により酸化が促進され，ドナーとして働くSe空孔を酸素が埋め，不活性化するという

第6章 化合物薄膜太陽電池の展開

モデルがある[11]。Cu(In,Ga)S_2薄膜太陽電池の場合Cu(In,Ga)S_2吸収層はCu-rich状態で作製するため，表面に析出するCu$_x$Sが硫黄を供給し[12]，硫黄の欠陥密度を減少させるので，Naなしでも良好なp型伝導になると考えられている。このためCu(In,Ga)S_2薄膜太陽電池は図1のようにアルカリバリア層とNa化合物が不要となり，製品化の段階で2工程省くことができることも大きな利点である。

4.2.3 Gaの偏り

Cu(In,Ga)S_2化合物半導体はGa/(In+Ga)量により禁止帯幅を1.5eVから2.43eV変化できるがCu(In,Ga)S_2薄膜太陽電池において禁止帯幅を目的の値にするためには，太陽電池のアクティブ領域のGa/(In+Ga)量を制御する必要がある。Cu-In-Ga金属薄膜プリカーサーを硫化して作製するCu(In,Ga)S_2薄膜の場合，Gaが基板側に偏析し太陽電池のアクティブ領域のGa/(In+Ga)量を制御することは困難である。Cu(In,Ga)S_2薄膜におけるGa偏析は以下のようなメカニズムで起きると考えられている。

まずプリカーサー内でCu-Ga合金が自発的に生成し，硫化の初期の段階でCuGaS_2が生成する。次にCuGaS_2上にCuInS_2が生成する。その後，相互拡散，再結晶化が起きるが膜中でのGa/(In+Ga)比の不均一は避けられず，表面付近でGa/(In+Ga)は極端に減少する[13]。

次項で述べる多元蒸着装置を用いた2段階蒸着法（第1段階でIn-Ga-Sを蒸着し，第2段階でCu-Sを蒸着しカルコパイライトCu(In,Ga)S_2薄膜を生成する方法）でもカルコパイライトCu(In,Ga)S_2結晶が生成する前にInとGaの全量が蒸着されているので，硫化法と同様にGa偏析が起きる（図2の実線）。Cu(In,Ga)Se_2結晶でも同様の報告があるが，Cu(In,Ga)Se_2結晶の場合，高温生成や，熱処理で膜中のGa/(In+Ga)比の不均一が避けられるのに対して，Cu(In,Ga)S_2結晶の場合，高温生成においても膜中でのGa/(In+Ga)比の不均一が比較的に残る。

4.3 Cu(In,Ga)S_2光吸収層の作製法

4.3.1 硫化法

DCマグネトロンスパッタリングを用いて金属CuとInを蒸着しプリカーサーを作製する。Cu/In比を1.0から1.8まで変化させた場合，太陽電池特性のもっとも良いものはCu/In = 1.8で得られている。石英管にプリカーサー膜とS元素を一緒に入れ，ハロゲンランプによるRTP（Rapid Thermal Process）で反応させる。500℃まで10K/sで昇温し，2分間で硫化は完了する。この作製法を用いて変換効率11.4%を得ている[14]。先に述べたSulfurcell社はこの技術を用いて，17.1cm^{2}のミニモジュールでは変換効率9.3%（Fhg-ISE測定）を達成し，125×65cm^{2}のCuInS_2モジュールを製造販売している。

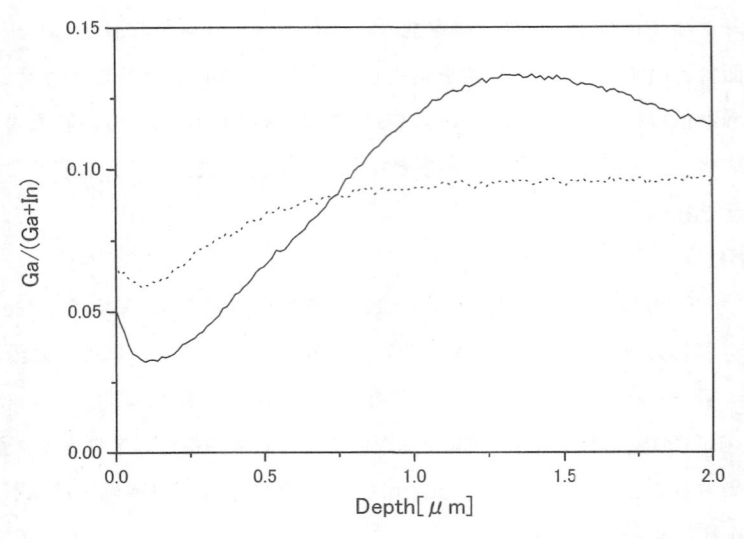

図2 SIMS (secondary-ion mass spectroscopy) 測定による Ga の深さ分布
(実線と破線の違いは作製方法の違いで，作製法については本文参照)

表1 ワイドギャップカルコパイライト型薄膜太陽電池の特性

Absorber	E_g[eV]	V_{oc}[mV]	FF[%]	J_{sc}[mA]	η [%]
$CuInS_2$[14]	1.50	729	72.0	21.8	11.4
$Cu(In, Ga)S_2$[3]	1.53	774	73.7	21.6	12.3
$Cu(In, Ga)Se_2$[16]	1.64	823	66.8	18.6	10.2
$Cu(In, Ga)S_2$[3]	1.65	831	71.2	17.1	10.1
$CuGaSe_2$[16]	1.68	905	70.8	14.9	9.5
$Cu(In, Ga)S_2$[3]	1.74	895	70.0	16.2	10.1*
$Cu(In, Ga)S_2$[3]	1.79	908	63.9	12.4	7.2*

*active area

4.3.2 多元蒸着装置による 2 段階成長法

　先に述べたように第 1 段階で In, Ga, S を蒸着し，第 2 段階で Cu, S を蒸着する通常の 2 段階法を用いると，良質で高効率の $Cu(In, Ga)S_2$ 薄膜太陽電池が作製できる（表 1 (a) 参照）が，図 2 の実線に示すように Ga の偏りを生じる．Ga 量を増やしても，この方法ではアクティブ領域での禁止帯幅の増加は見られない．$Cu/(In+Ga)>1$ の組成で Cu, In, Ga, S を同時蒸着し $Cu(In, Ga)S_2$ 薄膜を作製すると，Ga の偏りはなく，Ga は均一に膜中に混入する．しかしこの同時蒸着では Ga を均一にできても，再結晶化しないため良質な膜の作製が困難であり，変換効率も低い．そこで第 1 段階で $Cu/(Ga+In)=0.9$ となるように Cu を加え，第 2 段階で Cu, S を蒸

第6章 化合物薄膜太陽電池の展開

着し再結晶化することにより，図2の点線に示すようにGaの偏りが改善された高効率な太陽電池（特性は表1（b）参照）を作製でき，Ga量により禁止帯幅を制御可能となった。

4.4 ワイドギャップ Cu(In, Ga)S$_2$ 太陽電池

禁止帯幅の狭い下部セルと広い上部セルを接合させたタンデム太陽電池は理論上変換効率が大幅に向上する。現在 Cu(In, Ga)Se$_2$ の最高変換効率は 19.5%[15] であり，ほぼ理論限界まで達しつつあるが，タンデム構造を用いると理論的には25%程度まで変換効率を向上できると考えられている。Cu(In, Ga)Se$_2$ を下部セルとして使用した場合，上部セルとして考えられる 1.6eV 以上の禁止帯幅を持つ太陽電池が必要である。表1にワイドギャップカルコパイライト構造薄膜太陽電池の特性を示す。今まで上部セルとして考えられてきたのは CuGaSe$_2$ のみであったが，表1に示すように Cu(In, Ga)S$_2$ 太陽電池は，変換効率，禁止帯幅を比較しても上部セルの有力候補である。しかしタンデム構造の上部セルに要求されている変換効率は 16% 以上であり，実用域には作製温度の問題など多くの課題が残されている（その他の組成として Cu を Ag に置換した Ag 系の研究報告もあるが変換効率は 9% 程度である）。

4.5 高効率化への課題

現在 Fraunhofer-Institut für Solare Energiesysteme (ISE) や the National Renewable Energy Laboratory (NREL) などオフィシャルな特性評価機関が測定を行った Se-free カルコパイライト系薄膜太陽電池の最高変換効率は，Hahn-Meitner-Institut (HMI) で作製された Cu(In, Ga)S$_2$ 太陽電池の 12.3%（total area 0.5cm^2）である[3]。また Ga-free の CuInS$_2$ 薄膜太陽電池の最高変換効率は 11.4% である[14]。図3に Cu(In, Ga)S$_2$ 太陽電池のバンドギャップに対する開放電圧を示し，図4に変換効率 18.8%（1.15eV）[17] の Cu(In, Ga)Se$_2$ 太陽電池の特性を元に計算したバンドギャップに対する理想的な開放電圧と変換効率を示す[18]。Cu(In, Ga)Se$_2$ 太陽電池は理論的にはタンデム構造の上部セルに要求されている変換効率 16% を超えることは可能であるが，現在の Cu(In, Ga)S$_2$ 太陽電池の最高変換効率は理論値の 72% しか達していない。特に開放電圧が理論値の 75% までにしか達しておらず，変換効率が理論値に達しない最大の原因になっている。この理由は諸説あるが Cu(In, Ga)S$_2$ 光吸収層と CdS バッファ層の界面での損失が主な要因であると考えられている。さらにバンドギャップの拡大に対して開放電圧の増加が小さくなるが，これは Ga 量増加に伴い欠陥密度の増加[19] も原因の1つと考えられている。

4.6 おわりに

Cu(In, Ga)S$_2$ 太陽電池は最適禁止帯幅を少し超えた禁止帯幅を持ち，その能力を十分に発揮で

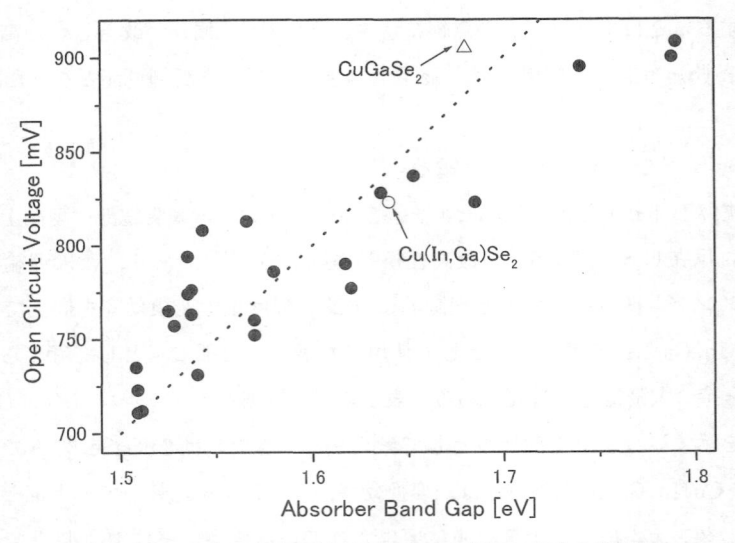

図3 Cu(In, Ga)S$_2$太陽電池（●）の禁止帯幅に対する開放電圧

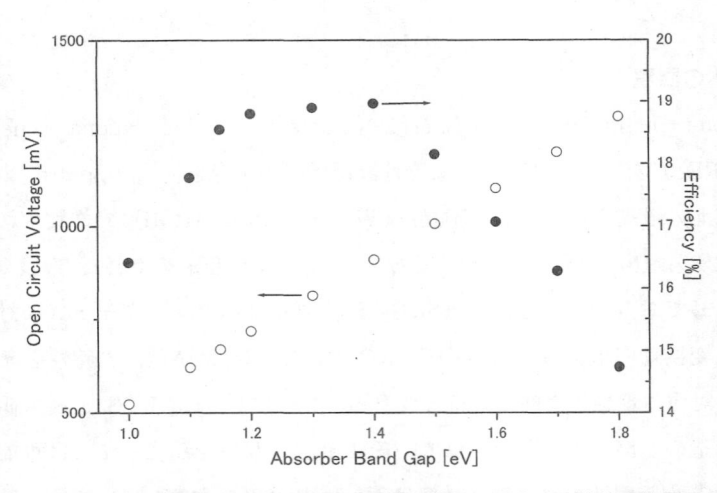

図4 カルコパイライト型薄膜太陽電池の吸収層禁止帯幅に対する理論的開放電圧と変換効率

きていないが，現在まで変換効率12%を超えている。ここで述べたようにSe系に比べ利点も多くあり，CuInS$_2$太陽電池の製品化が始まった今，さらなる高効率化が期待される。

第 6 章　化合物薄膜太陽電池の展開

文　　献

1) 木村忠正ほか，電子材料ハンドブック，朝倉書店，P233（2006）
2) M. Powalla *et al., Thin Solid Films,* **361-362**, 540（2000）
3) R. Kaigawa *et al., Thin Solid Films,* **415**, 266（2002）
4) R. Scheer *et al., Solar Energy,* **77**, 777（2004）
5) T. Watanabe *et al., Jpn. J. Appl.Phys.,* **38**, L1379（1999）
6) R. Kaigawa *et al., Thin Solid Films,* **430-433**, 430（2005）
7) J. Hedstrom *et al.,* IEEE Photovoltaic Specialists Conf. Proc., 364（1993）
8) M. Ruckh *et al.,* WCPEC Proc., 156（1994）
9) V. Probst *et al.,* MRS Symposium Proc., **426**, 165（1996）
10) I. Luck *et al., Sol. Energ. Mat. Sol.,* **C67**, 151（2001）
11) L. Kronik *et al., Adv Mater.,* **10**, 31（1998）
12) R. Klenk *et al., Adv. Mater.,* **5**, 114（1993）
13) A. Neisser *et al.,* Mat. Res. Soc. Symp.Proc., **668**, H1. 3.1.（2001）
14) K. Siemer *et al., Sol. Energ. Mat. Sol.,* **C67**, 159（2001）
15) M. A.Contreras *et al., Prog. Photovoltaics: Res.Appl.,* **13**, 209（2005）
16) J. AbuShama *et al.,* IEEE Photovoltaic Specialists Conf. Proc., 299（2005）
17) M. Contreras *et al., Prog. Photovoltaics,* **7**, 311（1999）
18) R. Klenk *et al., Thin Solid Films,* **451-452**, 424（2004）
19) R. Kaigawa *et al., Thin Solid Films,* in press（2007）

5 硫化法による CuInS₂ 太陽電池の作製

橋本佳男*

5.1 はじめに

カルコパイライト半導体 $Cu(In,Ga)Se_2$（CIGS）薄膜を利用した太陽電池は，低廉な製造コスト，最高 19% もの高効率，およびその耐久性から多くの注目を集めている。CIGS と同じカルコパイライト構造の $CuInS_2$ は，禁制帯幅 1.5eV が光吸収体材料として最適であり，単体として毒性のある Se を含有しない優れた材料であり，次世代の高効率太陽電池材料として有望である。また，三元素の供給量を制御して $CuInS_2$ を堆積することにより，12%程度の変換効率の薄膜太陽電池が作製できる。さらに，Cu/In 金属積層膜を H_2S ガスを含む雰囲気中[1] または硫黄蒸気[2]にて熱処理することによっても，$CuInS_2$ 薄膜が製作できる。この製作法は，金属膜の膜厚を制御するだけで，Cu/In 組成比を保つことができる簡便な製法であり，大面積化，低コスト化に適している。

$CuInS_2$ 薄膜は作製時の Cu/In 比によって諸特性に違いが現れる。Cu/In 比が 1 より小さい In 過剰の膜では，図 1 に示す SEM 写真のように，直径約 0.2 μm の髭状結晶が析出する。この膜中には InS_x の髭状結晶が多量に含まれ，太陽電池には使用できない。一方，Cu/In 比が 1 より大きい Cu 過剰の膜では，粒径の大きい $CuInS_2$ 多結晶が得られる。しかし，この膜は銅の硫化物 Cu_xS を含み，キャリア濃度が約 $10^{20}cm^{-3}$ と高く，縮退しており，光吸収層には用いられない。したがって，この $CuInS_2$ 薄膜を太陽電池に応用するには，①In 過剰な条件で，Na，O などの不純物を添加し，結晶品質を改善する方法[3] や，②Cu 過剰な条件で製膜した $CuInS_2$ 薄膜から Cu_xS のみを KCN 処理などの方法で除去する方法[1]のいずれかを用いる必要がある。②の場合は，硫化反応中に液状の Cu_xS が反応を助けていると考えられ[4]，高品質な膜の形成が期待される。また，利用できる Cu/In 組成の範囲も広いことから大面積化が期待され，応用上も有望であろう。図 1 に $CuInS_2$ の硫化方法を比較して示す。本節では，Cu 過剰な条件で硫化し，余計な Cu 化合物を除去する方法に加え，少量の Ga 添加を行う方法などについて述べる。

5.2 Cu 過剰 CuInS₂ 薄膜への KCN 処理の効果

$CuInS_2$ 薄膜の作製には，CIGS の場合と同様に約 1 μm の Mo 膜を堆積したソーダライムガラス基板などを用いる。基板上に，真空蒸着法により，銅（100〜130nm）とインジウム（170〜200nm）を交互に 3 層ずつ計 6 層堆積し，Cu/In 金属積層膜を形成した。このとき，全体の膜厚が 1 μm 程度，Cu/In 比が 1〜2 となるようにした。6 層の蒸着を用いるのは，Cu と In をよく

---

* Yoshio Hashimoto 信州大学 工学部 電気電子工学科 教授

第6章 化合物薄膜太陽電池の展開

```
┌─────────────────┐    ┌─────────────────┐
│ Cu/In金属積層膜  │    │ Cu/In金属積層膜  │
│     In>Cu       │    │     Cu>In       │
└────────┬────────┘    └────────┬────────┘
      ⇩ 硫化                 ⇩ 硫化
┌─────────────────┐    ┌─────────────────┐
│ CuInS₂+In化合物  │    │ CuInS₂+Cu硫化物  │
│   (粒径小)(髭状結晶)│   │  (粒径大)(金属的)│
└────────┬────────┘    └────────┬────────┘
      ⇩                       ⇩ KCN処理
 Na、O添加プロセスに変更       CuInS₂薄膜
```

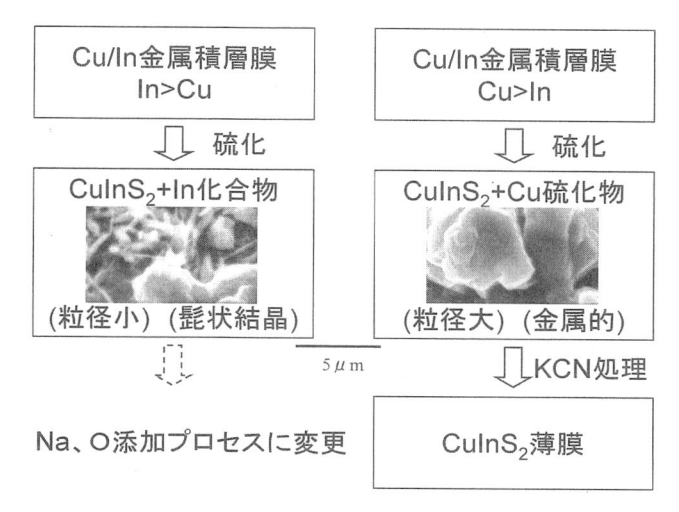

図1 Cu/In 組成と CuInS₂ 薄膜の作製法

混ぜ，表面に In のみが析出する状態や，基板から剥離することを防ぐ目的がある。また，この金属積層膜を鍍金法[5]などで形成する方法でも，CuInS₂ 薄膜が形成できるため，工業的にも有益な方法であろう。次に，H₂S ガス中で硫化処理を行った。すなわち，Cu/In 金属積層膜をカーボンブロック中にセットし，石英管の中に挿入し，Ar または N₂ ガスを流して，管内に残留する空気等を排除する。ただし，酸素や水蒸気等の微量混入はかえって膜質を改善させる場合もある[3]ため，ここでは真空排気などは行っていない。この試料を赤外線ランプにより加熱し，約1時間ほどかけて昇温させ，530～550℃の硫化温度に達したところで，Ar で5%に希釈した H₂S ガスと30分～2時間反応させることにより CuInS₂ 薄膜を形成した。このあと，ガスを窒素に切り替え，ランプ加熱を止めることで冷却を行った。後述の一部試料については，昇温時に，インジウムが溶けている300℃程からは，5分間で急速に反応温度まで昇温させた。さらに，この CuInS₂ 膜を 10 wt% KCN 水溶液中に1分間浸す処理を行った。図2に，KCN 処理を行った CuInS₂ 薄膜の X 線回折図を示す。単相の CuInS₂ 薄膜の回折線が得られている。また，若干の線幅の変化を除いて，KCN 処理の前後でスペクトル形状は変化せず，硫化後に含まれる銅の硫化物相は X 線回折にかからないアモルファス状のものと推察される。

次に，EPMA による組成分析から処理前後の組成の変化を調べると，Cu/In 組成比が 1～2 であった試料が，元の組成比に関係なく Cu/In が 0.9～0.95 位の値になる。また，S 組成は KCN 処理後に増加する傾向があり，この処理により膜中の銅の化合物（Cu_2S に近い組成のもの）が除去されることがわかった。同時に，薄膜のホール測定を行うと，KCN 処理の前後で，抵抗率が約 $1\ \Omega cm$ から $10^2\ \Omega cm$ まで2桁増加し，正孔濃度が 10^{19}～$10^{20} cm^{-3}$ から 10^{16}～$10^{17} cm^{-3}$

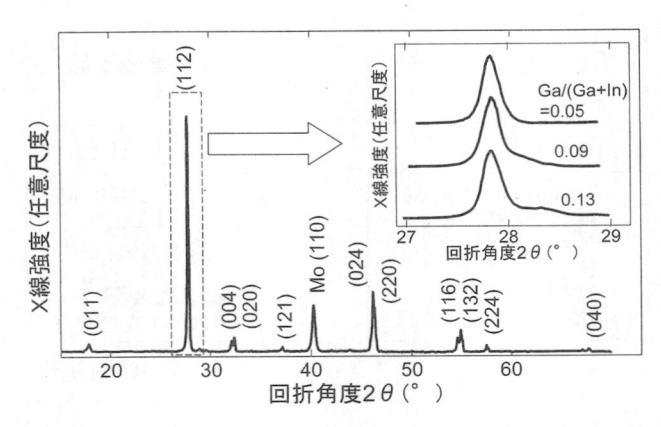

図2 CuInS$_2$薄膜およびCu(In,Ga)S$_2$薄膜(挿入図)のX線回折パターン
挿入図は,Ga組成を変化させたCu(In,Ga)S$_2$薄膜の(112)回折ピークの周辺を拡大して表示したものである。

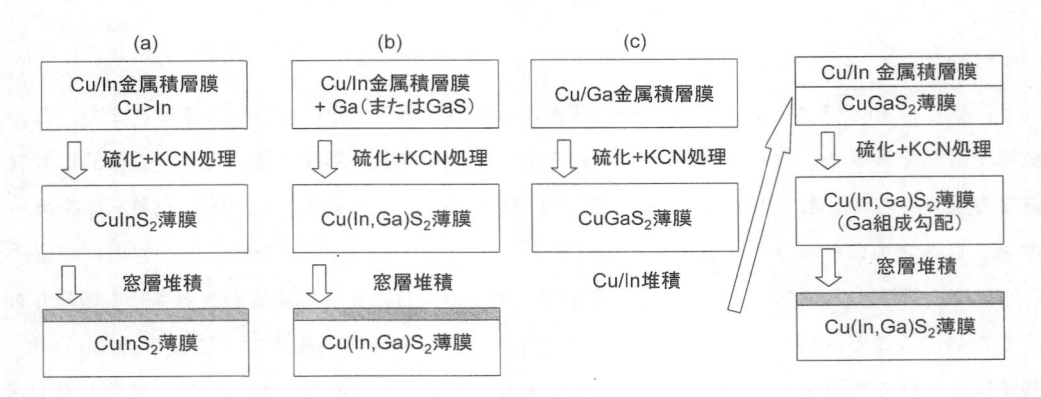

図3 CuInS$_2$およびCu(In,Ga)S$_2$薄膜太陽電池の作製方法
(a) Cu過剰で製膜したCuInS$_2$にKCN処理を施すもの[1],(b) Gaを添加するもの[7],
(c) CuGaS$_2$上にCuInS$_2$膜を硫化製膜するもの[8]。

まで減少することがわかった。さらに,膜中の組成を表面から基板付近までXPSのデプスプロファイルをとって分析すると,一様にCu過剰であった膜がKCN処理後にCuとInの組成がほぼ等しい値となる。これは,Cu$_x$S相が膜の表面だけではなく,膜全体に分布し,除去されていることを示している。

図3にCuInS$_2$薄膜太陽電池の作製方法を比較して示す。(a)に示す,前述のCuInS$_2$薄膜を応用した太陽電池は,KCN処理後直ちに,CuInS$_2$薄膜上に窓層である溶液成長法によるCdS薄膜と透明導電膜を堆積した。CdS層の溶液成長は,CdI$_2$,NH$_4$I,チオ尿素とアンモニア水を用いて,80℃で行い,膜厚120nmとした。この溶液成長は,CuInSe$_2$でよく行われているものと同じであるが,KCN処理後の膜の状態が影響して,やや厚めの膜厚で最も良い効率が得られた。

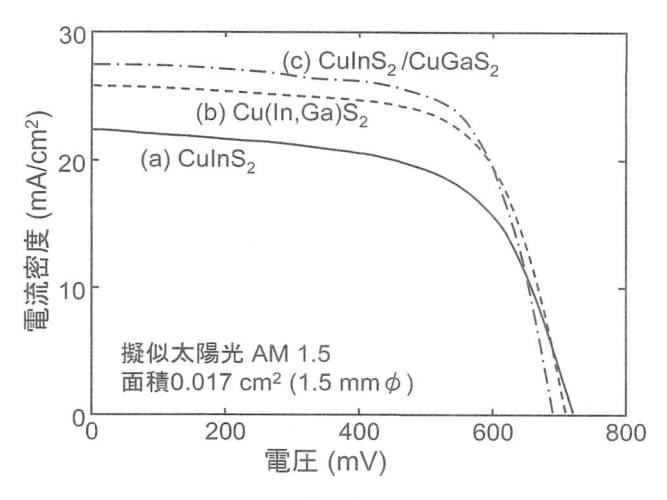

第6章　化合物薄膜太陽電池の展開

図4　光電変換特性
(a) Cu過剰で製膜されたCuInS$_2$にKCN処理を施したもの[1],
(b) Gaを添加したもの[7], (c) CuGaS$_2$を硫化後にCuInS$_2$膜を硫化し傾斜バンドギャップを形成したもの[8]。

透明導電膜には，In$_2$O$_3$薄膜をスパッタ法により膜厚約150nm堆積し，太陽電池を作製した。こちらは，実験室的に直径1.5mmのセルを作製したため，透明導電膜はかなり薄い膜厚となっている。

図4に擬似太陽光（AM1.5）照射時の電流-電圧特性を比較して示す。図中の(a)は，KCN処理前のCu/In比が1.45であったCuInS$_2$を用いた太陽電池のものであるが，変換効率9.7%が得られた。開放電圧は約0.7V程でCuInS$_2$のバンドギャップからするとやや物足りないものであるが，この原因は，KCN処理で除去されたCu$_x$S相の部分が空孔として残り漏れ電流に寄与しているとも考えられる。

この太陽電池の特性を決定するパラメータとしてCuInS$_2$のキャリア濃度，欠陥濃度等の他に，CdS/CuInS$_2$ヘテロ界面におけるバンド不連続が重要である。KCN処理を行ったCuInS$_2$にCdSを約3nm堆積した試料のXPSを行い，バンド不連続を調べたところ，図5のように伝導帯の不連続がほとんどゼロであることがわかった[6]。これは，CuInS$_2$層で生成された電子を有効に取り出せる優れたバンド構造と考えられる。

5.3　CuInS$_2$へのGa添加の効果

CuInS$_2$はそのバンドギャップが1.5eVであり，理論的には，特にGa等を添加してその値を大きくする必要はない。しかし，硫化法によるCuInS$_2$薄膜については，その粒径や形状に加え，基板として用いるMoとの間の密着性に問題があり，それらを改善する方法として，Inの同族

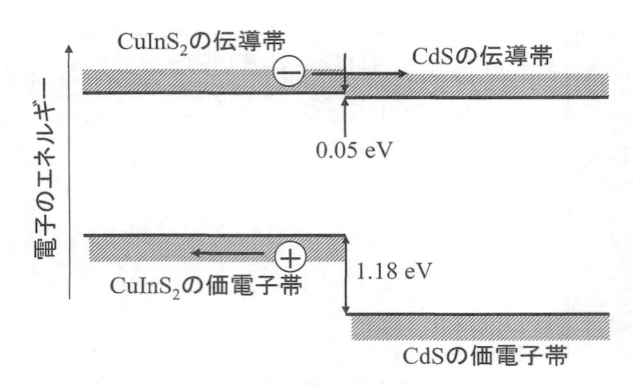

図5 CuInS$_2$/CdS 界面のエネルギーバンド図

元素の Ga を添加する方法がある[7]。Ga の添加には Cu/In 金属積層膜の下部に金属 Ga または GaS 化合物を蒸着する方法を用いた。図3 (b) のように，Ga 層を入れる以外は CuInS$_2$ 薄膜の場合と同様のプロセスで作製すると，少量の Ga を添加した場合では，図2挿入図のように X 線回折ピークにあまり変化が見られず，CuIn$_{1-x}$Ga$_x$S$_2$ 混晶よりは，CuInS$_2$ のピークの線幅が大きくなったものと見られる。なお，GaS を添加した場合には，CuIn$_{1-x}$Ga$_x$S$_2$ 混晶に対応するピークがいくらか顕著に見られる。さらに，XPS のデプスプロファイルによると，いずれの場合も膜の底に近い方向に Ga 組成が高くなっている。特に Ga 源として GaS を用いた場合にこの傾向が顕著で，膜表面付近での Ga 組成がゼロに近い値となった。

太陽電池については，Ga を添加することで若干の効率の向上が見られる。図4 (b) は，Cu/(In + Ga) 組成比を 1.2，Ga/(In + Ga) 比を 0.05 とした条件で，急速昇温プロセスにより作製された CuIn$_{1-x}$Ga$_x$S$_2$ 薄膜太陽電池の光電変換特性である。(a) の Ga 添加しない場合と比べると短絡電流と FF が改善され，12%ほどの変換効率が得られている[7]。一方，CuIn$_{1-x}$Ga$_x$S$_2$ 膜のバンドギャップについては，Ga を少量添加しても増加しないか，若干減少する傾向がある。

さらに，図3 (c) のように，Ga 組成をより膜底部に集中させ，この部分のバンドギャップを大きくすることで，光によって生成された電子をより効率良く上部電極に引き出す工夫を行った。すなわち，Cu/Ga 金属積層膜 (Cu/Ga = 1) を硫化，KCN 処理した試料に，さらに Cu/In 金属膜 (Cu/In = 1.7) を積層し硫化と KCN 処理を行って CuInS$_2$/CuGaS$_2$ 光吸収層を作製した[8]。これを用いた太陽電池の最も良い光電変換特性を図4 (c) に示す。裏面 CuGaS$_2$ 層の効果で短絡電流に改善が見られる。

5.4 まとめ

Cu/In 金属積層膜を H$_2$S ガスを含む雰囲気中において熱処理し，CuInS$_2$ 薄膜が製作できる。

第 6 章　化合物薄膜太陽電池の展開

作製時の Cu/In 組成比を 1 より大きくし，硫化後に KCN 水溶液で処理することにより，粒径の大きい高品質な $CuInS_2$ 薄膜が作製できる。基板との密着性や膜質の向上には Ga を添加する方法が有効であり，現在で約 12% の効率の太陽電池が作製できる。

謝辞

本研究を共同して行った，伊東謙太郎名誉教授，大橋剛博士，小川由高氏，Jaeger-Waldau 博士，峰村勇技術専門職員らに感謝する。

文　　　献

1) Y. Ogawa, A. Jaeger-Waldau, Y. Hashimoto and K. Ito, *Jpn. J. Appl. Phys.,* **33**, L1775 (1994)
2) K. Siemer, J. Klaer, I. Luck, J.K. Bruns, R. Klenk and D. Braeunig, *Sol. Energy Mat. Sol. Cells,* **67**, 159 (2001)
3) T. Watanabe and T. Yamamoto, *Jpn. J. Appl. Phys.,* **39**, L1280 (2000)
4) R. Scheer, T. Walter, H. W. Schock, M. L. Fearheiley and H. J. Lewerenz, *Appl. Phys. Lett.,* **63**, 3294 (1993)
5) Y. Onuma *et al., Jpn. J. Appl. Phys.,* **43**, L108 (2004)
6) Y. Hashimoto, K. Takeuchi, K. Ito, *Appl. Phys. Lett.,* **67**, 980 (1995)
7) T. Ohashi, Y. Hashimoto, K. Ito, *Jpn. J. Appl. Phys.,* **38**, L748-750 (1999)
8) H. Goto, Y. Hashimoto, K. Ito, *Thin Solid Films,* **451**-**452**, 552 (2004)

6 Cu₂ZnSnS₄ 太陽電池

片桐裕則*

6.1 はじめに

2005/08/10 付けで，昭和シェル石油より「次世代型 CIS 太陽電池商業生産に関するお知らせ」がプレスリリースされている[1]。同発表によると，「2005 年末から工場建設を開始し，2007 年初頭からの商業生産を目指しております。生産量は，年間 20MW の予定で，住宅用および産業用を中心に販売する予定」とのことである。また，2006/12/01 付けで HONDA より「Honda，太陽電池事業子会社ホンダソルテックを設立し太陽電池事業に本格参入」の発表がなされた[2]。同発表によると，「2006 年 9 月末に着工した熊本の太陽電池量産工場は，来年秋に年産 27.5MW 規模で生産を開始する。新工場の稼動に先駆け，ホンダソルテックは来年 3 月より，ホンダエンジニアリング製の CIGS 薄膜化合物型太陽電池の販売を地域限定で開始し，秋以降，熊本の新工場にて量産する太陽電池を全国規模で販売」とのことである。これらの発表は，CIS 系太陽電池が研究段階から商業生産段階に入った事を高らかに宣言したものである。今後，更なる変換効率の向上および歩留まりの向上を図りながら，大量生産段階への移行が確実に進むものと考えられている。しかし，近未来に迫った CIS 系太陽電池の大量生産段階において，希少元素インジウムの供給に問題は生じないのであろうか？ W. Thumm らによると，CIS 薄膜太陽電池を 1GW 生産する際，インジウムは 30 トン程度必要になるとの試算がなされている[3]。これは，我が国のインジウムの総需要の 10% 程度にすぎないと言われており，リサイクル技術が確立すれば全く問題のない数量であると考えられている。しかし，今後の液晶事業拡大による ITO 透明導電基板の需要増大や，それに伴うインジウム価格の高騰などの不安要因が存在する事も事実である。人類は，化石エネルギーに対する極端な依存から脱却し，再生可能エネルギーの積極的な利用を模索しなければならない。太陽電池材料に関しても，多くの選択肢を有する事が必要となっている。本節では，インジウム代替材料の一つとして，Cu₂ZnSnS₄（以下 CZTS）太陽電池について解説する。

6.2 CZTS 薄膜とは？

CZTS は，CuInSe₂（CIS）の希少元素インジウムを亜鉛（Zinc）およびスズ（Tin）で，セレンを硫黄（Sulfur）で置換する事によって得られる化合物半導体である。CZTS の特徴は，その構成元素が地殻中に豊富に存在すること（Cu：50ppm，Zn：75ppm，Sn：2.2ppm，S：260ppm），およびいずれの元素も毒性が極めて低い事にある。これに対し，CIS 中のインジウム，セレンの

---

* Hironori Katagiri　長岡工業高等専門学校　電気電子システム工学科　教授

第 6 章　化合物薄膜太陽電池の展開

地殻中の含有量は 0.05ppm 以下である[4]。従って，CZTS は安価な汎用材料だけで構成できる新しい太陽電池材料ということができる。1988 年，信州大学の伊東謙太郎らは原子ビームスパッタ法による CZTS 薄膜の作製に成功し，光学的禁制帯幅が 1.45eV と太陽電池としての最適値に近い事を明らかにした。さらに，カドミウム・錫系酸化物による透明導電膜とのヘテロダイオードを作製し，165mV の光起電力効果を報告している[5]。1996 年，筆者らは電子ビーム蒸着・硫化法により CZTS 薄膜を作製し，CdS/ZnO:Al とのヘテロ接合を用いて 400mV の開放電圧と 0.66％の変換効率を報告した[6]。1997 年，シュツットガルト大学（ドイツ）の Th. M. Friedlmeier らは同時蒸着法により作製した CZTS 薄膜を用い，570mV の開放電圧と 2.3％の変換効率を報告した[7]。CZTS に関する研究の歴史は浅く，研究報告例も極めて少ない。光起電力および太陽電池としての特性を報告しているのは，上記の 3 機関のみである。ここでは，筆者らの研究室で行っている硫化法による CZTS 薄膜の作製に焦点を当てて述べる。

6.3　CZTS 薄膜の作製

筆者らは，アニール室付き同時スパッタ装置を用いた硫化法により CZTS 薄膜を作製している。これは，三元同時スパッタ装置を用いて Cu-Zn-Sn-S 系のプリカーサを作製した後，アニール室に搬送し，硫化水素雰囲気中で熱処理する二段階作製法である。使用した装置は，基板搬入室，製膜室，アニール室の 3 室から構成されており，製膜室，アニール室はターボ分子ポンプを主ポンプとする高真空排気系が装備されている。また，基板搬入室はロータリーポンプによる真空排気が可能である。一旦基板をセットすると，プリカーサの作製と硫化による CZTS 薄膜の作製を，真空を破ることなく連続して行うことができる。3 個のターゲットには，Cu，ZnS，SnS を用いており，各ターゲットに加える rf 電力を独立に制御する事により，同時スパッタされた混合プリカーサ内の金属組成比を調整する。次に，混合プリカーサをアニール室に搬送し，$N_2 + H_2S$ 反応ガス雰囲気中で熱処理する事により CZTS 薄膜を作製している。

図 1 に，CZTS 薄膜太陽電池の模式図を示す。基板にはソーダライムガラス（SLG）を用い，裏面電極 Mo を約 1 μm の厚みでスパッタコートしている。CZTS 薄膜を硫化法で作製した後，バッファー層 CdS を溶液成長法（CBD 法）で，窓層 ZnO:Al を rf スパッタ法で，くし形集電極 Al を真空蒸着法で積層して太陽電池を構成している。構造的には，CIS 太陽電池の光吸収層 CIS を CZTS に置き換えたものである。

6.4　CZTS 薄膜の諸特性

図 2 に，硫化水素濃度をパラメータとした光吸収特性（$(\alpha h\nu)^2$-$h\nu$ 特性）の測定例を示す。いずれのサンプルにおいても $(\alpha h\nu)^2$ が直線上の鋭い立ち上がりを示すことから，CZTS 薄膜

化合物薄膜太陽電池の最新技術

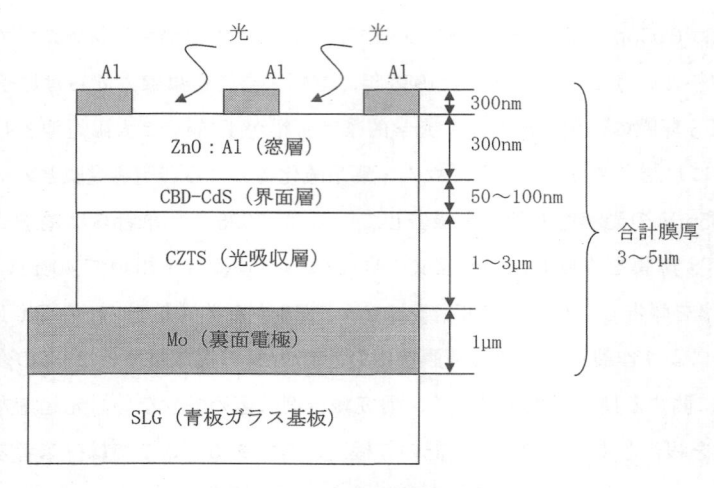

図1 CZTS太陽電池の構造

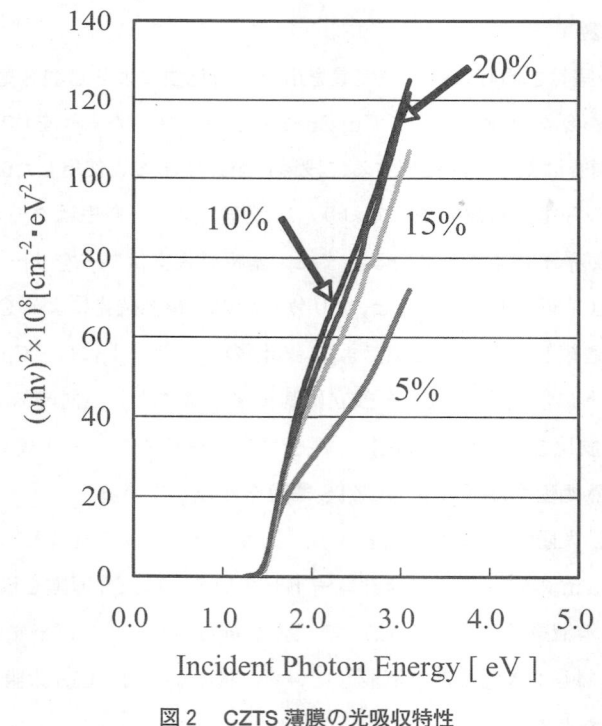

図2 CZTS薄膜の光吸収特性

が直接遷移型の半導体であることが確認できる。しかも，グラフの直線部分を外挿して推定される光学的禁制帯幅は，1.5eV付近であり，太陽電池光吸収層として最適な値である。10，15，20％の硫化水素濃度で硫化した3つのCZTS薄膜の光吸収特性には，ほとんど大きな相違が見ら

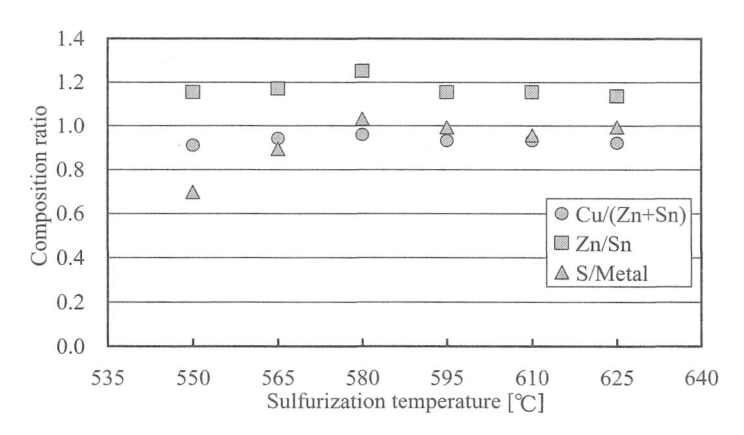

第6章　化合物薄膜太陽電池の展開

図3　硫化処理温度に対するCZTS薄膜の組成比の変化

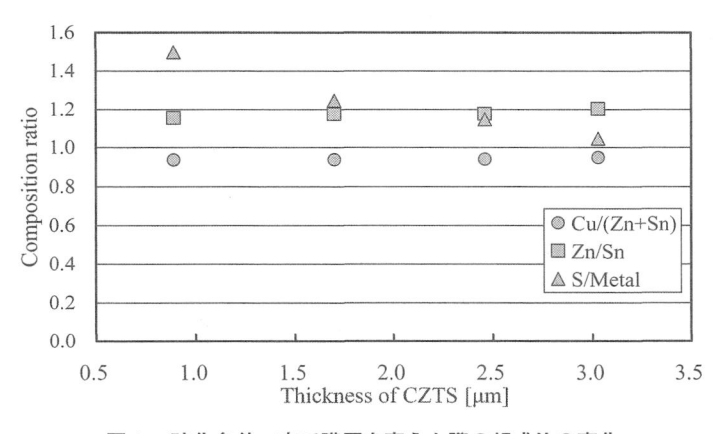

図4　硫化条件一定で膜厚を変えた際の組成比の変化

れない。一方，5%の低濃度で硫化したサンプルでは，1.6eV以上の領域で，他のサンプルより光吸収係数が小さくなることが認められる。

　図3は，550℃から625℃までの硫化処理温度に対する組成比の変化を示している。薄膜の組成は，ICPにより算出した。CZTSの化学式より，ストイキオメトリではCu/(Zn+Sn)比，Zn/Sn比およびS/Metal比はすべて1.0となる。ここで，MetalはCu+Zn+Snを表している。この範囲の処理温度では，Cu/(Zn+Sn)比およびZn/Sn比はほぼ一定値を保っている。一方，S/Metal比は580℃までは処理温度とともに単調に増加し，580℃以降ほぼ1.0付近で一定となっている。すなわち，図3に関する実験では，580℃未満の熱処理温度では硫化不足である事が明らかとなった。しかし，硫化条件と硫化されるプリカーサの厚みの間には，当然，最適解が存在するはずである。そこで，硫化水素濃度20%，硫化温度580℃の硫化条件およびプリカーサ内金属組成比を固定し，プリカーサの厚みだけを変化させてCZTS薄膜を作製した。図4は，硫化

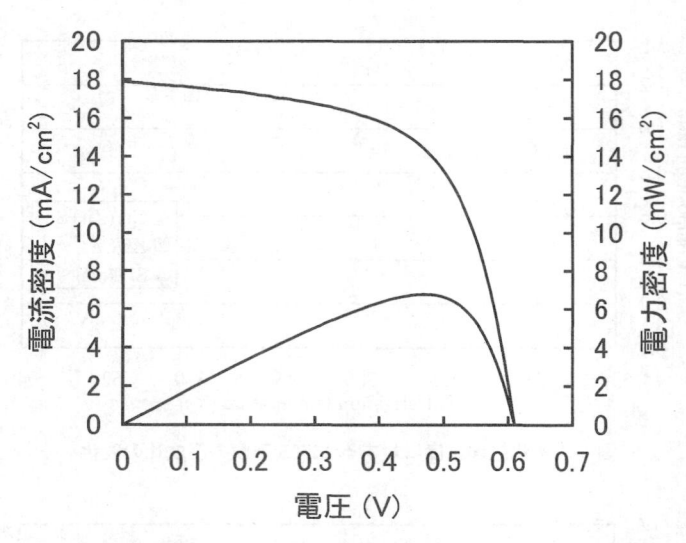

図5 最高効率を示したCZTS太陽電池におけるJ-V, P-V特性

後のCZTS膜厚に対する組成比の変化を示している。なお，基板にはMo-SLGを用いた。Cu/(Zn+Sn)およびZn/Sn比は，膜厚に対してほぼ一定の値を示している。一方，S/Metal比は膜厚の減少に伴って1.05から1.50まで大幅に増加している。組成の決定にはICPを採用しているため，試料溶液中にはCZTSのみならず裏面電極のMoまで溶融している。従って，硫化処理の際，裏面電極のMoまで硫化されているものと仮定すれば，膜厚の減少に伴ったS/Metal比の増加は極めて合理的な結果である。CZTS/Mo界面に生じるMo-S化合物が太陽電池特性にどのような影響を与えるかは，今後十分に検討する必要がある。

図5に，本研究室で得られたCZTS太陽電池のベストデータを示す。真性変換効率 η = 6.77%，V_{oc} = 0.610V, J_{sc} = 17.9mAcm^{-2}, FF = 0.621，セル有効面積 0.149cm^2 である。なお本データは，㈳産業技術総合研究所 太陽光発電研究センター 化合物薄膜チームに測定を依頼したもので，ソーラーシミュレータ光照射5分後に測定したものである。今回得られた変換効率は，インジウム代替材料を用いたカルコパイライト系薄膜太陽電池では，2007年3月現在，世界最高の値である。

6.5 まとめ

本節では，インジウム代替材料による新型薄膜太陽電池としてCu$_2$ZnSnS$_4$(CZTS) 太陽電池を紹介した。CZTS太陽電池は，希少元素・有毒性元素を含有せず，しかも省資源という夢の薄膜太陽電池である。7%近い変換効率を確認している事から，CZTS太陽電池の潜在能力は高いものと考えられる。しかし，前述したようにCZTSの研究開発の歴史が浅いために，基礎物性そのものに不明の部分が多い。CZTS太陽電池の実用化に向けて，CZTSの詳細な基礎物性の把

第6章 化合物薄膜太陽電池の展開

握はもちろんの事，裏面電極およびバッファー層との界面の最適化など，解決すべき課題が山積している。

文　　献

1) 昭和シェル石油ホームページ http://www.showa-shell.co.jp/press_release/pr2005/0810.html
2) HONDA ホームページ http://www.honda.co.jp/news/2006/c061201a.html
3) W. Thumm *et al.*, Proc. 1st World Conference on Photovoltaic Energy Conversion, p.262 (1994)
4) J. Emsley, "The Elements" (Oxford Univ. Press, Oxford, 1998) 3rd ed., p.289
5) K. Ito and T. Nakazawa, *Jpn. J. Appl. Phys.*, **27**, p.2094 (1988)
6) H. Katagiri *et al.*, Tech. Dig. Int. PVSEC-9, Miyazaki, p.745 (1996)
7) Th. M. Friedlmeier *et al.*, Proc. 14th Europ. Photovolt. Solar Energy Conf., p.1242 (1997)

7　Cu_2O 系太陽電池

伊﨑昌伸*

7.1　はじめに

　太陽光発電を初めとした新エネルギー源の開発は，エネルギー資源の乏しい日本のエネルギー安定供給の確保に加え，地球温暖化と関係するとされる二酸化炭素ガス排出量の削減，新たな雇用の創出など，いろいろな側面で大きな意義を持っている。日本では，2020年度における太陽光発電によるエネルギー供給量を，2002年度の約50倍である2,300～3,500万kWに増加させることを目標とし，積極的な研究開発を推進している。

　単結晶Si，多結晶Siならびに薄膜Siなどを構成層とするSi系太陽電池が，電力供給用太陽光発電システムとして実用化され，重要な役割を果たしている。Si系太陽電池の2006年度の供給量は約450MW（予想値）であり，年10%程度の割合で急速に増加しており，Si原料の高騰や将来的なSi供給に対する不安が増している。一方，2007年度には次世代太陽電池として期待され，世界的に積極的な研究開発が展開されてきた$Cu(InGa)Se_2$(CIGS)系太陽電池の市販が日本ならびに欧州において開始される。SiならびにCIGS系太陽電池モジュールの現時点での変換効率は，それぞれ15%ならびに13%程度であるが，太陽光発電システムの普及を推進するために，さらなる性能向上と低コスト化のための開発が行われている。また，色素増感型太陽電池，有機太陽電池などの新しい太陽電池の開発も積極的に展開されているが，現時点での性能ならびに安定性は，Si系やCIGS系太陽電池には及ばない。

　p型半導体亜酸化銅（Cu_2O）は，約2eVの禁制帯幅と10^4/cm台の光吸収係数から，太陽電池用光吸収層として期待されている材料であり，Cu/Cu_2Oショットキー型ならびにZnO/Cu_2Oヘテロ接合型太陽電池の作成が報告されている[1～3]。Cu_2Oを光吸収層として用いる太陽電池の最大短絡電流密度は12～14mAcm^{-2}，理論変換効率は18%程度と見積もられており[1]，Si系やCIGS系太陽電池に比べると低い。また，現在までに報告されている変換効率は2%に達していないが，新しい酸化物系光吸収層の開発やバッファ層材料の開発など，太陽電池構造，各層の製造方法と性質の最適化など積極的な研究開発が展開されており，酸化物系太陽電池の高効率化が図られている。本節では，次世代の太陽電池用光吸収材料として期待されているCu_2OやCuOなどの性質と製造方法，ならびにCu_2Oを光吸収層として用いた太陽電池の性能について概説する。また，禁制帯幅が約1.4eVの酸化銅（CuO）も光吸収層として期待されていることから，その性質と製造方法についても概説する。

---

　* Masanobu Izaki　大阪市立工業研究所　無機薄膜研究室　研究主幹

7.2 亜酸化銅（Cu_2O）と酸化銅（CuO）

Cu_2O は，格子定数が 0.42696nm の立方晶赤銅鉱型構造を有する直接遷移型の p 型半導体である。仕事関数は約 5eV，電子親和力は約 3.3eV，禁制帯幅は，2.0～2.1eV であり，ドナー準位が伝導帯の下，約 1.1 ならびに 1.3eV，アクセプター準位が荷電子帯の上約 0.4eV に存在する。また，荷電子帯の上，0.25eV と 0.45eV に，Cu 空孔による準位が存在することが報告されている[4]。ホールならびに電子の有効質量については，Zhilich らの報告がある[5]。Cu_2O の抵抗率は，過剰酸素量や銅欠損量と密接に関係し，数Ωcm から 10^{14} Ωcm 程度まで変化する。移動度は製造方法によって異なるが，1000℃酸化により形成された Cu_2O 層において 90$cm^2V^{-1}s^{-1}$ が報告されている[6]。Cu_2O が安定に存在できる熱力学的な領域は，CuO と Cu に囲まれた狭い範囲にある。製膜時ならびに製膜後の加熱処理条件によって，Cu_2O の過剰酸素量が変化し，それに伴い抵抗率も変化する。過剰酸素量 y，加熱温度 T と酸素分圧 P の間には，以下の関係が報告されている[7]。

$$\mathrm{Log}(y) = (1/n)\mathrm{Log}(P) - E/RT + A$$

ここで，$1/n = 0.27 \pm 0.015$，$E = 21.7 \pm 1.5$ (kcal/mol)，$A = 0.29 \pm 0.24$（P を mmHg で示す場合）

酸化銅（CuO）は，単斜晶系構造（$a = 0.46883$nm，$b = 0.34229$nm，$c = 0.51319$nm，$\beta = 99.08$deg）の p 型半導体であり，電子親和力は 4.07eV であり，禁制帯幅は 1.35eV である[8]。

図1に，水溶液から電気化学的に形成した Cu_2O と CuO 膜の吸収係数と光エネルギーの関係を示す。表1に示すように，多くの Cu_2O 形成法が用いられているが，形成方法によらずほぼ同様な関係が示されている。CuO は，禁制帯幅に相当する 1.35eV より吸収が始まり，約 2eV まで急激に増加した後，約 1.1×10^4/cm のほぼ一定値となる。一方，Cu_2O では，禁制帯幅に相当する約 2eV から急激に増加した後，光エネルギーの増加に伴い徐々に増加し，約 2.8eV 以上では 1×10^5/cm を超える。

図2に，Rakhshani がまとめた Cu-Cu_2O-CuO 系相図の模式図を示す[2]。横軸は温度，縦軸は酸素分圧（mmHg）である。Cu_2O は，Cu と CuO に挟まれた狭い領域で生成する。Cu 板を大気中加熱する場合，1000℃以下では CuO が生成する。1000℃以上で加熱することによって Cu_2O 板が形成できるが，冷却の際（図中矢印の方向）に CuO 形成領域を横切るために，Cu_2O 表面が CuO に酸化される。そのため，冷却速度を大きくし CuO の形成を抑制すると共に，冷却後に酸処理や機械的研磨により CuO 層を除去する。しかし前述のように，Cu_2O 形成領域内であっても，圧力や温度に依存して過剰酸素量は変化し，電気的性質も変化する。

Cu_2O や CuO は水溶液から電気化学的に形成することもできる。図3に銅-水系電位-pH 図を

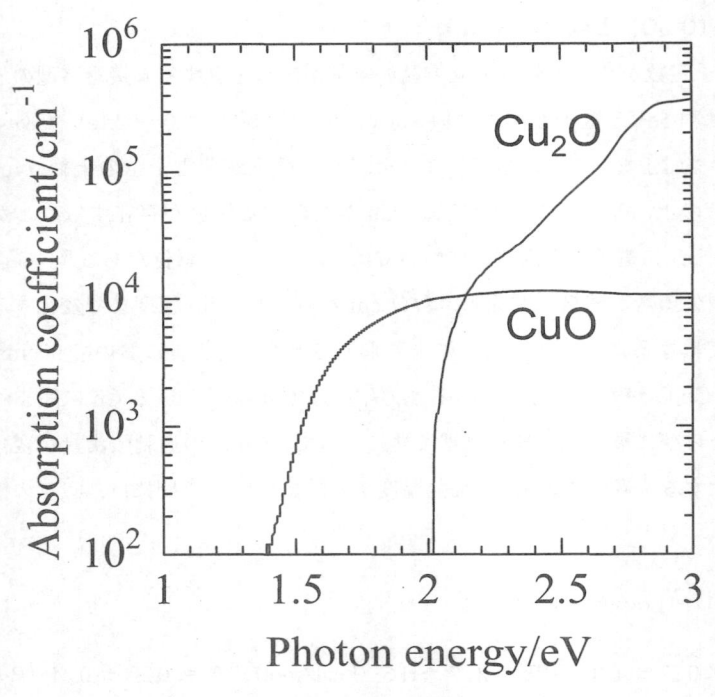

図1 Cu_2O と CuO の光吸収特性

表1 Cu_2O 形成方法

	形成法	形成条件など	Cu_2O の性質・物性	参考文献
1	高温酸化	大気中 1000～1030℃ 1h 加熱	禁制帯幅：2.1eV（条件により CuO による吸収端：1.4eV 観測） 抵抗率：$10^4 \sim 10^5 \Omega cm$	2 10
2	電気化学製膜	硫酸銅，乳酸，水酸化ナトリウムを含有するアルカリ性水溶液，液温：50～60℃，電位：0.1～-0.7V（Ag/AgCl 基準）	禁制帯幅：2.1eV 抵抗率：$2 \times 10^4 \sim 3.5 \times 10^6 \Omega cm$ 移動度：$0.4 \sim 1.8 cm^2V^{-1}s^{-1}$	11
3	陽極酸化	硫酸銅，塩化ナトリウム，塩化リチウムを含有する水溶液，pH4.5	禁制帯幅：2eV Cu_2O と CuO の混合物	12
4	化学酸化	水酸化ナトリウムと過塩素酸ナトリウムを含有する水溶液	液温65℃：Cu_2O 単層 95℃：Cu_2O と CuO の混合物	2
5	スパッタリング法	マグネトロンスパッタリング法 基板温度：200～400℃ Cu ターゲット，KCN 処理	バンド端発光：1.82eV 抵抗率：$25 \sim 160 \Omega cm$ 移動度：$35 \sim 45 cm^2V^{-1}s^{-1}$	4

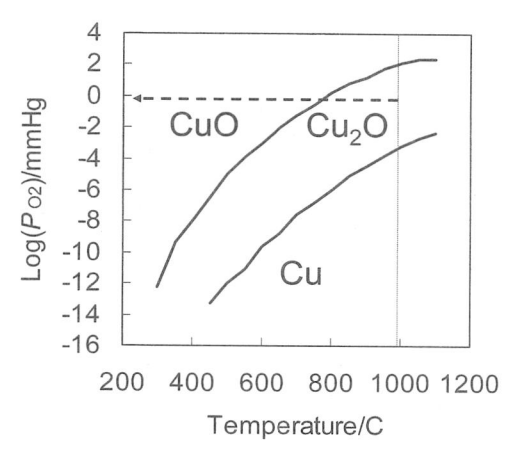

第6章 化合物薄膜太陽電池の展開

図2 Cu-Cu$_2$O-CuO系相図

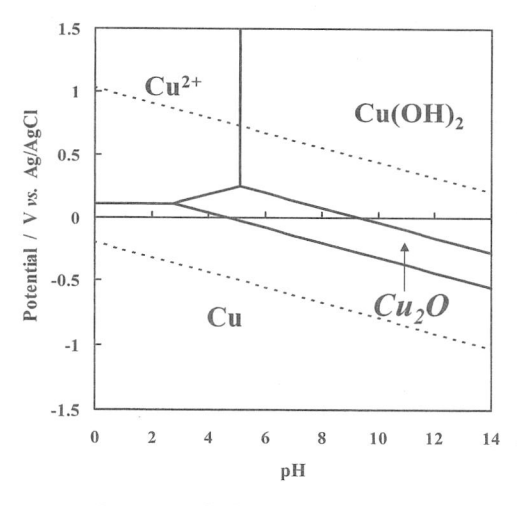

図3 Cu-水系電位-pH図(25℃)

示す[9]。この図は，水溶液の電位（水素基準）とpHにおけるCuの安定状態を示している。Cu$_2$OやCuOが形成される水溶液のpHや電位（水素基準）は，電位-pH図から知ることができるが，やはりCu$_2$O単層が得られる領域はCuとCuOに挟まれた狭い領域であり，水溶液中のCuイオン濃度に依存するが，pHは約5～13，電位幅はわずか約200mVである。ただし，水溶液中での共存物質（有機物などの錯化剤）によって，Cu，Cu$_2$O，CuOの存在領域は変化する。

7.3 Cu_2O 形成方法

代表的な Cu_2O 形成方法を表1に示した。表1以外にも，酸素雰囲気下での200から450℃での酸化[13]，硫酸銅とチオ硫酸ナトリウムを含有する60～80℃のアルカリ性水溶液からの化学析出[14]，酢酸銅，グルコースならびにプロパノールを含有する水溶液を用いたスプレイパイロリシス法[15]なども報告されている。太陽電池用 Cu_2O 形成には大気中酸化，電気化学製膜法ならびにスパッタリング法などが用いられている。電気化学製膜法では，乳酸以外に酒石酸やグリコール酸なども用いられており，基板を陰極として電解することによって直接 Cu_2O 層を形成できる。真空製膜法ならびに溶液製膜法によらず，Cu_2O 単相が得られる条件範囲が狭いため，CuOや Cu などの不純物層や過剰酸素を含有することが多く，高品質の Cu_2O 単相を形成することが課題となっている[16]。Cu_2O 製膜後に KCN 水溶液に浸漬することによって，発光特性ならびに ZnO とのヘテロ接合体の整流性が改善する[17]。これは，Cu_2O の欠陥がパッシベーションされるためと考えられている。また，HBF_4 ならびに臭素メタノール溶液への浸漬によって，Cu_2O 表面の過剰 Cu が除去でき，高品質表面が得られること，硝酸や水による洗浄によって，Cu_2O 表面が Cu 過剰になることも報告されている[1]。CuO 層は，Cu_2O 層を形成するほとんどの方法において，Cu_2O と共に生成することが報告されているが，硫酸銅と酒石酸を含有するアルカリ性水溶液から，基板を陽極として電解することによって CuO 単層を直接形成できる[18]。

7.4 Cu/Cu_2O ショットキー型太陽電池

表2に Cu/Cu_2O ショットキー型ならびに Cu_2O 系ヘテロ接合型太陽電池の太陽電池特性をまとめた。Cu_2O 層を Cu 層と接合した場合，その界面には 0.6～1.0eV のショットキー障壁が形成されることから，Cu 層と反対の面にオーミック電極を形成することによって，$Cu/Cu_2O/$ オーミック電極積層構造を持つショットキー型太陽電池が形成できる[1]。オーミック電極材料には，Au や Pt が用いられる。Cu_2O/Cu 接合を形成する方法として，Cu 板の表面層のみを酸化することによって接合を形成する方法，Cu 板全体を酸化し Cu_2O 板を形成した後，Cu を積層する方法が用いられている。Cu 層は，水素イオンもしくは空気イオンによるエッチング，ならびに CO-CO_2 混合ガス中で還元することによって，Cu_2O 層表面に形成できる。太陽光を Cu 層側から導入する太陽電池が Front-wall 型，オーミック電極側から太陽光を導入する太陽電池が Back-wall 型と呼ばれている。

Cu/Cu_2O ショットキー型太陽電池では，0.36から0.5V の開放電圧，0.6から8.33mAcm^{-2} の短絡電流密度，0.3から1.76%の変換効率が報告されている。Cu 板をアルゴンと酸素混合雰囲気下で1050℃2時間加熱することによって形成した Cu_2O 層の片面に厚さ8.3nm の金属 Cu 層と厚さ70nm の SiO 反射防止膜，ならびに裏面に Au オーミック電極を形成した $SiO/Cu/Cu_2O/Au$

第6章　化合物薄膜太陽電池の展開

表2　Cu_2O系太陽電池の性能

システム	形成方法	V_{oc} (V)	J_{sc} (mAcm^{-2})	FF	ξ (%)	参考文献
Cu/Cu$_2$O	―	0.5	1.4	0.45	0.3	2
Cu/Cu$_2$O	Cu$_2$O：陽極酸化（表1の3）	0.4	0.6	―	―	12
Cu/Cu$_2$O	―	0.65	2.7	0.45	0.8	2
Cu/Cu$_2$O	Cu$_2$O：アルゴン-酸素混合雰囲気中 1050℃加熱	0.36	8.33	―	1.76	1
IZO/Cu$_2$O	Cu$_2$O：大気中1050℃加熱 In：ZnO(IZO)：スパッタリング法	0.325	2.2	0.30	0.21	10
ITO/Cu$_2$O	ITO, Cu$_2$O：スパッタリング法	0.09	0.045	0.27	0.001	19
ZnO/Cu$_2$O	電気化学製膜法： ZnO：硝酸亜鉛水溶液 Cu$_2$O：酒石酸-硫酸銅水溶液	0.19	2.08	0.295	0.12	20
AZO/Cu$_2$O	Al：ZnO(AZO)：パルスレーザー析出 Cu$_2$O：Cu板の大気中1000℃酸化	0.4	7.1	0.4	1.2	6
ZnO/Cu$_2$O	ZnO：硝酸亜鉛-ジメチルアミンボラン水溶液からの化学析出 Cu$_2$O：乳酸-硫酸銅水溶液からの光化学析出	0.09	0.045	0.27	0.001	21

V_{oc}：開放電圧，J_{sc}：短絡電流密度，FF：フィルファクター，ξ：変換効率

ショットキー型太陽電池において，AM1基準太陽光照射下において，0.36Vの開放電圧，8.33mAcm^{-2}の短絡電流密度，1.76%の変換効率が報告されている[1]。これらの値から求めたFF値は0.59となる。暗時においても，SiO/Cu/Cu$_2$O/Auショットキー型太陽電池は良好な整流性を示す。

7.5　Cu_2O系ヘテロ接合型太陽電池

Cu$_2$O系ヘテロ接合型太陽電池のn型半導体層には，禁制帯幅が3.3eV以上のZnOならびにITO(In-Sn-O)などが用いられている。ITO層はスパッタリング法，In：ZnO(IZO)層はスパッタリング法，Al：ZnO(AZO)層はパルスレーザー析出法などの真空製膜法により形成されている。アンドープZnO層は，スパッタリング法などの真空製膜法に加え，水溶液電気化学製膜法，硝酸亜鉛とジメチルアミンボランを含有する水溶液からの化学析出法が用いられている[22]。水溶液電気化学製膜法は，製膜温度が100℃以下と低温であること，製膜設備が簡単であり，大量生産に適しているなど，の利点を有している。半導体ZnO層は，硝酸亜鉛水溶液[23]ならびに溶存酸素を飽和させた塩化亜鉛水溶液[24]から電気化学的に直接形成することができる。硝酸亜鉛

水溶液から形成した ZnO 層は，エキシトン励起子の再結合により室温で紫外発光し，真空製膜法による ZnO に匹敵する高品質を有している[25]。塩化亜鉛水溶液を用いた ZnO 形成法は，CIGS 系太陽電池の構成層形成法として実用化されており，CIGS 太陽電池の大面積化と低コスト化に寄与している。

Cu_2O 系ヘテロ接合型太陽電池においては，0.09 から 0.4V の開放電圧，0.045 から $7.1 mAcm^{-2}$ の短絡電流密度，0.27 から 0.4 の FF 値が報告されており，変換効率は 0.001 から 1.2% である。1.2% の変換効率は，Cu 板を大気中 1000℃ 加熱により形成した Cu_2O 層上に，パルスレーザー析出法により Al：ZnO（AZO）を堆積させた Cu_2O/AZO ヘテロ接合型太陽電池において報告されている。Cu_2O 層は，$4 \times 10^{14} cm^{-3}$ のキャリア密度と $90 cm^2 V^{-1} s^{-1}$ の移動度を示している。また，AZO の抵抗率は約 $2 \times 10^{-4} \Omega cm$ である。Cu_2O/AZO ヘテロ接合型太陽電池の暗時の整流性ならびに太陽電池特性は，AZO の電気的性質と密接に関係しており，最適化した条件下において 0.4V の開放電圧，$7.1 mAcm^{-2}$ の短絡電流密度，0.4 の FF 値，1.2% の変換効率が得られている[6]。

Cu_2O/ZnO ヘテロジャンクションの整流性が，Cu_2O 層の形成条件と極めて敏感に関係し，オーミック性を示しやすいことが指摘されている。これは，ZnO/Cu_2O 界面付近に存在する Cu_2O の欠陥と関係し，整流性発現のためには Cu_2O 層の KCN 処理ならびに Cu_2O/ZnO 間への高抵抗 ZnO バッファ層の導入が有効であることが明らかにされている[26]。KCN 処理により，Cu_2O の欠陥がパッシベーションされることによって整流性が向上する。また，Cu_2O/ZnO ヘテロ接合体の整流性が，Cu_2O 中の微量 Cu^{2+} ならびに Cu^0 不純物量に敏感に関係し，最適化された条件で良好な整流性を示し，太陽電池特性も向上することが報告されている。

7.6　おわりに

酸化物系太陽電池は，現在実用化されている Si 系や CIGS 系太陽電池に続く次世代太陽電池として期待されており，積極的な研究が行われている。Cu_2O 系太陽電池には，Cu/Cu_2O ショットキー型ならびに Cu_2O 系ヘテロ接合型太陽電池が提案され，前者において 1.76% の変換効率が報告されたが，現在はほとんど検討されておらず，研究のほとんどが後者の Cu_2O 系ヘテロ接合型太陽電池に関するものである。しかし，その変換効率は最高でも 1.2% 程度であり，現在実用化されている太陽電池には及ばない。しかし，2004 年度以降，変換効率が向上していると共に，禁制帯幅 1.45eV の Ag_2O 光吸収層の開発，高抵抗バッファ層導入の有効性，Cu_2O 不純物の厳密な制御の必要性などが明らかになり，バッファ層や光吸収層を含む太陽電池構造ならびに要素技術の確立の方向が明らかとなってきており，今後のさらなる発展が期待できる。

第6章　化合物薄膜太陽電池の展開

文　　献

1) L. C. Olsen, F. W. Addis, W. Mikker, *Solar Cells*, **7**, 247（1982）
2) A. E. Rakhshani, *Solid-State Electronics*, **29**, 7（1986）
3) B. P. Rai, *Solar Cells*, **25**, 265（1988）
4) G. K. Paul, Y. Nawa, H. Sato, T. Sakurai, K. Akimoto, *Appl. Phys. Lett.*, **88**, 141901（2006）
5) A. G. Zhilich, J. Halpern, B. P. Zakharchenya, *Phys. Rev.*, **188**, 1294（1969）
6) H. Tanaka, T. Shimokawa, T. Miyata, H. Sato, T. Minami, *Thin Solid Films*, **469-470**, 80（2004）
7) M. O'Keeffe, W. J. Moore, *J. Chem. Phys.*, **36**, 3009（1962）
8) F. P. Koffyberg, F. A. Benko, *J. Appl. Phys.*, **53**, 1173（1982）
9) M. Pourbaix, *Atlas of Electrochemical Equilibria in Aqueous Solutions*, **384**, NACE, Texas（1974）
10) J. Herion, E. A. Niekisch, G. Scharl, *Solar Energ. Mater.*, **4**, 101（1980）
11) K. Mizuno, M. Izaki, K. Murase, T. Shinagawa, M. Chigane, M. Inaba, A. Tasaka, Y. Awakura, *J. Electrochem. Soc.*, **152**, C179（2005）
12) E. Fortin, D. Masson, *Solid-state Electronics*, **25**, 281（1982）
13) H. Matsumura, A. Fujii, T. Kitatani, *Jpn. J. Appl. Phys.*, **35**, 5631（1996）
14) M. Ristov, GJ. Sinadinovski, I. Grozdanov, *Thin Solid Films*, **123**, 63（1985）
15) T. Kosugi, S. Kaneko, *J. Am. Ceram. Soc.*, **81**, 3117（1998）
16) V. F. Drobny, D. L. Pulfrey, *Thin Solid Films*, **61**, 89（1979）
17) Y. Okamoto, S. Ishizuka, S. Kato, T. Sakurai, N. Fujiwara, H. Kobayashi, K. Akimoto, *Appl. Phys. Lett.*, **82**, 1060（2003）
18) P. Poizot, C-J. Hung, M. P. Nikiforov, E. W. Bohannan, J. A. Switzer, *Electrochem. Solid State Lett.*, **6**, C21（2003）
19) M. Fujinaka, A. A. Berezin, *J. Appl. Phys.*, **54**, 3582（1983）
20) J. Katayama, K. Ito, M. Matsuoka, J. Tamaki, *J. Appl. Electrochem.*, **34**, 687（2004）
21) M. Izaki, K. Mizuno, T. Shinagawa, M. Inaba, A. Tasaka., *J. Electrochem. Soc.*, **153**, C668（2006）
22) M. Izaki, T. Omi, *J. Electrochem. Soc.*, **144**, L3（1997）
23) M. Izaki, T. Omi, *Appl. Phys. Lett.*, **68**, 2439（1996）
24) S. Peulon, D. Lincot, *Adv. Mater.*, **8**, 166（1996）
25) M. Izaki, S. Watase, H. Takahashi, *Adv. Mater.*, **15**, 2000（2003）
26) S. Ishizuka, K. Suzuki, Y. Okamoto, M. Yanagita, T. Sakurai, K. Akimoto, N. Fujiwara, H. Kobayashi, K. Matsubara, S. Niki, *phys. stat. sol.(c)*, **1**, 1067（2004）

8 海外の研究機関における CIS 太陽電池の開発

西脇志朗*

8.1 はじめに

　海外での CIS 太陽電池開発の歴史を遡ると，1975 年には Bell Telephone Laboratories において J. L. Shay 等[1] が CuInSe$_2$ 結晶を用いて 12％の変換効率を既に報告している。この太陽電池の接合の構成は，p-CuInSe$_2$/n-CdS であり，レコードセルに関しては以後現在に至るまで変わっていない。今日注目されている CuInSe$_2$ 系多結晶薄膜を用いた太陽電池に関しては，1980 年代前半には既に 10％以上の変換効率が報告されている。さらに，日本の研究機関，および企業が本格的に研究開発に乗り出した 1990 年代前半までには，現在とほぼ同様の太陽電池製造技術が完成している。また，Ga を混晶した Cu(InGa)Se$_2$ を光吸収層として使用し，いっそうの高効率化を図ったのもこの頃である。1990 年前後までの CIS 太陽電池に関する主要な研究機関は，ARCO Solar, Boeing High Technology Center, Institute of Energy Conversion, International Solar Electric Technology Inc., Solar Energy Research Institute, University of Illinois, および University of Stuttgart 等であった。このように，CIS 太陽電池の開発は主にアメリカ企業群の中で活発に行われていたことがわかる。製膜技術がほぼ完成し，最高効率において 15％以上が報告されるようになった 1995 年前後を境に，太陽電池の高効率化に向けた研究の主力は，企業から研究所および大学に移ることになる。現在は，10 年以上におよぶ CIS 太陽電池製造技術の蓄積と最適化の結果，世界の各地域における主要な研究所ではいずれも変換効率 18％以上が達成されている。2007 年 3 月現在のレコードデータとしては，National Renewable Energy Laboratory から 19.5％の変換効率が報告されている。以下に高品質の CIS 系太陽電池を作製できる技術力を有するという観点から，現在の主要な研究所と最近の研究等を挙げる。

8.2 USA

8.2.1 National Renewable Energy Laboratory（www.nrel.gov）

　National Renewable Energy Laboratory（NREL）は，U.S. Department of Energy（DOE）に指定されている研究所であり，名実共に USA の renewable energy に関する研究の中核に位置する。したがって，USA における renewable energy の研究開発全般に関する先導的な役割も担っている。薄膜太陽電池の高効率化に関しては，変換効率 25％を目標としており，実際に CIS 系薄膜多結晶太陽電池に関して 10 年以上にわたりレコードデータを更新し続けている。また，基礎科学，とくにカルコパイライト系化合物半導体に関する計算機材料科学（computational

---

* Shiro Nishiwaki　Institute of Energy Conversion University of Delaware Researcher

material science)の分野において多くの研究も行われている。高効率化に向けた研究だけでなく，信頼性試験，商業化に向けた要素技術の開発も平行して行っており，NRELの研究者からベンチャー企業への転身も少なくない。このような背景から，多くの大学，企業と協力関係を持ち，それらとの情報交換および人的交流から，CIS系薄膜多結晶太陽電池に関する知見の多くが集積している。

NRELは，CIS薄膜太陽電池の商業化への課題として，以下のものを挙げている。

1. 体系化された科学と技術の応用
2. 変換効率の長期安定性
3. 科学的知見に裏付けされた製造プロセスのその場診断と制御
4. $1\mu m$ 未満への薄膜化
5. 高速，低コストプロセスの開発

8.2.2 Institute of Energy Conversion at University of Delaware (www.udel.edu/iec)

Institute of Energy Conversion (IEC)はDOEのUniversity Center of Excellenceに指定された研究所である。NRELと共に長く太陽電池の研究開発を行ってきた研究所の一つであり，CIS系だけでなくCdTe系やSi系についてもNRELと同様に研究を行っている。CIS系に関しては，Cu/In金属前駆体膜のセレン化反応に関する多くの知見を残している[2]。最近の研究としては，Gaに代えてAlを混晶した$Cu(InAl)Se_2$光吸収層を同時蒸着法 (co-deposition) を用いて作製し，変換効率16.9%を得ている[3]。また，$1\mu m$ 未満の薄膜$Cu(InGa)Se_2$太陽電池や，光吸収層のワイドバンドギャップを考慮してSを混晶した$Cu(InGa)(SeS)_2$系に関する基礎的な研究も行っている。商業化に向けたCIS系光吸収層の製膜技術に関して，Moを裏面電極としてコートしたポリイミドシート上に$Cu(InGa)Se_2$光吸収層をco-deposition法で製膜するroll-to-rollプロセスを開発しており，最近約16m (25cm幅) の連続製膜に成功している（写真）。この他，電着法 (Electrodeposition) によるCIGS膜の作製[4]や，デバイスの評価に関する研究も行っている。

8.2.3 大学内研究室

(1) **Department of Physics at University of Oregon (physics.uoregon.edu)**

Admittance spectroscopy, drive-level capacitance profiling, transient capacitance spectroscopy, transient photocapacitance, transient junction photocurrent spectroscopyを用い，CIS系だけでなく多くの太陽電池デバイスの欠陥解析を行っている[5]。

(2) **Surface and Interface Science on Devices for Energy Conversion - Department of Chemistry at University of Nevada (www.unlv.edu/faculty/heske)**

X線光電子分光 (X-ray photoelectron spectroscopy: XPS) 等，種々の表面分析装置を用いて，

CIS系太陽電池内の界面，表面の解析を行っている．

(3) **Department of Materials Science and Engineering at University of Illinois**（rockett.mse.uiuc.edu）

CIS系薄膜のエピタキシャル成長に関する研究を行っている．

その他，Colorado State University, University of South Florida, University of Toledo 等が，上記 NREL との協力関係を持ち，CIS系太陽電池の開発に寄与している．

8.3 ドイツ

8.3.1 Hahn Meitner Institut Berlin GmbH（www.hmi.de）

Hahn Meitner Institut（HMI）は，現在ドイツにおけるCIS系太陽電池の開発に関する中心的役割を担う研究所である．研究所の組織は2つに分かれており，その一方がSi系およびCIS系太陽電池の研究グループを形作る．ワイドバンドギャップ材料の $CuGaSe_2$ や $Cu(InGa)S_2$ の種々の方法を用いた形成とその物性に関する多くの実績がある．とくに，$Cu(InGa)S_2$ に関しては，変換効率においてチャンピオンデータを持つ[6]と共に，グループの一部がベンチャー企業（Sulfurcell）を設立するなど高い技術を有している．また，Shell Solar（AVANSIS GmbH）との間で密接な関係を持っている．太陽電池の開発に関連して，$Cu(InGa)Se_2$ 系では，宇宙利用を想定した軽量，高効率太陽電池の作製を目的として，Ti およびポリイミドフォイル上でのデバイス作製に関する研究を行っている[7]．また，プロセス制御に関して，日本の AIST との協力関係

第6章　化合物薄膜太陽電池の展開

の下, *in situ* 診断, 制御に関する研究も行っている[8]。さらに, Cd フリー化を目的として, Zn(SO), In$_2$S$_3$ バッファー層に関する検討も行っている[9,10]。基礎研究としては, *in situ* X 線回折による Cu(InGa)S$_2$ 系の形成反応, フォトルミネッセンス法（Photoluminescence spectroscopy）による Cu(InGa)Se$_2$ 系の欠陥構造の詳細, Kelvin probe 法を用いた表面や接合の観察等多岐にわたる。

8.3.2　Zentrum für Sonnenenergie- und Wasserstoff-Forschung（www.zsw-bw.de）

Zentrum für Sonnenenergie- und Wasserstoff-Forschung（ZSW）は, renewable energy および水素（イオン）を介したエネルギーサイクルに関する基礎研究を商業化に向けて発展させることを目的として設立された研究機関である。現在, CIS 系薄膜多結晶太陽電池と二次電池および燃料電池の研究開発を主に行っている。CIS 系太陽電池の商業化に関連し, Würth Solar & Co. KG GmbH がその結果として設立された。CIS 系の製造技術に関しては後に示す Universtät Stuttgart と協力関係にある。また, Universtät Ulm とも密接な交流がある。

8.3.3　Institut für Physikalische Electronik at Universtät Stuttgart（www.ipe.uni-stuttgart.de）

Institut für Physikalische Electronik（IPE）は, 1980 年代から 2000 年代に入るまでの長期に渡り, ヨーロッパの CIS 系多結晶薄膜太陽電池の研究開発を先導してきた歴史がある。現在は, 一部の研究室の上記 HMI への移動に伴い, CIS 系の高効率化に向けた研究に関しては, 主にデバイス評価の点から貢献している[11]。

大学内研究室に関して, Universtät Erlangen-Nürnberg では, (CuGa)/In 金属膜の Se 化に関する詳細な研究[12], Universtät Würzburg は XPS 等を用いた CIS 系デバイスの表面, 界面の研究を行っている[13]。

8.4　スウェーデン

8.4.1　Ångström Solar Center at Uppsala University（www.asc.angstrom.uu.se/en/）

Ångström Solar Center（ASC）は, 商業化を念頭に CIS 系太陽電池の大面積化, 高効率化, Cd-free 化に取り組んでいる。光吸収層の形成は, co-deposition 法を用いている[14]。CdS に代わるバッファー層として Zn(OS) および (ZnMg)O を検討している[15]。これらのバッファー層の形成は, atomic layer deposition（ALD）法で行っている。いずれのバッファーを用いた場合も, 高品質なデバイスを作製する技術を有している。

8.5　スイス

8.5.1　Thin Film Physics Grope at Department of Physics, Laboratory for Solid state Physics, Eidgenössische Technische Hochschule Zürich（www.tfp.ethz.ch）

Eidgenössische Technische Hochschule Zürich（ETH Zürich）では, フレキシブル化, 軽量

化を考慮して，アルミフォイルやポリイミド上でのデバイス形成に関する検討を行っている[16]。また，CIS光吸収層の低コスト化を目的とし，非真空プロセスによる製膜を提案している[17]。この他，Cd-freeを目的としてIn$_2$S$_3$バッファー層の検討も行っている。

8.6 フランス

8.6.1 Laboratory of Electrochemistry and Analytical Chemistry at Ecole National Supérieure de Paris（www.enscp.fr/spip.php?rubrique113,UMR7575 および UMR7174）

CIS系だけでなく，多くの半導体を電着法を用いて作製している[18]。

その他，世界各地の多くの研究室で上記の研究所と何らかの協力関係を持ちながら研究が行われている。また，上記の研究所間の交流も盛んに行われている。CIS系薄膜多結晶太陽電池に関する最先端の研究開発動向は，PVSEC（アジア），IEEE PVSC（USA），EPVSEC（ヨーロッパ）の太陽電池学会の他，奇数年にはMRS Spring Meeting（www.mrs.org），偶数年にはE-MRS Spring Meeting（www.emrs-strasbourg.com）においてとくに多くの講演，発表，議論がなされる。

文　　献

1) J. L. Shay, Sigurd Wagner, H. M. Kasper, *Appl. Phys. Lett.,* **27**, 89（1975）
2) N. Orbey, H. Hichri, R. W. Birkmire, T. W. F. Russell, *Prog. Photovolt. Res. Appl.,* **5**, 237（1997）など
3) S. Marsillac, P. D. Paulson, M. W. Haimbodi, R. W. Birkmire, W. N. Shafarman, *Appl. Phys. Lett.,* **81**, 1350（2002）
4) M. E. Calixto, K. Dobson, B. E. McCandless, R. W. Birkmire, *J. Electrochem. Soc.,* **153**, G521（2006）
5) J. T. Heath, J. D. Cohen, W. N. Shafarman, *J. Appl. Phys.,* **95**, 1000（2004）など
6) R. Kaigawa, A. Neisser, R. Klenk, M. Ch. Lux-Steiner, *Thin Solid Films,* **415**, 266（2002）
7) C. A. Kaufmann, A. Neisser, R. Klenk, R. Scheer, *Thin Solid Films,* **480-481**, 515（2005）
8) R. Scheer, A. Neisser, K. Sakurai, P. Fons, S. Niki, *Appl. Phys. Lett.,* **82**, 2091（2003）
9) A. Ennaoui, M. Bär, J. Klaer, T. Kropp, R. Sáez-Araoz, M. Ch. Lux-Steiner, *Prog. Photovolt: Res. Appl.,* **14**, 499（2006）
10) N. A. Allsop, A. Schönmann, H. J. Muffler, M. Bär, M. Ch. Lux-Steiner, Ch. H. Fischer, *Prog. Photovolt: Res. Appl.,* **13**, 607（2005）
11) P. O. Grabitz, U. Rau, Bernd Wille, Gerhard Bilger, J. H. Werner, *J. Appl. Phys.,* **100**, 124501

第6章　化合物薄膜太陽電池の展開

(2006)
12) M. Purwins, A. Weber, P. Berwian, G. Müllar, F. Hergert, S. Jost, R. Hock, *J. Cryst. Growth,* **287**, 408（2006）など
13) L. Weinhardt, O. Fuchs, D. Groß, E. Umbach, C. Heske, N. G. Dhere, A. A. Kadam, S. S. Kulkarni, *J. Appl. Phys.,* **100**, 024907（2006）など
14) J. Schöldström, J. Kessler, M. Edoff, *Thin Solid Films,* **480-481**, 61（2005）
15) C. Platzer-Björkman, T. Törndahl, D. Abou-Ras, J. Malmström, J. Kessler, L. Stolt, *J. Appl. Phys.,* **100**, 044506（2006）
16) D. Rudmann, Drémaud, H. Zogg, A. N. Tiwari, *J. Appl. Phys.,* **97**, 084903（2005）など
17) M. Kaelin, D. Rudmann, F. Kurdesau, H. Zogg, T. Meyer, A. N. Tiwari, *Thin Solid Films,* **480-481**, 486（2005）
18) D. Lincot, *Thin Solid Films,* **487**, 40（2005）

9 海外企業におけるCIS及びCdTe太陽電池の開発

大東威司*

9.1 はじめに

Cu(In, Ga)Se$_2$（CIGS）太陽電池では，既に商業化を表明した昭和シェル石油，本田技研工業，Würth Solarに加え，新しい企業が様々な技術を持って数十MW/年規模での参入を発表している。今後2～3年の間にも，世界でCIGS太陽電池の生産能力が合計100MWを超えるという。CdTe太陽電池においても，2006年に60MWを生産して結晶シリコンや薄膜シリコンを押さえてアメリカ第一の太陽電池製造企業となったFirst Solarが，ドイツやマレーシアに進出して100MW/年規模の工場建設を計画するなど，成長が著しい。

企業における研究開発は，ここ数年は性能面での大きな進展は見られないが，製造法や組成の改良，長期信頼性の評価などを着実に進め，製品化への足固めを続けている。リサイクルやライフサイクル分析などの持続可能性に関する評価も取り組まれている。

太陽光発電市場の急拡大により，CIGS，CdTeといった新しいタイプの太陽電池にも確実にビジネスチャンスが生まれつつあり，今後もスピンオフやベンチャー企業の参入が期待される。

9.2 アメリカの企業におけるCIS太陽電池の開発動向

9.2.1 First Solar

First Solarは，1998年にSolar Cellsの技術でCdTe太陽電池生産に参入したのが始まりである。2003年にFirst SolarがSCIの全株を取得し，2006年には上場を果たした。既に，約1億5000万ドルを投資してドイツのフランクフルト・オーデルに生産能力100MW/年の工場建設を開始した。さらに2007年には，マレーシアに1億5000万ドルを投資して100MW/年の工場を建設する計画を発表した。性能向上の研究開発に加え，CdTe太陽電池のリサイクル・プログラムも開始している。また，主にドイツのシステム・インテグレータと長期供給契約を相次いで締結，合計契約量は1GWを超えている。これまでにヨーロッパを中心とした大規模太陽光発電システム導入に貢献しているが，この度，ドイツ・ザクセン州の40MW太陽光発電所にモジュール55万枚を供給する計画が発表された。総投資額は約1億3000万ユーロで，2009年に完成見込みである。

9.2.2 Global Solar Energy（GSE）

1996年に設立されたGlobal Solar Energy（GSE）は，ステンレス基板CIGS薄膜フレキシブル太陽電池を製造する。これまで，米国陸軍から大型発注を獲得し，最高変換効率13.5％のフレ

---

* Takashi Ohigashi ㈱資源総合システム 調査研究部 部長

第 6 章　化合物薄膜太陽電池の展開

キシブル太陽電池を納入した。赤字のため，親会社 UniSource Energy が売却先を模索していたところ，2006 年にドイツの Solon が GSE の株式 19% を取得した。2007 年 1 月，GSE は約 3000 万ユーロを投じてドイツ・ベルリンに CIGS 太陽電池製造工場を設立することを決定した。生産能力を 2 段階で約 30MW/年とする計画で，2008 年初頭に稼動の予定である。アメリカ・ツーソン工場も 40MW/年に増強される。

9.2.3　DayStar Technologies

DayStar Technologies は，1997 年に設立されたフレキシブル CIGS 太陽電池製造企業で，2004 年にナスダック市場に上場した。ニューヨーク州立大学オルバニー校と共同研究開発を行っているほか，米国空軍研究所の先端宇宙船技術開発・試験・評価プログラムにおいて，飛行船より軽い太陽電池モジュールの開発を行っている。ニューヨーク州エネルギー研究開発局（NYSERDA）より，100 万ドル以上の助成金を獲得して，100MW/年の生産能力を目指してプラントの拡張を計画している。さらに，CIGS 太陽電池「TerraFoil」の納入契約を，ドイツのシステム・インテグレータ，Blitzstrom と締結した。2010 年末までに最大 130MW 分を供給する。

9.2.4　Nanosolar

Nanosolar は 2002 年に設立され，金属基板上の CIGS 太陽電池を開発している。スタンフォード大学，サンディア国立研究所（SNL），カリフォルニア大学バークレイ校と協力しており，ロール・ツー・ロール方式での製造を目指し，資金調達を完了した。2006 年 12 月には，CIGS 太陽電池モジュール製造工場をカリフォルニア州サンノゼとドイツ・ベルリンに建設することを決定した。2 工場を合わせると約 6 万 m^2 規模の太陽電池モジュールを生産できるようになる。サンノゼ工場には 1 億 200 万ドルを投資し，生産能力は 400MW/年規模となり，2007 年内に稼動開始の見込みである。2007 年 3 月，「ソーラー・アメリカ計画（SAI）」の一環として実施される「テクノロジー・パスウェイ・パートナーシップ（TPP）」の一つとして採択された。低コストの商業ビル屋根用太陽光発電システムについて，背面電極型薄膜セルを用いたシステム及びコンポーネントの共同研究開発を実施する。

9.2.5　Miasolé

Miasolé は，ステンレス基板 CIGS 太陽電池製造企業であり，ハードディスク・ドライブ製造技術を太陽電池に応用した。ロール・ツー・ロール方式連続成膜プロセスを開発し，これまでに変換効率 12% を達成している。ベンチャー・キャピタル・ファンドによって資金調達を行っており，2006 年内にサンタクララ工場に生産能力 50MW/年相当の設備の設置を予定している。さらに，2007 年末までに 200MW へと能力増強を行う意向である。2007 年 3 月，「ソーラー・アメリカ計画（SAI）」の一環として実施される「テクノロジー・パスウェイ・パートナーシップ（TPP）」の一つとして採択された。低コストのフレキシブル型太陽光発電システムについて，大量生産技

術及び太陽光発電製品技術を共同開発する。

9.2.6 Ascent Solar Technologies（AST）

Ascent Solar Technologies（AST）は，プラスチック基板上CIGS太陽電池をロール・ツー・ロール方式で形成する製造技術を開発している。現在，空軍研究所（AFRL）やアメリカ航空宇宙局（NASA）など複数の政府機関からの委託事業で研究開発を行っている。2007年3月，ノルウェーのNorsk HydroがCIGS太陽電池製造の戦略的提携でAscent Solar株を160万株取得，924万ドルを投資した。2008年に生産能力1.5MW/年のパイロット製造ラインをデンバー工場に建設，2010年には同25MW/年の大面積太陽電池モジュール製造を行う計画である。

9.2.7 HelioVolt

HelioVoltは，2001年に設立されたCIGS太陽電池製造企業である。堆積プロセスと結晶化プロセスから成る2段階高速成膜法によるFASST技術により，低コスト，高スループット製造をねらう。2007年1月，ターンキー太陽光発電システムの商品化についてExeltechとの共同開発で合意し，HelioVoltのFASST技術とExeltechの高性能交流機器の開発及び製造技術を活用する。

9.2.8 PrimeStar Solar

PrimeStar Solarは，国立再生可能エネルギー研究所（NREL）のCdTe太陽電池技術を商業生産へと移転する87万ドルの共同研究開発契約を締結した。NRELは，CdTe太陽電池セル変換効率で最高16.5%を実現している。PrimeStar Solarは，デンバー近郊にパイロット・プラントを開発する計画である。

9.2.9 SoloPower

SoloPowerは，カリフォルニア州ミルピータスを本拠としており，CIGS太陽電池モジュール製造パイロット・ラインを設置している。ロール・ツー・ロール方式で，フレキシブル型金属箔基板上に独自の電気めっきプロセスにより堆積した太陽電池モジュールを製造する。2007年内に製品群サンプルの試験を開始する計画である。

9.2.10 International Solar Electric Technology（ISET）

1985年創立のInternational Solar Electric Technology（ISET）は，CIGS太陽電池の研究開発を行っている。米国エネルギー省（DOE）から，CIGS太陽電池の非真空プロセス研究のための研究資金を獲得している。マレーシアのTenaga Mikro Sdn Bhdとの合弁企業設立で合意している。

第6章　化合物薄膜太陽電池の展開

9.3 ヨーロッパの企業における CIS 太陽電池の開発動向

9.3.1 Würth Solar（ドイツ）

1999年に設立された Würth Solar は，シュトゥットガルト大学及び太陽エネルギー・水素研究センター（ZSW）における CIGS 太陽電池に関する研究を事業化する。2000年9月より CIGS 太陽電池をパイロット生産しており，2006年10月には約5500万ユーロを投資し，Schwäbisch Hall 工場で大規模生産を開始した。2007年から，生産能力を20万枚/年（14.8MW/年）とする予定である。

9.3.2 Antec Solar（ドイツ）

Antec Solar は，Battelle Frankfurt 研究所を母体に，1993年に創設された CdTe 太陽電池モジュール製造のベンチャー企業である。1997年には商業生産を開始，現在では生産能力が25MW/年あり，太陽電池モジュールを1万枚/年で生産するまでに成長した。2002年に一度破産したが，2003年，ベンチャーキャピタル Ökologik Ecovest の支援により，営業を再開した。

9.3.3 Avancis（ドイツ）

Avancis は，Saint-Gobain，Shell Solar の合弁事業として2006年に設立された。前身の Shell Solar では，ガラス基板上 CIGS 太陽電池の研究開発を進めてきており，最高変換効率として13.5％（30 × 30cm^2）を記録している。大面積では，変換効率12.4％（60 × 90cm^2），温度サイクル試験で4,000時間をクリアした。SiN，Mo，CIGS を堆積するためのガラスコーターの技術を活用し，2社のシナジー効果を追求する。ドイツ・Torgau にある Saint-Gobain の工場の付近に，生産能力20MW/年の製造工場を建設する計画である。

9.3.4 Sulfurcell Solartechnik（ドイツ）

Sulfurcell Solartechnik は，1999年に設立されたハーンマイトナー研究所（HMI）のスピンアウト企業で，セレンを使わない $CuInS_2$ 太陽電池を製造する。ほかに Schott Glass，Centrotherm とも技術提携しており，2003年夏に年産1.5MW で試験生産を開始した。現在，生産能力は5MW/年ある。これまでに，5 × 5cm^2 太陽電池セルで，変換効率11.0％を達成した。製品レベルでは，2005年には同10％台を達成した。2010年には，出力85W（変換効率10.7％）の $CuInS_2$ 太陽電池モジュール生産を目指す。システム供給大手の IBC Solar と長期供給契約を締結している。

9.3.5 Solibro（スウェーデン）

Solibro は，ウプサラ大学オングストローム太陽光発電研究センターのスピンオフ企業で，ガラス基板上 CIGS 太陽電池を製造する。これまでに変換効率11.5％が公認されており，オングストローム太陽光発電研究センターではミニモジュールで同16.6％，太陽電池セルで同18.5％を達成している。2006年11月，Q-Cells は Solibro と合弁事業を開始することで合意した。ドイツ・

タールハイムに「Solibro GmbH」を設立し，Q-Cells が 67.5%を出資する。Solibro GmbH は，2007 年半ばまでにタールハイムでの最初の工場建設を決定し，生産能力を 25～30MW/年とする計画である。

9.3.6 Johanna Solar Technology (JST) (ドイツ)

南アフリカ・ヨハネスブルク大学では，1993 年より CIGS 太陽電池の研究を開始，2002 年には $Cu(In, Ga)(Se, S)_2$ で 13%を達成した。2003 年にイノベーション・ファンドを得て，2004 年にパイロット製造ラインを設置，2005 年にドイツ IFE とのライセンス契約を結び，2006 年に Johanna Solar Technology (JST) を設立した。これまでに，変換効率 16.47%を達成した（V_{OC} = 674.86mV, J_{SC} = 35.08mA/cm^2, FF = 0.6977）。1m × 30cm の基板を用い，30 × 30～30 × 50cm^2 の太陽電池モジュールを作製する。2007 年に，生産能力 30MW/年規模での生産を行う予定である。IFE のほか，Aleo Solar の支援も取り付けた。OEM 供給や，ライセンス供与による製造会社設立などを目指す。

9.3.7 OderSun (ドイツ)

OderSun の商品開発は，1996 年の太陽電池技術研究所 (IST) 設立と共に始まった。ドイツ東部フランクフルトの工業地域で，2007 年までに生産能力 4.5MW/年の工場を建設し，フレキシブル型 CIGS 太陽電池を製造する計画である。投資金額は，約 1000 万ユーロである。薄い銅リボンを基板とするもので，①鞄や衣料などのコンシューマ製品向け，② PV システム用標準モジュール，③建築プロジェクト向けカスタム仕様モジュール—の用途が想定されている。

9.3.8 Solarion (ドイツ)

Solarion の CIGS 太陽電池は，フレキシブルなポリイミド・フィルムを基板としてロール・ツー・ロール・プロセスで作られる。製造・販売に向けた資金調達の第 2 ラウンドを完了し，投資コンソーシアムが出資している。現在，ドイツ・ライプツィヒ工場でパイロット生産を行っており，本格生産は 2008 年からの予定で，初年度生産能力は 25MW/年の見込みである。

9.3.9 Scheuten Solar Systems (オランダ)

Scheuten グループでは，微小のガラス・ビーズに Mo, CIGS, バッファー層をコーティングする技術を開発した。球状 CIGS 太陽電池「Sunrise」では，光吸収面積の増大，基板加熱の減少，モジュール・サイズの自由度向上などの優位性を引き出すことができる。今回，2 × 2cm^2 セルを作製し，変換効率 5%を得た（2 ビーズ（直径 200 μm））。2006 年に 10MW/年パイロット・ラインを設置，2007 年には変換効率 8%の製品を上市，2009 年に 250MW/年製造ライン，2012 年に 1,000MW/年製造ラインの設置を目指す。

9.3.10 Flisom (スイス)

チューリッヒ工科大学は，フレキシブル型 CIGS 太陽電池の研究開発を行っている。ポリイミ

ド基板では変換効率 14.1％（0.6cm^2, AM1.5, V_{OC} = 649.4mV, J_{SC} = 31.48mA/cm^2, FF = 0.691）となり，同大学のスピンオフ企業，Flisom で商品化を目指す。ロール・ツー・ロール方式によるポリイミド基板上 CIGS 太陽電池モジュールの生産能力は，1.5MW/年を計画している。他の研究機関とも連携しつつ，①高い変換効率（～ 14％），②低コスト生産，③高い柔軟性（1cm 径未満の曲げにも強い），④軽量（＞ 2.5kW/kg）―の特徴を生かした太陽電池開発を目指す。

9.3.11　Arendi（イタリア）

パルマ大学では，インライン・プロセス，3 段階蒸着法を採用した CdTe 太陽電池について研究開発を行っている。変換効率は 15.6％を達成しており（V_{OC} = 862mV, I_{SC} = 25.5mA/cm^2, FF = 0.72），今後は商業化を目指す。「Arendi」という企業名で，基板サイズ 60 × 120cm^2，スループット 2 分/枚，3 シフトを想定している。2 年以内に，ミラノ近郊に生産能力 15MW/年工場の建設を予定している。

9.3.12　CIS Solartechnik（ドイツ）

1999 年に創業した CIS Solartechnik は，2004 年，銅材製造企業 Norddeutsche Affinerie と共同開発した銅板基板フレキシブル CIGS 太陽電池のプロトタイプを発表した。変換効率は 10％以上を達成している。2008 年の出荷開始を予定している。

9.3.13　Solar Thin Films（STF）（ハンガリー）

2007 年 1 月，Solar Thin Films（STF）は，アメリカの Renewable Energy Solutions（RESI）（旧 Terra Solar Development）との間で，CIGS 太陽電池の次世代製造装置を開発する 3 年間の研究開発契約を結んだ。STF は，子会社 Kraft でアモルファス・シリコン太陽電池の製造装置を製造・販売しているが，RESI との契約の下で，さらに高効率で安価なガラス基板型 CIGS 太陽電池の製造装置を開発して 2007 年度中に受注活動開始を目指す。

9.4　その他の企業における CIS 太陽電池の開発動向

9.4.1　Mayang Kukuh（マレーシア）

2004 年から 5 年間で，3 億 5000 万リンギット（99 億 9000 万円）を投じて，住宅及び産業用市場向けとなる CIGS 太陽電池生産工場の建設を計画している。

9.4.2　Tenaga Mikro Sdn Bhd（マレーシア）

2005 年，Tenaga Mikro Sdn Bhd とアメリカの International Solar Electric Technology（ISET）は，マレーシア国内に CIGS 太陽電池製造の合弁企業を設立することで合意した。スクリーン印刷工程が基本で，真空工程を必要としない CIGS 太陽電池セルを製造する。第 1 期事業では，生産能力 25MW/年の工場に 200 名を雇用する計画で，2 年目の第 2 期事業では，新たに 100MW の工場を建設し，3,000 ～ 4,000 人を雇用する計画である。

化合物薄膜太陽電池の最新技術

表1 各社が開発している多結晶薄膜太陽電池モジュールの性能（出力順，2006年5月時点）[1]

開発企業	デバイス	開口面積	変換効率	出力	年月
Global Solar Energy	CIGS	8,390cm^2	10.2%*	88.9W*	2005年5月
Shell Solar（アメリカ）	CIGSS	7,376cm^2	11.7%*	86.1W*	2005年10月
Würth Solar	CIGS	6,500cm^2	13%	84.6W	2004年6月
First Solar	CdTe	6,623cm^2	10.2%*	67.5W*	2004年2月
Shell Solar（ドイツ）	CIGSS	4,938cm^2	13.1%	64.8W	2003年5月
Antec Solar	CdTe	6,633cm^2	7.3%	52.3W	2004年6月
Shell Solar（アメリカ）	CIGSS	3,626cm^2	12.8%*	46.5W*	2003年3月
昭和シェル石油	CIGS	3,600cm^2	12.8%	44.15W	2003年5月

＊：NRELにて測定

表2 化合物薄膜太陽電池事業への新規参入企業の例（新興企業を中心に，2007年3月時点）[2]

企業名	国	技術	実力	計画など	提携
Avancis	ドイツ	CIGS	12.4%／0.6×0.9m^2	20MW／年（2008年）	Shell Solar, Saint-Gobain
Solibro	スウェーデン	CIGS	11.5%	25〜30MW／年	Q-Cells
Johanna Solar Technology	ドイツ	CIGS	9.4%／0.51×1.21m^2	30MW／年（2007年）	南アフリカ大学（IFE, Aleo Solarが支援）
CIS Solartechnik	ドイツ	CIGS（金属リボン）	10.4%／0.6×1.2m^2	ロール・ツー・ロール方式（10mm幅）	−
DayStar Technologies	アメリカ	CIGS（金属箔）	16.9%／0.1×0.1m^2	フレキシブル型	−
Miasolé	アメリカ	CIGS（ステンレス基板）	9.3%	ロール・ツー・ロール方式（60cm幅）	−
Nanosolar	アメリカ	CIGS（ステンレス基板）	12.5%	〜400MW／年（？）	−
OderSun	ドイツ	CIGS（銅リボン）	11%	ロール・ツー・ロール方式（10mm幅）	−
Scheuten Solar Systems	オランダ	CIGS（ガラス・ビーズ（200μm径））	5%	〜1,000MW／年（？）	−
Solarion	ドイツ	CIGS（金属箔）	6.5%	ロール・ツー・ロール方式	−
Arendi	イタリア	CdTe/CdS	60×120cm^2	15MW／年（ミラノ近郊に予定）	パルマ大学
Flisom	スイス	CIGS（ポリイミド基板）	14.1%／0.6cm^2	1.5MW／年，ロール・ツー・ロール方式，フレキシブル型	チューリッヒ工科大学
Ascent Solar Technologies	アメリカ	CIGS	−	25MW／年（2010年），フレキシブル型	Norsk Hydro

・Michael Powalla, "The R&D Potential of CIS Thin-film Solar Modules", Zentrum für Sonnenenergie- und Wasserstoff-Forschung Baden-Württemberg (ZSW), EUPVSEC-21, Dresden（2006年9月）を基に，㈱資源総合システムが作成。

第6章　化合物薄膜太陽電池の展開

9.5 まとめ

　CIGS及びCdTe太陽電池の主要な研究開発課題としては，①低コスト化，②商業生産規模の拡大，③環境影響の評価（以上，短期的課題），④更なる低コスト化（＜1ユーロ/W），⑤大面積モジュールでの変換効率向上（＞14％），⑥新規プロセス開発（非真空，ロール・ツー・ロール方式など）（以上，中期的課題），⑦変換効率25％に向けたアプローチ（多接合化），⑧損失機構の解明などの基礎的解析（以上，長期的課題）——が挙げられる。

　海外でも，CIGS及びCdTe太陽電池の商業化を目指す企業が多数ある。表1に示すように，既に高性能な太陽電池モジュールが製作され，市場への投入が始まっている。また，CdTe太陽電池などの大規模な導入がヨーロッパを中心に広がっており，実用化段階に入っている。First Solar，昭和シェル石油，本田技研工業，Würth Solarなどの本格的生産に加え，表2に示すように，新興企業による商業化の進展により，2007年末までに世界で100MW/年の生産能力に達する予定で，それ以降も続々と参入する予定である。

　このように，研究開発に取り組みつつ商業化を進めることで，今後10年間のうちに生産能力1GWレベル/年，市場シェア20％以上への成長が期待される。

文　　献

1) Bolko von Roedern, Harin S. Ullal and Ken Zweibel, "Polycrystalline Thin-Film Photovoltaics: from the Laboratory to Solar Fields", National Renewable Energy Laboratory（NREL），WCPEC-4, Waikoloa（2006年5月）
2) Michael Powalla, "The R&D Potential of CIS Thin-film Solar Modules", Zentrum für Sonnenenergie-und Wasserstoff-Forschung Baden-Württemberg（ZSW），EUPVSEC-21, Dresden（2006年9月）

第7章　超高効率太陽電池

1　超高効率太陽電池の展望

山口真史*

　元素周期表Ⅲ族元素とⅤ族元素で構成されるⅢ-Ⅴ族化合物半導体太陽電池は，高効率で放射線耐性に優れていることから，1985年頃からGaAs太陽電池が宇宙用太陽電池として実用化されている。また，さらに高効率化をはかったInGaP/GaAs/Geの2，3接合セルも宇宙用太陽電池として1997年頃から実用になっている。また最近では，低価格なレンズや鏡を利用した集光技術が開発され，InGaP/GaAs/Ge 3接合セルを用いた集光型太陽電池モジュールが，小規模ながらも生産が開始され，結晶シリコン太陽電池や薄膜太陽電池に続く第3の太陽電池として注目されている。

1.1　はじめに

　単接合セルでは，光電変換効率27〜29%が限界である。さらに高効率化をはかるためには，太陽光スペクトルの有効活用が必要である。化合物半導体はその組成を組み合わせることにより，バンドギャップを広範囲に制御できる。バンドギャップの異なる化合物半導体太陽電池層を積層することにより，多接合（タンデム）構造太陽電池を構成でき，波長感度の広帯域化が可能である。図1は，非集光および集光型太陽電池の変換効率に及ぼす接合数の効果を示す。図には，理論変換効率と実現されている効率を示す。3接合セルの集光，非集光動作で，各々，46.5%，42%，4接合セルの集光，非集光動作で，各々，52.5%，47%の超高効率化が期待できる。

1.2　超高効率多接合太陽電池の研究開発の経緯

　表1に，多接合太陽電池の研究開発の歴史を示す。多接合構造太陽電池そのものの提案は古く，1955年のJackson，1960年のWolfに遡る。多接合型セルの構成例として，①トンネル接合により複数のセルを接続するモノリシック・カスケード型，②複数のセルを機械的に貼り合わせたメカニカル・スタック型，③金属電極で複数のセルを接続するメタル・インターコネクト型の提案があった。研究開発初期は，MIT，RTI，NTTやNRELの貢献が大きかった。モノリシック型は，

---

　　*　Masafumi Yamaguchi　豊田工業大学　大学院工学研究科　主担当教授

第 7 章　超高効率太陽電池

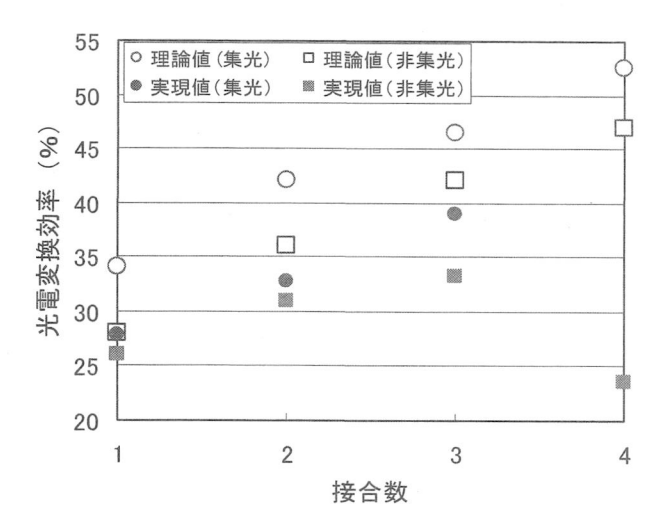

図 1　非集光および集光型太陽電池の変換効率に及ぼす接合数の効果
（理論変換効率と実現値）

表 1　多接合太陽電池の研究開発の歴史

西暦年	項目	機関
1955	多接合構造太陽電池の提案	Jackson
1982	多接合太陽電池効率の理論計算	MIT
1982	効率 15.1% AlGaAs/GaAs 2 接合セル	RTI
1987	ダブルヘテロ接合構造トンネル接合の提案 効率 20.2% AlGaAs/GaAs 2 接合セル	NTT
1990	InGaP トップセル材料の提案	NREL
1994	効率 29.5% InGaP/GaAs 2 接合セル	NREL
1997	InGaP の優れた放射線耐性の発見	豊田工大
1997	効率 33.3% InGaP/GaAs/InGaAs メカニカルスタック 3 接合セル	ジャパンエナジー 住友電工，豊田工大
1997	InGaP/GaAs 2 接合セルの宇宙用太陽電池として実用化	Hughes, Spectrolab
2001	効率 31.7% InGaP/GaAs/Ge 3 接合セル	ジャパンエナジー
2004	効率 31.5% InGaP/GaAs/Ge 3 接合集光型太陽電池モジュールの開発	大同特殊鋼，大同メタル シャープ
2005	効率 39% InGaP/InGaAs/Ge 集光型 3 接合セル	Spectrolab
2006	InGaP/GaAs/Ge 3 接合集光型セルモジュールの生産開始	シャープなど

複数のセルを接続するトンネル接合において，低抵抗接続ができないとの問題があった。NTT のグループ[1]は，課題であるトンネル接合からの不純物拡散を抑制するダブルヘテロ接合トン

化合物薄膜太陽電池の最新技術

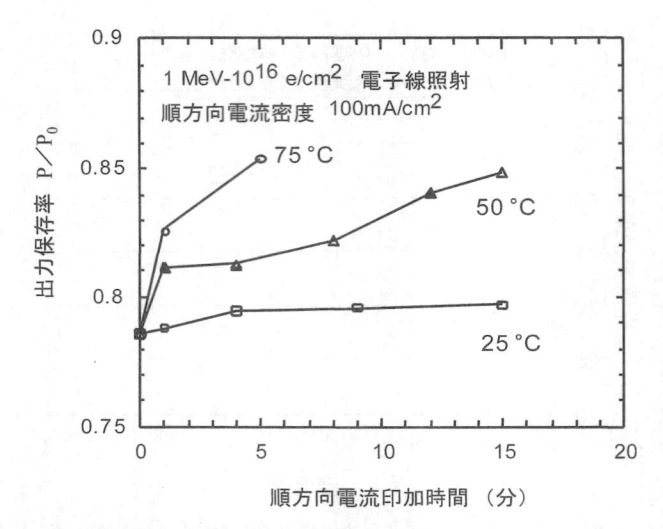

図2 InGaP 太陽電池の放射線損傷の順方向電流注入による回復特性
（1MeV 電子線照射後の順方向電流印加時間に対する太陽電池出力の回復）

ネル接合を提案した。また，NREL のグループ[2]は，従来の AlGaAs に代わる高品質 InGaP トップセル材料の提案を行った。この2つの提案が，その後の多接合構造太陽電池高効率化の礎を築いた。

多接合セルの高効率化に関しては，1987 年の NTT による AlGaAs/GaAs 2 接合セルの 20.2%から，1997 年のジャパンエナジー，住友電工，豊田工大による InGaP/GaAs/InGaAs 3 接合セルの効率 33.3%[3]，最近の Spectrolab による InGaP/InGaAs/Ge 3 接合セルの 236 倍集光での効率 39.0%[4]へと高効率化が進展している。

また，1997 年には豊田工大のグループによって，InGaP 系多接合太陽電池のトップセル材料が Si や GaAs よりも耐放射線耐性に優れていることが見出された[5]。さらに，面白いことに InGaP セルは太陽光照射すると，すなわち，動作状態で放射線劣化が回復するという現象も観測されている[5]。図2には，InGaP 太陽電池の放射線損傷の順方向電流注入による回復特性を示す。InGaP 中では，主要な照射欠陥が，太陽光エネルギーの力を借りて室温でも容易に動くことが，優れた放射線耐性の理由と考えられている[6]。こうした高効率化の進展と放射線耐性の発見の成果として，InGaP/GaAs/Ge 3 接合セルは宇宙用太陽電池として実用化されている。

最近，集光式太陽光発電システムが注目されている。太陽電池セル，レンズや反射鏡の光学系，追尾系で構成される。集光技術は，太陽電池材料使用量の飛躍的削減による省資源化・低コスト化に加え，太陽電池の変換効率の向上が可能である。集光倍率にもよるが，太陽電池の集光動作により，非集光に比べて絶対値で 5～7% の効率向上がはかられ，集光式太陽光発電の魅力ある

第7章 超高効率太陽電池

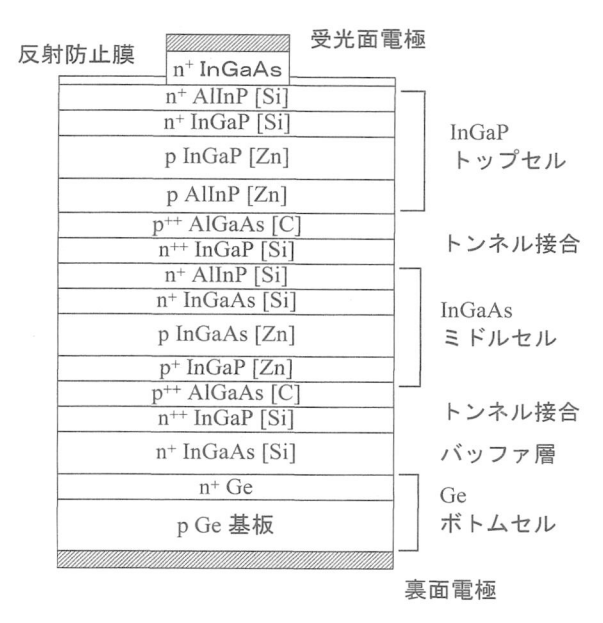

```
反射防止膜              受光面電極
            n+ InGaAs
          n+ AlInP [Si]     ┐
          n+ InGaP [Si]     │  InGaP
          p InGaP [Zn]      │  トップセル
          p AlInP [Zn]      ┘
         p++ AlGaAs [C]     ┐ トンネル接合
         n++ InGaP [Si]     ┘
          n+ AlInP [Si]     ┐
          n+ InGaAs [Si]    │  InGaAs
          p InGaAs [Zn]     │  ミドルセル
          p+ InGaP [Zn]     ┘
         p++ AlGaAs [C]     ┐ トンネル接合
         n++ InGaP [Si]     ┘
          n+ InGaAs [Si]       バッファ層
             n+ Ge            ┐ Ge
            p Ge 基板         ┘ ボトムセル
                   裏面電極
```

図3　集光型 InGaP/InGaAs/Ge 3接合セルの構造

点の一つである。勿論，集光動作下での太陽電池の温度上昇による特性低下，高集光動作（高電流密度）下での太陽電池の信頼性などの課題があった。日本のニューサンシャイン計画のプロジェクトでは，550倍集光下での平均効率35%の InGaP/GaAs/Ge 3接合太陽電池を用いた，面積5,500cm^2 の太陽電池モジュールが試作され，屋外での効率31.5%が実現している[7]。図3には，集光型 InGaP/InGaAs/Ge 3接合セルの構造を示す。現用の非集光平板型太陽電池モジュールに比べて，面積当り2倍の出力が出ており，大規模太陽光発電所など新たな応用分野の創製が期待できる。最近，シャープをはじめ欧米数社が，InGaP/GaAs/Ge 3接合セルを用いた集光型太陽電池モジュールの生産を開始している[8]。

1.3 超高効率太陽電池の今後の展望

多接合構造太陽電池の高効率化は着実に進展している。図4には，各種太陽電池の高効率化の推移と今後の見通し[9]を示す。実現可能効率として，結晶シリコン太陽電池の28%，アモルファスシリコン太陽電池の17.5%，CIGS 太陽電池の23.5%や色素増感型太陽電池の17.5%に比べて，多接合構造太陽電池では55%の超高効率化が可能である。

従来，太陽電池層の結晶性の観点から格子定数整合系に注力してきたが，今後は変換効率のポテンシャルの観点から格子不整合系太陽電池の研究開発が進もう。格子不整合系の適用により，3接合セルでも集光動作で42～43%，非集光動作で36～38%の高効率化が可能である。課題は，

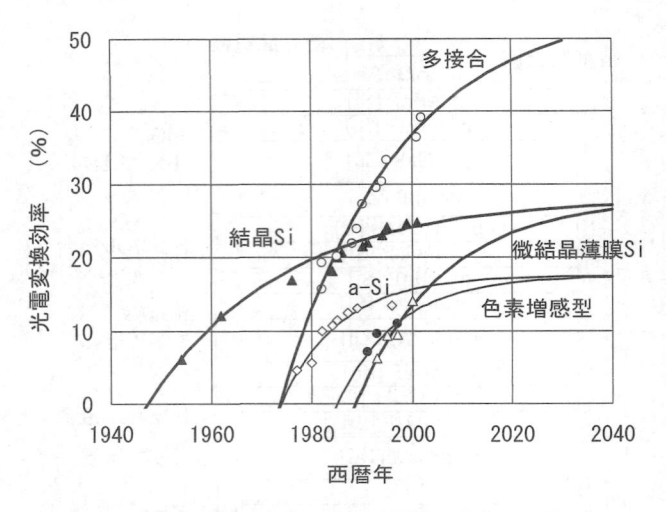

図4 各種太陽電池の高効率化の推移と今後の見通し[9]

格子不整合転位など欠陥発生にあるが，格子不整合転位が形成する再結合中心におけるキャリア捕獲が，集光動作では飽和するという現象も観測されており[10]，期待できる。さらなる高効率化のためには，図1に示すように，接合数の拡大が一つの方向である。4接合，5接合の多接合化により，効率50%以上の超高効率化が期待できる。4，5接合の実現のためには，Ge基板やGaAsに格子定数整合し，バンドギャップ1eVの新材料の開発が必要である[11]。InGaAsNやInGaNなどが期待されている。InGaNは一つの材料で，組成を変えるだけで，太陽光スペクトルのほぼ全域となる0.7～3.4eVの広い波長範囲をカバーできるメリットがある。しかし，両材料共，現状では結晶欠陥やpn制御等の課題があり，高効率太陽電池の実現に向け，研究のブレークスルーを期待している。実現すれば，半導体レーザー等の光デバイスや電子デバイス等，他分野への波及効果が期待できる。

この他，太陽電池の超高効率化を目指して，①量子井戸や量子ドット構造，②中間バンドの概念による多重バンド励起，③衝突電離など多重電子－正孔対生成，④多光子吸収，⑤ホットキャリア，などが提案されている[12]が，提案概念の実証を含めた基礎研究の段階である。

InGaP/GaAs/Ge 3接合セルを含めたⅢ-Ⅴ族化合物系宇宙用太陽電池の生産量は，年1MW程度と少ないが，今後も宇宙用太陽電池として実用されていくだろう。薄膜セル技術の開発による軽量化やSi基板上の多接合構造太陽電池の実現による軽量化・低コスト化も期待される。

超高効率太陽電池と組み合わせる集光発電システムは，量産性はもとより，製造エネルギーとコスト，資源量，リサイクル性において，現用の非集光平板型太陽電池システムと比較して有利な位置にあり，将来的に大きなポテンシャルを持っていると考えられる。太陽電池の世界の年間

第 7 章　超高効率太陽電池

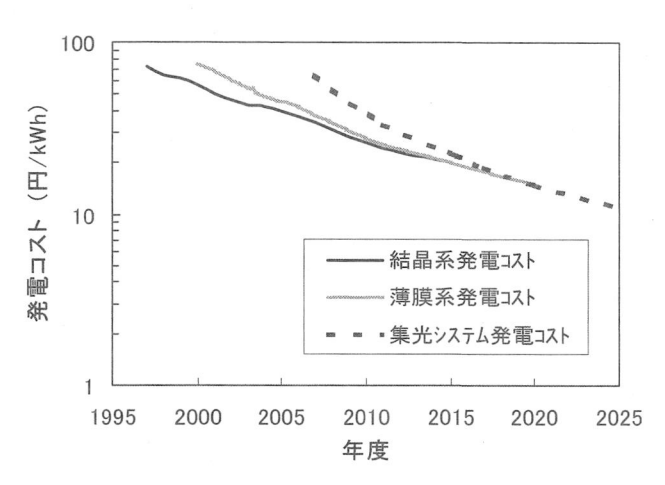

図 5　結晶 Si 太陽電池，薄膜太陽電池および集光型太陽電池の開発による太陽光発電システムの電力コストの低減シナリオ

生産量（約 1,760MW，2005 年）は，世界の全エネルギー需要から見るとまだわずかな量に留まっている。21 世紀のエネルギー・環境問題に寄与するレベルに達するには，現在より少なくとも 2 桁高い生産量が必要になる。わが国でも，2030 年における太陽光発電システムの累積導入量 100GW のターゲットがあり，これは日本の総電力の 1 割に相当する。現状では，このような大規模な生産量を可能にする太陽光発電システムの候補を絞る段階には至っていないと認識される。太陽光発電は，エネルギー源として，また重要な産業として，社会貢献して行くであろうが，そのような将来ビジョンの実現のためには，飛躍的な大規模生産が必要である。技術的には，図 5 に示すように，現在の主流の結晶 Si 技術に続き，薄膜技術や III-V 族化合物の集光技術が参入することが予想される。太陽電池そのものの使用量を減らし，発電コストの抜本的な改善が可能で，大規模発電所に適した集光式太陽光発電が，2020 年頃には主流になることが期待される。

文　献

1) C. Amano, H. Sugiura, A. Yamamoto and M. Yamaguchi, *Appl. Phys. Lett.,* **51**, 1998（1987）
2) J.M. Olson, S. R. Kurtz, A.E. Kibbler and P. Faine, *Appl. Phys. Lett.,* **56**, 623（1990）
3) T. Takamoto, E. Ikeda, T. Agui, H. Kurita, T. Tanabe, S. Tanaka, H. Matsubara, T. Mine, S. Takagishi and M. Yamaguchi, *Proceedings of the 26th IEEE Photovoltaic Specialists*

Conference, p.1031（IEEE, New York, 1997）

4) R. R. King, D. C. Law, C. M. Fetzer, R. A. Sherif, K. M. Edmondson, S. Kurtz, G. S. Kinsey, H. L. Cotal, D. D. Krut, J. H. Ermer and N. H. Karam, *Proceedings of the 20th European Photovoltaic Solar Energy Conference,* p.118（WIP, Munich, 2005）

5) M. Yamaguchi, T. Okuda, S. J. Taylor, T. Takamoto, E. Ikeda and H. Kurita, *Appl. Phys. Lett.,* **70**, 1566（1977）

6) S. Adachi, A. Khan, K. Ando, N.J. Ekins-Daukes, H.S. Lee and M. Yamaguchi, *Phys. Rev.,* **B72**, 155320（2005）

7) M. Yamaguchi, T. Takamoto, T. Agui, M. Kaneiwa, K. Araki, M. Kondo, H. Uozumi, M. Hiramatsu, Y. Miyazaki, T. Egami, Y. Kemmoku and N.J. Ekins-Daukes, *Proceedings of the 19th European Photovoltaic Solar Energy Conference,* p.2014（WIP, Munich, 2004）

8) T. Tomita, *Proceedings of the 4th World Conference on Photovoltaic Solar Energy Conversion,* p.2450（IEEE, New York, 2006）

9) M. Yamaguchi, *Proceedings of the 19th European Photovoltaic Solar Energy Conference*（WIP, Munich, 2004）xl. A. Goetzberger *et al., Technical Digest of the 12th International Photovoltaic Science and Engineering Conference,* Cheju, Korea, p.5（2001）

10) M. J. Yang and M. Yamaguchi, *Solar Energy Materials and Solar Cells,* **60**, 19（1999）

11) S. R. Kurtz, D. Myers, J.M. Olson, *Proceedings of the 26th IEEE Photovoltaic Specialists Conference,* p.867（IEEE, New York, 1997）

12) A. Marti and A. Luque, *Next Generation Photovoltaics*（Inst. Physics Publishing, Bristol and Philadelphia, 2004）

2 超高効率太陽電池の作製

高本達也*

2.1 はじめに

現在，超高効率太陽電池と呼ばれているⅢ-Ⅴ族多接合型太陽電池の主流は，Ge 基板とエピタキシャル成長した単結晶薄膜からなる $In_{0.49}Ga_{0.51}P/In_{0.01}Ga_{0.99}As/Ge$ 構造の3接合型太陽電池（図1）である。30%を超える高い変換効率が実現されており，既に人工衛星の電源として実用化されている。

また，同様の3接合構造にて集光型太陽電池の開発が進められており，高い変換効率が達成されている。太陽電池の pn 接合における逆方向飽和電流値は一定であるので，光照射強度の増加により起電流が増加することで太陽電池の開放電圧は増加し変換効率は向上する。そのため，500倍以上の高い集光倍率下では，非集光時に比べ2割以上の変換効率の向上が期待される。太

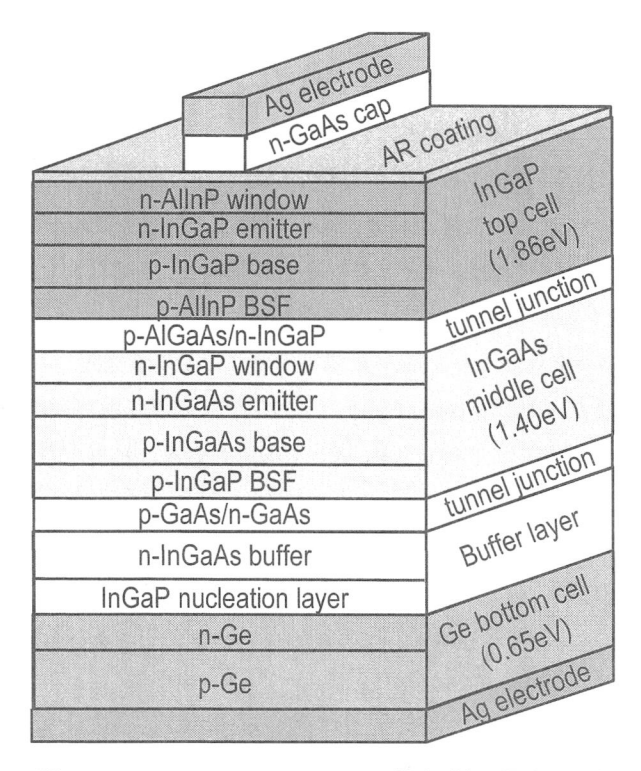

図1　$In_{0.49}Ga_{0.51}P/In_{0.01}Ga_{0.99}As/Ge$ 3接合型太陽電池の構造

* Tatsuya Takamoto　シャープ㈱　ソーラーシステム事業本部　次世代要素技術開発センター　第2開発室　室長

陽電池の効率向上のために集光方式を採用することも有効な技術となる。

　最近では，エピタキシャル成長した単結晶薄膜のみを用いた太陽電池の作製技術が開発されており，今後，様々な太陽電池を積層した多接合太陽電池への応用が期待されている。

2.2　セル高効率化技術

　$In_{0.49}Ga_{0.51}P/In_{0.01}Ga_{0.99}As/Ge$ 構造の 3 接合型太陽電池の断面構造を図 1 に示す。InGaP/GaAs 系の多接合型太陽電池の開発は米国再生可能エネルギー研究所（NREL）で始まった。① GaAs に格子整合する InGaP をトップセルとして，InGaP トップセルおよび GaAs ミドルセルでの発生電流を整合させるためにトップセルの厚さを最適化して，2 接合セルの短絡電流値を最大化することにより 29％を超える高効率化が報告された[1]。②ジャパンエナジー（J-Energy）は，ダブルヘテロ構造ワイドギャップトンネル接合の採用により，初めて 30％を超える高効率を達成した[2]。ワイドギャップ材料によりトンネル接合部の光吸収損失を低減させ，ダブルヘテロ層により，トンネル接合部での少数キャリアの再結合損失を低減させた。③ J-Energy は，GaAs に格子整合した $In_{0.48}Ga_{0.52}P$ 層および GaAs 層に 1％の In を添加して，Ge 基板との格子不整合度を 0.05％未満にし，ミスフィット転位の発生を抑制することにより更なる高効率化を実現した[3]。④米国の Spectrolab は，Ge 基板上に成長する第 1 層目の材料を GaAs ではなく InGaP とし，p 型 Ge 基板内 n 層形成のための拡散源をヒ素（As）ではなく拡散係数の小さいリン（P）に変更することで，より浅い接合を形成し，Ge セルの量子効率を向上させた[4]。しかしながら，InGaP 層を Ge 基板上に成長する第 1 層目の材料に用いた場合，InGaP トップセルのエネルギーギャップ（E_g）が原子配列の秩序化により 1.82eV に低下することで開放電圧（V_{oc}）が低下し[5]，大きな効率向上には至らなかった。⑤ Spectrolab は，InGaP 層の原子配列秩序化を抑制し，InGaP トップセルの E_g を 1.9eV 近くまで向上させ，V_{oc} を向上させることで，32％（AM1.5G）もの高効率を実現した[6]。以下，①電流整合，②ワイドギャップトンネル接合，③格子整合，④ Ge セル量子効率向上および InGaP 層の原子配列秩序化の抑制について，それぞれ以下に説明する。

2.2.1　電流整合

　3 接合太陽電池の中で 3 つのサブセルはトンネル接合によって直列に接続されているため，3 接合セルの開放電圧は 3 つのサブセルの起電圧の和になり，短絡電流は 3 つのサブセルで発生する起電流の中で最も小さい値に制限される。InGaP トップセルは約 650nm 以下の波長域，InGaAs ミドルセルは 650〜900nm の波長域，および，Ge ボトムセルは 900〜約 2000nm の波長域の太陽光を吸収する（図 2 の分光感度特性を参照）。ボトムセルではトップおよびミドルセルの約 1.5〜2 倍のフォトンが吸収されるため，ボトムセルで発生する電流は大きく，900nm 以下の波長域にてトップセルとミドルセルで吸収するフォトンの数を分割するため，3 接合セルの

第 7 章　超高効率太陽電池

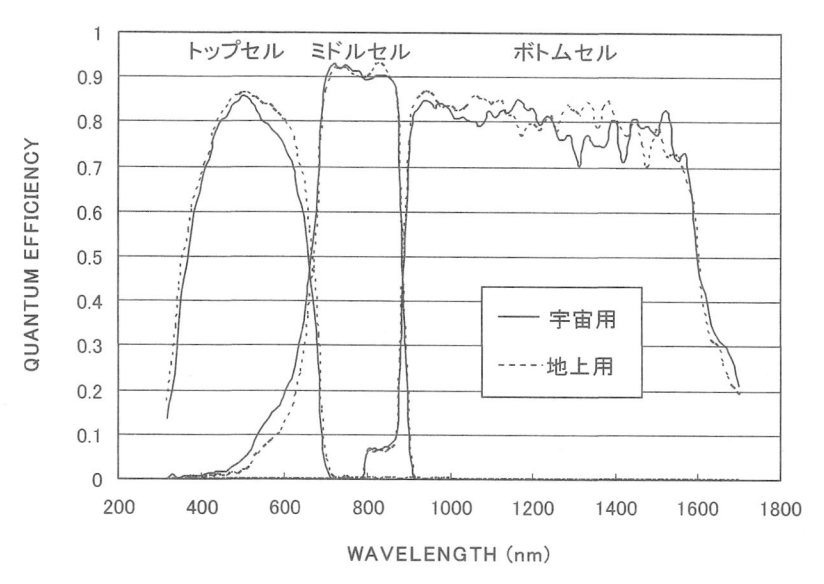

図2　宇宙用および地上用に最適化された3接合太陽電池の分光感度特性

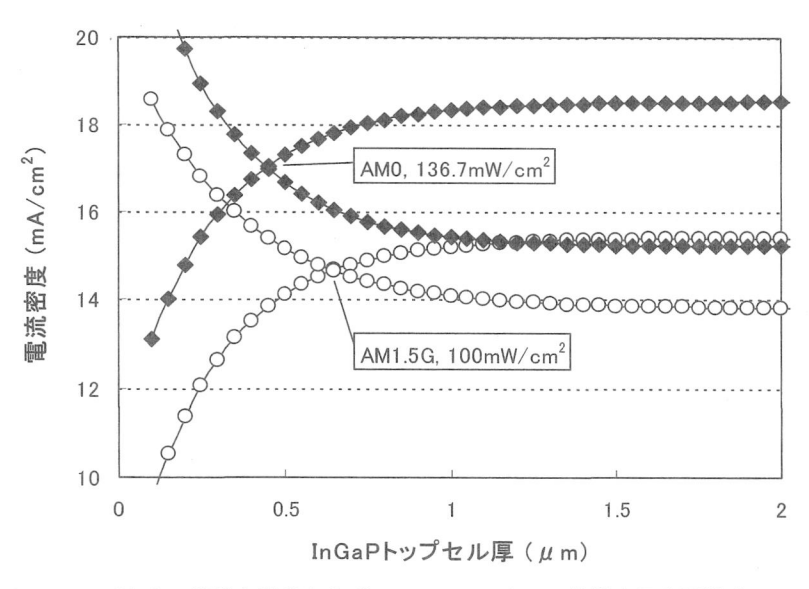

図3　AM0スペクトル基準太陽光およびAM1.5Gスペクトル基準太陽光照射時において，トップセルの厚さを変化させた場合のトップセルとミドルセルで発生する電流の変化

短絡電流値はトップセルもしくはミドルセルで発生する電流の小さい方に等しくなる。
　トップセルとミドルセルで発生する電流は，トップセルの厚さを変化させることによって制御できる。図3は，AM0スペクトル基準太陽光およびAM1.5Gスペクトル基準太陽光照射時にお

229

いて，トップセルの厚さを変化させた場合のトップセルとミドルセルで発生する電流の変化を示す。トップセルの厚さが，AM0スペクトル基準太陽光照射下で0.45μm，AM1.5Gスペクトル基準太陽光照射下で0.65μmにて，それぞれトップセルとミドルセルで発生する電流が整合し，3接合セルの短絡電流値が最大となる。

2.2.2 ワイドギャップトンネル接合

トップセル，ミドルセルおよびボトムセルを電気的・光学的に損失なく接続するためにトンネル接合が用いられる。トンネル接合には以下の2点が要求される。

・トンネルピーク電流密度は太陽電池の短絡電流密度より十分に大きい
・トンネル接合を形成する材料は上部セルを透過する光に対して透明である

トンネル電流は，トンネル接合を形成する材料のバンドギャップ（E_g）に相当する高さで，接合の空乏層幅に相当する厚さのエネルギー障壁を，電子がトンネルすることによって生じるため，ピーク電流密度を増加させるためには，E_g を狭くし，接合のキャリア濃度を高くする必要がある。一方，トンネル接合の透過率を向上させるためには E_g を広くする必要があるため，上記の仕様を同時に満たすためには，上部セル材料より広い E_g のワイドギャップ材料にて，接合のキャリア濃度を高くし，トンネルピーク電流密度を向上させることが重要である。

実際のトンネル接合層の成長において，その上に上部セル層を成長させる際，トンネル接合層は成長温度による熱処理を受けることになるため，接合界面でのドーパントの拡散により高いキャリア濃度を達成することが困難になる。そこで，接合界面でのキャリア濃度を高くするためには，高濃度ドープが可能なドーパントを用いて拡散を抑制する層構造にすることが重要である。図1の3接合太陽電池では，トップセルとミドルセルを接続するトンネル接合はワイドギャップ材料のn型AlInGaP/p型AlGaAsで構成され，高濃度ドープを可能にするために，n型ドーパントにはTe（$>1\times10^{19} cm^{-3}$），p型ドーパントにはC（$>1\times10^{20} cm^{-3}$）が用いられている。トンネル接合は，よりワイドギャップな材料のAlInP層で挟まれたダブルヘテロ（DH）構造になっており，該DH構造によりトンネル接合界面でのドーパントの拡散が抑制されると考えられている。また，ミドルセルおよびボトムセルを接続するトンネル接合にはGaAsのpn接合が用いられている。

2.2.3 格子整合

高品質の単結晶層にて図1の太陽電池層を成長させるためには，太陽電池層の格子定数をGe基板に整合させることが重要である。従来のGaAsをミドルセルに用いた3接合太陽電池では，GaAsとGe基板とのわずかな格子不整合（不整合度0.08%）によってミスフィット転位が発生していた。GaAsにInを1%添加することにより，格子不整合度がほぼ0になり，ミスフィット転位の発生は抑制される。図4はGe基板上に成長させるGaAs層にInを添加した場合の表面

第7章 超高効率太陽電池

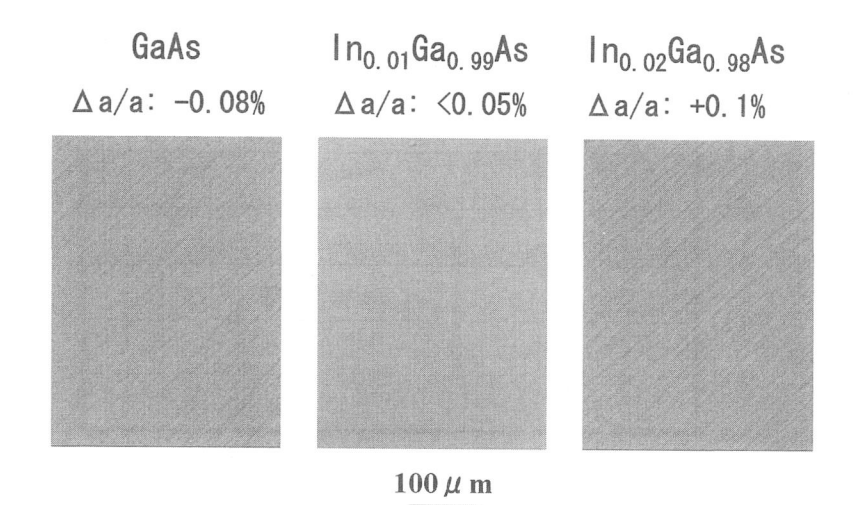

GaAs　　　　　　**In$_{0.01}$Ga$_{0.99}$As**　　　　　**In$_{0.02}$Ga$_{0.98}$As**
△a/a: −0.08%　　　△a/a: <0.05%　　　△a/a: +0.1%

100 μm

図4　Ge 基板上に成長させる GaAs 層に In を添加した場合の表面モフォロジーの変化
（In を 1%添加することでクロスハッチパターンのない良好な表面が得られる）

モフォロジーの変化を示す。In 組成が 0 および 2%の時に観察されるクロスハッチパターンはミスフィット転位のパターンを反映したものであるため，In 組成が 1%の時にはクロスハッチパターンは見られない。なお，ミスフィット転位は太陽電池の短絡電流値には影響しないが，開放電圧を低下させる原因となる。

2.2.4 Ge セル量子効率向上

p 型の Ge 基板上に成長させる III-V 族材料の V 族原子が Ge 中に拡散して n 型層を形成することで pn 接合の Ge セルが形成される。図5は Ge 基板上に成長させる第 1 層目の材料を GaAs および InGaP にした場合の 3 接合セルの量子効率の変化を示す。GaAs 層を第 1 層にする場合，比較的拡散係数の大きな As が比較的深い pn 接合を形成するが，InGaP 層を第 1 層にする場合，拡散係数の小さい P が浅い接合を形成する。InGaP 層の場合，浅い接合により Ge セルの短波長側の量子効率が向上すると考えられる。

Ge 基板上に成長させる第 1 層目の材料によって InGaP トップセルの量子効率が変化することがわかった。InGaP 層を第 1 層にするとトップセルの感度波長端が長波長側にシフトしており，InGaP 材料のバンドギャップが狭くなることがわかった。この現象は，InGaP 材料特有の原子配列の秩序化によるバンドギャップの変化だと考えられる。InGaP トップセルのバンドギャップの低下による 3 接合セルの開放電圧の低下が確認されており，Ge ボトムセルの量子効率の向上と共に 3 接合セルの開放電圧の低下を抑制するためには，InGaP トップ層のバンドギャップ低下を抑制する必要がある。InGaP 成長時の Sb 導入（サーフェクタント効果）や成長条件（基板温度，

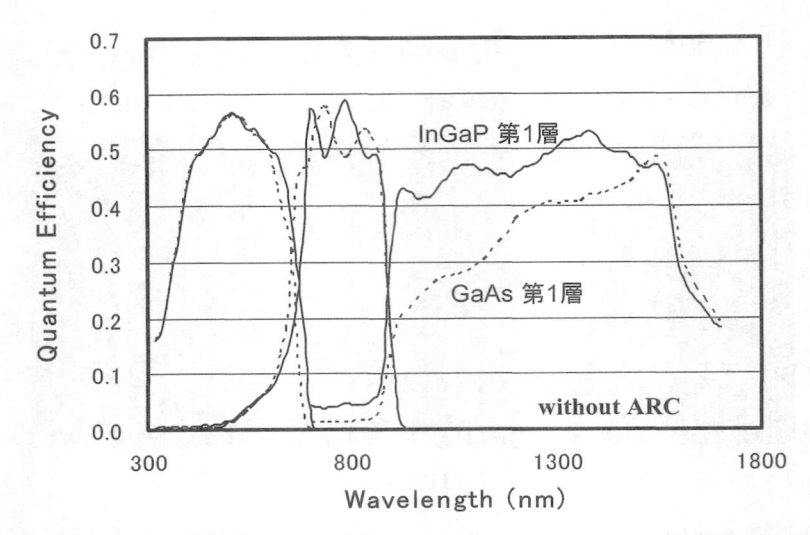

図5 Ge基板上に成長させる第1層目の材料をGaAsおよびInGaPにした場合の3接合セルの量子効率の変化
(第1層目をInGaPにすることでGeセルの量子効率は向上するがInGaPセルの吸収端が長波長側にシフトする)

V/III比)の適正化が必要である。

2.3　3接合太陽電池の製造プロセスと特性

　InGaP/InGaAs/Ge 3接合太陽電池(図1)は図6に示すプロセスフローにて作製される。Ge基板サイズの現在の主流は100mm径で約0.15mm厚である。有機金属気相成長法にて太陽電池層がエピタキシャル成長される。その後，フォトリソグラフィー法によるパターニングや真空蒸着法による電極・反射防止膜形成，メサエッチング，ダイシングによるセル分離が行われる。特に化合物系の太陽電池はメサエッチングによる端面リーク防止対策が重要である。

　宇宙用太陽電池および集光用太陽電池の概要比較を表1に示す。主な違いは，エピタキシャル層構造，セルサイズおよび電極パターンである。宇宙用太陽電池では，トップセルおよびミドルセルの耐放射線性の違いやAM0太陽光スペクトルでの電流整合 (2.2項参照) を考慮して，トップセルの厚さは約0.3ミクロン程度になっている。一方，集光用太陽電池では，AM1.5Gスペクトルに近いAM1.5 (Low-AOD direct) 基準太陽光スペクトルでの電流整合を考慮し，トップセル厚さは0.65ミクロン程度である。また，集光用では，直列抵抗を低減するために表面シート抵抗を低くするようにトップセルの窓層とエミッタ層のドーピングが制御されている。さらに，トンネル接合のドーピング濃度は一層高く設計され (2.2項参照)，トンネルピーク電流密度は$10A/cm^2$を超える。集光用セルでは，発生電流を小さくするためにセルサイズが縮小され，直

第7章 超高効率太陽電池

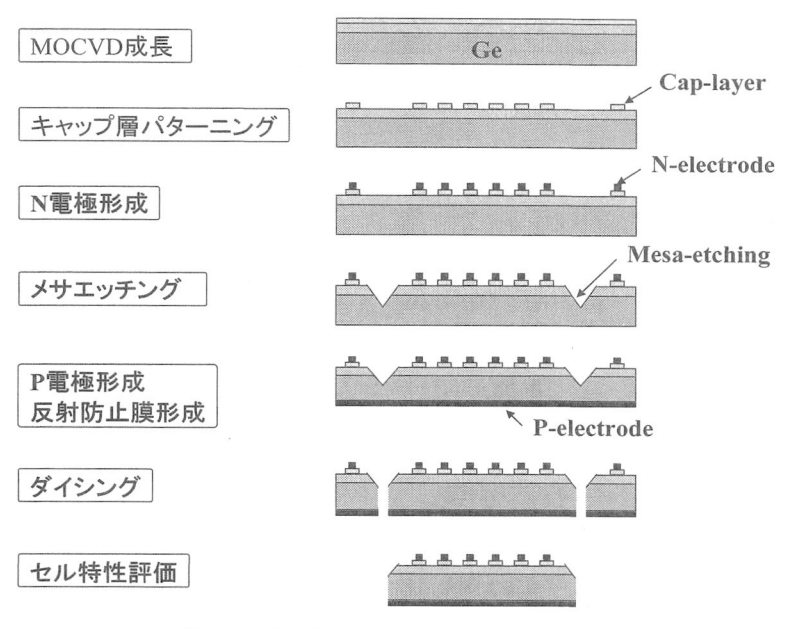

図6 3接合太陽電池の製造プロセスフロー

表1 宇宙用太陽電池および集光用太陽電池の概要比較

項目	宇宙用セル	集光用セル
セルサイズ	40mm × 70mm	7mm × 7mm
グリッド電極幅	6 μm	6 μm
グリッド電極高さ	6 μm	6 μm
グリッド電極ピッチ	1mm	0.12mm
シート抵抗	600 Ωcm/□	300 Ωcm/□

列抵抗を低減するために電極グリッドピッチが縮小されている。

宇宙用太陽電池の代表的なIV特性カーブを図7に示す。量産レベルでの平均的な変換効率は約28%（25℃，137.5mW/cm^2，AM0基準太陽光下）である。図8に集光用太陽電池の変換効率の集光倍率依存性を示す。100倍以上の集光倍率にて変換効率は37%を超える。図9は500倍集光時の代表的なIV特性カーブを示す。

2.4 エピタキシャル単結晶薄膜太陽電池

III-V族材料からなる太陽電池層をエピタキシャル成長させた後，成長用の基板を除去し，薄膜のエピタキシャル成長層のみで太陽電池とする技術が開発された[7]。図10にInGaP/GaAs 2

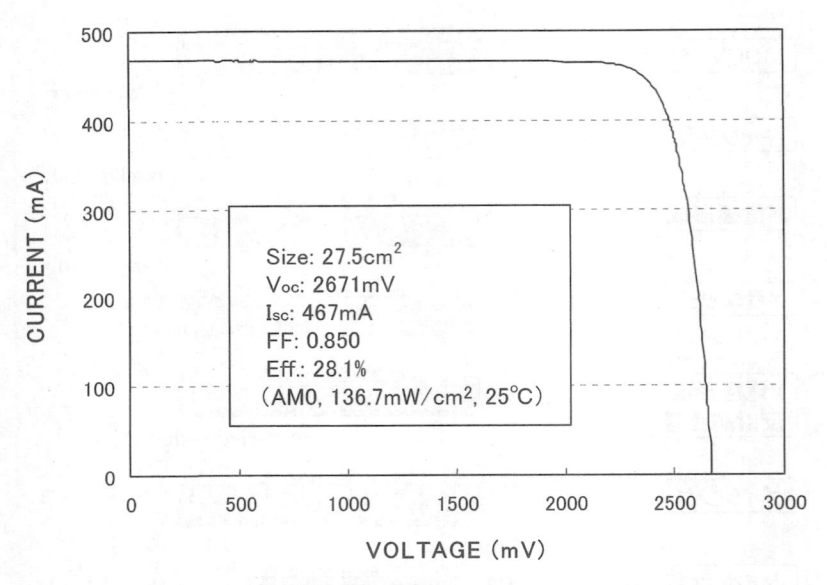

図7 宇宙用太陽電池の代表的な IV 特性カーブ

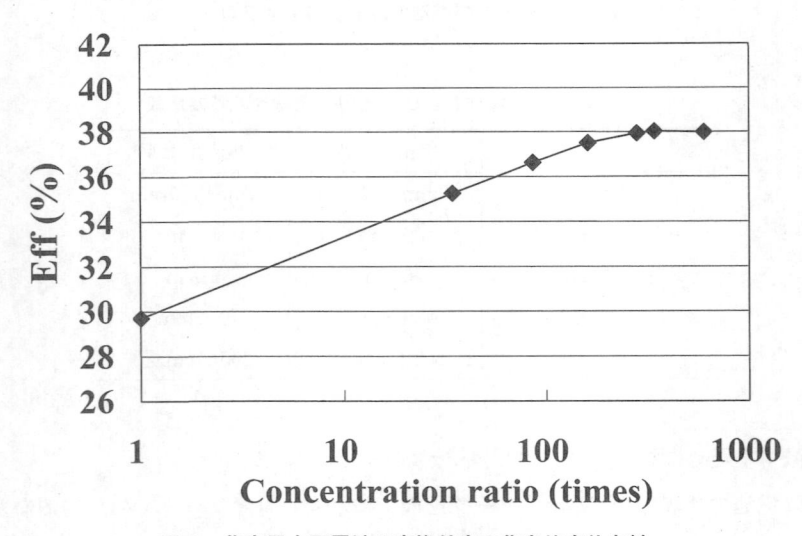

図8 集光用太陽電池の変換効率の集光倍率依存性

接合薄膜太陽電池の断面構造を示す。金属箔上の太陽電池層は僅か5ミクロン程度であり，フレキシブルな薄膜太陽電池となっている。図11にIV特性カーブを示す。小面積ではあるが最高で29%の変換効率が得られている。このような太陽電池は，高効率・軽量・フレキシブル太陽電池として，新しいタイプの大面積展開型宇宙用フレキシブルパネルへの応用が期待される。

図12は，エピタキシャル単結晶薄膜太陽電池の作製プロセス概略を示す[8]。通常のエピタキ

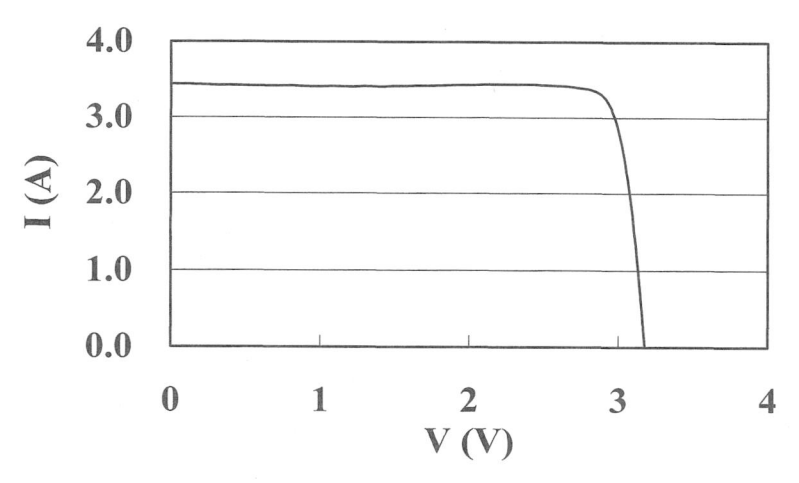

図9　500倍集光時の代表的なIV特性カーブ

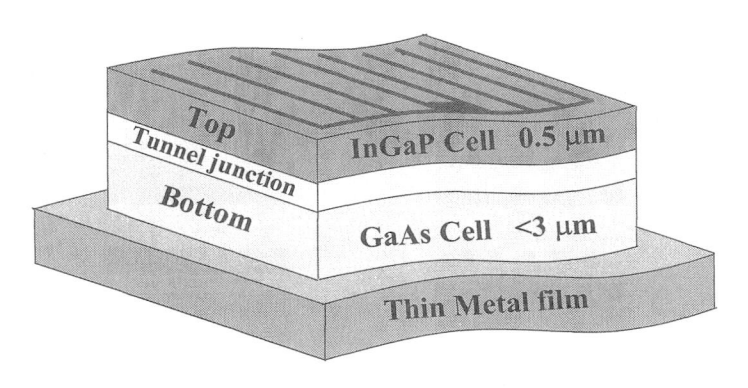

図10　InGaP/GaAs 2接合薄膜太陽電池の断面構造

シャル構造にて，受光面側電極を形成した後，基板を除去する方法と，逆方向に成長させたエピタキシャル構造にて，受光面と反対側の裏面電極を形成した後，基板を除去する方法とがある。このような単結晶薄膜太陽電池プロセスを駆使し，様々な太陽電池層を積層できれば，従来できなかった多接合構造が可能になると期待される。

2.5　おわりに

多接合太陽電池構造は，太陽電池の効率を向上させる最も効果的で実績のある方法である。接合数の増加により，変換効率は向上するが，接合数の増加に伴って変換効率の増加率は減少していく。多接合化による効率向上は，積層する全ての太陽電池の特性が良好であることが要求されるため，製造技術はより困難になる。よって，4～6接合程度までの積み重ねにて，50～60%〔集

化合物薄膜太陽電池の最新技術

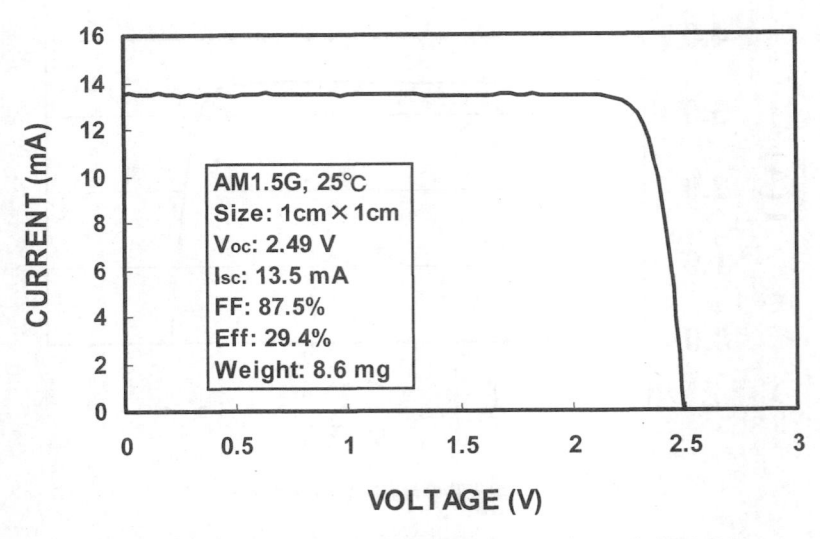

図11 InGaP/GaAs 2接合薄膜太陽電池のIV特性カーブ（最高値）

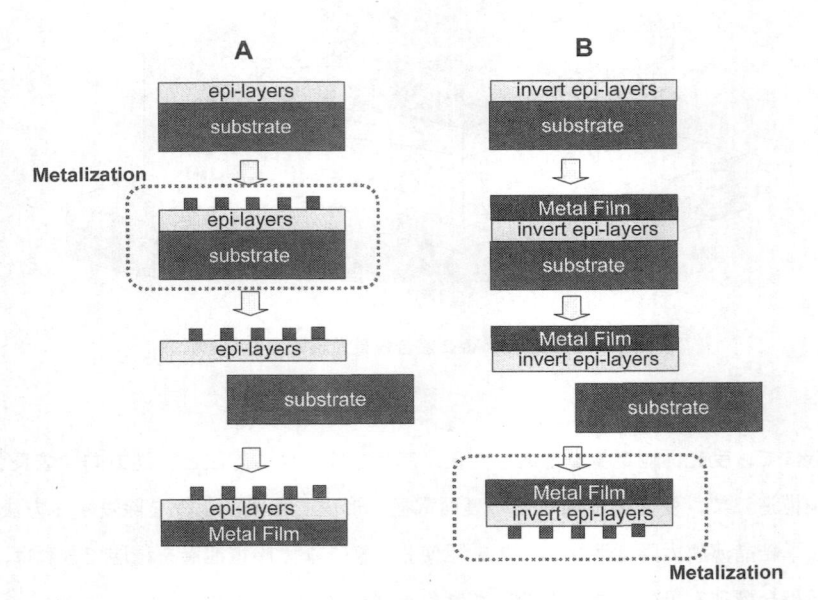

グラフ記載値:
- AM1.5G, 25℃
- Size: 1cm×1cm
- V_{oc}: 2.49 V
- I_{sc}: 13.5 mA
- FF: 87.5%
- Eff: 29.4%
- Weight: 8.6 mg

図12 エピタキシャル単結晶薄膜太陽電池の作製フロー
（電極形成等のプロセスを基板除去の前に実施するAプロセスと後に実施するBプロセスの2通りがある）

光時〕の効率が当面の目標であると考える。

第7章　超高効率太陽電池

文　　献

1) J. M. Olson, S. R. Kurtz and A. E. Kibbler, *Appl. Phys. Lett.*, **65**, 989（1990）
2) T. Takamoto, E. Ikeda, H. Kurita and M. Ohmori, *Appl. Phys. Lett.*, **70**, p.381（1997）
3) T. Takamoto, T. Agui, E. Ikeda and H. Kurita, Proc. of IEEE 28th PVSC, p.976（2000）
4) R. King, C. Fetzer, P. Colter, K. Edmondson, J. Ermer, H. Cotal, H. Yoon, A. Stavrides, G. Kinsey, D. Kurzt and N. Karam, Proc. of IEEE 29th PVSC, p.776（2002）
5) T. Takamoto, T. Agui, M. Kaneiwa, K. Kamimura, M. Imaizumi, S. Matsuda and M. Yamaguchi, Proceeding of 3rd WCPEC, Osaka, p.581（2003）
6) R. R. King, C. M. Fetzer, P. C. Colter, K. M. Edmondson, D. C. Law, A. P. Stavrides, H. Yoon, G. S. Kinsey, H. L. Cotal, J. H. Ermer, R. A. Sherif, K. Emery, W. Metzger, R. K. Ahrenkiel and N. H. Karam, Proceeding of 3rd WCPEC, Osaka, p.622（2003）
7) T. Takamoto *et al.*, Proc. of IEEE 31st PVSC, p.519（2005）
8) T. Takamoto *et al.*, Proceeding of 4rd WCPEC, Osaka, p.1769（2006）

3 量子ナノ構造太陽電池

岡田至崇*

3.1 量子ナノ効果と太陽電池への応用

近年,シングル接合太陽電池の変換効率を上回り,かつ生産コストが50円/W以下を展望できるような第三世代太陽電池[1]の研究開発が重要視されている。その一つによく知られている多接合タンデム太陽電池がある。複数の異種半導体を,光入射側よりワイドバンドギャップ材料からナローギャップ材料へと順番に積層させ,全体として太陽光スペクトルとの整合を高めることにより,透過損失,および短波長側のエネルギー損失を低減できる。他方,量子ドットや超格子等の半導体量子ナノ構造を導入して太陽電池の高効率化を図る従来にない新しい試みが検討されている。本節では,変換効率50%以上が期待される半導体量子ドットを利用した太陽電池[2~4]について,動作原理を概説し現状と素子実現へ向けた課題について述べる[5,6]。

量子ドットとは,そのサイズが電子のドブロイ波長程度(約10nm)の半導体ナノ結晶のことであり,その周囲は十分に厚くかつ高いポテンシャル障壁によって三次元的に取り囲まれている[7]。量子ドット中の電子と正孔,また励起子は狭い空間に閉じ込められる結果,エネルギー状態は量子化され離散的となる。これを量子サイズ効果と呼ぶ。量子ドットの持つエネルギースペクトルの離散性と狭い線幅は,デバイス応用の観点から大変重要であり,これまでに半導体レーザーや超高速光スイッチ,ドットメモリー,量子コンピュータ素子などへの応用が検討されてきた。ここで半導体量子ドットを高効率太陽電池へ応用する観点から評価すると,以下のような特徴が有用と考えられている。またこれらをまとめたものを表1に示す。

(1) **量子サイズ効果**:量子ドットのサイズを制御することで,ドットの光吸収波長をチューニングできるため,太陽光スペクトルとの整合を高めることができる。

(2) **エネルギー緩和時間の増大**:バルク半導体結晶中では,高いエネルギー準位に励起された電子・正孔は,サブピコ秒の内にキャリア散乱とフォノン放出の過程を経てエネルギーを失いバンド端に緩和する。しかし量子ドット中では,電子のエネルギー緩和がバルク中と比べて遅くなることが知られており,フォノン放出によるエネルギー緩和が起こる前に,高いエネルギー状態にあるホットキャリアを外部へ取り出せる可能性がある[1,2]。

(3) **マルチバンド(中間バンド)の形成**:超格子構造にして,量子ドット間の結合が起こるようになると,伝導帯(及び価電子帯)にミニバンドが形成される[7]。複数のミニバンド間の光学遷移を利用して,また2光子吸収など複雑な吸収過程を利用することで変換効率を増大させることができる。

---

* Yoshitaka Okada 筑波大学 大学院数理物質科学研究科 電子・物理工学専攻 准教授

第7章　超高効率太陽電池

表1　半導体量子ナノ構造太陽電池の開発課題と主な研究機関

量子ナノ効果	開発課題	主な研究機関
量子サイズ効果（ドットタンデム型）	量子ドットのサイズを制御して，光吸収波長をチューニングする。	ニューサウスウェールズ大（Si） 東工大（Si）
マルチバンド（中間バンド型）	(1) 超格子構造にして，ミニバンドを形成する（三次元量子ドット結晶）。	マドリード大（III-V） 筑波大（III-V） NASA（III-V） 東北大（Si/Ge）
	(2) 高不整合材料を用いてマルチバンドを形成する（ZnMnTe-O 等）。	Laurence Berkeley 研 マドリード大
キャリアのエネルギー緩和時間の増大	量子ドット内に励起された高いエネルギー状態にあるホットキャリアを取り出す，またはキャリア増幅を行う。	ニューサウスウェールズ大（Si） NREL（III-V） （ホットエレクトロン型） Los Alamos 研 NREL （キャリア増幅型）

現在，主に研究開発が盛んに行われているのは，上記(1)の効果を利用したドットタンデム型と，(3)の効果を利用した中間バンド型太陽電池である。まず上記(1)に関して，ニューサウスウェールズ大は，Si量子ドット（ナノクリスタル）をベースにしたドットタンデム型太陽電池を報告している[9]。3接合Si量子ドットタンデム太陽電池で効率50.5％が期待できる。現在，SiO_2膜中に埋め込まれた直径2〜5nmのSi量子ドットにおいて，量子サイズ効果により1.3〜1.65eVの発光が確認されている。次に上記(3)に関して，従来にない新しい原理により動作する中間バンド型太陽電池について概説する。

図1に示すように，pn接合の間に複数の量子ドット層を積層させた構造の量子ドット太陽電池を考える。まず中間層が十分厚い場合のエネルギーバンド図は，図2のようになる。現在試作されているIII-V族系化合物半導体を用いた量子ドット太陽電池は殆どがこのタイプにあたり，量子ドットの高さが3〜10nm，直径10〜40nm，量子ドットを埋め込むための中間層の厚さが20〜50nmというのが典型的なサイズである。この場合，太陽光を吸収して量子ドット中に励起された電子と正孔は熱励起によって，もしくは遷移確率は低くなるが，もう一つ光子エネルギーを吸収することによって，量子ドットの外へ抜け出ることができ電流として取り出せる。したがって太陽電池の高効率化のためには，電子，正孔の脱出速度が，量子ドット内での発光再結合，および欠陥準位などの局所準位を介した非発光再結合の平均速度よりも十分に速くなければならない[10]。一方，中間層が十分薄い超格子構造の場合[8]，トンネル効果による量子ドット間の結合によってミニバンドが形成されると，図3のようなエネルギーバンド構造になる。この場合，励

化合物薄膜太陽電池の最新技術

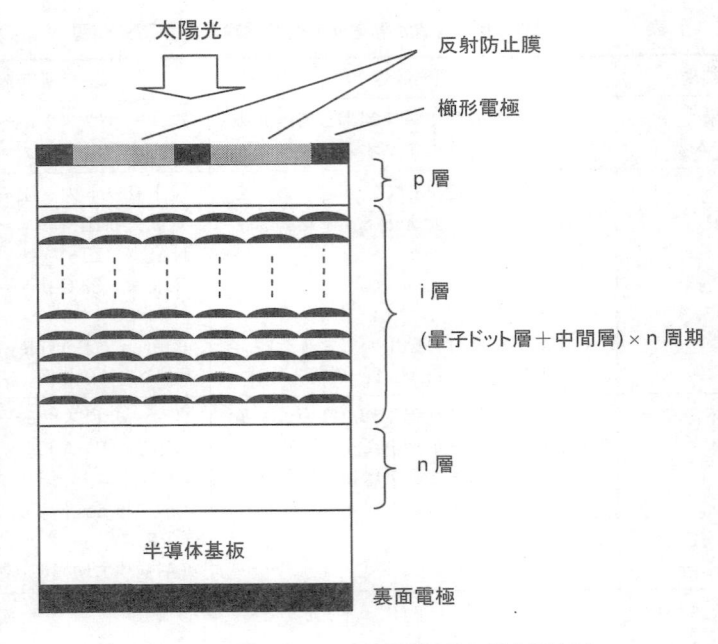

図1 半導体量子ドット太陽電池の構造概念図

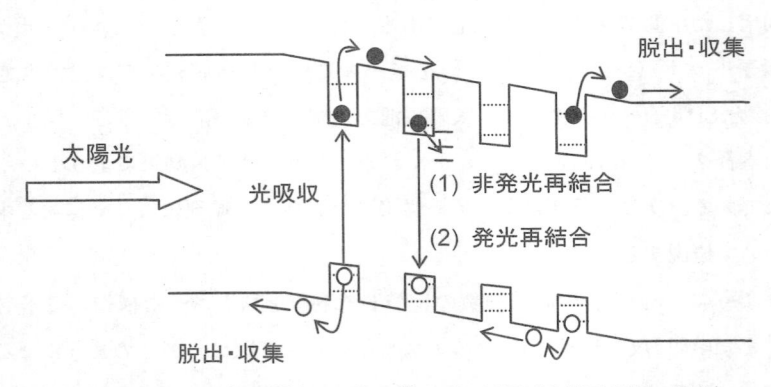

図2 量子ドット太陽電池のエネルギーバンド図（中間層が厚い場合）

起された電子，正孔は，トンネル効果によりミニバンド中を高速で移動できるため，空間的な分離が速やかに生じ，再結合損失（暗電流の増大）を抑えることができると考えられる。これにより太陽電池の出力電圧を下げることなく出力電流を増大させることができる可能性が高まる。

次に，合計3つのマルチバンドからなる太陽電池のエネルギーバンド構造の一例を図4に示す[1, 3, 4]。バンド1とバンド3は，バルク結晶の場合，それぞれが価電子帯と伝導帯にあたり，バンド2はその間に人工的に導入した中間バンドである。このようにして，高エネルギー域の太

第 7 章　超高効率太陽電池

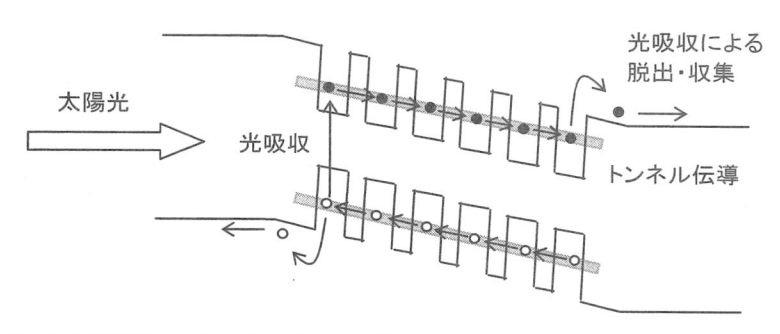

図 3　量子ドット太陽電池のエネルギーバンド図（十分薄い超格子構造でミニバンドが形成される場合）

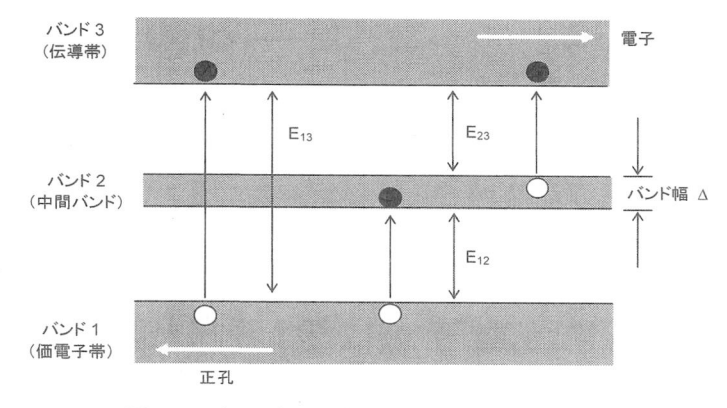

図 4　3 バンド太陽電池のエネルギーバンド概念図
高エネルギーの太陽光（$h\nu > E_{13}$）はバンド 1 と 3 の間の遷移を使い，また中間域の太陽光はバンド 1 と 2, またはバンド 2 と 3 の間の遷移を使って吸収させる。

陽光（$h\nu > E_{13}$）はバンド 1 と 3 の間の光学遷移を使って，また中間域の太陽光はバンド 1 と 2, もしくはバンド 2 と 3 の間の光学遷移を使って吸収させることで，多接合タンデム太陽電池の場合と同様な変換効率の増大が見込める。マドリード大は，図 5（a）に示したような中間バンド構造において，非発光再結合損失がなくバンド間の遷移として輻射過程のみを仮定した場合（同図（b））について計算を行っている[3, 4]。3 バンド構成の場合，$E_{12} = 0.7\text{eV}$, $E_{23} = 1.2\text{eV}$, $E_{13} = 1.9\text{eV}$ の組み合わせのとき，図 6 に示したように変換効率の最大値が最大集光時に約 63% に達し，シングル接合太陽電池の約 2 倍の効率が得られる。中間バンド型太陽電池は，変換効率の点からのみ見れば，多接合タンデム太陽電池と将来競合していくものとして捉えることができる。しかし，多接合タンデム太陽電池では N 個の材料から N 個の接合数（バンドギャップ）が形成されるのに対し，中間バンド型では N 個の中間バンドから $N(N-1)/2$ 個のバンドギャップが形成されることになるため，原理的には，例えば 4 つの中間バンド数で 6 接合タンデムと同等の性能が期待できることになる。

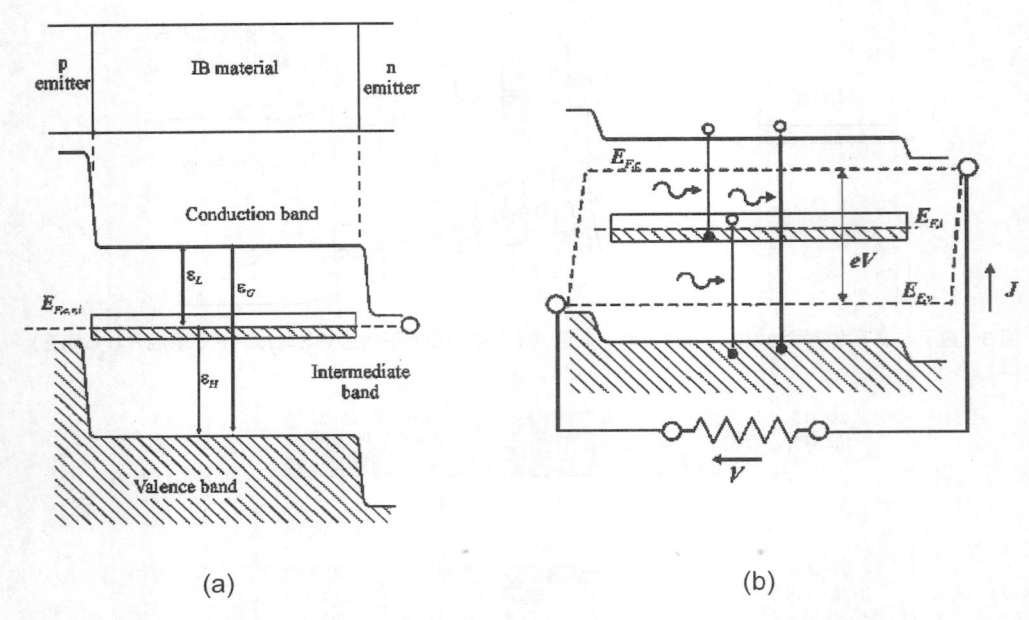

図5 (a) 中間バンド型太陽電池のエネルギーバンド図, (b) 動作時の状態図[3]

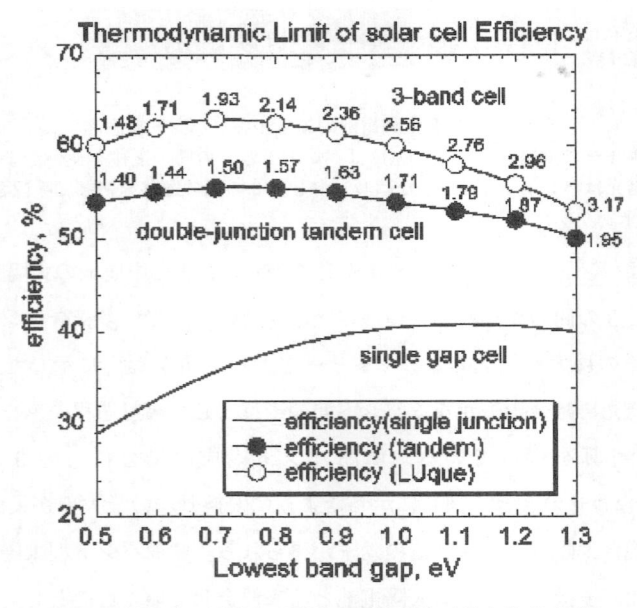

図6 中間バンド型太陽電池の理論効率（最大集光時）[4]

さて，このような太陽電池を実現するデバイス構造として，図7に示したような高密度, 高均一で三次元的に周期配列した量子ドット超格子（ドット結晶とも呼ぶ）にする必要があり，また

第7章　超高効率太陽電池

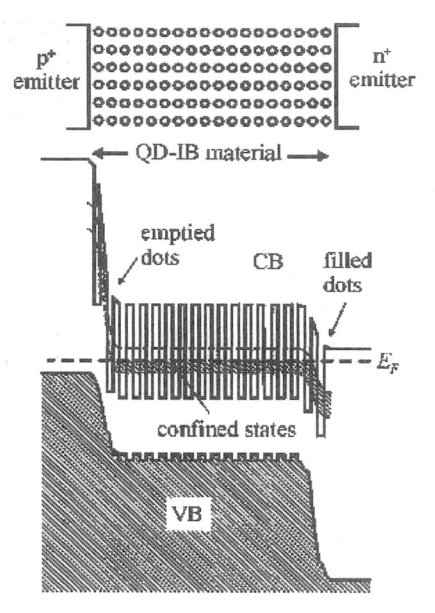

図7　量子ドット超格子型太陽電池の概念図[3]

このとき必要とされる量子ドットのサイズ揺らぎは10%以下と見積もられている[3]。同様な報告は前述のSi量子ドット系でもなされている[9]。

3.2　歪み補償成長法による量子ドット太陽電池作製技術

十分な吸収体積を有する三次元量子ドット太陽電池を作製するため，歪み補償法による自己組織化量子ドットの多層化が検討されている[11, 12]。InAs/GaAs系自己組織化量子ドットを積層させる場合，通常は量子ドットを埋め込む中間層として，基板と同じGaAsか微量のInを添加したInGaAsが用いられる[13]。しかし，基板と中間層の格子定数がほぼ同一であることから，量子ドット層の周りに発生した圧縮歪みは中間層で打ち消されず，残留歪みは成長とともに徐々に蓄積され，ある臨界膜厚を超えた時点で転位が発生する。そのため，実際には10層以上にわたって量子ドットを均質に成長させることは技術的に難しい。そこで，InAs量子ドットの埋め込み中間層として基板より格子定数の小さい材料を用いることで，積層成長時の格子歪みの蓄積を抑制する効果が期待できる。このような埋め込み層は歪み補償中間層と呼ばれ，量子ドットの多重積層化による高密度化に向けて有望であると考えられている。

この歪み補償法を用いてInP(311)B基板上に100層以上のInAs量子ドット／AlGaInAs構造の多層化が報告されている[11]。また最近では，太陽光スペクトルとの整合とコストを考えた場合，GaAs基板を用いた方が有利であることから，III-V-N系混晶化合物半導体GaNAsを中間層材

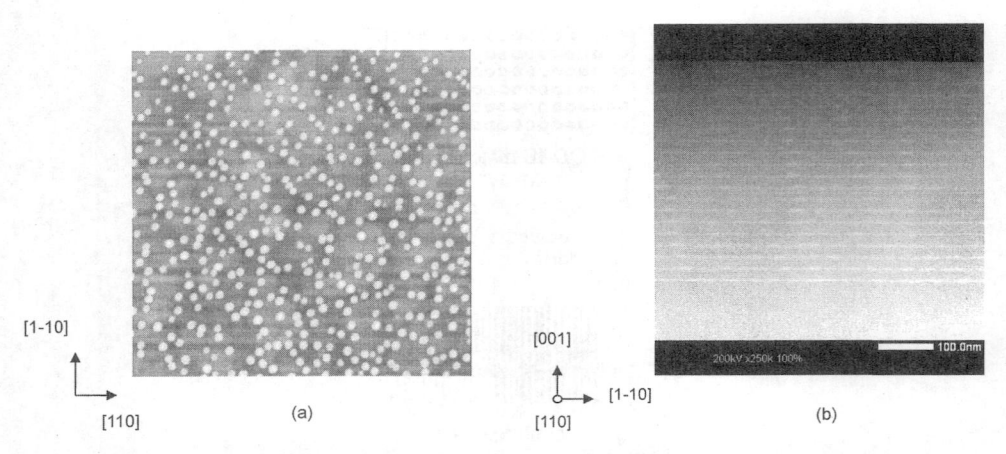

図8 歪み補償法により20層積層成長させた自己組織化InAs量子ドットの形状 [6]
(a) 最上層のInAs量子ドットのAFM表面像。測定範囲は1μm×1μm。
(b) 同試料の断面STEM像。

料に用いた三次元InAs量子ドット超格子の作製と量子ドット型太陽電池が報告された [12]。GaNAs材料の特徴は少量の窒素原子の添加によって，その格子定数をGaAsより小さく制御することができることにある。しかし窒素原子の導入に伴う結晶性の劣化を抑えることが課題であり，Ga(In)NAs結晶成長中に少量のSb原子を添加して高品質化を図る方法 [14]，分子線エピタキシー成長（MBE）時に原子状水素を照射して，欠陥準位の不活性化や表面拡散の促進による表面・界面の平坦化を図る方法等が検討されている [15]。

歪み補償法により作製された量子ドット太陽電池の構造模式図は図1に示した通りであり，基板にはGaAs (001) を用い，p-i-n構造のi層中に20層積層させたInAs量子ドット，歪み補償の中間層には40nm厚のGaNAsを用いている [12]。図8 (a) は，20層積層させたInAs量子ドットの最上層の表面を原子間力顕微鏡（AFM）を用いて観察したときの形状像であり，量子ドットの平均直径，高さ，サイズ揺らぎ，また一層あたりの面内密度は30.4nm，3.4nm，11.3％，5.1×10^{10}cm^{-2}であった。また同図 (b) は，走査型透過電子顕微鏡（STEM）による同試料の断面像である。積層方向に通常観測される歪みの蓄積に伴うドットサイズの増大が歪み補償法により作製された試料では見られず，また転位発生も抑制されている。したがって高品質で10^{12}cm^{-2}台の高密度の三次元InAs量子ドット群が実現されるに至っている。図9は，短絡電流駆動時，および逆バイアス印加時における外部量子効率特性（EQE）である。約880nm以下の波長域のGaAs層による吸収に加えて，910nm付近にピークを持つ吸収はGaNAs層による寄与である。さらに1150nm辺りまで吸収端が長波長化していることが見られた。ここで，室温でのフォトルミネッセンス（PL）測定から（同図 (e)），中心波長1151.2nm，半値幅51.4meVの強い単一ピ

第 7 章　超高効率太陽電池

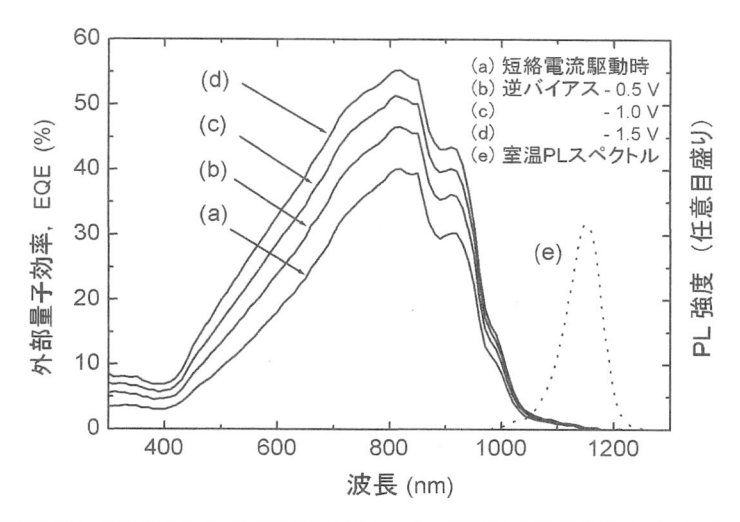

図 9　歪み補償法により作製された 20 層積層量子ドット太陽電池の光吸収特性，および PL 発光特性 [6]
（a）～（d）は外部量子効率（EQE）スペクトル（実線），および（e）は室温での PL スペクトル（点線）。EQE スペクトルは，（a）短絡電流駆動時，および逆方向バイアス印加時（b）－0.5V，（c）－1.0V，（d）－1.5V。

ークが観測され，EQE 測定で得られた InAs 量子ドットの吸収端波長と良く一致している。量子効率特性，および暗電流特性の結果から得られた換算開放電圧 V_{oc}，短絡電流密度 J_{sc}，曲線因子 FF，および変換効率 η は，それぞれ 0.58V，9.14mA/cm^2，0.71，3.74％であった [12]。

今後の課題として，EQE 特性の逆バイアス依存性から pn 接合間のポテンシャル勾配を大きくするに伴い，全ての波長感度領域における EQE が改善したことから，太陽電池構造の最適化が必要である。また量子ドットの総吸収体積の増大，サイズ均一性の改善，さらに中間層厚を 10nm 以下まで薄くした量子ドット超格子の作製等が必要とされる。

3.3　むすび

量子ドット太陽電池の原理，また歪み補償成長法による自己組織化量子ドット超格子の作製法と量子ドット太陽電池の現状と課題に関して述べた。量子ナノ構造を利用した次世代高効率太陽電池は，2020 年頃を目処として各機関で研究開発が活発に進められている。我が国の量子ドット作製技術は世界トップレベルにあり，今後 10 年間で研究開発が加速し，ブレークスルーとなる技術が確立される可能性がある。特に量子ナノ構造を導入した中間バンド型太陽電池は，変換効率の点からのみ見れば，多接合タンデム太陽電池と将来競合していくものとして捉えることができる。しかし多接合タンデム太陽電池では N 個の材料から N 個の接合数（バンドギャップ）が形成されるのに対し，中間バンド型では N 個の中間バンドから N(N － 1)/2 個のバンドギャ

ップが形成されることになるため，原理的には，例えば4つの中間バンド数で6接合タンデムと同等の性能が期待できるといった特徴を有する。また多接合太陽電池の場合に欠かせないトンネル接合インターコネクト層が不要といった付加価値がある。さらに自己組織化量子ドットの積層化技術は，半導体レーザーや超高速光スイッチングデバイス，フォトニック回路等の光通信・情報処理分野への波及効果も非常に大きい。

最後に，今年発表されたアメリカの国家プロジェクトでは，量子ナノ構造太陽電池が研究課題の一つに挙げられている[16]。また，PbSe や PbS ナノ結晶中で高エネルギーの光子一つの入力に対し，2つ以上の電子・正孔対が発生（キャリア増幅）したことが報告され[17]，今後の進展が期待されている。

文　　献

1) M. A. Green, "Third Generation Photovoltaics: Advanced Solar Energy Conversion", Springer, Berlin (2003)
2) A. J. Nozik, "Quantum dot solar cells", *Physica E,* **14**, 115 (2002)
3) A. Marti, N. Lopez, E. Antolın, E. Canovas, C. Stanley, C. Farmer, L. Cuadra and A. Luque, "Novel semiconductor solar cell structures: The quantum dot intermediate band solar cell", *Thin Solid Films,* **511-512**, 638 (2006)
4) A. Luque and A. Marti, "Increasing the Efficiency of Ideal Solar Cells by Photon Induced Transitions at Intermediate Levels", *Phys. Rev. Lett.,* **78**, 5014 (1997)
5) 岡田至崇, "半導体量子ドットを用いた高効率太陽電池", 電気学会誌, **124**, 782 (2004)
6) 岡田至崇, "量子ナノ構造を導入した次世代太陽電池", 応用物理, **76**, 50 (2007)
7) 舛本泰章, "人工原子，量子ドットとは何か", 共立出版・現代物理最前線, **6**, 131 (2002)
8) 江崎玲於奈, 榊 裕之, "超格子ヘテロ構造デバイス", 工業調査会 (1988)
9) M. A. Green, E-C Cho, Y. Cho, Y. Huang, E. Pink, T. Trupke, A. Lin, T. Fangsuwannarak, T. Puzzer, G. Conibeer and R. Corkish, "All-Silicon Tandem Cells Based on "Artificial" Semiconductor Synthesized Using Silicon Quantum Dots in a Dielectric Matrix", Proc. 20th European Photovoltaic Solar Energy Conference, Barcelona, p.3 (June 2005)
10) N. G. Anderson, "Ideal theory of quantum well solar cells", *J. Appl. Phys.,* **78**, 1850 (1995)
11) Y. Okada, N. Shiotsuka, H. Komiyama, K. Akahane and N. Ohtani, "Multi-Stacking of Highly Uniform Self-Organized Quantum Dots for Solar Cell Applications", Proc. 20th European Photovoltaic Solar Energy Conference, Barcelona, p.51 (June 2005)
12) R. Oshima, H. Komiyama, T. Hashimoto, H. Shigekawa and Y. Okada, "Fabrication of Multi-layer Self-assembled InAs Quantum Dots for High-Efficiency Solar Cells", Proc.

4th World Conference on Photovoltaic Energy Conversion, Hawaii, p.158 (May 2006)
13) S. G. Bailey, D. Wilt, S. L. Castro, B. J. Landi, C. Evans, R. P. Raffaelle, S. Sinharoy, C. W. King, J. Cowen and F. Ernst, "Quantum Dot Development for Photovoltaic Applications", Proc. 20th European Photovoltaic Solar Energy Conference, Barcelona, p.31 (June 2005)
14) S. R. Bank, H. B. Yuen, M. A. Wistey, V. Lordi, H. P. Bae and J. S. Harris, Jr., "Effects of growth temperature on the structural and optical properties of $1.55\,\mu$m GaInNAsSb quantum wells grown on GaAs", *Appl. Phys. Lett.*, **87**, 021908 (2005)
15) Y. Shimizu, N. Kobayashi, A. Uedono and Y. Okada, "Improvement of crystal quality of GaInNAs films grown by atomic hydrogen-assisted RF-MBE", *J. Crystal Growth*, **278**, 553 (2005)
16) C. B. Honsberg, A. M. Barnett and D. Kirkpatrick, "Nanostructured Solar Cells for High Efficiency Photovoltaics", Proc. 4th World Conference on Photovoltaic Energy Conversion, Hawaii, p.2565 (May 2006)
17) R. D. Schaller and V. I. Klimov, "High efficiency carrier multiplication in PbSe nanocrystals: implications for solar energy conversion", *Phys. Rev. Lett.*, **92**, 186601 (2004)

4 注目されるⅢ-V-N系太陽電池

山口真史[*1], 小島信晃[*2]

4.1 はじめに

格子整合系多接合構造太陽電池においては，InGaP/InGaAs/Ge 3接合セルで，シャープが非集光下で効率31.7%（498倍集光下で38.9%）[1]，Spectrolabが236倍集光下で39.0%[2]の効率を達成している。しかしこの構造では，InGaAsセルとGeセルのバンドギャップがそれぞれ1.4eV，0.7eVとエネルギー差が大きいために，Geセルでのエネルギー損失が大きい。したがってこの損失を低減することによって，さらなる高効率化が期待できる。1997年にNRELによって提案されたInGaP/GaAs/第3セル/Ge構造の4接合タンデムセル[3]は，3接合セルよりも透過損失や熱損失を低減することができるため，理論的にAM1.5の500倍集光で52%の変換効率が期待できる。4接合タンデムセルの第3セルとして，基板であるGe（$a = 5.658$ Å）と格子整合し，かつバンドギャップエネルギーが1eV程度の新材料開発が必要であるが，その新材料としてInGaAsNが注目されている。

また最近，InNという材料のバンドギャップエネルギーが，従来報告されてきた1.8～2.2eVという値と大きく異なり，約0.7eVであることが明らかとなった[4]。このことから，InGaNおよびInAlNにおいて太陽電池活性層のバンドギャップを0.7～2.5eVの範囲で十分カバーできることで，多接合セル材料として注目されることとなった。

4.2 InGaAsNの太陽電池材料としての可能性

格子整合系多接合構造太陽電池においては，InGaP/InGaAs/Ge 3接合セルの高効率化はほぼ完成の域に達しており，今後は4接合～6接合化が課題となる。図1には提案されている4接合，5接合タンデムセルの構造図を示す。(Al)InGaP/GaAs/第3セル/Ge構造の4接合タンデムセル，AlInGaP/InGaP/AlInGaAs/第4セル/Ge構造の5接合タンデムセルは，3接合の場合よりも透過損失や熱損失を低減することができるため，理論的にAM1.5（500倍集光下）で，各々，効率52%，57%の高効率化が期待できる。4接合タンデムセルの第3セルあるいは5接合タンデムセルの第4セルとして，基板であるGe（$a = 5.658$ Å）と格子整合し，かつバンドギャップエネルギーが1eV程度の材料が必要である。ところが，これまでⅢ-V族化合物太陽電池に用いられてきた元素（Al, Ga, In, P, As, Sb）の組み合わせでは，GaAsやGeと格子整合し，かつ $E_g \fallingdotseq$ 1eV程度となる材料を実現することは不可能である。したがって，新しい材料を開発するこ

[*1] Masafumi Yamaguchi 豊田工業大学 大学院工学研究科 主担当教授
[*2] Nobuaki Kojima 豊田工業大学 大学院工学研究科 助教

第 7 章　超高効率太陽電池

4 接合　　　　　5 接合

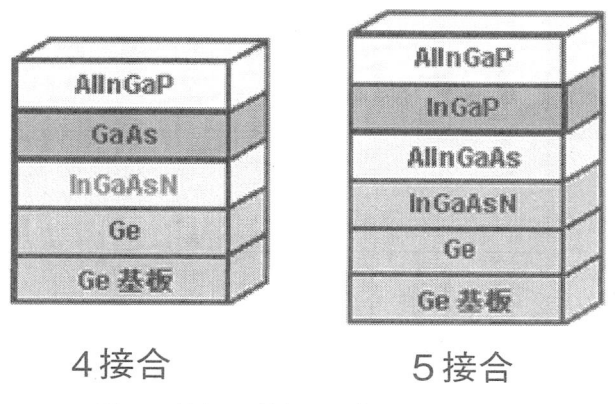

図1　4 接合，5 接合タンデムセルの構造図

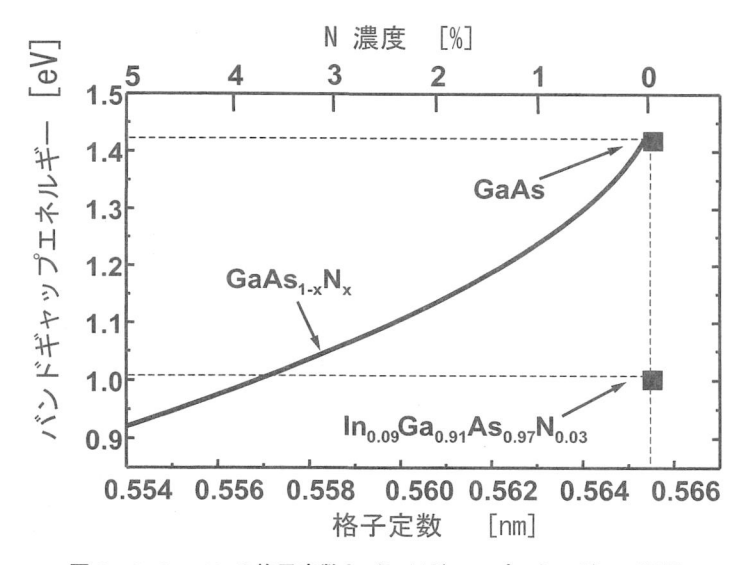

図2　GaAs$_{1-x}$N$_x$ の格子定数とバンドギャップエネルギーの関係

とが必要である。

　ここで Ge に格子整合し，バンドギャップエネルギーが 1eV 程度となる材料の候補として挙げられるのが InGaAsN である。GaAs と比較して，結晶中に N を％程度の濃度（10^{20}/cm^3 オーダー）で含んだⅢ-Ⅴ-N 型混晶では，N 濃度とともに格子定数が小さくなり，かつバンドギャップエネルギーが著しく減少する[5]。図2に示すように GaAs 中の N 濃度 1％あたり 0.1eV 以上のバンドギャップエネルギーの減少が GaAsN において観測された。さらに 4 元混晶 InGaAsN では，GaAsN に In を加えて格子定数を大きくすることにより GaAs と格子整合させることができる。

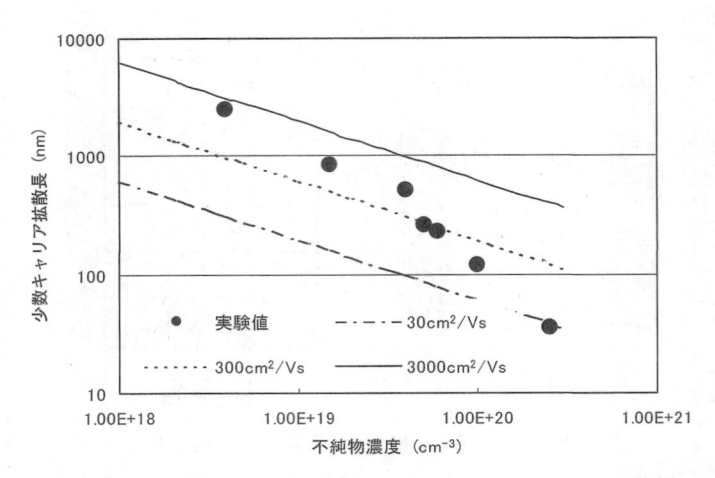

図3 **GaAsN の少数キャリア（電子）拡散長の不純物（N）濃度依存性**
（計算値は，移動度を変えた場合の GaAs の電子拡散長のアクセプター不純物濃度依存性）

$In_xGa_{1-x}As_{1-y}N_y$ と表記した場合，$x ≒ 3y$ の条件で GaAs に格子整合し，$y ≒ 3\%$ のときに $E_g ≒ 1eV$ が得られる。したがって，超高効率タンデムセル用材料として期待される。

4.3 InGaAsN 材料を用いた太陽電池の現状と課題

InGaAsN 材料の多接合構造太陽電池への応用に向けては，これまで海外では NREL，Sandia 国立研，Fraunhofer 研等の研究機関が中心となって InGaAsN 系半導体の開発が行われてきた。しかし，GaAs 結晶に N 原子を導入すると，少数キャリア拡散長が著しく低下してしまう。GaAs のキャリア拡散長は，容易に $10\ \mu m$ 以上のものが得られるが，(In)GaAsN の拡散長は $0.1～1\ \mu m$ 程度である[6]。この拡散長低下により，単接合セルの変換効率も 6% 以下に留まっている[7]。最近では，Spectrolab 社が多接合セルの作製を行っており，6 接合セルで 23.6%（1sun）が得られている[2]。

図3は，GaAsN の少数キャリア（電子）拡散長の不純物（N）濃度依存性[8]を示す。実線は，移動度 μ を変化させた場合の GaAs の電子拡散長のアクセプター不純物濃度依存性に関する計算値を示す。少数キャリア拡散長 L のアクセプター濃度 N_a 依存性は，以下の式で与えられる。

$$L = \sqrt{\mu \tau kT/q} \tag{1}$$

$$\tau = 1/BN_a \tag{2}$$

ここで，τ は少数キャリア寿命，k はボルツマン定数，q は電荷，B は放射再結合確率で，$B = 2$

第7章　超高効率太陽電池

$\times 10^{-10} \text{cm}^3/\text{s}$ である。少数キャリア拡散長 L の N 濃度依存性が，アクセプター濃度 N_a 依存性に近いことから，N 自体がアクセプター不純物のように振舞うことを示唆している。また，図3から窒素の添加は，キャリア寿命と移動度の両方を低下させていることがわかる。フォトルミネッセンス測定から見積もられる (In)GaAsN のキャリア寿命は，0.2～1ns が報告されており[9]，GaAs の 1/10 から 1/100 である。移動度はホール移動度が約 $100 \text{cm}^2/\text{Vs}$，電子移動度が約 $300 \text{cm}^2/\text{Vs}$ と報告されており[6]，特に電子移動度の低下が大きい。これらキャリア寿命と移動度の低下は，Ⅲ-V-N 窒化物半導体の結晶成長技術がまだ十分に確立されていないことを意味している。

InGaAsN の結晶成長を困難にしている原因の1つに，非混和性がある。InGaAsN の強い非混和性は次の2つのことが原因となって生じている。1つ目は，Ga-N や In-N の結合長が Ga-As や In-P の結合長に比べて大きく異なること，2つ目は，結合長が大きく異なるために，均一な混晶相を形成するには結晶内部に結合角および結合長の変化にともなう大きな歪みエネルギーを発生することである。このことは，各原子が固体中を拡散するのに十分なまで結晶の温度を上げると，相分離が起こり，熱エネルギー的に安定な GaN と InAs に分離することを意味する。相分離することなく目的の組成を有する良好な結晶を得るためには，材料の融点と比較して低い温度で結晶を成長させなければならない。このような結晶成長法として，①低温で熱分解する N 原料を用いた有機金属化学気相エピタキシャル成長（MOVPE）法，②N ラジカルを用いる分子線エピタキシー（MBE）法が検討されてきた。

MOVPE 法では，原料供給時にキャリアガスとして H_2 を用い，成長圧力が高いため，原料からの水素（H）や炭素（C）といった不純物が結晶中へ多量に取り込まれやすい。また，分解した原料同士が基板表面に到達する前に反応し，成長反応を阻害する。このような気相中での反応を抑制するためには，成長温度を低くしなければならない。したがって，低温で成長させる必要があるが，そうすると不純物混入の問題が生じるため，成長温度と不純物濃度との兼ね合いで成長条件を決定する必要がある。また，MOVPE 法で作製した InGaAsN 膜では，残留キャリア濃度は 10^{17}cm^{-3} 程度と高いという問題もある。残留キャリア濃度が高いのは，有機化合物原料起因の残留 C や Ga 空孔によると考えられている。また，MOVPE 成長では活性水素が多く含まれ，水素は複合欠陥（$N-H-V_{Ga}$ 複合体など）などを誘起する[10]。

MBE 法では原料として元素のみを用いるため，MOVPE 法で問題となっている水素や残留不純物濃度の低減に有効な結晶成長方法である。MBE 法における N 原料としては，窒素（N_2）をプラズマによりクラックしたもの（ラジカル N）が用いられる。ラジカル N は非常に反応性が高いため，基板に到達したものは高い確率で結晶中へ取り込まれる。したがって，N 濃度はラジカル N の供給量にほぼ比例するため，N 濃度の制御性は高い。一方で，プラズマクラックによ

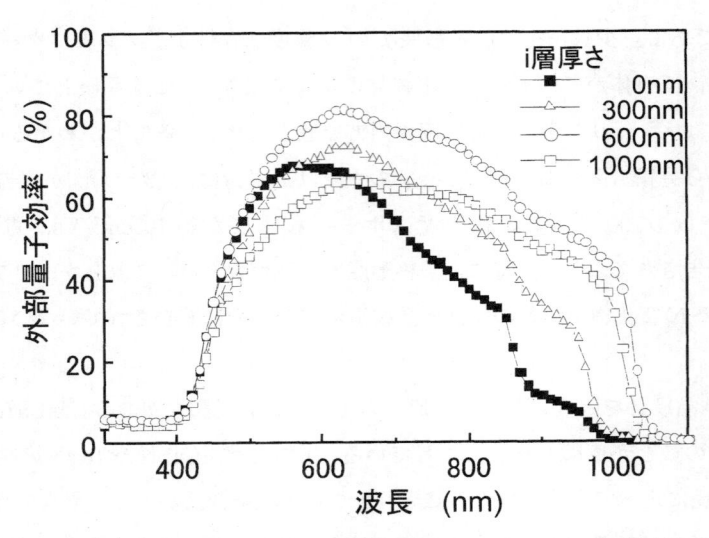

図4 p-GaAs/i-n InGaAsN ヘテロ太陽電池の分光感度特性
(真性i層厚依存性)

るNの供給により次のような問題が生じる。N_2をプラズマによりクラックした場合，ラジカルNだけでなく，N^+，N_2^+イオンやラジカルN_2などが存在する。Nイオン種は結晶にダメージを与え，ラジカルN_2が結晶中へ取り込まれることによりN-N欠陥の原因となる[11]。

日本においては，筑波大と豊田工大が連携して，(In)GaAsN材料の新しい低温製膜法の開発を行っている。その結果，筑波大が開発した原子状水素援用分子線エピタキシー（H-MBE）法によるInGaAsN薄膜の低温成長では，成長後にアニール処理を施さなくてもNREL等から報告されている結晶品質と同程度かそれ以上の品質が得られている。H-MBE法は水素原子による欠陥の不活性化や低温成長の高品質化に有力である。またp-GaAs/i-n InGaAsN ヘテロ太陽電池の試作において，約11%（AM1.5）の変換効率を達成している[12]。このスペクトル感度を図4に示す。現在のところ，InGaAsN層の少数キャリア拡散長は0.2μm以下と，結晶品質は十分ではない。キャリアの収集長として2μm以上は必要なので，図4に示すように，真性i層（空乏層）を導入することにより，キャリア収集をはかっている。

豊田工大においては，化学ビームエピタキシー（CBE）法による(In)GaAsN材料の製膜を検討し，X線回折ピークの半値幅でみた時の結晶性で他研究機関より優れた値や高い電子移動度を達成している[13]（図5）。CBE法は，低温で分解する反応性の良いガスを使用することにより，低温成長に適した成長法である。しかし，原料起因のC，Hの残留不純物濃度が高く，MOVPE法と同様，残留キャリア濃度が高い。表面化学反応を制御することにより，残留不純物濃度低減が期待でき，基板表面のステップ密度や原料分解過程の検討がなされている[14]。

第7章　超高効率太陽電池

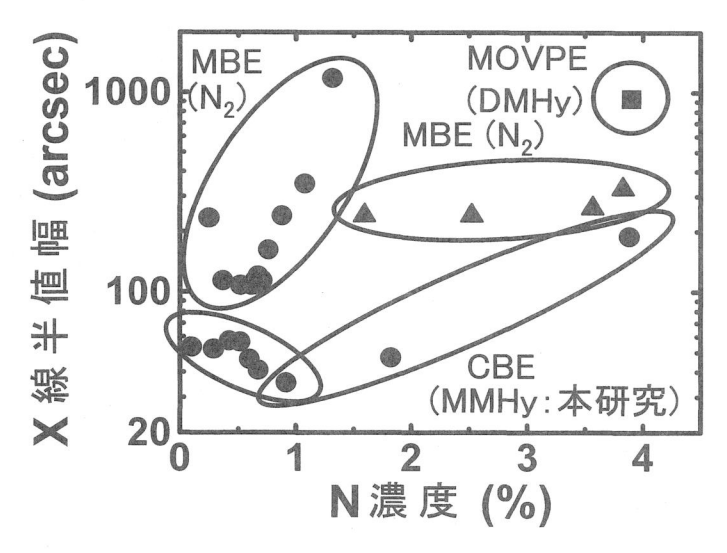

図5　豊田工大が開発したGaAsN膜のX線回折ピーク半値幅：他の成長方法との比較

　また，新しい1eV帯材料としてInGaAsNに微量のSbを添加したInGaAsNSb材料も注目される。InGaAsN系の薄膜成長時に微量のSbを添加することにより，表面変性効果により二次元成長が促進され，窒素が均一にInGaAsN結晶内に取り込まれるような成長モードが実現できれば，窒素に起因した複合型欠陥の発生の抑制，そしてキャリア移動度および少数キャリア拡散長の回復が期待できる。スタンフォード大からは，p-GaAs/n-InGaAsNSbセルで短絡電流密度14.8mA/cm^{2}の報告がある[15]。

4.4　InGaN材料の太陽電池としての可能性，現状と課題

　また，最近，InNという材料のバンドギャップエネルギーE_gが，従来報告されてきた1.8～2.2eVという値と大きく異なり，約0.7eVであることが明らかとなった[4]。従来のInNの高E_gは，酸素ドナーによるBurstein-Moss Shiftが原因と考えられている。図6に，In$_{1-x}$Ga$_x$Nのバンドギャップエネルギー（E_g）のGa組成（X）依存性を示す。このことから，InGaNによって0.7～3.4eVまでのバンドギャップが実現できることから，InGaNを活性層として，窓層や裏面電界（BSF）層などにInAlNを使用することにより，0.7～2.5eVの広いバンドギャップ範囲をカバーできる多接合タンデム太陽電池の可能性がある。InとGa，InとAlの組成を変化させるだけでInGaN多接合セルが作成できる可能性があり，6接合タンデムセルの非集光で，50％近い高効率が期待できる[16,17]。

　InN系材料の課題は，①酸素ドナー等による高キャリア濃度（3×10^{17}cm^{-3}），②p型ドーピ

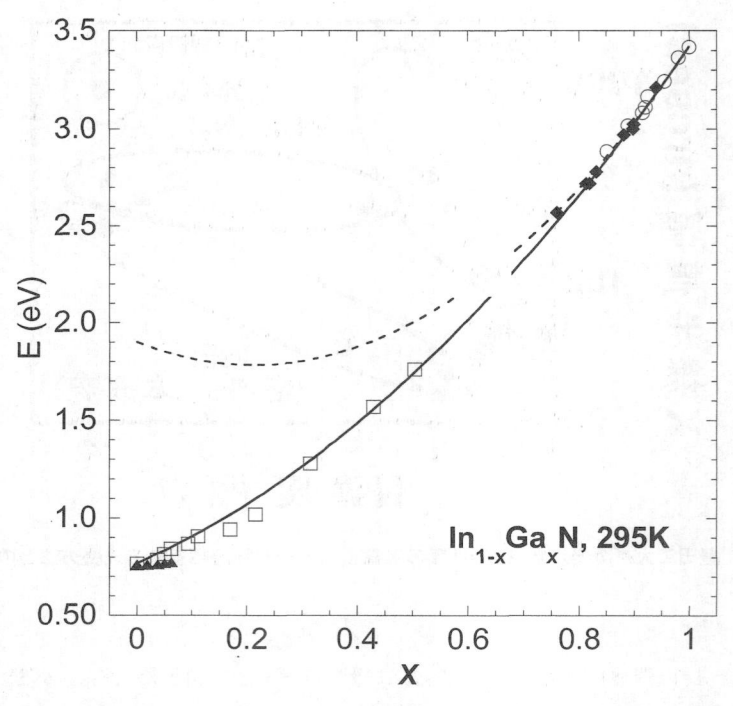

図6 $In_{1-x}Ga_xN$ のバンドギャップエネルギー（E_g）の Ga 組成（X）依存性
（点線が従来の E_g-X 曲線，実線が最近の実験値と E_g-X 曲線）

ングが難しい，③格子不整合率が 1〜4％あり，格子不整合転位の発生，等の課題がある。Delaware 大のグループは，$In_{0.07}Ga_{0.93}N$ の pin 構造セル（0.35mm × 0.35mm）を作製し，効率 0.5％（V_{oc} = 2.1V，J_{sc} = 0.3mA/cm^2）の状況[18]である。

InGaAsN，InGaN，いずれの材料も，まだ材料研究の段階ではあるが，Ⅲ-V-N 系材料中の結晶欠陥や不純物の挙動メカニズムの解明をもとに結晶品質の向上と単接合太陽電池の高効率化を図ることにより，4，5接合タンデム太陽電池の高効率化が期待される。

文　　献

1) T. Takamoto, M. Kaneiwa, M. Imaizumi and M. Yamaguchi, *Prog. Photovolt: Res. Appl.,* **13**, 495（2005）

2) R. R. King, D.C. Law, C.M. Fetzer, R. A. Sherif, K. M. Edmondson, S. Kurtz, G. S. Kinsey, H. L. Cotal, D. D. Krut, J. H. Ermer and N.H. Karam, *Proceedings of the 20th European Photovoltaic Solar Energy Conference,* p.118（WIP, Munich, 2005）

3) S. R. Kurtz, D. Myers, J. M. Olson, *Proceedings of the 26th IEEE Photovoltaic Specialists Conference,* p.875（IEEE, New York, 1997）

4) V. Yu. Davydov, A. A. Klochikhin, V. V. Emstev, S. V. Ivanov, V. V. Vekshin, F. Becgstedt, J. Furthmuller, H. Harima, A. V. Mudryi, A. Hashimoto, A. Yamamoto, J. Aderhold, J. Graul and E.E. Haller, *Phys. Stat. Sol.,* **B230**, R4（2002）

5) M. Weyers, M. Sato, H. Ando, *Jpn. J. Appl. Phys.,* **31**, L853（1992）

6) J. F. Geisz, D. J. Friedma, J. M. Olson, S. R. Kurtz and B. M. Keyes, *J. Crystal Growth,* **195**, 401（1998）

7) F. Dimroth, C. Baur, A. W. Bett, K. Volz and W. Stolz, *J. Crystal Growth,* **272**, 726（2004）

8) S. Kurtz, S. W. Johnston, J. F. Geisz, D. J. Friedman and A. J. Ptak, *Proceedings of the 31st IEEE Photovoltaic Specialists Conference,* p.595（IEEE, New York, 2005）

9) R. A. Mair, J.Y. Lin, H.X. Jiang, E.D. Jones, A.A. Allerman and S.R. Kurtz, *Appl. Phys. Lett.,* **76**, 188（2000）

10) A. Janotti, S.-H. Wei, S.B. Zhang, *Phys. Rev.,* **B67**, 161201（2003）

11) S. Z. Wang, S. F. Yoon, W. K. Loke, T. K. Ng and W. J. Fan, *J. Vac. Sci. Technol.,* **B20**, 1364（2002）

12) N. Miyashita, Y. Shimizu, N. Kobayashi, M. Yamaguchi and Y. Okada, *Proceedings of the 4th World Conference on Photovoltaic Energy Conversion,* p.869（IEEE, New York, 2006）

13) K. Nishimura, H. S. Lee, Y. Yagi, I. Gono, N. Kojima, Y. Ohshita and M. Yamaguchi, *Proceedings of the 31st IEEE Photovoltaic Specialists Conference,* p.722（IEEE, New York, 2005）

14) H. Suzuki, K. Nishimura, H. S. Lee, K. Saito, T. Kawahigashi, T. Imai, Y. Ohshita and M. Yamaguchi, *Proceedings of the 4th World Conference on Photovoltaic Energy Conversion,* p.819（IEEE, New York, 2006）

15) D. Jackrel, A. Ptak, S. Bank, H. Yuen, M. Wistey, J. S. Harris, Jr., D. Friedman and S. Kurtz, *Proceedings of the 4th World Conference on Photovoltaic Energy Conversion,* p.783（IEEE, New York, 2006）

16) W. Walukiewicz, J. Wu, K. M. Yu, J. W. Ager, E.E. Haller, J. Jasinski, Z.L. Weber, H. Lu and W.J. Scharff, *Proceedings of the 19th European Photovoltaic Solar Energy Conference,* p.30（WIP, Munich, 2004）

17) M. Yamaguchi, Y. Okada, A. Yamamoto, T. Takamoto, K. Araki and Y. Ohshita, *Proceedings of the 21st European Photovoltaic Solar Energy Conference,* p.53（WIP, Munich, 2006）

18) A. Barnett, D. Kirkpatrick and C. Honsberg, *Proceedings of the 21st European Photovoltaic Solar Energy Conference,* p.15（WIP, Munich, 2006）

第8章 超高効率太陽電池の展開

1 超高効率太陽電池の宇宙応用

今泉　充*

1.1 はじめに

　宇宙用太陽電池は，数年前まで変換効率17％程度の単結晶Si太陽電池が主流であった。しかし近年，人工衛星など宇宙機の電力要求の高まりに伴いⅢ-Ⅴ族化合物を用いた宇宙用高効率3接合太陽電池が開発され，既に商用の人工衛星などにも使用されている。またその光電変換効率は，AM0光条件下で30％に迫っている[1,2]。写真1は代表的な宇宙用3接合太陽電池の外観とサイズである。この太陽電池は，トップセルにInGaP，ミドルセルにGaAs，そしてボトムセルにGeを材料として用いた3種類の構成太陽電池（サブセル）が積層された構造となっている。このうちGeは基板であり，その表面にp/n接合が形成されている。InGaPおよびGaAsは直接遷移型バンド構造を有するⅢ-Ⅴ族化合物半導体であり，Siなどの間接遷移型バンド構造を持つ半導体と比較して光の吸収係数が約一桁大きい。従って，サブセルとしての厚さは数μm程度以下で十分であり，これが後述する放射線劣化に対して有利に働く。

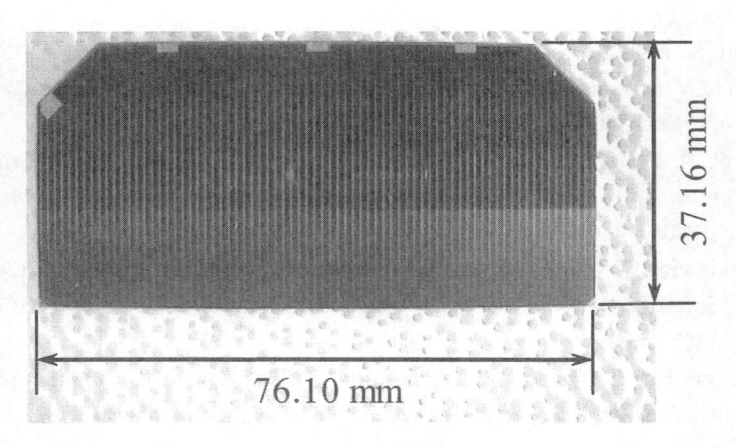

写真1　宇宙用3接合太陽電池の外観とサイズ

---

*　Mitsuru Imaizumi　㈱宇宙航空研究開発機構　総合技術研究本部　電源技術グループ
　　主任開発員

第 8 章　超高効率太陽電池の展開

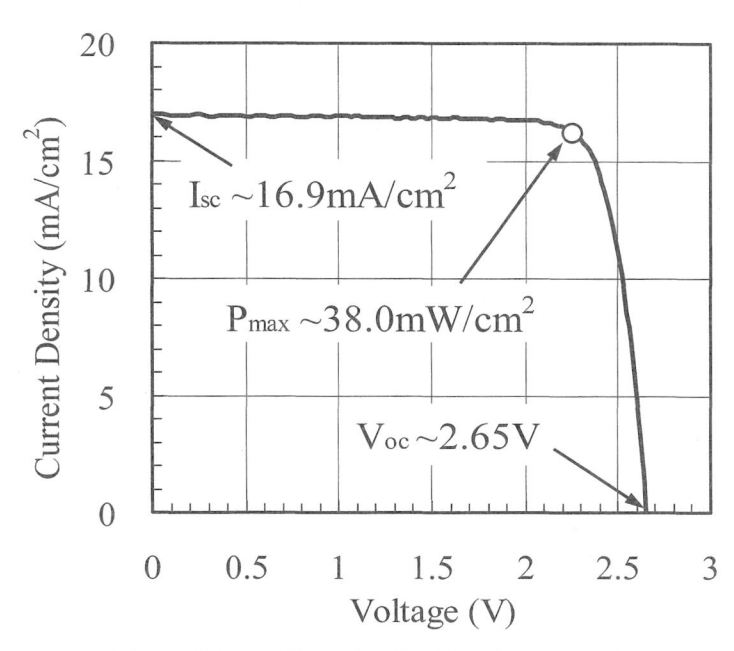

図 1　宇宙用 3 接合太陽電池の電流-電圧特性（AM0, 1sun）の一例

　宇宙空間には，高エネルギーの放射線粒子が飛び交っている。そのなかで密度が比較的に高い電子および陽子により，太陽電池は損傷を受け出力が劣化する。放射線による劣化前の状態（あるいはそのときの出力）を BOL（Beginning of Life）と呼び，また放射線による劣化後の状態（同）を EOL（End of Life）という。また，EOL における出力を BOL における出力で除した値を保存率という。BOL 出力と保存率（つまり耐放射線性）の両者が高いことが宇宙用太陽電池に要求される基本的な性能である。3 接合太陽電池は BOL にて高効率であるだけではなく耐放射線性が Si 太陽電池よりも高い。すなわち EOL においても高効率である。同じ電力が要求される場合，太陽電池の効率が高いと人工衛星の太陽電池パドルのサイズを小さく，すなわち軽くできる。当然ながら太陽電池パドルのサイズはその人工衛星のミッション期間中の予測放射線被爆量から見積もられる EOL における発生電力で設計される。従って，耐放射線性の高い 3 接合太陽電池は宇宙用として優位性が高い。

1.2　宇宙用 3 接合太陽電池の出力特性

　宇宙用 3 接合太陽電池の代表的な電流-電圧特性（AM0, 1sun）を図 1 に示す。開放電圧（V_{oc}）は約 2.65V，短絡電流（I_{sc}）は約 17mA/cm^2，変換効率（AM0 光の太陽光強度の典型値は 136.7mW/cm^2）は約 28% である。3 接合セルの動作時の等価回路を考えたとき，3 つのサブセル

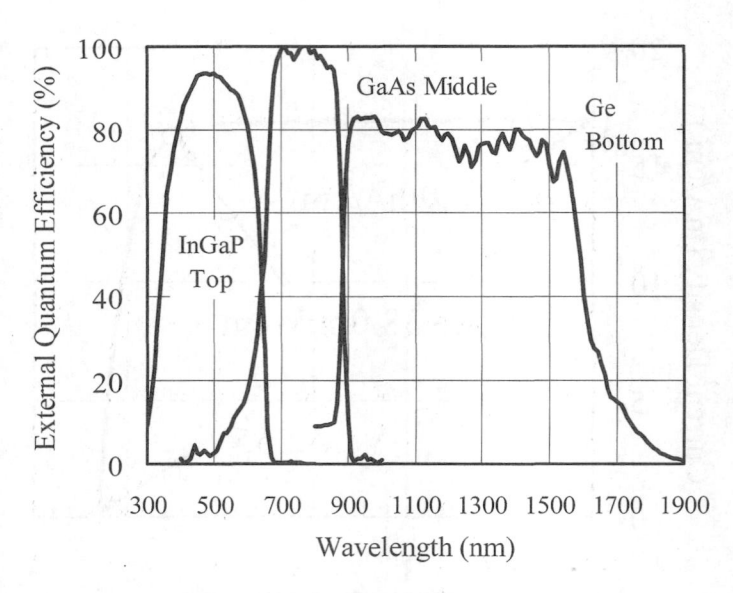

図2 宇宙用3接合太陽電池の典型的な外部量子効率

すなわちダイオードが直列接続されているため，電圧出力は各サブセルの電圧の和となり，電流出力は3つのサブセルのうち最も出力の小さい値に制限される。V_{oc} は約 2.5V であるが，このうちトップセルが約 1.3V，ミドルセルが約 1V，ボトムセルが約 0.2V を担っている。一方，I_{sc} は3つのサブセルの中で最も耐放射線性に優れるトップセルが電流制限セルとなるように設計された値である。

図2に宇宙用3接合太陽電池の典型的な外部量子効率（EQE）を示す。短波長側から順にトップセル，ミドルセル，ボトムセルの EQE である。トップセルの感度領域にミドルセルの感度が表れている。これは，トップセルを薄く作製してその感度領域（波長約 660nm 以下）の光があえてトップセルですべて吸収されないようにし，透過した光をミドルセルに吸収させてミドルセルの電流出力を大きくさせているからである。これにより，トップセルが電流制限セルとなるようにしている。InGaP トップセルは耐放射線性が高いため[3]，電流出力は実用的な放射線被曝量程度ではほとんど低下しないのに対し，GaAs ミドルセルは3つのサブセルの中では耐放射線性に劣り有意な劣化を示す（図3参照）。従って，3接合セルとしての電流出力の保存率を高く保つことができる。図2の外部量子効率と AM0 光スペクトルの積の積分から見積もられる各サブセルの短絡電流値は，トップセルが約 $17mA/cm^2$，ミドルセルが約 $20mA/cm^2$，ボトムセルが約 $28mA/cm^2$ である。従って，ミドルセルが電流制限セルとなるまでの劣化マージンは約 $3mA/cm^2$ と見積もられる。

第8章　超高効率太陽電池の展開

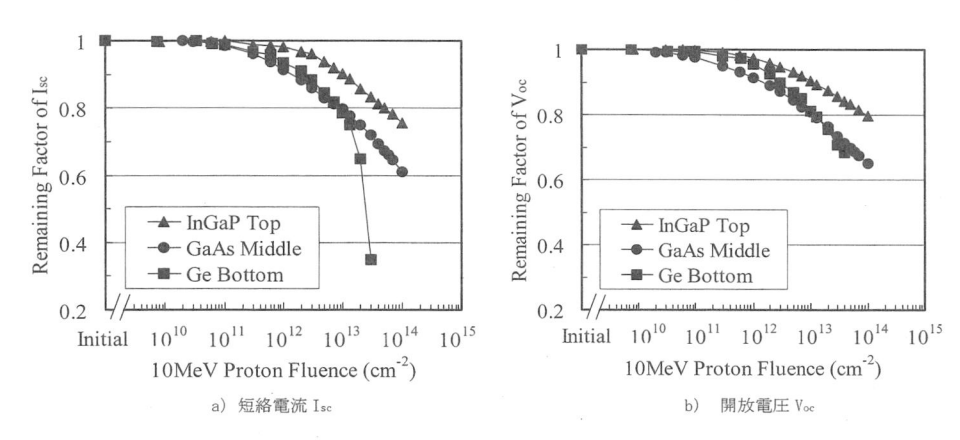

図3　InGaP，GaAs，Ge単一接合太陽電池の10MeV陽子線に対する耐放射線性の比較

　図3にInGaP，GaAs，Geの単一接合太陽電池を作製し照射試験を実施して得た放射線劣化の比較を示す。(a)はI_{sc}，(b)はV_{oc}の10MeV陽子線照射による劣化である。フルエンス$10^{13}cm^{-2}$台までの実用的被曝領域において，I_{sc}，V_{oc}のいずれもInGaPセルが最も耐放射線性に優れ，またGaAsセルが最も劣る。GeセルはGaAsセルとInGaPセルとの間の劣化を示しているが，Geボトムセルの電圧出力は小さいため3接合太陽電池の電圧出力にはほとんど寄与してなく，また電流出力に関しては比較的大きいために，その放射線劣化はほとんど影響を及ぼさない。従って，3接合太陽電池の耐放射線性においては，GaAsミドルセルの劣化が支配的である。

1.3　宇宙用3接合太陽電池の放射線劣化特性

　宇宙環境において太陽電池が受ける主な損傷は，太陽電池材料である単結晶半導体中の構成原子が，放射線粒子の主に非イオン化エネルギー損失によって格子点からはじき出されることによる。この結果，格子欠陥である格子間原子および原子空孔が形成される。この格子間原子と原子空孔の対はフレンケル対と呼ばれ，放射線損傷による1次欠陥として扱われる。このフレンケル対型の結晶欠陥が直接，ないしはその後幾段かの欠陥反応（他の型の結晶欠陥への変化）を経た後に形成される結晶欠陥が少数キャリアの再結合中心を形成し，結果的に出力が低下する。また，欠陥には多数キャリア（正孔）捕獲準位として振舞うものも生成され，特に被曝量が大きくなるとp型層すなわちベース層のキャリア濃度が低下して高抵抗化し，太陽電池として動作しなくなる[4]。

　太陽電池に損傷・劣化を与える放射線粒子は，主に電子と陽子である。その他の粒子（イオン）は，実際の宇宙空間ではその存在数すなわち衝突数が電子，陽子と比較すると極端に少ないため，通常は劣化要因として考慮しない。

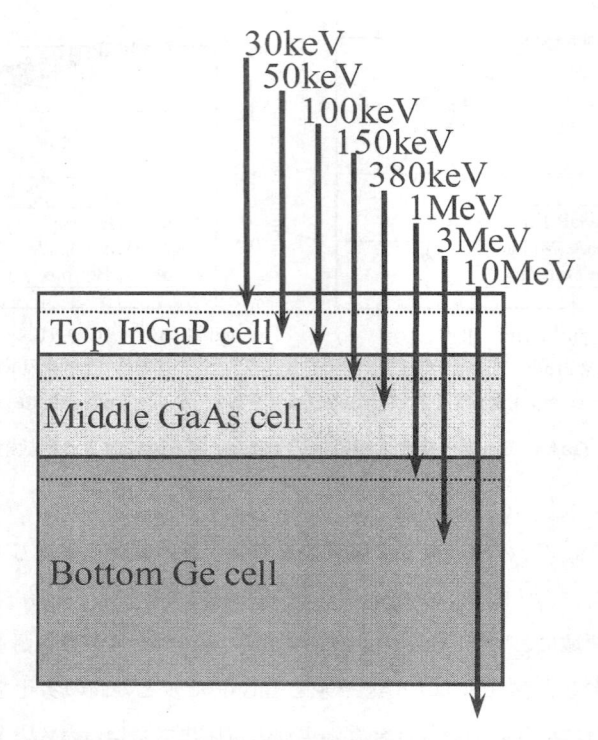

```
                    30keV
                     50keV
                      100keV
                       150keV
                        380keV
                         1MeV
                          3MeV
                           10MeV
```

| Top InGaP cell |
| Middle GaAs cell |
| Bottom Ge cell |

図4　典型的な宇宙用3接合太陽電池内への陽子線の最頻侵入長とエネルギーの関係

　加速した陽子を物質中に打ち込むと，陽子はほぼ直線的に侵入し，その侵入長は陽子のエネルギーと物質の質量密度に応じて決定される。モンテカルロ計算により求めた，3接合太陽電池に陽子線を受光面側から垂直に打ち込んだ場合の，エネルギーとその最頻となる侵入長の関係を図4に示す。10MeV では，太陽電池全体を通過する。ここでは，3接合セルの総厚を $150\mu m$ としている。

　一般に，陽子は侵入長近傍（正確には停止する直前の位置）に大きな損傷を与え，このとき形成される結晶欠陥も単一のフレンケル対ではなくクラスタ型となる。従って，その放射線欠陥密度の分布は太陽電池の厚さ（放射線の侵入深さ）方向に対して，陽子が停止する位置で最大となる。従って，この最大損傷位置がp/n接合（空乏層）近傍となるとき，出力劣化，特に電流の劣化は最も大きくなる。一方，電子の場合は物質に入射したあと広がりを持って侵入するために，陽子のように特定の位置に集中して欠陥を発生させることはほとんどない。また，太陽電池を通過するような高エネルギーの陽子，電子の場合，放射線欠陥は深さ方向に一様な密度で生成される。この場合，まず少数キャリア再結合準位の影響により少数キャリア拡散長が低下する。拡散長がベース層厚よりも小さくなったとき，出力劣化が顕著となる。直接遷移型Ⅲ-Ⅴ族化合物は

第 8 章　超高効率太陽電池の展開

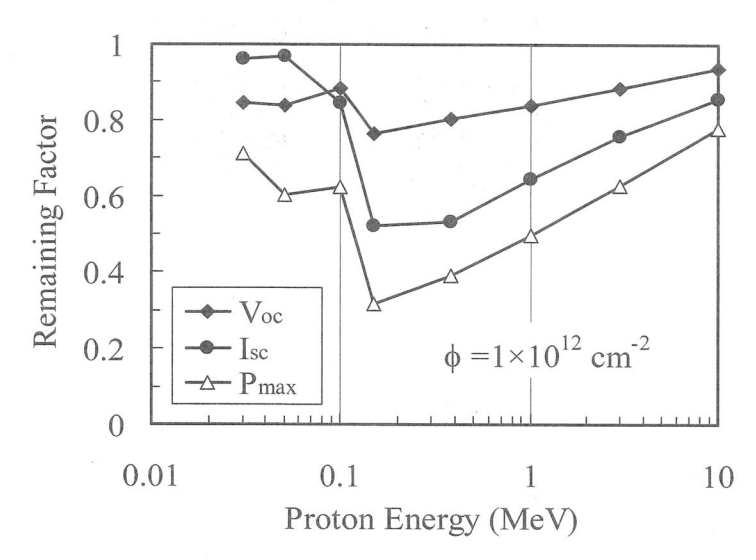

図 5　照射量を一定（$1 \times 10^{12} cm^{-2}$）としたときの太陽電池出力パラメータ保存率の陽子線エネルギー依存性

吸収係数が大きいため太陽電池の厚さが Si 太陽電池と比較して薄く，拡散長の低下の影響が出にくい。これがⅢ-Ⅴ族化合物太陽電池が耐放射線性に優れる理由のひとつである。

陽子線のエネルギーを照射量（フルエンス；ϕ）一定（$\phi = 1 \times 10^{12} cm^{-2}$）で変化させて 3 接合セルに照射すると，開放電圧（V_{oc}），短絡電流（I_{sc}），および最大電力（P_{max}）の保存率は図 5 のようになる[5]。陽子が GaAs ミドルセル内で停止するような数 100keV 程度のエネルギー領域において，保存率が最小となっている。これは，ミドルセルが最も耐放射線性に劣ることによる[6]。

1.4　放射線劣化の予測

太陽電池パドルの電力出力はそのミッション期間中の予測放射線被曝量から見積もられる EOL における発生電力で設計される。そのため，被曝量の予測方法，そして被曝量からの太陽電池劣化量の予測方法は宇宙機の設計において欠かせない重要な技術である。Si 太陽電池など従来の単一接合型宇宙用太陽電池では，その放射線劣化における振舞いは比較的単純である。さらに，開発・実用になってから歴史があるため，放射線劣化の振舞いもよく研究されている。従って，実際の宇宙空間における劣化の予測方法は既に確立されている。一方，3 接合太陽電池は開発され実用に供されたのが比較的最近で，かつその構造から前項で述べたように放射線劣化の振舞いが複雑である。よってそれに適合した劣化予測方法はまだ確立されておらず，従来の方法を改善しながら適用しているのが現状である。

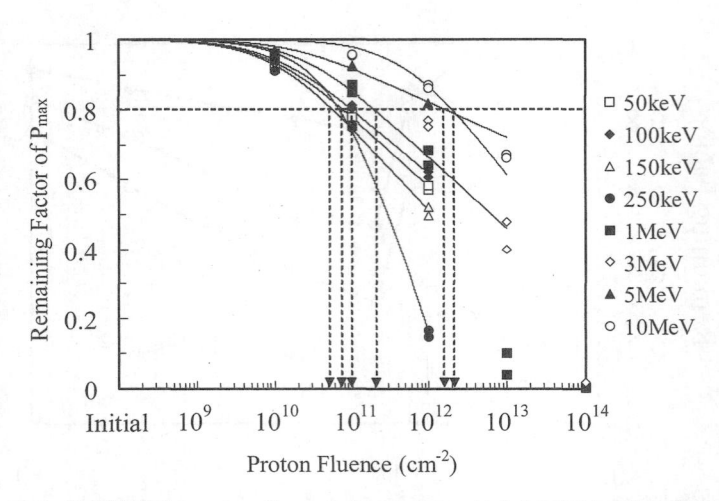

図6 放射線粒子のエネルギーを変えて求めた3接合太陽電池の劣化曲線
（陽子線，最大電力 P_{max} の例）

宇宙空間に存在する電子，陽子のエネルギーは様々であり，そのフラックス（単位時間・単位面積あたりの飛来数）とエネルギーの関係は，一般的には低エネルギーほど大きいが，そのスペクトル形状は宇宙空間の位置に依存する。また，放射線粒子は様々な方向から飛来して来る。一方，劣化予測のための劣化データ取得は，地上で加速器を用いて行うためエネルギーは基本的に単一であり，また入射方向も1方向である。そのため劣化予測には補正が必要である。

実際に太陽電池を人工衛星の太陽電池パドルに貼るときは，放射線劣化を抑制するために遮蔽材としてのガラス（カバーガラスといわれる。通常 $100\mu m$ 程度）を表面側に貼り付ける。このガラスによって宇宙空間から飛来する放射線，特に陽子のエネルギーが減衰し，またエネルギーが低いものはガラスの中で止まってしまい太陽電池まで到達しない。また，先述のように電子，陽子の飛来（太陽電池への入射）方向は全球面に分布している。劣化予測では当然これらの効果を考慮した計算を行うが[7]，ここでは説明を単純化するためにその補正に関しては触れない。

劣化予測に必要なデータは大きく分けて2つ，①電子，陽子それぞれに対する劣化量のエネルギー依存性と②電子と陽子の劣化の比である。これらの求め方を以下に述べる。

耐放射線性を求める基本は保存率のフルエンス依存性である。これを一般的に劣化曲線と呼んでいる。まずこの劣化曲線を，陽子ないし電子のエネルギーをパラメータとして地上照射試験を実施して取得する。宇宙空間には広いエネルギー範囲の電子，陽子が存在するが，実験で取得するのは実際に太陽電池の劣化に寄与する数10keVから10MeV程度の範囲である。3接合セルに対して取得した劣化曲線を図6に示す。各エネルギーで得られた実験点から次に示す式を用いてフィッティング曲線を得る。

第8章 超高効率太陽電池の展開

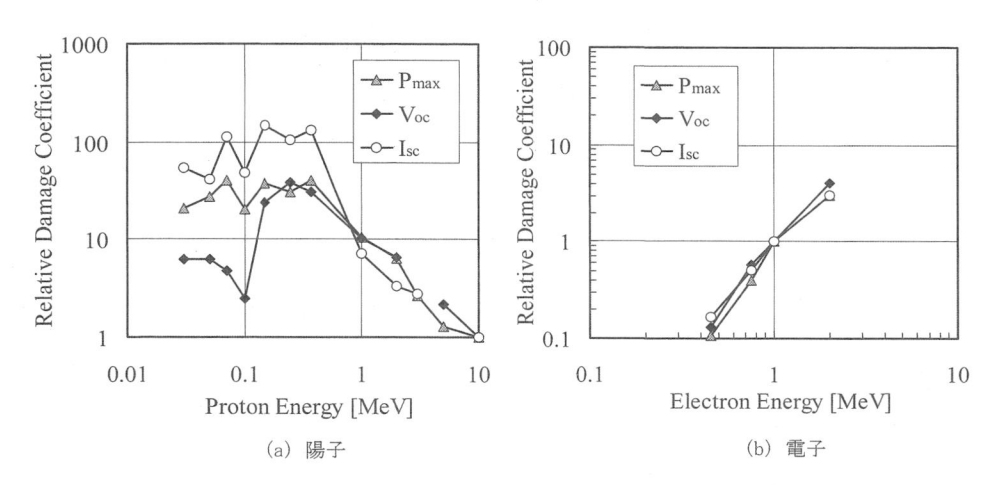

(a) 陽子

(b) 電子

図7 3接合太陽電池の陽子と電子に対する相対損傷係数の一例

$$X/X_0 = 1 - A\log\left(1 + \phi/\phi_0\right) \tag{1}$$

ここで，X：劣化後の太陽電池特性値（V_{oc} や I_{sc} など），X_0：劣化前の太陽電池特性値，ϕ：フルエンス，A，ϕ_0：フィッティング係数である。

このデータおよびフィッティング曲線から，一定の劣化（保存率）を与えるフルエンスを各エネルギーにおいて求める。例えば，図6に示すように，保存率を0.80とするとその線と各劣化曲線（フィッティング曲線）との交点からそのフルエンスがわかる。このフルエンスのうち，陽子の場合は10MeV，電子の場合は1MeVの値を基準として各エネルギーにおける値で除する。この値を相対損傷係数；RDC（Relative Damage Coefficient）と呼び，基準エネルギー粒子（電子の場合は1MeV，陽子の場合は10MeV）に対して太陽電池特性値に損傷を与える度合いの指標として扱う。例えばRDCが10のとき，そのエネルギーの電子／陽子は1MeV電子／10MeV陽子の10倍の損傷を与える能力がある（10分の1の照射量で同じ劣化を与える）という意味である。宇宙用3接合太陽電池の相対損傷係数の一例を図7に示す。フルエンスを求める保存率は I_{sc}，V_{oc} では0.90，P_{max} では0.80としている。陽子における I_{sc} の相対損傷係数において3つの極大が表れているが，そのエネルギーは図4に示されるように各サブセルのp/n接合位置と概ね一致し，ちょうど図5の逆形状をしている。電子の場合では明確な極大が表れない。これは，先述したように電子は太陽電池に入射してから拡散するため，局所的に損傷を与えにくいからである。

次に，10MeV陽子と1MeV電子の劣化曲線から，先の相対損傷係数を求めたときに用いた保存率を与えるフルエンスの比を求める。言い替えれば，10MeV陽子の1MeV電子に対するRDC

表1 3接合太陽電池における陽子の電子への換算係数

出力特性値	1MeV 電子換算係数
最大電力 P_{max} (80%)	1270
短絡電流 I_{sc} (90%)	370
開放電圧 V_{oc} (90%)	950

を求める。この値には特別な名称がないが，ここでは変換係数と呼ぶことにする。3接合セルの変換係数の一例を表1に示す。

　ある人工衛星による宇宙ミッションを計画すると，その実現に必要な宇宙空間での軌道が決まる。一方で，宇宙空間のある位置における放射線環境は，人工衛星などによる過去の測定データに基づいた環境計算プログラム[8]によって求めることができる。このプログラムを用いてその軌道における電子，陽子のフラックスのエネルギー分布スペクトルを得る。通常そのスペクトルは時刻によって変動するので，計画されているミッション期間の積分値を求めなければいけない。さらに，太陽フレアなどの「異常」環境も，その発生確率と併せて考慮に入れる。こうして，その人工衛星がミッション期間中に浴びる電子，陽子の総数のエネルギー分布を得る。

　次に，この分布図に対し，図7に示した電子，陽子それぞれのRDCを乗ずる。これを全エネルギー範囲にわたって積分すれば，その軌道とミッション期間の電子ならば1MeV相当のフルエンス，陽子ならば10MeV相当のフルエンスが得られる。これを等価フルエンスと呼ぶ。さらに，表1の換算係数を用いて等価10MeV陽子フルエンスを1MeV電子のフルエンスに変換し，電子の等価1MeV電子フルエンスに加える。こうして，その人工衛星の総等価1MeV電子フルエンスが得られる。今度は，1MeV電子による劣化曲線に対して，この総等価1MeV電子フルエンスを横軸に当てはめてそのときの保存率を求める。こうして得られたのが目的の，その人工衛星の太陽電池がミッション期間中に劣化するであろう量／率の予測値である。

　以上述べた方法は米国のジェット推進研究所（JPL）において開発・確立された方法である[7]。しかし，図6に示されるように，この方法では多くの放射線照射試験を実施しなければならない。そこで米国海軍研究所を中心として開発されたのが変位損傷入射量；Dd（Displacement Damage Dose）法である[9]。紙幅の制限のため詳細な説明は他の機会に譲るとするが，この方法では予め太陽電池の半導体材料の種類に応じて各エネルギーの電子，陽子が与える損傷の度合いを表す値であるNIEL（Non Ionized Energy Loss）値を求めておき，実際の太陽電池に対する照射試験は電子，陽子でそれぞれ最低1種類（実際には確認のため2種類程度）のエネルギーにて行う。この結果を元に横軸にNIEL値とフルエンスの積（＝Dd）を，縦軸に保存率を取り劣化曲線を得る。実際の劣化予測では，先述したミッション期間中の各エネルギーの電子，陽子

第 8 章　超高効率太陽電池の展開

の総飛来数（フルエンス）と，それらの NIEL 値から総 Dd 値を求め，劣化曲線に当てはめて劣化量を予測する。現在，この方法を 3 接合セルに適用すべく，研究が進められている。

文　　献

1) M. A. Stan *et al.,* Proc. 1st World Conf. Photovol. Ener. Conv., Osaka, Japan, CD: 3P-B5-03 （2003）
2) J. E. Granata *et al.,* Proc. 1st World Conf. Photovol. Ener. Conv., Osaka, Japan, CD: 3P-B5-01 （2003）
3) M. Yamaguchi *et al., Appl. Phys. Lett.,* **70** （12），pp.1566-1568 （1997）
4) M. Yamaguchi *et al., J. Appl. Phys.,* **80** （9），pp.4916-4920 （1996）
5) M. Imaizumi *et al.,* Proc. 29th IEEE Photovol. Specialists Conf., New Orleans, p. 990-993 （2002）
6) M. Imaizumi *et al.,* Proc. 1st World Conf. Photovol. Ener. Conv., Osaka, Japan, CD: 3P-B5-03 （2003）
7) B. E. Anspaugh *et al.,* "Solar Cell Radiation Handbook", JPL Publication 82-69, Chap.4
8) 参照：http/nssdc.gsfc.nasa.gov/space/model/magnetos/aeap.html
9) G. P. Summers *et al.,* Proc. 1st World Conf. Photovol. Ener. Conv., Hawaii, p. 2068-2073 （1994）

2 集光型太陽電池

荒木建次*

2.1 集光型太陽電池の基本構成

集光太陽光発電は,図1に示すように太陽光を集光光学系により濃縮して小面積の太陽電池(セル)に照射させる方式である。セルは小面積で済むことになり,発電コストの抜本的な低下が可能である[1,2]。図1は集光光学系にプラスチックレンズを使っているが,反射鏡やその他の集光光学系でもかまわない。

集光太陽光発電は図2に示すように下記基本構成要素から成り立つ。

集光光学系:太陽光を集光してセルに照射する。
集光セル:集光された太陽エネルギーを電力に変換する。
追尾機構:太陽を追尾し,セルに集光光が照射するようにする機構。

集光太陽光発電の構成要素を以下のように定義する。構成要素の概念図を図3に示す。

セル:太陽光を受け発電を行う半導体チップ。
レシーバー:集光光を受け,発電する最小単位であり,外部環境から保護されている機能を有する部品。セルとその実装部材に相当する。
サブモジュール:1対の集光光学系とレシーバーから構成され,太陽光を受け発電する最小単位。同じく,外部環境から保護されている機能を有する部品。

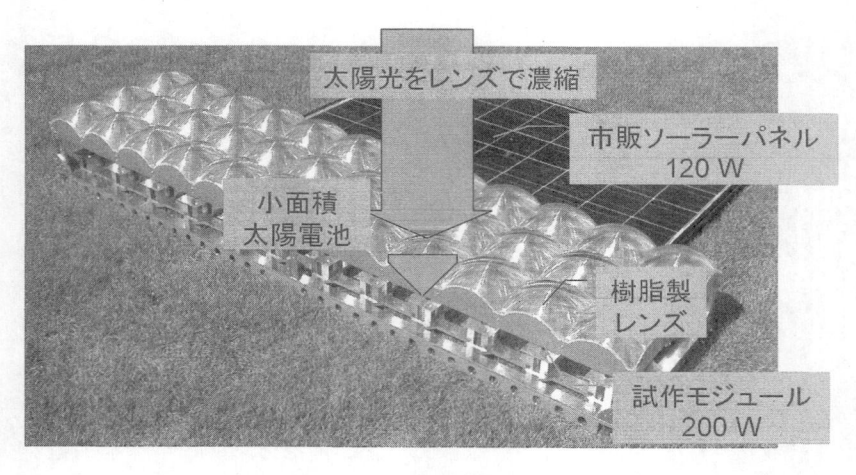

図1 集光太陽光発電の概要

* Kenji Araki 大同特殊鋼㈱ 研究開発本部 主任研究員

第8章　超高効率太陽電池の展開

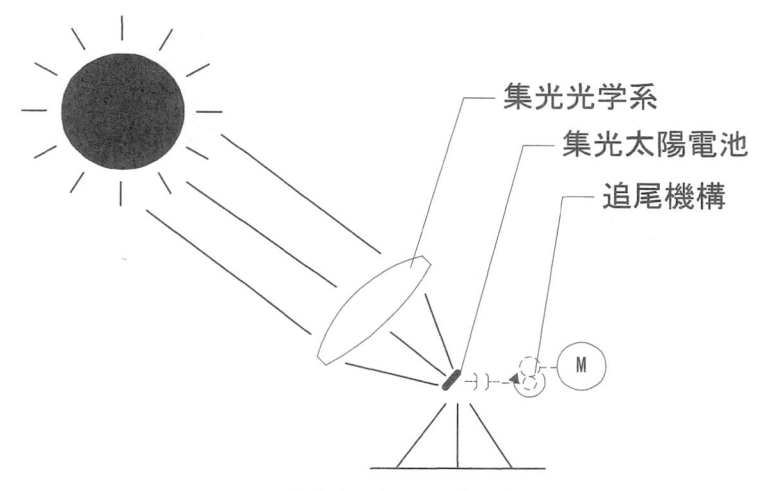

図2　集光太陽光発電の基本構成

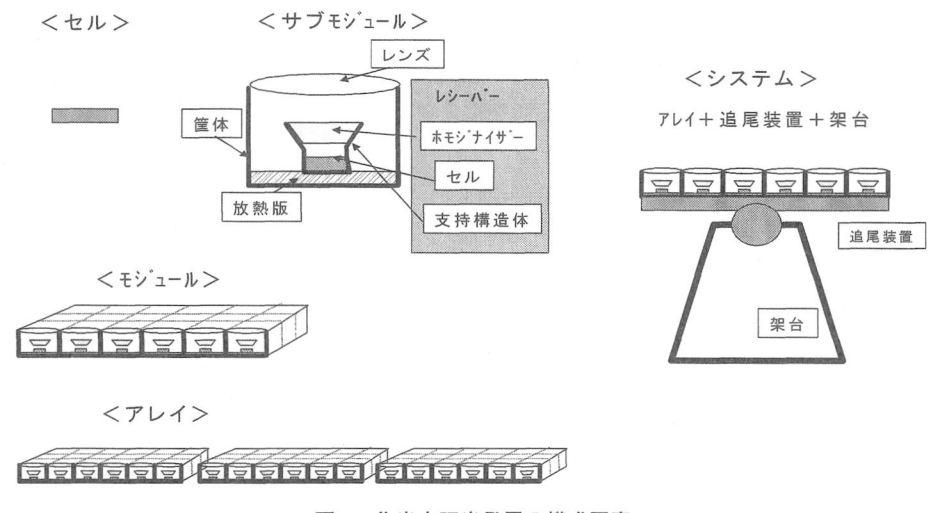

図3　集光太陽光発電の構成要素

モジュール：サブモジュールが多数集まり一つの筐体に収容されたもの。
アレイ：モジュールの集合体。
追尾架台：モジュール又はアレイを設置し，太陽に正対させるための装置。
システム：追尾架台にアレイを設置し，発電出力を取り出せるようにしたもの。

　集光太陽光発電は，高コスト半導体の代わりに，透明光学材料（プラスチックなど）を敷き詰める。半導体デバイスの使用量が減り，材料コストの低減が可能となる。また，基本的には組立産業であり，低リソースで規模拡大が可能である。

化合物薄膜太陽電池の最新技術

図4 黎明期のAlGaAs/GaAsセル集光モジュール（ロシア ヨッフェ研，1980年代初頭）[3]

　加えて，太陽電池の使用量が少なくなるということは高効率セルで集中的に発電できるので，システム全体の効率も増大する。①面積あたりの材料費が安い，②効率も増大するので面積も抑制できるといった効果で抜本的な発電コストの低下が可能となる。
　集光太陽光発電のコストは集光倍率に大きく依存する。集光倍率が高いほど，セルやレシーバーなどの部品点数又は面積が下がる上，適切な電極設計を行えば効率も上がるので，コストが低減する[2]。

2.2 集光型太陽電池の歴史

　1975年の石油危機を契機に，集光型太陽電池および集光太陽光発電システムに関する研究開発が本格化した。バックコンタクト型シリコン集光セル，およびⅢ-Ⅴ族化合物系セル（AlGaAs/GaAs）を使った数百倍クラスの集光モジュールが開発された（図4）[3]。これにより，高集光してもセル内部の抵抗損失を抑制できることが実証され，高集光倍率化，高効率化への道が拓かれた。また，実用面では米国企業によりサウジアラビアに350kW規模，フレネルレンズ集光，自然空冷によるSOLERASプラントが作られた（図5）[4,5]。このプラントはセル剥がれ等問題を抱えていたが，1981年以降，20年の長きにわたり地元村落に電力を供給した[6]。
　光学系においても改良が進められた。黎明期の集光光学系としては専ら反射鏡が使われていた。しかしながら，反射鏡集光には良質かつ耐久性の良い反射膜が必要な上，わずかな歪みでも集光特性へ大きな影響を及ぼすので，強固な支持構造が必要であった。1980年初頭に当時の主力企業であったEntech（かつてのE-System）が反射鏡集光からフレネルレンズ集光へと技術転換を図ったことを契機に，主流はフレネルレンズ集光へと移行した（図6）[7]。また，フレネルレンズと化合物系2接合セルを用いた集光モジュールも試作された（図7）[3]。
　1980年を境にして，米国を中心に集光太陽光発電の商業化への模索が始まった。残念ながら，

第8章　超高効率太陽電池の展開

図5　SOLERAS集光発電プラント（1981年，サウジアラビア）[6]

図6　E-System社反射鏡集光による太陽熱集熱装置（左）[7]
　　　25X，24kW線集光太陽光発電システム（右）（ダラス国際空港，1982年，Entech社）[7]

多くの企業が撤退した。その原因はいろいろ考えられるが[8]，発電効率が競合の平板型モジュールと比べそれほど高くなく，また，積極的な保護育成政策がなされなかったために量産によるコストダウンに至る離陸に失敗したことが大きいと考えられる[8]。

このころ，国内でも集光太陽光発電の研究開発が関西電力・NEC，中部電力・三菱電機，シャープなどで行われた[9]。当時の集光型太陽電池は，太陽光発電というより太陽集熱技術の後継という側面が強かったと思われる。太陽集熱技術は熱機関であるだけに，雲が出ると温度が下がり効率が低下してしまうといった欠点があった。太陽光発電は熱機関とは異なり，日射量変化に速やかに応答するので，雲の多い日本の気象でも平均エネルギー効率の低下を抑制できると期待された。当時の開発成果はほとんど公表されていないので，実際にどの程度の実力があったか，また，何が問題であったのかはっきりしないが，たとえば，関西電力・NECが試作したシステムは後日，調査事業として報告され，効率としては5〜7%程度であった[10]。期待したほどの発

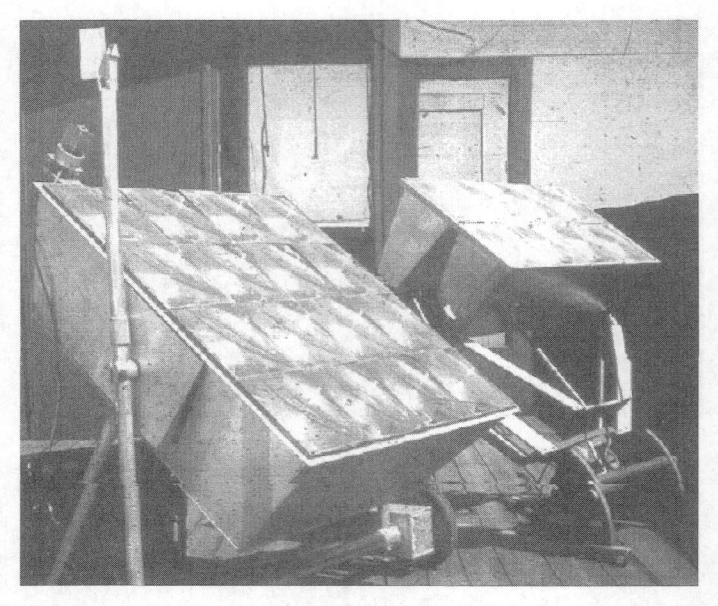

図7 フレネルレンズ使用 AlGaAs/GaAs モジュール（ヨッフェ研，1980 年中頃）[3]

図8 Amonix 社 25kW フレネルレンズ集光モジュール（2002 年）[11]

電量が得られず，雲の多い日本の気象は集光太陽光発電に向かないといった，誤った認識が形成され，国内での研究開発は急速に停止した。関西電力・NEC のプロジェクトのリーダーであった北村氏は，光学系等の個別要素がバラバラに研究され，精度配分や放熱配分など全体を見通した視点が不十分ではなかったかと当時の技術開発動向を分析している[9]。

この中で，順調にビジネスを拡大しているのは米国の Amonix 社および豪州の SolarSystems 社である。Amonix 社は自社開発のバックコンタクトシリコン集光セルとフレネルレンズを搭載した大型モジュールをアリゾナ州等発電プラント向けに製造している（図8）[11]。SolarSystems 社はエネルギー供給会社でもあり，豪州中央部の砂漠地域向けにディーゼル併用で電力を供給し

第 8 章　超高効率太陽電池の展開

図 9　SolarSystems 社 220kW 集光発電プラント（2003 年）[12]

ている（図 9）[12]。また，SolarSystems 社の成功，および色収差によるフレネルレンズの限界が見え始めたことにより，再び反射鏡集光技術を見直す動きも見受けられる。両者ともセルはバックコンタクト型 Si セルを用いている。

バックコンタクト型 Si セルの効率は平均 23%，最高 26% であり，40% 以上の効率が期待できる III-V 族系 3 接合セルには及ばない。これらのセルの実装および集光モジュール化には技術が確立されている Si 系セルの実装にはない困難がある[13, 14]。バックコンタクト型 Si セルが III-V 族化合物系セルに先駆けて実用化されたのには比較的技術課題が少なかったことが大きい。

一方，III-V 族化合物系（3 接合）セルを使った集光太陽光発電技術も最近になり急速に開発が進み，発電プラント建設が現実味を帯びてきた。これについてはセルの効率が急速にのびたこと，日本における NEDO プロジェクトで高い信頼性や高効率発電が実証されたこと，ドイツのフラウンホッファ研，ロシアのヨッフェ研などで行われた先駆的な研究成果が大きく寄与したと考えられる。

以上，集光型太陽電池および集光太陽光発電技術の課題をまとめると，表 1 に示すようになる。内，本節では最も初歩的な技術となる◎で示した 2 項目につき重点的に論じる。

2.3　集光セルの基礎
2.3.1　集光型太陽電池に適したセル

まず，どういったセルを選択するかが重要となる。車体によって適したエンジンが異なるように，高集光のモジュールにはこれに適したセルを選ぶ必要がある。集光セルは，高いエネルギー密度の集光光でも高効率で発電できる太陽電池である。したがって，吸収した光子によりキャリア対を発生し，内部電界で分離し，外部回路に流出するといった太陽電池の基本原理に変わりはない。したがって，どのような種類の太陽電池でも集光セルになりうる。

化合物薄膜太陽電池の最新技術

表1 集光型太陽電池および集光式太陽光発電技術の主要課題

要素技術	課題
集光セル	◎高集光倍率に適した低抵抗損失セルの電極構造 ・非理想的集光照射におけるセル動作の定量解析 ・太陽光スペクトル変動を考慮したセル構造 ・高効率，高信頼性セルの実現
集光光学系	・高効率，低コスト，高信頼性1次光学レンズの開発 ・色収差補正および強度一様化を担った2次光学系（ホモジナイザー）
モジュール化	◎高集光倍率のための放熱設計およびその実現 ・高効率モジュール構造の開発 ・高信頼性モジュールの開発 ・集光モジュール実装技術の開発
追尾機構	・追尾制御の最適化 ・軽量化，低コスト化，低消費電力化，高信頼性追尾架台の開発
集光システム	・評価手法の確立 ・フィールド試験による集光システムの有用性実証 ・地域，季節，時刻による集光システム発電特性の明確化

　ポイントとなるのは，①内部抵抗に伴う損失と，②発電システムにまとめたときのメリットである。

　まず，①の内部抵抗に伴う損失についてであるが，集光倍率に比例する出力電流の自乗に比例して抵抗損失は増大するので，特に，高集光では甚大な量になる。通常，電極微細化やエミッタシート抵抗低減，ベースおよび基板厚さの低減などにより内部抵抗を抑制する手段を執るが，自ずと限界がある。たとえば，表にエミッタと櫛形電極を有する通常構造のシリコン太陽電池では，50〜100倍が集光倍率の上限となる[15]。同じシリコン集光太陽電池でもバックコンタクト型のものは，効率を犠牲にせずに単位面積あたりの抵抗を数$m\Omega cm^2$程度まで低減できるので，通常500倍程度まで集光倍率を伸ばすことができる。しかしながら，シリコン太陽電池は出力電圧が低いので，同じ出力では電流が増大せざるを得ず，特に集光倍率が高いと不利になる。この例に留まらず，一般に多接合化して出力電圧を高めた方が高集光動作での抵抗損失が低くなるので，単接合太陽電池より多接合太陽電池の方が有利である。

　②についての経済的な得失についてであるが，まず，集光システムではセルの使用量が減るので，セルコストはそれほど重要な要素とはならず，むしろ，高コストであっても効率の高いセルを選んだ方が小さいモジュールで所用の発電量を得ることができるので，結局は有利であるということに注目する必要がある。したがって，薄膜系太陽電池のように，ある意味「安かろう，悪かろう」という材料で作ったセルは，本来集光システムになじまない。その意味で，集光システ

第8章　超高効率太陽電池の展開

ムに向いているのは，結晶シリコン系，III-V族化合物系に限定されよう。集光システムでは集光倍率という設計自由度があり，セルコストが全体システムコストに対して響かない程度まで集光倍率を上げて使うということができるので，相対的に低コストであるが効率が低い結晶シリコン系セルは比較的低い集光倍率，逆にセルそのものは高コストであるが効率も高い化合物系セルは高倍率の集光システムに適しているといえる。特に，化合物系多接合セルは，出力電圧が高くなり高倍率集光に適しているだけではなく，セル単体での発電効率も高くなるので，特に適しているといえるであろう。

2.3.2　集光セルの内部抵抗設計

セルを集光動作させた場合，出力電流は光学集光倍率に比例して増大する。内部抵抗によるジュール損は発電電流の自乗に比例するので，電極設計やセルサイズや発電電流の取り出しに配慮する必要がある。特にセルサイズはモジュールの大きさ，光学系の大きさに影響を与え，重要な設計パラメータとなる。

集光時のセルの出力電流，出力電圧は下式の解として与えられる。ただし，後述する分布ダイオード効果が無視できると仮定する。また，セルに入射する光，温度分布も一様と仮定する。

$$I = I_{sc} - I_0 \exp\left(\frac{V + R_s I}{nV_t} - 1\right)$$

ここに，

I：出力電流密度　　　　　　　　　　単位 A/cm² または mA/cm²

I_{sc}：短絡電流密度（集光時）　　　　単位 A/cm² または mA/cm²

I_0：暗電流密度　　　　　　　　　　単位 pA/cm²

V：出力電圧　　　　　　　　　　　　単位 V

R_s：面積あたりのセル内部抵抗　　　単位 mΩcm²

n：ダイオード因子（3接合セルの場合，近似値として3）

V_t：熱等価電圧（25℃の場合，0.027V）

上記式の解となる（I,V）の積の最大値問題を解くことにより，最大出力 P_{max} を求めることができ，これを入力光強度で割ることによりセル効率が求められる。例として InGaP/InGaAs/Ge 3接合セル500倍集光の測定値を用いて数値計算すると，セル効率の集光倍率依存性は図10のようになる。セルの構造は図11に示す。

集光倍率がそれほど高くない領域では，暗電流に対する短絡電流の割合が増大するので，出力電圧が増大し，効率は漸増する。しかしながら，集光倍率が高くなり出力電流が増大すると，内部抵抗によるジュール損失が増大し，上記電圧上昇に伴う利得を上回るようになる。その結果，効率は低下に転ずる。

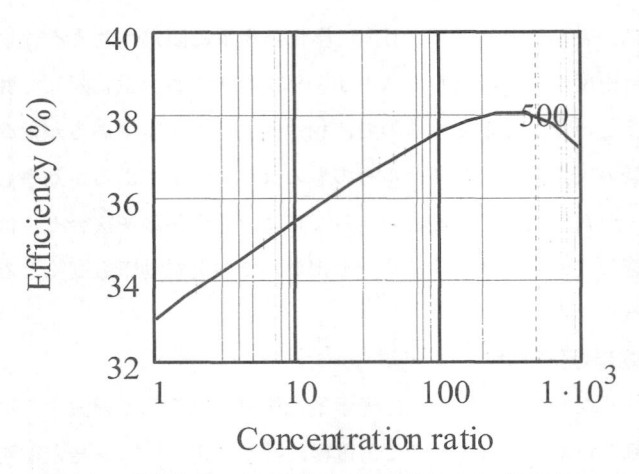

図10 集光倍率により効率はどう変化するか（理論値）

表2 理論計算に用いたセルパラメータ

パラメータ	値	パラメータ	値
セル幅	7mm	櫛形電極幅	10 μm
櫛形電極ピッチ	120 μm	櫛形電極高さ	10 μm
ダイオード因子	3	櫛形電極抵抗率	2.5E-6 Ωcm
開放電圧（非集光）	2.65V	エミッタシート抵抗	50 Ω/□
短絡電流密度（非集光）	15mA/cm^2	その他抵抗	10mΩcm^2

　効率を最大化するには，目的の集光倍率でセル効率が最大となるような内部抵抗となるのが好ましい。この計算も同様に行うことができる。結果を図12に示す。面積あたりのセル内部抵抗と最適集光倍率とはほぼ反比例の関係にある。光学集光倍率400倍（幾何集光倍率500倍に相当）での最適内部抵抗は15mΩcm^{2}と求められる。

　問題は，いかに所定の抵抗を実現するかである。一般にセルの内部抵抗は表3に示すように数々の要素からなる。大別して電極の配置やセルサイズなど幾何学的要因から決まるものと，材料の制約を強く受けるものとに分類される。むろん，前者の自由度が高く，集光太陽光発電装置設計で主要な役割を担う。

　エミッタ抵抗は櫛形電極ピッチを縮小すればその自乗に反比例して低下する。しかしながら，電極ピッチ縮小は櫛形電極によるセル表面の被覆率増大につながり，限界がある。同様に，電極幅増大も被覆率の増大を招く。電極高さもアスペクト比による制約がある。したがって，セルサイズが設計上重要なパラメータとなる。

　図13に10mm角，7mm角，5mm角，3mm角と変化させた場合の集光倍率（光学集光倍率）

第 8 章　超高効率太陽電池の展開

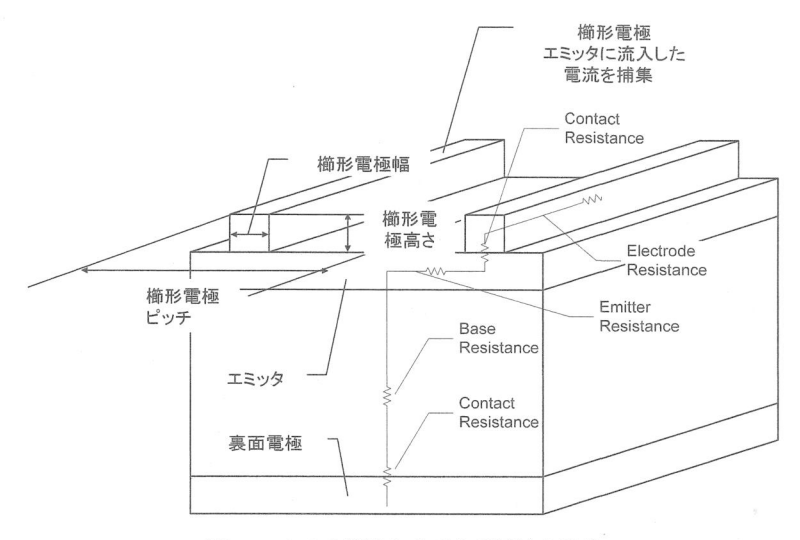

図 11　セルの構造および内部抵抗の構成

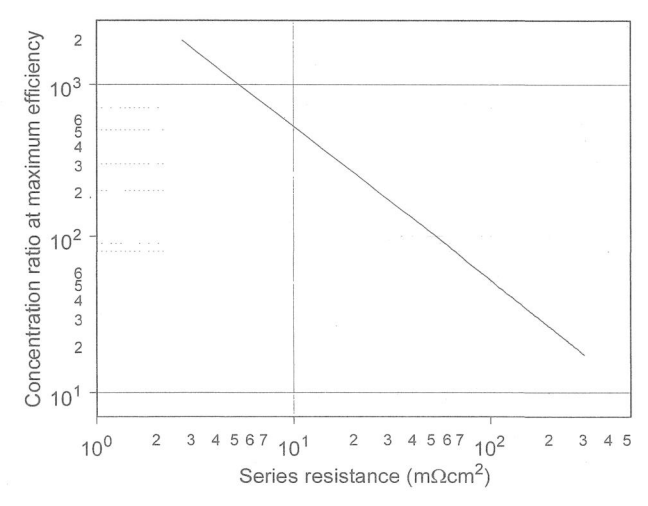

図 12　セル内部抵抗と効率が最大となる集光倍率との関係（計算値）

と効率の関係を示す。セル 10mm 角の場合，光学集光倍率 150 倍程度で効率は飽和し，高集光倍率での高い効率はのぞめない。反面，セル 3mm 角の場合，高い集光倍率まで効率の低下はないが，セル・光学系の個数が多くなり，モジュールコストを押し上げることになる。3 接合セルを 500 倍程度の集光倍率で使用する場合，7mm 角がほぼ最適のサイズといえる。

2.3.3　分布ダイオード効果

集光倍率が高まると単なるジュール損失だけではなく，セル表面に流れる電流による電圧降下

表3　セル内部抵抗の分類

	分類	低減方策
ベース抵抗	材料	半導体材料のキャリア濃度増大
コンタクト抵抗	材料	メタル材料の選択，エミッタのキャリア濃度増大，界面制御
トンネル接合抵抗	材料	半導体材料のキャリア濃度増大，界面制御
エミッタ抵抗	幾何	櫛形電極ピッチの低減
櫛形電極抵抗	幾何	ピッチ低減，セルサイズ縮小，電極幅増大，電極高さ増大，給電端子の配置

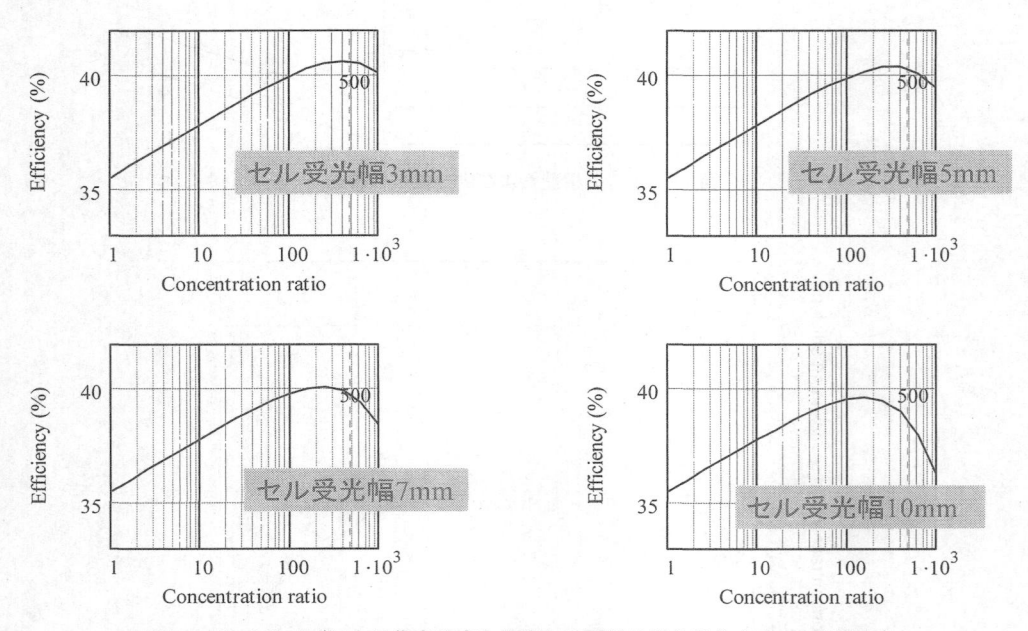

図13　セルサイズにより集光倍率と効率との関係はどう変化するか（計算値）

により，表面電位の不均一が発生し，電圧が高いセル中央部で寄生ダイオードがONし，電流が漏れるといった損失が発生する（分布ダイオード効果）。特に集光倍率が高い場合，電極被覆率が低い非集光用セルを応用した場合には影響が顕著に現れる。

図14に，その分布ダイオード効果の概念を示す。集光光により発生した電流は櫛形電極により補足されるまではエミッタ領域を多数キャリアとして横方向に流れる。エミッタ抵抗による電圧降下により，櫛形電極より離れるにつれ，接合電圧が増大する。これにより，中央部の接合電圧が高くなり，ダイオードがONし，発電電流が接合を通して逆流し，外部回路へ供給される電力が低下する。

第 8 章　超高効率太陽電池の展開

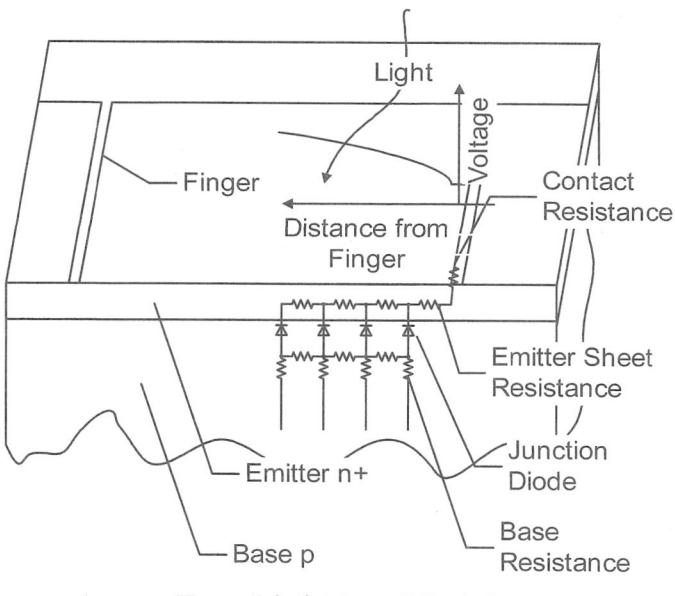

図 14　分布ダイオード効果の概念

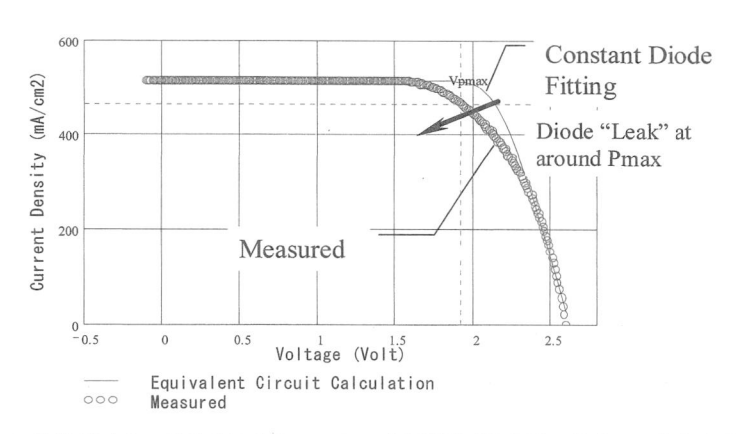

図 15　分布ダイオード効果による I-V カーブの変形（地上用 2 接合セルを集光動作）

　図 15 に地上用 2 接合セルを集光動作させたときの I-V カーブを，集中定数回路に基づく式により計算した I-V カーブと比較した結果を示す。理論計算と比較し，最大電力領域での I-V カーブがなで肩になっていることが示される。これはこの領域で発電電流の一部が接合を逆流し，外部回路に流れる電流が減っていることを示している。

2.3.4　多接合セルでの注意点

　一般に集光された光は強度，スペクトルとも一様ではない。一般に集光むらやスペクトルむら

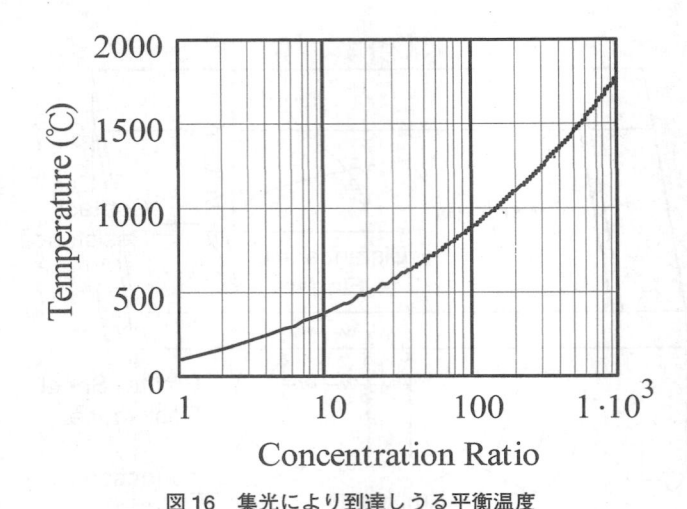

図16 集光により到達しうる平衡温度

図17 米国 Entech 社集光モジュールの放熱構造（集光倍率 21 倍）[19]

があるとセル効率は低下する．モジュール設計にはこれら非一様集光およびスペクトル変動を前提にしたセル動作を十分に配慮する必要がある．

　多接合セルは直列回路を構成する各接合間の電流バランスが重要である．スペクトルによってはこのバランスが崩れ，損失が発生する．地上太陽光スペクトルは季節により，また時刻により変化するので，従来型の単接合セルで用いられたような AM1.5G などの基準スペクトルによる発電量評価では実態に合わない．基準スペクトルでは必ずしも最高性能を発揮しなくとも，スペクトル変動に対して頑健なセルの方が，年間発電量の点で有利となることがある．この考え方を敷衍すると，徒に接合数を増しても年間発電量は増大しないということになる．

　多接合太陽電池の場合，色収差の影響も考慮に入れる必要がある[16]．これは，多接合セルの

第 8 章　超高効率太陽電池の展開

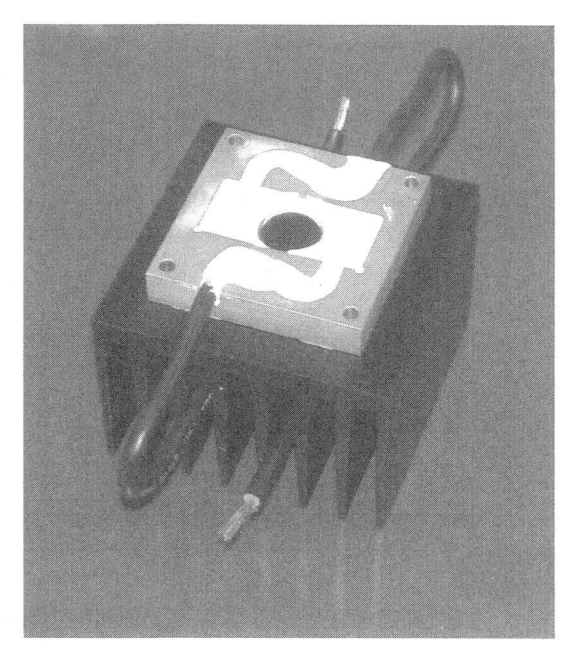

図 18　米国 Sunpower 社から市販された集光レシーバー
（設計集光倍率　最大 250 倍）著者による写真撮影

場合，内部で直列接続されている各セルの発電電流量を一致させる必要（直列回路を流れる電流はどの枝も一定であるというキルヒホッフによる）から，色収差に伴う太陽電池面内のスペクトルむらにより，いずれかの接合にて発電電流が不足し，その結果出力される電流も低下する現象である。この現象は多接合太陽電池において，理論的にも実験からも検証されている[17,18]。

2.4　集光型太陽電池の放熱

集光によりセルに流入した高い熱流束により加熱されるセルを，いかに冷却するかについて検討した結果を述べる。集光光を照射された物体は，もし何ら放熱手段を持たないとすると，熱放射量とバランスする温度まで上昇しうる。数十倍集光でもセル耐用温度を超えてしまうので，何らかの冷却手段を持つことが必要である。

従来は図 17 および図 18 に示すように巨大なヒートシンクを用いるか，水冷に頼るのが一般的であった。

太陽光は地上にふんだんにあるものの，集光前はせいぜい $1kW/m^2$ のエネルギー密度にすぎない。したがって，まとまった発電量を得るためにはモジュール総面積も大きくならざるを得ず，ヒートシンク，水冷機構などはコスト増大や信頼性低下の原因となる。集光太陽光発電の実用化

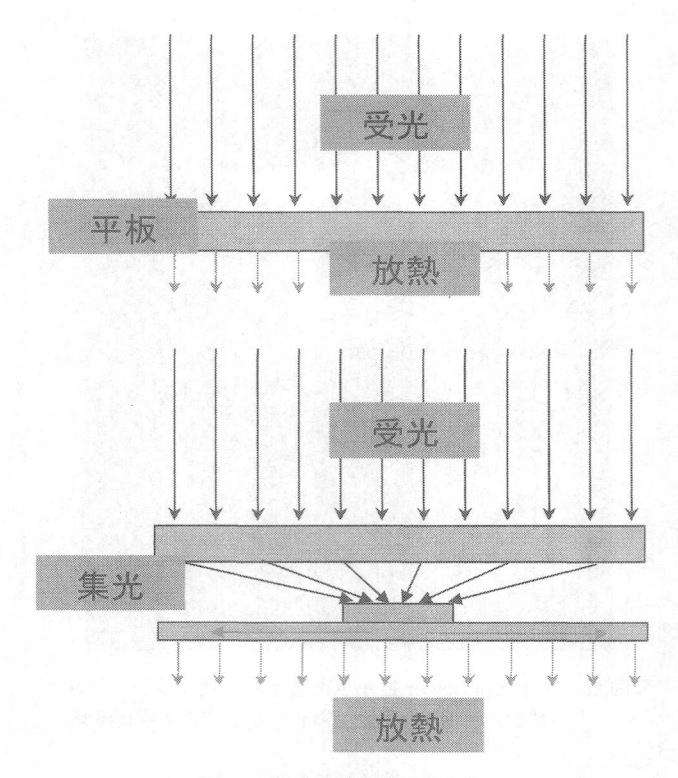

図19　集光筐体放熱の考え方

のためには，これら放熱部品を用いることなく，筐体からの自然空冷で動作する構造を創出する必要があった。逆に熱の速やかな拡散に成功すれば，図19に示すように，所詮は太陽に照らされた金属板の温度上昇に過ぎなくなる。いわばヒートシンク無しで筐体自然空冷が可能となる。本節ではその熱設計手段の具体例を提示する。

2.4.1　集光放熱のための設計方程式

エネルギー収支計算としては，セル内部での熱収支，および筐体での熱拡散とに分けることができる。線形過程であるので，両者の重畳として熱流および温度分布を与えることができる。

まず，セル内部での熱収支について説明する。

(1) エネルギー吸収

各接合でのバンド幅により決まる吸収波長範囲での太陽光エネルギーの吸収。一般に高効率の多接合セルでは分光感度特性はほとんど矩形窓であり，近似として吸収端以下の光はすべて吸収するとして扱うことができる。また，最下層のGe以外の接合の厚さは基板の厚さに比べ非常に薄いので，これらはすべて表面層吸収として扱うことができる。また，Ge吸収端およびセル内部のジュール損はバルク吸収として扱うことができる。最後にGe吸収端以上の波長の光に対し

第8章　超高効率太陽電池の展開

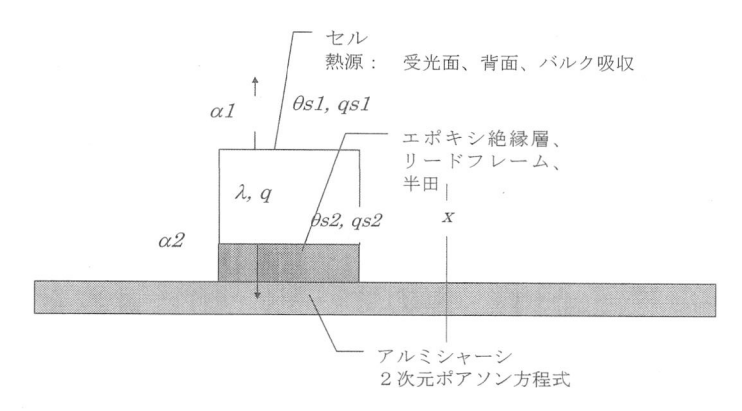

図20　放熱解析に使用したモデル

てはすべて背面吸収として扱うことができる。

(2) **エネルギー支出**

各接合での発電による出力は各々の層（Ge以外の接合では表面，Ge接合はバルク）でのエネルギー流出と扱える。また，筐体および表面での対流損失は，適当な熱伝達係数から計算できる。

(3) **エネルギーバランスの基礎方程式**

線形過程であるため，下記3条件の重畳として扱うことができる。

$$\theta_1(x) = \frac{\theta_{s2} - \theta_{s1}}{\lambda\left(\dfrac{1}{\alpha_1} + \dfrac{1}{\alpha_2} + \dfrac{t_{Ge}}{\lambda}\right)}\left(x + \frac{\lambda}{\alpha_1}\right) + \theta_{s1}$$

$$\theta_2(x) = \frac{-(\alpha_2 q_{s1} + \alpha_2 q_{s2})}{\alpha_2 \lambda + \alpha_1 \lambda + \alpha_1 \alpha_2 t_{Ge}} x + \frac{q_{s1}\lambda + q_{s1}\alpha_2 t_{Ge} - q_{s2}\lambda}{\alpha_2 \lambda + \alpha_1 \lambda + \alpha_1 \alpha_2 t_{Ge}}$$

$$\theta_3(x) = -\frac{1}{2}\frac{q}{\lambda}x^2 + \frac{q t_{Ge}\left(1 + \dfrac{1}{2}\dfrac{\alpha_2}{\lambda}t_{Ge}\right)\left(x + \dfrac{\lambda}{\alpha_1}\right)}{\lambda \alpha_2\left(\dfrac{1}{\alpha_1} + \dfrac{1}{\alpha_2} + \dfrac{t_{Ge}}{\lambda}\right)}$$

ここに，変数 x は表面からの深さ，θ_{s1}，θ_{s2} はそれぞれ表面の雰囲気温度，裏面の温度，α_1，α_2 は表面の熱伝達係数（この場合は表面における自然対流条件での熱伝達係数），裏面での熱伝達係数（この場合は裏面の絶縁層における熱伝導係数），λ は Ge 基板の熱伝導係数，t_{Ge} は Ge 基板（多接合セル）の厚さ，q_{s1}，q_{s2} は表面および裏面での単位面積あたりの熱発生量（表面および裏面での光吸収量からそれぞれでの発電量を差し引いたもの。ただし，裏面での発電量は0），q はバルク領域での単位体積あたりの熱発生量（Geボトムセルの吸収量にジュール損失を加えたものからGeボトムセルでの発電量を差し引いたもの）である。上記方程式で求められる $\theta_1(x)$，

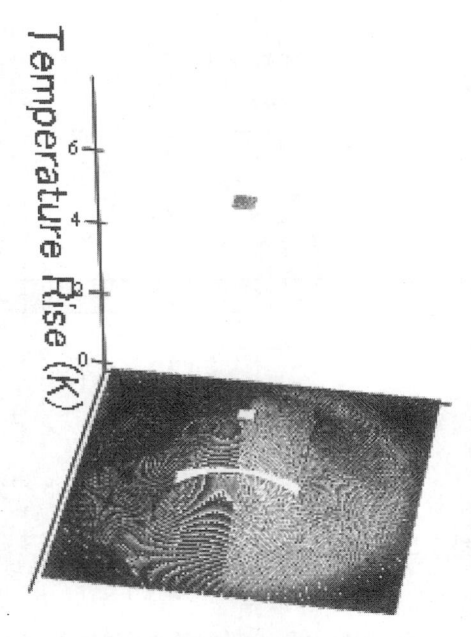

図21 集光時のセル周囲の温度分布

$\theta_2(x)$, $\theta_3(x)$ はそれぞれセルを貫流する熱流により発生する温度，セル表面および裏面での熱源により発生する温度，セル内部の均一な熱源により発生する温度であり，セル内部の温度分布は線形過程における重畳の原理によりこの3者の単純和として表される。

また，セル内部に流れる熱流束は以下の式で表される。

$$Q(x) = \frac{\theta_{s1} - \theta_{s2} + \frac{q_{s1}}{\alpha_1} + \frac{q_{s2}}{\alpha_2} - \frac{qt_{Ge}}{\alpha_2}\left(1 + \frac{1}{2}\frac{\alpha_2 t_{Ge}}{\lambda}\right)}{\frac{1}{\alpha_1} + \frac{1}{\alpha_2} + \frac{t_{Ge}}{\lambda}} + qx$$

2.4.2 集光型太陽電池の放熱設計例

以上より，多接合セル内部の温度分布および熱流束を求めることができた。通常，セルと筐体との間には絶縁層があり，熱抵抗は比較的高い。この間の温度差は単純に熱抵抗に熱流束を掛け合わせることにより求めることができる。

次に，筐体への熱拡散であるが，これは中心部に発散源，および全面から一様な放熱源のあるポアソン方程式の境界値問題の解として容易に求めることができる。上記より求めた熱流束を発散源，ポテンシャルを温度と読み替えればよい。一般に筐体の厚みは筐体の代表長と比べ十分に小さいので，2次元の境界値問題として扱えば十分な精度が得られる。

第8章　超高効率太陽電池の展開

セルと筐体との間の熱抵抗が絶縁層のみとして，光学集光倍率300倍での計算例を図21に示す。図においてx軸，y軸はレンズの鉛直投影面で切断した筐体の領域を示す。z軸は筐体辺縁部を基準とした温度上昇の度合いを示す。したがって，セルを36個搭載したモジュールの場合，同じパターンの温度分布が36回繰り返されるということである。セル表面温度は周辺部比で7.7Kと推定される。セルの温度上昇が，セルとその絶縁層との熱抵抗により大きく左右されることが示されている。これは，集中した熱流が狭い経路を流出するので，わずかな熱抵抗といえども，温度差が大きく発生することによる。また，セルはレシーバー単位で実装されてから筐体に取り付けられるので，レシーバー部と筐体との間に温度差が発生する。

文　献

1) M. Yamaguchi, A. Luque, *IEEE Trans. Elec. Dev.*, **46** (10), 2139-2144 (1999)
2) 荒木, 山口, "集光式太陽光発電システムの経済性", 電気製鋼, **72** (4), 231-238 (2001)
3) Valery D. Rumyantsev, "Concentrator Photovoltaics Based on Multi-Junction Cells", International Solar Concentrator Conference for the Generation of Electricity or Hydrogen, Nov 10-14, 2003, Alice Springs, Australia
4) E.C. Boes, "Photovoltaic Concentrator Progress", Proceedings of the 16th IEEE Photovoltaic Specialists Conference (1982)
5) M. S. Smiai and S. Al-Awaji, 'Performance of a 350 kW photovoltaic concentrator field (in operation since 1981), 11th E.C. Photovoltaic Solar Energy Conf., 1340 (1992)
6) R. McConnel, Personal Communications (2004)
7) Mark O'Neill, "ENTECH's 20-Year Heritage and Future Plans in Photovoltaic Concentrators for Both Ground and Space Applications", International Solar Concentrator Conference for the Generation of Electricity or Hydrogen, Nov 10-14, 2003, Alice Springs, Australia
8) Richard M. Swanson, "The Promise of Concentrators", *Prog. Photovolt. Res. Appl.*, **8**, 93-111 (2000)
9) 北村章夫, 「集光式太陽光発電システムの動向」, 電気製鋼, **75** (3) (2004)
10) 太陽光発電研究組合, 「NEDO調査事業報告書超高効率太陽電池実用化調査」(1998)
11) J. B. Lasich, "The past, present and future of CPV at Solar Systems", CDROM of SCC 2003 (2003)
12) V. Garboushian, "Roadmap for commercialization of multijunction solar cells for high concentrator solar systems", CDROM of SCC 2003 (2003)
13) Vahan Garboushian (Amonix), Private Communications (2004)
14) Roger Mansfield (SolarSystems Pty), Private Communications (2004)

15) K. Araki, M. Yamaguchi, "Design consideration and resistance balance, BSF, AR, concentrator Si cells", Proc. 16th European PVSEC, Glasgow, UK, 1620-1623 (2000)
16) S. R. Kurtz *et al.*, Proc. 1st WCPEC, Hawaii, 1791-1794 (1994)
17) M. J. O'Neill, Proc. 25th IEEE PVSC, Washington DC, 349-352 (1996)
18) Kurtz *et al.*, The Eeffect of Chromatic Aberrations on two-junction, two-terminal Devices in a Concentrator System, 1st WCPEC, Hawaii (1994)
19) M. J. O'Neill *et al.*, "Fresnel lens concentrators: from 20 sun silicon-cell module to 400-sun multi-junction cell module", 1st International Conference on Solar Electric Concentrators (2002)

化合物薄膜太陽電池の最新技術 《普及版》 (B1029)

2007年 6 月30日 初　版　第 1 刷発行
2013年 3 月 8 日 普及版　第 1 刷発行

監　修	和田隆博	Printed in Japan
発行者	辻　賢司	
発行所	株式会社シーエムシー出版	
	東京都千代田区内神田 1-13-1	
	電話 03 (3293) 2061	
	大阪市中央区内平野町 1-3-12	
	電話 06 (4794) 8234	
	http://www.cmcbooks.co.jp	

〔印刷　株式会社遊文舎〕　　　　　　　　　　Ⓒ T. Wada, 2013

落丁・乱丁本はお取替えいたします。

本書の内容の一部あるいは全部を無断で複写（コピー）することは，法律で認められた場合を除き，著作者および出版社の権利の侵害になります。

ISBN978-4-7813-0711-4　C3054　¥4600E